环保公益性行业科研专项经费项目系列丛书

农村饮用水源风险评估方法及案例分析

许秋瑾　郑丙辉 等　著

科 学 出 版 社

北 京

内 容 简 介

本书介绍了农村饮用水源污染现状的调查方法和风险评估技术，初步建立了一套完整的工作程序。通过对调查区域进行文献和现场调研确定检测项目、采样和检测方法，根据检测结果分析污染特征，评价水质状况，提出调查区域饮用水源的优控污染物，并对人群健康进行风险评价。此外，本书分析了污染物暴露与人群健康的关系，介绍了饮用水源有毒污染物溯源方法并进行溯源分析，在此基础上提出控制对策，旨在为农村饮用水源的管理和保护提供指导。本书结合应用实例，对农村饮用水源调查及风险评估程序进行了详细阐述，为农村饮用水源的普查提供了方法参考。

本书既可以为环境监测人员提供指导，也可以为农村饮用水源环境管理者提供参考。

图书在版编目（CIP）数据

农村饮用水源风险评估方法及案例分析／许秋瑾等著 . —北京：科学出版社，2013

（环保公益性行业科研专项经费项目系列丛书）

ISBN 978-7-03-037334-2

Ⅰ. 农… Ⅱ. 许… Ⅲ. 农村–饮用水–供水水源–风险评价–中国 Ⅳ. X52

中国版本图书馆 CIP 数据核字（2013）第 079558 号

责任编辑：张 震／责任校对：韩 杨
责任印制：徐晓晨／封面设计：无极书装

科 学 出 版 社 出版
北京东黄城根北街 16 号
邮政编码：100717
http://www.sciencep.com

北京京华虎彩印刷有限公司 印刷
科学出版社发行 各地新华书店经销

*

2013 年 6 月第 一 版 开本：787×1092 1/16
2017 年 4 月第二次印刷 印张：20 1/2
字数：490 000

定价：168.00 元
（如有印装质量问题，我社负责调换）

写作委员会

领导小组

顾　　问：吴晓青

组　　长：赵英民

副 组 长：刘志全

成　　员：禹　军　　陈　胜　　刘海波

撰写小组

主　　笔：许秋瑾　　郑丙辉

成　　员：（按姓氏笔画排序）

王　丽　　王守林　　王若师

许秋瑾　　李　丽　　李　磊

肖　雪　　张　娴　　郑丙辉

徐冰冰　　梁存珍　　蒋丽佳

颜昌宙

环保公益性行业科研专项
经费项目系列丛书
序言

我国作为一个发展中的人口大国，资源环境问题是长期制约经济社会可持续发展的重大问题。党中央、国务院高度重视环境保护工作，提出了建设生态文明、建设资源节约型与环境友好型社会、推进环境保护历史性转变、让江河湖泊休养生息、节能减排是转方式调结构的重要抓手、环境保护是重大民生问题、探索中国环保新道路等一系列新理念、新举措。在科学发展观的指导下，"十一五"环境保护工作成效显著，在经济增长超过预期的情况下，主要污染物减排任务超额完成，环境质量持续改善。

随着当前经济的高速增长，资源环境约束进一步强化，环境保护正处于负重爬坡的艰难阶段。治污减排的压力有增无减，环境质量改善的压力不断加大，防范环境风险的压力持续增加，确保核与辐射安全的压力继续加大，应对全球环境问题的压力急剧加大。要破解发展经济与保护环境的难点，解决影响可持续发展和群众健康的突出环境问题，确保环保工作不断上台阶、出亮点，必须充分依靠科技创新和科技进步，构建强大坚实的科技支撑体系。

2006年，我国发布了《国家中长期科学和技术发展规划纲要（2006—2020年)》（以下简称《规划纲要》），提出了建设创新型国家战略，科技事业进入了发展的快车道，环保科技也迎来了蓬勃发展的春天。为适应环境保护历史性转变和创新型国家建设的要求，原国家环境保护总局于2006年召开了第一次全国环保科技大会，出台了《关于增强环境科技创新能力的若干意见》，确立了科技兴环保战略，建设了环境科技创新体系、环境标准体系、环境技术管理体系三大工程。五年来，在广大环境科技工作者的努力下，水体污染控制与治理科技重大专项启动实施，科技投入持续增加，科技创新能力显著增强；发布了502项新标准，现行国家标准达1263项，环境标准体系建设实现了跨越式发展；完成了100余项环保技术文件的制（修）定工作，初步建成以重点行业污染防治技术政策、技术指南和工程技术规范为主要内容的国家环境技术管理体系。环境科技为全面完成"十一五"环保规划的各项任务起到了重要的引领和支撑作用。

为优化中央财政科技投入结构，支持市场机制不能有效配置资源的社会公益研究活动，"十一五"期间国家设立了公益性行业科研专项经费。根据财政部、科技部的总体部署，环保公益性行业科研专项紧密围绕《规划纲要》和《国家环境保护"十一五"科技发展规划》确定的重点领域和优先主题，立足环境管理中的科技需求，积极开展应急性、培育性、基础性科学研究。"十一五"期间，环境保护部组织实施了公益性行业科研专项项目234项，涉及大气、水、生态、土壤、固体废弃物、核与辐射等领域，共有包括中央级科研院所、高等院校、地方环保科研单位和企业等几百家单位参与，逐步形成了优势互补、团结协作、良性竞争、共同发展的环保科技"统一战线"。目前，专项项目取得了重要研究成果，提出了一系列控制污染和改善环境质量的技术方案，形成了一批环境监测预警和监督管理技术体系，研发出一批与生态环境保护、国际履约、核与辐射安全相关的关键技术，提出了一系列环境标准、指南和技术规范建议，为解决我国环境保护和环境管理中急需的成套技术和政策制定提供了重要的科技支撑。

为广泛共享"十一五"期间环保公益性行业科研专项项目研究成果，及时总结项目组织管理经验，环境保护部科技标准司组织出版"十一五"环保公益性行业科研专项经费项目系列丛书。该丛书汇集了一批专项研究的代表性成果，具有较强的学术性和实用性，可以说是环境领域不可多得的资料文献。该丛书的组织出版，在科技管理上也是一次很好的尝试，我们希望通过这一尝试，能够进一步活跃环保科技的学术氛围，促进科技成果的转化与应用，为探索中国环保新道路提供有力的科技支撑。

中华人民共和国环境保护部副部长

吴晓青

2011 年 10 月

前　言

农村饮用水安全是关乎民生的大事，是维护社会安定团结和可持续发展的必然要求，已引起党中央、国务院的高度重视，并将其列入"十一五"计划和"十二五"规划，即"十一五"期间解决 1.6 亿农村人口的饮水安全问题，力争用两个五年的时间，解决全国农村饮水安全问题；"十二五"期间，要在持续巩固已建工程成果的基础上，进一步加快建设步伐，全面解决 2.98 亿农村人口和 11.4 万所农村学校的饮水安全问题，使全国农村集中式供水人口比例提高到 80% 左右。

农村饮用水源是农村居民日常生活饮水的主要来源，主要有两种供水模式：集中式供水与分散式供水。目前，绝大部分农村仍以分散式供水为主，集中式供水受益人口只占农村总人口的 38%。农村地区由于经济水平有限，即使采用集中式供水，多数工程也只有水源和管网，少有净化设施和检测措施；分散式供水过程基本不经过任何处理（或只经过简单的沉淀）就直接饮用，卫生安全得不到保障，导致农村地区疾病发生率居高不下。2004年，国家发展和改革委员会（以下简称国家发改委）和水利部、卫生部组织的全国农村饮水安全现状调查评估结果显示：全国农村饮水不安全人口达 3.23 亿人，占农村人口的34%。其中，饮水水质不安全的有 2.27 亿人，占全国农村饮水不安全人口的 70%。

发达国家对农村地区饮用水的安全问题十分重视。20 世纪 90 年代，韩国农村地区自来水普及率达到 70%。日本在第二次世界大战前，供水设施仅存在于城市的中心区域；到2005 年，全国供水服务覆盖的范围已从第二次世界大战后的 30% 发展到 95%。目前，美国所有地区均实现了自来水供应，由于城市化程度高，城乡差别小，均采用相同的饮用水水质标准，自来水可直接饮用。

我国农村地区与国外相比，自来水覆盖率较低，农村饮用水安全问题比较突出。由于饮水不安全，有些地区的癌症发病率与死亡率居高不下。2009 年，世界卫生组织出版的《全球健康风险》报告中关于"主要风险的疾病死亡率与分担率"的研究显示，全球 88%的腹泻死亡是由饮水不安全引起的，其中，99% 以上发生在发展中国家，儿童的发病率较高。有毒污染物（特别是持久性有机污染物，即 POPs）亲脂强、水溶性小，且易于与有机质、矿物质结合，长久蓄积于生物环境中，难以降解，不但对水生生态系统带来长远危害，而且还会通过食物链的传递和放大作用对人体造成慢性中毒以及致癌、致畸、致突变等长期潜在的健康危害。研究表明，肿瘤、心脑血管疾病、代谢综合征（如糖尿病）等的发病率呈逐年上升趋势，已成为威胁人类健康的最重要的杀手，流行病学研究的普遍观点认为，日益加重的环境污染是罪魁祸首，而饮用水源污染为首要污染。从 20 世纪 70 年代起，饮用水中化学成分数量急剧增加。美国国家环境保护局水质调查发现，供水系统中含有 2110 种有机污染物，饮用水中含有 765 种，其中 190 种对人体有害，而这 190 种中 20种为确认的致癌物、23 种为可疑致癌物、18 种为促癌物、56 种为致突变物。为保障农村居民的饮水安全，我国投入科研经费开展农村地区饮用水源的风险评估工作，了解水质污染状况，筛查污染源，并研究污染物溯源方法，并在此基础上提出相应的控制对策，旨在减少污染物的排放，提高饮用水源水质。通过研究，我们整理著书。希望本书的出版，能对农村饮用水源的风险评估以及污染物溯源提供方法借鉴，为农村地区饮用水源的保护提供一些技术支持。

本书的编写工作由许秋瑾和郑丙辉统筹、策划和负责。本书共分 10 章：第 1 章由许秋瑾、蒋丽佳、李丽完成，介绍了我国农村饮用水安全现状及面临的主要问题；第 2 章由许秋瑾、徐冰冰完成，介绍了风险评估工作的内容和程序；第 3 章由张娴、王若师完成，介绍了目标污染物的筛选方法；第 4 章由梁存珍、张娴、李丽完成，介绍了污染物的采样和分析方法；第 5 章由许秋瑾、徐冰冰完成，介绍了水质评价方法；第 6 章由许秋瑾、李丽完成，介绍了优先控制污染物的筛选方法；第 7 章由张娴、王若师完成，介绍了人群健康风险评价；第 8 章由王守林、肖雪完成，介绍了有毒污染物暴露与人群健康关系分析方法；第 9 章由李磊、王丽完成，介绍了有毒污染物溯源方法；第 10 章由颜昌宙、许秋瑾完成，介绍了饮用水源地环境管理与污染防治对策。许秋瑾和郑丙辉完成了对全书的统稿和校稿工作。

本书经多次研讨、补充和完善后定稿。在编写过程中，陈胜、宛悦、夏新、段小丽、王先良、王菲菲等提出了许多宝贵意见。本书参考了国内外同行学者的研究成果和文献，在此表示衷心的感谢。这些文献在书中予以介绍，如有遗漏，深表歉意。

本书所采用的具体案例来自环境保护部公益性行业科研专项项目"典型农村饮用水源有毒污染物风险评估与控制对策"（200909054）课题。

由于作者的专业水平有限以及时间的限制，对诸多问题的认识还不够深刻和完全，难免存在疏漏之处，敬请读者批评指正。

作　者

2012 年 12 月

目　　录

1

绪 论

"民以食为天，食以水为先"，获取安全卫生的饮用水是每一个人的基本需求和渴望。随着经济社会的快速发展，饮用水安全面临着日益巨大的危机和挑战。保障饮水安全是我国全面建设小康社会、构建和谐社会的重要内容，是落实科学发展观的重要举措，是促进经济社会可持续发展、保障人民群众身体健康和稳定社会秩序的基本条件。

党中央、国务院高度重视饮用水安全保障工作。胡锦涛总书记在 2005 年中央人口资源环境工作座谈会上，要求"把切实保护好饮用水源，让群众喝上放心水作为首要任务"；国务院《关于落实科学发展观加强环境保护的决定》（国发〔2005〕39 号）明确提出，"以饮水安全和重点流域治理为重点，加强水污染防治。要科学划定和调整饮用水水源保护区，切实加强饮用水水源保护，建设好城市备用水源，解决好农村饮水安全问题。坚决取缔水源保护区内的直接排污口，严防养殖业污染水源，禁止有毒有害物质进入饮用水水源保护区，强化水污染事故的预防和应急处理，确保群众饮水安全"。

中国既是一个人口众多的发展中国家，70%以上人口居住在农村，又是一个水资源相对紧缺的国家，人均水资源占有量少，降雨时空分布不均，夏秋多，冬春少，东南多，西北少，北方部分地区资源性缺水，南方部分地区季节性缺水。再加上自然地理条件复杂，农村地区经济社会发展相对落后，许多农村地区饮水困难或饮水安全问题突出，严重影响人民群众的生活，威胁人民群众的身体健康，因此，我国农村饮用水状况亟待改善。

1.1 新中国农村供水建设历程

1.1.1 农村饮水解困历程

1949 年以前，我国农村饮水设施落后，农民都是直接从地面、水井或自建水窖中取水饮用。中华人民共和国成立后，党和政府历来重视农村居民的饮水困难问题，特别是改革开放以来，农村饮水解困工作力度不断加大。

农村饮水解困历程大体经历了以下几个阶段：

（1）20 世纪 50～60 年代，国家重视以灌溉排水为重点的农田水利基本建设，结合蓄、引、提等灌溉工程建设，解决了一些地方农民的饮水难问题。

（2）20 世纪 70 ~ 80 年代，解决农村饮水问题正式列入政府工作议事日程，采取以工代赈的方式和在小型农田水利补助经费中安排专项资金等措施支持农村解决饮水困难。1983 年国务院批转了《改水防治地方性氟中毒暂行办法》，1984 年国务院批转了《关于加快解决农村人畜饮水问题的报告》以及《关于农村人畜饮水工作的暂行规定》，逐步规范了农村饮水解困工作。1985 年，全国爱国卫生运动委员会（以下简称爱卫会）、卫生部与部分省（自治区、直辖市）政府利用世界银行贷款实施了"中国农村供水与环境卫生项目"，贷款总额达到 3.7 亿美元，累计解决了我国农村 2400 多万人的缺水问题。

（3）20 世纪 90 年代，解决农村饮水困难正式纳入国家规划。1991 年，国家制定了《全国农村人畜饮水、农村供水 10 年规划和"八五"计划》，1994 年，把解决农村人畜缺水问题纳入《国家八五扶贫攻坚计划》，通过财政资金和以工代赈渠道增加投入。90 年代后期甘肃省实施了"121 雨水集流工程"，贵州省实施了"渴望工程"，内蒙古自治区实施了"380 饮水解困工程"，四川省安排了财政专项资金，用于人畜饮水工程建设项目等。到 1999 年年底，全国累计解决了约 2.16 亿人的农村饮水困难问题。

（4）自 2000 年以来，党中央提出了"三个代表"重要思想和以人为本的科学发展观，各级政府及有关部门调整工作思路，加大了农村饮水解困工作力度。2000 年，国家编制了《全国解决农村饮水解困"十五"规划》，共投入资金 200 多亿元，到 2004 年年底，提前解决了 5600 多万人的饮水困难问题。至此，全国农村已解决了 2.8 亿人的缺水问题，基本结束了我国农村严重缺乏饮用水的历史，农村饮水工作进入了以保障饮水安全为中心的新的历史阶段。

1.1.2　农村饮水安全建设历程

过去主要是缓解人畜缺水的问题，现在是解决水质污染的问题。饮水困难是历史性的，饮水不安全带有长期性：过去偏重水量，现在既注重水量更加注重水质。

2004 年 11 月，中华人民共和国水利部、卫生部颁布了《农村饮用水安全卫生评价指标体系》。2004 年 11 月至 2005 年 6 月，水利部、卫生部、国家发改委在全国组织开展了以县为单元的农村饮水安全现状调查和逐级复核评估，共完成了 2674 个县级单位的调查报告、31 个省（自治区、直辖市）的省级评估报告，在全国复核评估的基础上编制了《农村饮水现状调查评估报告》。到 2005 年年底，汇总全国饮水不安全人口为 40 322 万人，复核为 32 280 万人。

2005 年，国务院常务会议审议通过了水利部、卫生部和国家发改委根据农村饮水安全现状编制的《2005—2006 年农村饮水安全应急工程规划》，中央安排投资 20 亿元，地方配套和群众自筹资金 20 亿元，解决了 1104 万人的农村饮水安全问题。至此，全国农村饮水不安全人口为 31 176 万人。2005 年 8 月，国务院办公厅颁发了《关于加强饮水安全保障工作的通知》，这是我国第一部饮水安全的法规文件。国家发改委、水利部还印发了《关于进一步做好农村饮水安全工作建设的通知》、《关于做好农村学校饮水安全工程建设工作的通知》、《卫生部关于加强饮用水卫生安全保障工作的通知》。

2007 年国务院批准了《全国农村饮水安全工程"十一五"规划》，"十一五"期间累计完成投资 1053 亿元，解决了 2.1 亿农村人口的饮水安全问题，全国农村集中式供水人口比例提高到 58%。

2012 年 3 月，国务院通过了《全国农村饮水安全工程"十二五"规划》，在持续巩固已建工程成果基础上，进一步加快建设步伐，全面解决 2.98 亿农村人口和 11.4 万所农村学校的饮水安全问题，使全国农村集中式供水人口比例提高到 80% 左右。

1.2　我国农村饮用水安全现状

1.2.1　农村饮用水安全定义

我国制定的农村饮用水安全卫生评价指标体系将农村饮用水安全分为安全和基本安全两个档次，由水质、水量、方便程度和保证率四项指标组成。四项指标中只要有一项低于安全或基本安全最低值，就不能定为饮用水安全或基本安全。

水质：符合国家《生活饮用水卫生标准》要求的为安全；符合《农村实施〈生活饮用水卫生标准〉准则》要求的为基本安全。低于《农村实施〈生活饮用水卫生标准〉准则》要求的为不安全。目前，我国对于农村饮用水安全与否主要从氟超标、砷超标、苦咸水、污染水等几个方面来判断。

水量：每人每天可获得的水量不低于 40~60 L 的为安全，不低于 20~40 L 的为基本安全。常年水量不足的，属于农村饮用水不安全。在我国，根据气候特点、地形、水资源条件和生活习惯，将全国划分为五个类型区，不同地区的安全饮用水量标准有所不同。安全饮用水水量标准从一区到五区分别是每人每天 40 L、45 L、50 L、55 L、60 L。基本安全饮用水水量标准从一区到五区分别是每人每天 20 L、25 L、30 L、35 L、40 L。

方便程度：人力取水往返时间不超过 10 分钟的为安全，取水往返时间不超过 20 分钟的为基本安全。多数居民需要远距离挑水或拉水，人力取水往返时间超过 20 分钟，大体相当于水平距离 800 m，或垂直高差 80 m 的情况，即可认为用水方便程度低。

保证率：供水保证率不低于 95% 为安全，不低于 90% 的为基本安全。

1.2.2　我国农村饮用水安全现状

我国是一个农业大国，农村人口为 9.47 亿人，占总人口的大多数。由于农村地区饮用水源污染严重，供水设施普遍简陋、规模较小，以传统、落后的分散式供水为主，自来水普及率低，管理落后，饮水不安全问题突出。据有关资料介绍，世界上中等发达国家农村安全饮水普及率为 70% 以上，发达国家在 90% 以上。我国的安全饮水普及率水平大致为东部 70%，中部 40%，西部不到 40%，与世界中等发达国家相比尚存在明显的差距。长期以来，人们对水资源的认识，考虑量的多，谈论质的少，大部分地区的农民仅仅是解决了饮水难问题，但仍未解决饮水卫生问题，很多农村还未喝上安全卫生水，农村饮用水水质现状令人担忧。

2004 年，水利部、卫生部、国家发改委组织开展了全国农村饮水安全现状调查。调查范围为 2674 个县级单位，3.8 万个农村，65 万个行政村。调查人员总数达 20 多万人，完成了全国《县级农村饮水现状调查报告》和 31 个省（自治区、直辖市）《农村饮水现状调查评估报告》。结果表明：截止到 2004 年年底，全国农村分散式供水人口为 58 106 万人，占农村人口的 62%；集中式供水人口为 36 243 万人，占农村人口的 38%（表 1-1）。集中式供水工程中，200 人以上或日供水能力在 20 t 以上供水受益人口占农村总人口的 33%，日供水能力大于 200 t 的集中式供水受益人口仅占农村总人口的 13%，多数工程只有水源和管网，无净化设施和检测措施，有水处理设施的供水工程只占 8% 左右。农村集中式供水中，多数为单村供水，承包给村民管理，尚有 1 万多个农村无自来水。分散式供水多数供水设施为户建、户管、户用的微小工程，其中，67% 的分散式供水人口为浅井供水，3% 为集雨，9% 为引泉，21% 为直接取用河水、溪水、坑塘水、山泉水等。总体上，农村饮水不安全人口为 3.2 亿人，占农村人口的 34%。其中，水质不达标人口有 2.26 亿人，占农村饮水不安全人口总数的 70%；水量、保证率低和取水不便的人口为 9558 万人，占农村饮水不安全人口总数的 30%。饮用水水质超标，已成为我国农村饮水安全面临的主要问题。

表 1-1　农村供水总体情况

分区	集中式供水人口/万人	占农村总人口比例/%	分散式供水人口/万人	占农村总人口比例/%
全国	36 243	38	58 106	62
西部	9 479	33	19 526	67
中部	13 025	32	27 750	68
东部	13 739	56	10 830	44

2006～2007 年全国爱卫会与卫生部联合组织的全国首次农村饮用水与环境卫生调查结果表明：我国农村生活饮用水水源主要以地下水为主，饮用地下水的人口占 74.87%，饮用地面水人口占 25.13%；饮用集中式供水的人口占 55.10%，饮用分散式供水的占 44.90%。以 2006 年执行的《农村实施〈生活饮用水卫生标准〉准则》作为饮用水水质评价标准，本次调查水样中未达到基本卫生安全的超标率为 44.36%；地面水超标率为 40.44%，地下水超标率为 45.94%；集中式供水超标率为 40.83%，其中近 3 年中央投资建设水厂超标率为 38.99%，分散式供水超标率为 47.73%。

贫困地区的农村饮用水安全问题更为突出。《2004 年中国农村贫困监测报告》显示，到 2003 年，我国贫困地区有 18% 的农户取水困难，有 14.1% 的农户饮用水水源被污染，有 37.3% 的农户没有安全饮用水（除去水源被污染和取水困难的农户）。按饮用水水源分，饮用自来水的农户占全部农户的 32.2%，饮用深井水的农户占全部农户的 20.9%，饮用浅井水的农户占全部农户的 24.9%，直接饮用江河湖泊水的农户占全部农户的 6.9%，直接饮用塘水的农户占全部农户的 2.3%，直接饮用其他水源的农户占全部农户的 12.7%。

由于饮水不安全，有些地区的癌症发病率居高不下。坐落于淮河最大的支流沙颍河畔的河南省沈丘县周营乡黄孟营村，由于长期饮用被严重污染的水，村民死亡率增加；广东省韶关、河源市由于长期饮用含放射性、有害矿物质污染水，新生儿发育不全现象多发；江苏的淮安市、扬中市是全国闻名的消化道肿瘤高发区，其主要恶性肿瘤死亡率最高可达200/10 万以上。

1.3　农村饮用水安全面临的主要问题

近年来，我国农村供水改水及管网改造工程进展迅速，很多地区已由原来单门独户的挑水、引水方式发展到集中供水。但农村地区饮用水安全仍面临着诸多挑战。

1.3.1　水资源紧缺、气候变化，加大了解决农村饮水安全的难度

我国水资源紧缺，是世界上最贫水的国家之一。受全球气候环境变化的影响，我国极端气候发生频繁，且水资源总量呈下降趋势，严重威胁饮水安全。有资料显示，1997 年全国水资源总量为 27 855 亿 m^3，2004 年降为 24 130 亿 m^3，特别是黄河、淮河、海河和辽河地区水资源总量下降趋势极为明显。河北省平均年降水量 20 世纪 50 年代为 612 mm，而近 7 年只有 430 mm，明显减少。我国华北、西北地区主要靠地下水源，多年来地下水位持续下降，单井出水量减少，有的井深甚至在 500 m 以上。陕西、甘肃、宁夏等省（自治区）的丘陵地区，主要靠集雨的水窖、水池和小水库，由于持续干旱，这些蓄水设施干涸，需要到几十公里外拉水吃。一立方水成本高达 40 多元。2006 年重庆、四川等地发生百年不遇的特大干旱，许多中小河流干涸，水源枯竭，上百万人饮水困难。由于水资源短缺和缺少必要的供水设施，全国农村水量不足、保证率低的饮水不安全人口占农村饮水不安全人口的 1/3。

1.3.2　水污染严重，已成为威胁农村饮水安全的主要因素

农村水污染严重的主要原因有以下几点：①20 世纪八九十年代以来，农村企业的发展特别是原先在城市污染严重的企业逐步转移到小城镇和乡村，由于布局分散、经营粗放、缺乏监管，非达标废水任意排放，导致污染物浓度高，治理难度大，严重危害饮用水安全。据了解，中国每年废水排放量约为 600 多亿 t，各地河流、湖泊、浅层地下水被大量污染。②农村生活污水、固体废弃物无序排放以及畜禽养殖业的迅猛发展严重污染水源。据有关部门测算，农村每年生活垃圾产生量约为 2.8 亿 t，生活污水约 90 多亿 t，人粪尿年产生量约 2.6 亿 t，畜禽粪便污染问题日趋严重。这些巨大的污染源对农村饮用水安全造成严重的安全隐患。有关调查资料表明，农村 60% 的水源周围存在污染源。③一些地区由于受地质构造与水文地质条件影响，当地农村饮用水的氟、砷、铁、锰、矿化度等指标偏高，危害人民群众的健康。④工业污染"三废"超标排放，尤其是不合理矿业开发影响，含有有害物质的工业污水、矿渣等进入水体造成污染。⑤农业生产中过度使用化肥、农药。据初步统计，每年中国农村地区化肥使用约为 3600 万 t，农药使用 100 万 t 左

右，土壤中大量残留的化肥、农药造成污染。⑥农作物秸秆等农业固体废弃物未合理回收和利用，四处堆放或沿河湖岸堆放，大量渗滤液排入水体或直接被冲入河道污染水质。⑦近年来兴起的农村生态旅游产生了农村环境污染问题。

农村点源污染与面源污染交错，生活污染和工业污染叠加，各种新旧污染相互交织，村镇水环境恶化，局部突发性恶性水污染事件经常发生，大范围出现的水源污染和水环境破坏，对广大农民群众身体健康、生命安全构成严重威胁，影响社会稳定，已成为制约农村经济社会可持续发展的重要因素。虽然近年来各级政府通过加快工矿企业工艺技术升级改造、加快建设污水处理设施、推广测土施肥和无害化卫生厕所建设，以及加强水功能区监测和管理等措施治理环境污染。但总体来看，农村水环境恶化的趋势还没有得到有效遏止。污染不仅造成许多农民的饮水困难，而且给目前已建工程的水源保护带来巨大难度。目前农村环境污染已经成为威胁广大农村居民饮水安全的主要因素，且呈不断扩大趋势。全国农村饮水不安全人口中有近一半是由于水环境污染和水源破坏造成的。

1.3.3 农村供水工程小型分散、建设标准低，抵御污染及自然灾害能力弱

据初步统计，目前全国农村集中式供水受益人口为 4 亿多人，约占农村总人口的 40%，而日供水量大于 200 m^3 的集中式供水工程受益人口约占农村总人口的 15%；由于地方配套资金不到位，许多集中式供水工程设施简陋，缺少水处理和消毒设施，工程没有达到原设计标准，没有进行规定的水质检测。由于我国农村供水工程小型分散，建设标准低、设施简陋，抵御自然灾害能力弱。例如，2008 年南方地区冰雪灾害使得大量农村供水设施损坏，影响正常供水。

1.3.4 农村供水工程运行管理存在诸多问题

由于农村供水工程具有面广量大、小型分散、用水户经济承受能力弱等特点，运行管理中还存在较多的问题。目前，农村饮用水安全工程制水企业普遍规模小、设备老化、管理和技术基础薄弱、制水成本较高，不适应农村饮用水安全达标建设需要。分散式供水、小规模集中式供水的农村几乎无水处理设施，直接饮用水源水，造成饮用水中细菌指标、污染物、有害物质超标问题严重。工程产权不明晰，管理制度不健全、责任不落实，缺乏有效的监管。同时，集中式供水的农村水价偏低、水费征收困难，造成农村制水企业生存及发展困难。

1.3.5 农村饮用水安全监测能力建设不足

在广大农村地区，由于水源地分散，规模小，水质水量不稳定，大多采用直接饮用水源水的方式，集中供水率低，且对饮用水质量没有必要的监测手段。另外，对水源地源头周围污染源情况掌握和管理有滞后现象，缺少水源地日常动态管理系统、污染源动态档案系统和应急处理系统，水质安全无法得到有效保障。

1.3.6　一些地方对农村饮水安全工作的重要性、艰巨性和紧迫性认识不足

虽然目前饮水安全工作得到了党中央、国务院的高度重视和社会的普遍关注，但也确实有一些地方对农村饮水安全工作的重要性、艰巨性和紧迫性认识不足，存在着配套资金不落实，工程建设质量不高、工作进展缓慢，前期工作不深入、水源论证不充分，盲目赶进度等现象。个别地方政府重经济增长轻水源保护，未切实负起"对环境质量负责"和"改善农村饮用水卫生条件"的职责。部分农村居民饮用水安全意识不强，对水与卫生、水与健康的知识不了解，建设饮水工程积极性不高，同时缺乏水资源忧患意识，节水观念极为淡薄。

1.3.7　农村饮用水安全的法规尚未完善

目前，我国有关农村饮用水的法律法规分散在环保、卫生、建设等法律法规中，执行主体基本上各行其是。同时，有关农村饮用水安全的法规存在内容不配套、标准不统一、涵盖范围不全面、法律规定不具体等问题。

1.3.8　农村饮用水安全科技力量相对薄弱

目前，对农村饮用水安全问题开展的科研工作仍然较少，没有针对全国农村饮用水源开展过系统全面的调查、评价及系统研究，农村饮用水源水质监测和健康评价基本上还是空白。

保护农村饮用水源、确保农村饮用水安全是农村水环境保护的首要任务。目前，我国农村地区饮用水的研究工作基础薄弱，为了保证农民的饮水安全，必须开展农村地区饮用水源的水质调查，了解水质污染状况，查明污染源，并提出相应的控制对策，减少污染物的排放，提高饮用水源水质，为广大农村居民的身体健康和生命安全提供有力的保障。

参 考 文 献

姜开鹏 . 2007-9-11. 对农村饮水安全工作的认识与思考 . http：//www. ncys. cn/Index/Display. asp？NewsID =6850.

姜开鹏 . 2008. 深入贯彻落实科学发展观保障农民群众饮水安全//中国农村饮水安全建设管理论文集 . http：//www. wwfchina. org/wwfpress/publication/index. shtm？page=13.

李仰斌 . 2006-10-16. 关于解决农村饮水安全问题的对策与措施 . http：//www. ncys. cn/Index/Display. asp？NewsID=7197.

李仰斌，张国华，谢崇宝 . 2008. 我国农村饮用水源现状及相关保护对策建议//中国农村饮水安全建设管理论文集 . http：//www. wwfchina. org/wwfpress/publication/index. shtm？page=13.

梁福庆 . 2009. 中国农村饮用水安全问题研究 . 中国人口·资源与环境，19；607-610.

陶勇 . 2009. 中国农村饮用水与环境卫生现状调查 . 环境与健康杂志，26（1）；1-2.

杨元青，庞清江，宋岩，等 . 2008. 我国农村饮用水水质安全问题探析 . 山东农业大学学报（自然科学

版），39（1）：119-124.

赵乐诗 . 2007-1-18. 我国农村饮水安全的形势和任务 . http：∥www. ncys. cn/Index/Display. asp？ NewsID ＝7198.

中华人民共和国卫生部 . 2008-2-18. 我国首次对农村饮用水与环境卫生开展大规模调查研究 农村饮用水 和环境卫生状况亟待改善 . http：∥www. moh. gov. cn/wsb/pwsyw/200804/25803. shtml.

周志红 . 2010. 农村饮水安全工程建设与运行维护管理培训教材 . 北京：中国水利水电出版社 .

2

农村饮用水源风险评估的工作内容与程序

开展农村饮用水源风险评估工作，旨在通过对农村饮用水源有毒污染物开展系统调查与监测分析，合理开展农村饮用水源有毒污染物水质评价，筛选优控污染物，定性和定量地了解水源地有毒有害污染物对人群的健康影响危害，识别研究区域饮用水源主要污染物，分析水源地水质变化趋势和主要污染源，并针对评价结果开展水源地管理、安全预报等工作，从而指导水源地保护措施的实施，保障人民群众安全饮水。

2.1 总体原则

2.1.1 科学性原则

农村饮用水源风险评估方法的确定、指标体系的建立等要建立在科学基础上，能客观和真实地反映评价目标的风险水平。

2.1.2 整体性原则

农村饮用水源人群健康风险评价应能真实反映研究区域的整体风险状况，主要体现在采样点的布局和选择方面。

2.1.3 定性与定量相结合原则

评价过程应尽量参考现有相关标准、规范等，选取定量指标，以保证评价结果准确、可信。但当有些指标不能定量时，选取定性指标。为提高定性评价的准确性，可结合专家评判等方式来完成。

2.1.4 全面性与选择性相结合原则

评价指标体系应尽量做到全面反映农村饮用水水源地风险的各方面，因此应保障指标选取的全面性；受基础资料、农村饮用水水源地自身特点等因素制约，指标体系不可能适用于所有饮用水水源地，在应用过程中，如果所有指标都选取则评价难度很大，不切合实际，可结合农村的实际情况进行指标选择。

2.1.5 可操作性原则

农村饮用水源风险评估的指标选取在满足评价要求的基础上应尽量便于理解，此外还要考虑所选指标的可度量性、可比性、易得性和常用性等。

2.2 工作内容与程序

农村饮用水源风险评估工作内容，主要包括有毒污染物调查、监测分析、水质评价、优控污染物筛选、人群健康风险评估和编制研究报告六个部分，具体工作程序如图 2-1 所示。

2.2.1 有毒污染物调查

有毒污染物调查，即在确定有毒污染物调查基本原则的基础上，通过文献调研与实地调查相结合的方法，确定对人体健康和生态环境潜在危害较大的污染物，然后根据调查区域的污染情况从中进一步筛选出污染量大、面广、毒性强的污染物作为农村饮用水源有毒污染物，开展后续研究。

1. 有毒污染物调查基本原则

水体中污染物种类繁多，目标污染物的选择要遵循以下基本原则：①优先选择毒性效应较大的污染物；②优先选择环境中难降解、易生物积累和具有环境持久性的污染物；③优先选择生产或使用量大的污染物；④优先选择具备监测、管理条件的污染物；⑤优先选择国内外已经公布的优控污染物。

2. 文献调研

收集有关水质资料，对其进行全面、系统的搜集。按照上述原则，查阅《国家污染物环境健康风险名录》、《地表水环境质量标准》（GB 3838—2002）、《生活饮用水卫生标准》（GB 5749—2006）、世界卫生组织《饮用水水质准则》、美国 EPA《优控污染物》、欧盟《优先污染物》、中国《优先控制污染物黑名单》和国家禁止使用的农药等有关资料，进行目标污染物的初选。

3. 实地调研

在初选名单的基础上对调查区域进行实地调研，对目标污染物做进一步的筛选。实地调查有多种方法，包括观察、访谈、收集文件以及通过使用照相机和录像等工具记录的资料。

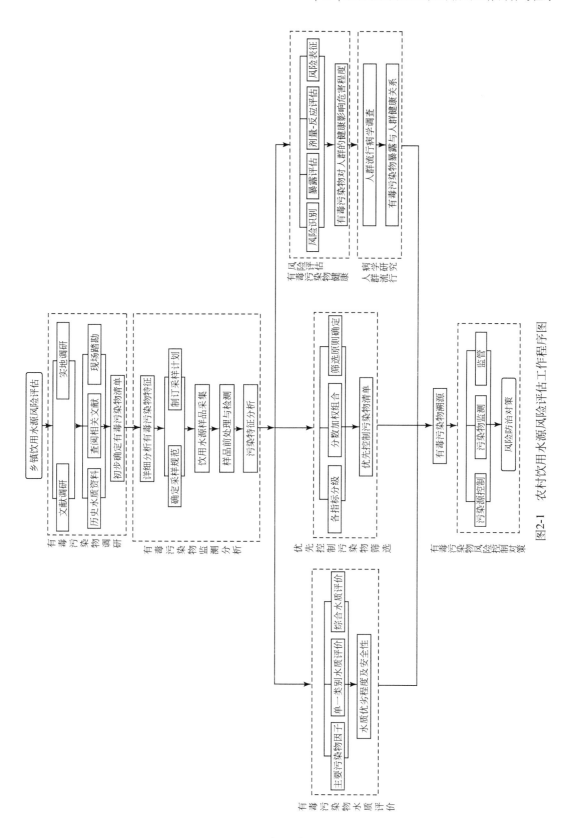

图2-1 农村饮用水源风险评估工作程序图

2.2.2 有毒污染物监测分析

有毒污染物监测分析,即在确定农村饮用水源环境样品的采样规范的基础上,根据监测分析的任务和目的制定详细、周密的采样计划,根据不同有毒污染物理化性质,依据我国生活饮用水标准或参照美国 EPA 标准检验样品的前处理和分析检测方法对有毒污染物进行定性定量分析。

1. 采样规范依据

本研究采集水样的方法,依据《水质采样方案设计技术规定》(HJ 495—2009)、《水质样品的保存和管理技术规定》(HJ 493—2009)和《生活饮用水卫生标准》(GB 5749—2006)检验方法。

2. 采样计划

采样前根据检测的任务和指标,制订采样计划。采样计划包括:采样目的、检测指标、采样时间、采样地点、采样方法、采样频次、采样数量、采样容器与清洗、采样体积、样品保存方法、样品标签、现场测定项目、采样质量控制、运输工具和条件等。

3. 样品分析

根据有毒污染物性质特征,参照生活饮用水标准检验方法或参照美国 EPA 标准检验方法对有毒污染物进行定性定量分析。

2.2.3 有毒污染物水质评价

农村饮用水源有毒污染物水质评价方法应以简单、易操作、结果可靠性强为筛选原则,选择单因子和内梅罗指数评价方法相结合,反映水质状况。首先,应对农村饮用水源中主要有毒污染物因子进行辨析,确定主要的超标有毒污染物质。其次,针对每一类污染物质进行单一类别有毒污染物的综合水质评价,分析单一类别有毒污染物对饮用水源水质的影响。最后,综合分析各类有毒污染物共同作用下的水质情况,判断饮用水的水质安全性。

本研究中主要采用单因子评价和内梅罗指数综合评价方法,辨析主要有毒污染物因子,分析单一类别有毒污染物对水质的影响及主要有毒污染物类别,并针对各类污染物共存进行综合水质评价。

1. 主要有毒污染物辨析

根据农村饮用水源有毒污染物调查及检测分析结果,对照《生活饮用水卫生标准》(GB 5749—2006)或《地表水环境质量标准》(GB 3838—2002),采用单因子评价法,辨析农村饮用水源主要有毒污染物因子及其污染超标倍数。

2. 单一类别有毒污染物水质评价

采用内梅罗指数方法,针对某一类别有毒污染物开展单一类别污染物水质评价,分析该类别有毒污染物共同作用下对水质的影响。综合比较不同类别有毒污染物水质评价结果，辨析农村饮用水源主要有毒污染物类别。

3. 有毒污染物综合水质评价

采用内梅罗指数方法，针对农村饮用水源中共存的各类有毒污染物开展综合水质评价，根据评价结果，分析水质优劣，并据此制定农村水源地监管及保护措施。

2.2.4 优控污染物筛选

本研究采用潜在危害指数法对人体健康和生态环境产生较大危害的污染物进行进一步筛选，主要根据三个指标对其评分：①化合物的潜在危害指数；②所有丰、枯两期监测过程中的检出总平均浓度；③在两期全部监测过程中的检出频次。优控污染物筛选分为各指标的分级、分数的加权组合和优控污染物的确定三个阶段。

1. 各指标的分级

（1）潜在危害指数分级。依据有毒污染物最基本的毒理学数据（如阈限值、推荐值、LD50 等）推算该物质潜在危害指数，并进行分级。

（2）平均浓度分级。对丰、枯时期定量检出的数据进行统计，除去个别异常值，找出平均检出浓度最大值与最小值，采用几何分级法进行分级。

（3）检出率分级。对丰、枯时期定量检出的数据进行统计，找出检出率的最大值与最小值，将最大、最小检出率区间平均分为 5 个区间，从小到大依次赋予 1～5 不同的分值。

2. 分数的加权组合

在对每个因子进行分数组合时，要确定各因子的权重，对最重要的因子要指定最大的权重，使之在确定最后分数时能产生最大的影响。

3. 优控污染物的确定

查阅相关文献，根据优控污染物的确定原则，提出优控污染物清单。

2.2.5 人群健康风险评估

1. 风险识别

饮用水源环境风险根据其发生的概率可以分为两种：常规污染带来的水质风险和突发性水质风险。前者如工厂长期排放污染物，化肥农药等随降雨径流进入水体等，风险发生的概率相对较高，风险比较容易预见；后者的发生概率较低，针对突发性水污染事件应构建专门的评价预警体系，因此本书未考虑第二种风险影响，但可为事故状态下的急性危害评价提供参考。

1）第一类：致癌

组 1，对人类是致癌物。对人类致癌性证据充分者属于本组。

2）第二类：很可能致癌

组 2，对人类很可能或可能是致癌物，又分为两组，即组 2A 和组 2B。

组 2A，对人类很可能（probably）是致癌物，指对人类致癌性证据有限，对实验动物致癌性证据充分。

3）第三类：可能致癌

组 2B，对人类可能（possible）是致癌物，指对人类致癌性证据有限，对实验动物致癌性证据并不充分；或指对人类致癌性证据不足，对实验动物致癌性证据充分。

4）第四类：未知

组 3，现有的证据不能对人类致癌性进行分类。

5）第五类：很可能不致癌

组 4，对人类可能是非致癌物。

综上所述，对于非致癌污染物，如果存在超标，则进行人群非致癌健康风险评价；对于致癌污染物，如果属于组 1、2A、2B，则进行致癌物健康风险评价。

2. 暴露评估

暴露评估是对人群暴露于环境介质中有害因子的强度、频率、时间进行测量、估算或预测的过程，是进行风险评估的定量依据。暴露人群的特征鉴定与被评物质在环境介质中浓度与分布的确定，是暴露评估中相关联而不可分割的两个组成部分。暴露评估的目的是估测整个研究区域人群接触某种化学物质的程度或可能程度。

传统的 CDI 计算采用 EPA 的计算公式，计算出的结果是直接饮用或接触所评价的水源造成的风险。而中国人习惯饮用开水，易挥发的有机物在煮沸过程中会有大量的损失；另外对于各种污染物来说，还存在自然衰减，在计算过程中也应给予考虑。

因此，本方法的计算采用了 Whelan 和 Droppo 等提出的计算公式，增加了 TF 项（经煮沸后污染物的残留比）和 $e^{-\lambda \times TH}$ 项（自然衰减过程中的损耗）。

$$CDI = \frac{\rho \times TF \times e^{-\lambda \times TH} \times U \times EF \times ED}{BW \times AT} \tag{2-1}$$

式中，CDI 为某污染物的日均暴露剂量；ρ 为污染物浓度（mg/L）；TF 为煮沸后污染物的残留比率；$e^{-\lambda \times TH}$ 为供水系统中的损失率，其中 TH 为水力停留时间，取 0.5d；$\lambda = 0.693/$HF，HF 为污染物半衰期；U 为日饮用量，取 2 L；EF 为暴露频率，取 365d/a；ED 为暴露延时，取 70a；AT 为平均暴露时间（d），取 70a，EF·ED = AT；BW 为平均体重，取 67.7kg（国家体育总局《2000 年国民体质检测公报》）。

3. 剂量–反应关系

剂量–反应关系的评估方法包括阈限值和非阈限值两类评定方法。传统上前者用于非致癌效应终点的剂量–反应评估，后者则用来评估化学致癌效应的剂量–反应关系。阈限值理论认为，任何化学物质在低于某一剂量（阈剂量）时，不会对机体产生危害。非阈限值理论则认为，任何化学物质即使在浓度很低的情况下，也会引起机体内生物大分子 DNA 的不可逆损伤。

1）有阈化学物质（致癌物）健康风险评价

一般认为，只要有微量的致癌风险物存在，即会对人体健康产生危害。致癌风险常用风险值（RISK）表示，其评价模型表达式如下：

$$R_i = (D_i \cdot SF_i)/70 \tag{2-2}$$

若结果大于 0.01，则按高剂量暴露计算：

$$R_i = (1 - e^{-CD_i \times SF_i})/70 \tag{2-3}$$

式中，R_i 为化学致癌物 i 经饮水暴露产生的人均年致癌风险（a^{-1}）；CD_i 为化学致癌物 i 经饮水暴露的单位体重日均暴露剂量 [mg/(kg·d)]；SF_i 为化学致癌物 i 经饮水暴露摄入的致癌系数 [mg/(kg·d)]$^{-1}$；总人均年致癌风险 RISK（a^{-1}）= $\sum R_i$。

2）无阈化学物质（非致癌物）健康风险评价

一般认为，非致癌物只有在超过某一阈值时才会对人体健康产生危害。非致癌风险通常用风险指数（HI）描述，其评价模型表达式如下：

$$H_i = CDI_i/(RfD_i \times 70) \tag{2-4}$$

式中，H_i 为非致癌物 i 经饮水暴露产生的人均年健康风险（a^{-1}）；CDI_i 为化学非致癌物 i 经饮水暴露的单位体重日均暴露剂量 [mg/(kg·d)]；RfD_i 为非致癌物 i 饮水途径的日均推荐剂量 [mg/(kg·d)]；总人均年非致癌风险 HI（a^{-1}）= $\sum H_i$。

4. 风险表征

1）致癌风险

计算各样点的总人均年致癌风险。国际辐射防护委员会（ICRP）推荐的最大可接受年风险水平为 5.0×10^{-5}；美国国家环境保护局（USEPA）推荐的可接受年致癌风险指数为 $10^{-6} \sim 10^{-4}$，小于 10^{-6}，风险水平可忽略，大于 10^{-4} 属于不可接受风险水平。

2）非致癌风险

计算各样点各类物质的非致癌风险指数。根据美国 EPA 相关定义，当风险指数小于 1，认为不会对人体产生健康危害；风险指数大于 1，认为会对人体产生健康危害。

5. 不确定分析

（1）采用统计模型的数学方法（蒙特卡罗法、概率数方法等）说明选择参数的不确定性。

（2）结合水源具体情况及当地饮水习惯进行不确定性分析。

2.2.6　编制研究报告

根据有毒污染物调查与监测分析结果、水质评价结果、优控污染物筛选及人群健康风险评估结果，编写农村饮用水源风险评估研究报告，分析农村饮用水源现状调查结果与危险来源、农村饮用水源有毒污染物类型、污染特征、水质安全性、污染物致癌风险与非致癌风险评价结果以及优控污染物清单，明确提出农村饮用水源风险管理对策。

3

目标污染物的筛选

随着社会经济的发展，水环境中污染物的种类越来越多，能够分析和检测的有害物质的数量也日益丰富，各种污染物的相对危害情况也随之发生变化。虽然人们对环境污染及其对健康损害的关注程度不断加强，但是由于人力、物力、财力和科技水平等诸方面的制约，要对所有的污染物进行全面检测治理是远远不可能的。因此，从众多的污染物中筛选出一些量大、面广，毒性强，对人体健康和生态健康危害大的目标物，集中有限的资源，对这些目标污染物进行监测控制成为一种有效的环境管理策略。

3.1 筛选原则

水体中污染物种类繁多，目标污染物的选择要遵循以下基本原则：
（1）优先选择毒性效应较大的污染物。
（2）优先选择环境中难降解、易生物积累和具有环境持久性的污染物。
（3）优先选择生产或使用量大的污染物。
（4）优先选择具备监测、管理条件的污染物。
（5）优先选择国内外已经公布的优控污染物。

3.2 筛选方法

目标污染物筛选主要分两个阶段，一是调研，包括文献调研与实地调查，通过查阅相关资料，借鉴国内外各类水质标准，筛选出对人体健康和生态环境潜在危害较大的污染物，同时实地调查区域中由于工农业生产活动的影响，可能存在的污染物。二是在调研的基础上，根据经验和专家建议，确定目标污染物。

3.2.1 文献调研

收集有关水质资料，对其进行全面、系统的搜集。按照上述原则，查阅《国家污染物环境健康风险名录》、《地表水环境质量标准》（GB 3838—2002）、《生活饮用水卫生标准》

（GB 5749—2006）、世界卫生组织《饮用水水质准则》、美国 EPA《优控污染物》、欧盟《优先污染物》、中国《优先控制污染物黑名单》和国家禁止使用的农药等有关资料，进行目标污染物的初选。

3.2.2　实地调研

在初选名单的基础上对调查区域进行实地调研，对目标污染物做进一步的筛选。实地调查有多种方法，包括观察、访谈、收集文件以及通过使用照相机和录像等工具记录的资料，其中观察和访谈是实地调查中收集资料的重要手段。访谈主要采用问卷调查的方式，先设计好目的明确、内容合理的调查问卷。根据农村工农业发展状况、经济发展水平以及饮用水源的类型，选择受农村工业污染、农业面源污染（主要指化肥、农药污染）和养殖业污染的三种不同类型的河流型、湖库型及地下水水源。调查饮用水源地的基础资料（包括水源类型、取水量、服务人口、区域内农村分散供水的人群比例等），了解该地区工业、农业、养殖业和服务业等行业的发展状况及环境生态情况，分析主要的污染源和可能的污染物，在初选名单的基础上对饮用水源的目标污染物做进一步筛选。

3.3　案例分析

3.3.1　文献调研

查阅了《国家污染物环境健康风险名录》、《地表水质量标准》（GB 3838—2002）、《生活饮用水卫生标准》（GB 5749—2006）、美国 EPA《优控污染物》、中国《优先控制污染物黑名单》和国家禁止使用的农药等，初步确定拟调查农村饮用水源中多环芳烃、多氯联苯、农药、酚类、酞酸酯、苯及其卤代物、挥发性物质和重金属共八类物质。

3.3.2　实地调研

在华东某市选择 3 个县共 28 个村的饮用水源进行了实地调研，调研内容包括：集中饮用水源、分散饮用水源以及历史溯源水的基本信息和工业污染源、农业污染源的情况。农村饮用水源信息采集调查表见附表1。

1. 集中水源情况

对江苏省某市 28 个村的集中式饮用水水源的建成时间、类型、供水人口、水源深度及消毒方式等进行了调研，调研结果如表 3-1 所示。

表 3-1　调研县乡集中水源情况

县	镇	村	建成时间	水源类型	供水人口/人	水源深度/m	消毒方式
C 县	C1	C1a	2001 年	地下水	12 000	150	二氧化氯
		C1b	2010 年	地下水	1 892	120 ~ 140	漂白粉
	C2	C2a	1996 年	地下水	2 400	130	未处理
		C2b	—	地下水	3 500	—	—
	C3	C3a	2006 年	地下水	1 603	120	漂白粉
		C3b	2009 年	地下水	8 600	160	漂白粉
	C4	C4a	1990 年	地下水	8 321	—	漂白粉
		C4b	2000 年	地下水	5 400	—	漂白粉
	C5	C5a	2006 年	地下水	5 000	150	漂白粉
		C5b	2005 年	地下水	6 000	128	漂白粉
X 县	X1	X1a	1986 年	地下水	11 960	60	二氧化氯
		X1b	1986 年	地下水	11 960	—	二氧化氯
	X2	X2a	1996 年	地下水	1 852	—	不消毒
		X2b	1996 年	地下水	1 507	—	不消毒
	X3	X3a	—	地下水	—	—	—
		X3b	—	地下水	—	—	—
	X4	X4a	1995 年	水库型	1 642	—	漂白粉
		X4b	—	水库型	—	—	漂白粉
J 县	J1	J1a	1989 年	地下水	8 000	—	二氧化氯
		J1b	1996 年	地下水	1 540	—	未处理
	J2	J2a	1996 年	地下水	1 800	—	未处理
		J2b	2009 年	地下水	2 200	—	二氧化氯
	J3	J3a	1997 年	地下水	826	—	未处理
		J3b	1998 年	地下水	1 320	—	不消毒
	J4	J4a	2005 年	地下水	2 404	—	不消毒
		J4b	1991 年	地下水	2 212	—	不消毒
	J5	J5a	1990 年	地下水	3 010	—	不消毒
		J5b	1990 年	地下水	3 010	—	不消毒

　　由表 3-1 可知，调研的集中水源建成时间最早于 1986 年，最迟于 2010 年。除了 X4 的两个村使用水库水以外，其余的调研点都使用地下水。这些集中供水水源中 J3a 覆盖人口最少，为 826 人，覆盖人口最多的为 X1 与 C1，都为 12 000 人左右。从调研数据看出，集中饮用水源地下水的埋深较大，多为 100 m 以上。有 11 处集中水源不进行任何消毒处理，9 处水源使用漂白粉进行消毒，5 处水源使用二氧化氯进行消毒。总体来看，农村集中饮用水一般直接饮用，即使消毒也是采用简单的处理方式。

2. 分散水源情况

项目调研了各农的分散水源情况,对各个水源的水源深度、使用时间和消毒方式进行了统计,统计情况如表 3-2 所示。

表 3-2　调研县乡分散水源情况

县	镇	村	水源深度/m	使用时间/年	是否停用	消毒方式
C 县	C1	C1a	15	20	是	未处理
		C1b	15	20	是	未处理
	C2	C2a	13	10	是	未处理
		C2b	—	—	—	未处理
	C3	C3a	12.5	25	是	未处理
		C3b	7	15	是	漂白粉
	C4	C4a	13	25	是	未处理
		C4b	7 ~ 8	20	是	未处理
	C5	C5a	12	10	否	未处理
		C5b	10 ~ 12	20	否	未处理
X 县	X1	X1a	10	9	是	—
		X1b	—	—	—	—
	X2	X2a	—	—	—	—
		X2b	—	—	—	—
	X3	X3a	—	—	—	—
		X3b	18			
	X4	X4a	—	—	—	—
		X4b	13	8	—	漂白粉
J 县	J1	J1a	20	25	否	未处理
		J1b	15	28	否	未处理
	J2	J2a*	4	8	否	未处理
	J3	J3a	12	3	否	未处理
		J3b	11	20	是	未处理
	J4	J4a	10	10	否	未处理
		J4b	2 ~ 10	10 ~ 15	否	漂白粉
	J5	J5a	4	—	—	—
		J5b	7 ~ 8	—	—	—

＊因未调查到相应数据,固缺少 J2b 的内容

由表 3-2 可知,除了 9 处分散水源未获得数据,其余 19 个水源,只有 3 处水源采用漂白粉进行消毒,其余水源未进行任何消毒处理。水源埋藏深度都较浅,从 4 m 到 20 m 不等,比较容易受到污染;这些水源使用时间从 3 年到 20 年不等,至今仍在使用的水源有 8 处。

3. 历史溯源水情况

调研 28 个村历史溯源水情况，如表 3-3 所示。

表 3-3　28 个村历史溯源水情况

县	镇	村	历史溯源水	停用时间/年
C 县	C1	C1a	沟塘（死水源）	10
		C1b	河流型	15
	C2	C2a	河流型	20
		C2b	沟塘（死水源）	30
	C3	C3a	河流型	25
		C3b	沟塘（死水源）	15
	C4	C4a	河流型	20
		C4b	河流型	30
	C5	C5a	河流型	15
		C5b	河流型	20
X 县	X1	X1a	灌溉渠	—
		X1b	灌溉渠	—
	X2	X2a	沟塘（死水源）	—
		X2b	沟塘（死水源）	—
	X3	X3a	沟塘（死水源）	—
		X3b	沟塘（死水源）	—
	X4	X4a	沟塘（死水源）	—
		X4b	河流型	—
J 县	J1	J1a	河流型	25
		J1b	沟塘（死水源）	—
	J2	J2a	沟塘（死水源）	—
		J2b	沟塘（死水源）	—
	J3	J3a	沟塘（死水源）	13
		J3b	河流型	12
	J4	J4a	沟塘（死水源）	—
		J4b	沟塘（死水源）	—
	J5	J5a	沟塘（死水源）	—
		J5b	沟塘（死水源）	—

从表 3-3 可知，C 县调研的 10 个村镇中，有 3 个历史溯源水为沟塘（死水源），其余 7 个为河流型；X 县调研的 8 个村镇，有 2 个为灌溉水，1 个为河流型水源，5 个为沟塘水；J 县调研的 10 个村镇，有河流型溯源水 2 个，沟塘（死水源）溯源水 8 个。项目组还调研了这些历史溯源水的使用情况，调研发现，由于污染严重，及国家对农村个人用水安全的重视，历史溯源水均已经废弃。

4. 工业点源污染调查

在调研中发现，研究区域工厂较少，C 县 2 个，分别为羽绒厂和养鸡场，污染物主要以工厂废渣和鸡场粪便为主，含环境激素类物质。X 县有 4 个工厂，分别是化工厂、农场、工贸企业，污染物主要为废水、废气与废渣，含苯类物质。J 县没有工业企业。

5. 农业面源污染调查

1）农药使用情况

项目调查了每个县现在和历史使用的农药品种及亩①均使用量，调研结果如表 3-4、表 3-5、表 3-6 所示。

表 3-4　C 县现用和历史使用农药情况

镇	村	现用品种	用量/(kg/亩)	历史品种	用量/(kg/亩)
C1	C1a	多菌灵三唑酮	0.1	1605	0.15
		吡虫啉	0.15	敌敌畏	0.25
		毒死蜱	0.25	—	—
		氯氟氢菊酮	0.35	—	—
	C1b	多菌灵三唑酮	0.1	1605	0.15
		吡虫啉	0.15	敌敌畏	0.25
		毒死蜱	0.25	—	—
		氯氟氰菊酯	0.35	—	—
C2	C2a	灭多威	408	1605	0.1
		锐劲特	0.04	甲胺磷	0.1
		杀虫双	0.5	乐果	0.1
		阿维菌素	0.02	—	—
	C2b	灭多威	408	甲胺磷	1008
		锐劲特	408	乐果	1008
		井冈霉素	0.5	1605	1008
		活粒素	1008	—	—
C3	C3a	敌敌畏	0.5	敌敌畏	3 ~ 4
		杀虫双	0.4	杀虫双	3 ~ 4
		敌杀死	0.2	—	—
		1605	0.2	—	—
	C3b	三唑酮	1 ~ 2 袋	1605	2 ~ 3
		多菌灵	1 ~ 2 袋	杀虫双	3 ~ 4

---

① 1 亩 ≈ 0.0667hm²

续表

镇	村	现用品种	用量/(kg/亩)	历史品种	用量/(kg/亩)
C4	C4a	杀虫双	0.15~0.25	六六粉	1
		吡虫啉	0.02	1605	0.1
		二甲四氯	0.025~0.03	—	—
		井冈霉素	0.25~0.5	—	—
		骠马	0.015	—	—
		三唑酮	0.02	—	—
	C4b	三唑酮	0.04	苯黄隆	0.03
		杀虫双	0.15	多菌灵	0.08
		利虫净	0.04	1605	0.05
		井冈霉素	0.25	六六粉	1
C5	C5b	吡虫啉	0.02	吡虫啉	0.02
		多菌灵	0.1	烯唑醇	0.04
		三环唑	0.075	三环唑	0.075
		井冈霉素	0.25	多菌灵	0.1

表3-5 X县现用和历史使用农药情况

镇	村	现用品种	用量/(kg/亩)	历史品种	用量/(kg/亩)
X1	X1a	毒死蜱	0.7	1605	0.5
		阿维菌素	0.4	甲胺磷	0.4
		吡虫啉	0.15	杀虫脒	0.7
		井冈霉素	3.5	敌敌畏	0.2
	X1b	毒死蜱	0.7	1605	0.5
		阿维菌素	0.4	甲胺磷	0.4
		吡虫啉	0.15	杀虫脒	0.7
		井冈霉素	3.5	敌敌畏	0.2
X2	X2a	敌杀死	0.1	乐果	0.1
		杀虫双	0.3	1605	0.1
		除草剂	0.2	除草剂	0.2
	X2b	敌杀死	0.1	乐果	0.1
		杀虫双	0.3	1605	0.1
		除草剂	0.2	除草剂	0.2
X4	X4a	敌敌畏	0.3	敌敌畏	0.25
		速灭威	0.15	速灭威	0.12
	X4b	除草剂	0.5	除草剂	0.5
		乐果	0.5	1059	0.5
		乙草胺	0.5	敌敌畏	0.5
		敌敌畏	0.5	乐果	0.5

表 3-6 J 县现用和历史使用农药情况

镇	村	现用品种	用量/(kg/亩)	历史品种	用量/(kg/亩)
J1	J1a	乙酰甲胺磷	0.15	1605	0.1
		氯氰菊酯	0.07	甲胺磷	0.1
		杀虫双	0.35	杀虫双	0.25
		草甘膦异丙胺盐	0.4	敌敌畏	0.1
	J1b	乙酰甲胺磷	0.16	甲胺磷	0.1
		氯氰菊酯	0.07	1605	0.1
		草甘膦异丙胺盐	0.35	杀虫双	0.25
		杀虫双	0.35	氧化乐果	0.1
J2	J2a	甲胺磷	0.15	甲胺磷	0.15
		速灭杀丁	0.1	速灭杀丁	0.1
		阿维菌素	0.1	阿维菌素	0.1
		毒死蜱	0.04	毒死蜱	0.04
	J2b	毒死蜱	0.04	毒死蜱	0.04
		速灭杀丁	0.1	速灭杀丁	0.1
		甲胺磷	0.15	甲胺磷	0.15
		阿维菌素	0.1	阿维菌素	0.1
J3	J3a	氯氢菊酯	0.1	乐果	0.1
		三唑酮	0.03	1605	0.1
		毒死蜱	0.035	阿维菌素	0.05
		杀虫双	0.25	甲胺磷	0.05
	J3b	氯氰菊酯	0.1	乐果	0.1
		三唑酮	0.03	1605	0.1
		毒死蜱	0.035	阿维菌素	0.025
		杀虫双	0.03	甲胺磷	0.05
J4	J4a	骠马	0.025	氧乐果	0.2
		氧化乐果	0.4	甲胺磷	0.15
		多菌灵	0.1	1605	0.1
		乙酰甲胺磷	0.15	敌敌畏	0.25
		锐劲特	0.01	—	—
		辛硫磷	0.15	—	—
		毒死蜱	0.15	—	—
		丁草胺	0.15	—	—
	J4b	骠马	0.025	氧乐果	0.2
		氧化乐果	0.4	甲胺磷	0.15
		多菌灵	0.125	1605	0.1
		乙酰甲胺磷	0.15	敌敌畏	0.25
		锐劲特	0.01	—	—
		辛硫磷	0.15	—	—
		毒死蜱	0.15	—	—
		丁草胺	0.15	—	—

镇	村	现用品种	用量/(kg/亩)	历史品种	用量/(kg/亩)
J5	J5a	农达	0.2	氧化乐果	0.15
		草甘膦	0.2	杀虫脒	0.1
		百草枯	0.18	甲拌磷	10
		毒死蜱	0.08	1605	0.1
		阿维毒素	0.08	甲胺磷	0.15
		马拉硫磷	0.08	杀虫双	0.6～0.8
		辛硫磷	0.06	敌敌畏	0.2
		氰马	0.07	—	—
		氯氟吡氧乙酸	0.03	—	—
		多菌灵	0.08	—	—
		苄乙	0.04	—	—
	J5b	农达	0.2	1605	0.1
		草甘膦	0.2	甲胺磷	0.15
		百草枯	0.18	杀虫双	0.6～0.8
		毒死蜱	0.08	敌敌畏	0.2
		阿维毒素	0.08	氧化乐果	0.15
		马拉硫磷	0.08	杀虫脒	0.1
		辛硫磷	0.06	甲拌磷	10
		氰马	0.07	—	—
		氯氟吡氧乙酸	0.03	—	—
		多菌灵	0.08	—	—
		苄乙	0.04	—	—

C县目前使用的农药主要有多菌灵、三唑酮、吡虫啉、毒死蜱、氯氟氢菊酮、灭多威、锐劲特、杀虫双、多菌灵、井冈霉素，分别属于苯并咪唑类、仿生类、有机磷、菊酯类、氨基甲酸酯类、苯基吡唑类农药。锐劲特用量最低，为 0.04 kg/亩，灭多威用量最多，为 408 kg/亩，其他类用量为 0.1～0.5 kg/亩。历史使用的农药主要有 1605（对硫磷）、敌敌畏、甲胺磷、乐果、杀虫双、六六粉、多菌灵，分别属于有机磷、仿生类、有机氯、苯并咪唑类农药，这些物质毒性比较强，其中 1605、甲胺磷、六六粉已禁用。多菌灵的使用量最低，为 0.08 kg/亩，敌敌畏、杀虫双的用量最高，为 3～4 kg/亩，其他农药用量约为 0.1～1 kg/亩。

X县目前主要采用的农药有毒死蜱、阿维菌素、吡虫啉、井冈霉素、敌杀死（溴氰菊酯）、杀虫双、敌敌畏，分别属于有机磷、仿生类、菊酯类农药，井冈霉素的使用量较多，为 3.5 kg/亩，敌杀死的用量最低，为 0.1 kg/亩，其他农药用量为 0.15～0.7 kg/亩。历史使用的农药主要有 1605、敌敌畏、乐果、甲胺磷、杀虫脒，分别属于有机磷、有机氮农药，这些物质的毒性较高，其中，1605、甲胺磷、杀虫脒已禁用。杀虫脒用量最高，为

0.7 kg/亩，乐果的用量最低，为 0.1 kg/亩，其他农药用量为 0.2 ~ 0.5 kg/亩。

J 县目前主要使用的农药有毒死蜱、乙酰甲胺磷、氯氰菊酯、杀虫双、阿维菌素、多菌灵、辛硫磷、甲胺磷等，分别属于有机磷、菊酯类、有机氮、仿生类、苯并咪唑类农药，杀虫双的用量最高，为 0.35 kg/亩，毒死蜱的用量最低，为 0.04 kg/亩，其他农药使用量为 0.1 ~ 0.15 kg/亩。历史主要使用的农药主要有甲胺磷、1605、敌敌畏、氧化乐果、杀虫双、阿维菌素、毒死蜱、乐果、杀虫脒、甲拌磷等，分别属于有机磷、仿生类、有机氮类农药，其中，甲胺磷、1605、杀虫脒已禁用。杀虫双的使用量最高，为 0.6 ~ 0.8 kg/亩，毒死蜱的使用量最低，为 0.04 kg/亩，其他农药使用量约为 0.1 ~ 0.25 kg/亩。

由表 3-7 可知，现今使用的农药有 26 种，大部分属于有机磷、仿生类、菊酯类、苯并咪唑类、酰胺类农药，其中最普遍的农药有毒死蜱、杀虫双、多菌灵、氯氰菊酯、吡虫啉、阿维霉素、井冈霉素、三唑酮、草甘膦、乙酰甲胺磷、辛硫磷、敌杀死、敌敌畏、乐果共 14 种，分别属于有机磷、苯并咪唑类、仿生类、菊酯类农药，亩均用量在 0.02 ~ 3.5 kg/亩，其中，井冈霉素的用量最多，其次为乐果、毒死蜱、杀虫双。由此可以初步推断有机磷是造成农药面源污染的主要因素。

表 3-7　现今使用农药成分及其用量

品名	种类	使用农村	用量/(kg/亩)	品名	种类	使用农村	用量/(kg/亩)
毒死蜱	有机磷杀虫剂	12	0.035 ~ 0.7	乐果	有机磷农药	3	0.4 ~ 0.5
杀虫双	有机磷类低毒农药	10	0.035 ~ 0.7	灭多威	氨基甲酸酯类杀虫剂	3	408
多菌灵	苯并咪唑类	7	0.08 ~ 0.125	百草枯	酰胺类除草剂	2	0.18
氯氰菊酯	除虫菊酯	6	0.1 ~ 0.35	苄乙	苯类除草剂	2	0.04
吡虫啉	仿生类农药	6	0.02 ~ 0.15	丁草胺	酰胺类除草剂	2	0.15
阿维霉素	仿生类农药	5	0.02 ~ 0.4	氯氟吡氧乙酸	吡啶氧乙酸类除草剂	2	0.03
井冈霉素	仿生类农药	5	0.25 ~ 3.5	速灭杀丁	拟除虫菊酯类杀虫剂	2	0.1
三唑酮	仿生类农药	5	0.02 ~ 0.04	马拉硫磷	有机磷杀虫药	2	0.08
草甘膦	有机磷农药	4	0.2 ~ 0.4	甲胺磷	有机磷化合物	2	0.15
乙酰甲胺磷	有机磷酸酯类农药	4	0.15 ~ 0.16	速灭威	有机磷杀虫剂	1	0.15
辛硫磷	有机磷杀虫剂	4	0.06 ~ 0.1	乙草胺	酰胺类除草剂	1	0.5
敌杀死	菊酯类杀虫剂	3	0.1 ~ 0.2	三环唑	有机磷类农药	1	0.075
敌敌畏	有机磷杀虫剂	3	0.3 ~ 0.5	1605	有机磷类杀虫剂	1	0.2

历史上各种农药的使用情况如表 3-8 所示，共有 16 种农药，其中使用最普遍的农药有 1605（对硫磷）、甲胺磷、敌敌畏、乐果、杀虫双、阿维霉素、杀虫脒，多数属于有机磷农药。

表 3-8 历史农药使用情况

品名	种类	使用农村	用量/(kg/亩)	品名	种类	使用农村	用量/(kg/亩)
1605	有机磷杀虫剂	19	3 ~ 0.1	速灭杀丁	有机磷杀虫剂	2	0.04
甲胺磷	有机磷化合物	14	0.4 ~ 0.05	六六粉	氨基甲酸酯类杀虫剂	2	1
敌敌畏	有机磷杀虫剂	12	4 ~ 0.1	甲拌磷	有机磷	2	10
乐果	有机磷农药	11	0.2 ~ 0.1	烯唑醇	仿生类	1	0.04
杀虫双	有机磷类低毒农药	6	4 ~ 0.25	多菌灵	苯类杀菌剂	1	0.08
阿维霉素	仿生类农药	4	0.1 ~ 0.025	吡虫啉	仿生类农药	1	0.02
杀虫脒	氟化醚类杀虫剂	4	0.7 ~ 0.1	苯黄隆	磺酰脲类除草剂	1	0.03
三环唑	拟除虫菊酯类杀虫剂	2	0.1	速灭威	有机磷杀虫剂	1	0.12

对比现今农药的使用情况来看，历史农药毒性强，其中，1605、甲胺磷、杀虫脒属于国家明令禁止使用的农药，目前已停止使用。历史品种用得较多的现在都较少使用，新型的农药产品替代了原有产品。

选用历史与现今用药量较多、使用农村较多、毒性较大、残留量较大的农药作为目标物，主要为对硫磷、甲基对硫磷、马拉硫磷、乐果、敌敌畏、敌百虫、毒死蜱、甲拌磷、杀虫脒、除草醚、六六六、五氯硝基苯、六氯苯、艾氏剂、狄氏剂、4,4'-DDT、七氯、硫丹、氯丹、4,4'-DDD、4,4'-DDE、莠去津、百菌清以及溴氰菊酯等。

2）化肥使用情况

项目调查了每个村镇现在和历史使用的化肥品种和亩均使用量，调研结果如表 3-9 所示。

由表 3-9 可知，在调研的 25 个村镇中，尿素、复合肥和碳酸氢铵（简称碳铵）三种化肥使用最多，分别有 25、18、7 个村镇使用。其中，尿素亩均使用量最少为 10 kg/亩，最多为 48 kg/亩，复合肥亩均使用量最少为 20 kg/亩，最多为 55 kg/亩，碳铵亩均使用量最少为 20 kg/亩，最多为 50 kg/亩。现今和历史各种化肥的亩均使用量范围和使用村镇数如表 3-10、表 3-11 所示。

对比历史和现在使用化肥情况，可以发现，尿素是使用最普遍的化肥。历史上多用单一种类的化肥，如磷肥，碳铵，现在多使用复合肥。历史上多使用的钾肥、氨水、氯化钾等化肥品种现在已经不再使用，取而代之的是 BB 肥等。

化肥主要是氮肥、磷肥，主要成分为氮、磷、钾。从化肥的原料开采到加工生产，会给化肥带进一些重金属元素或有毒物质，其中以磷肥为主。目前使用的复合肥是由畜禽粪便、城市垃圾有机物、污泥、秸秆、木屑、食品加工废料等制成，含有激素类、多环芳烃、重金属等污染物，从中选取毒性大、含量较多的物质作为目标污染物。

表3-9 调研村镇化肥使用情况

县	镇	村	化肥品种	现在用量/(kg/亩)	化肥品种	历史用量/(kg/亩)
C县	C1	C1a	尿素	25	尿素	25
			碳铵	50	碳铵	50
			混合肥	20	磷肥	50
			磷肥	25		
		C1b	尿素	20	尿素	50
			碳铵	50	碳铵	25
			混合肥	25	磷肥	50
			磷肥	20		
	C2	C2a	尿素	15	尿素	15
			混合肥	25	混合肥	25
		C2b	有机肥	25		
			磷铵	25		
			尿素	15		
			复合肥	25		
	C3	C3a	复合肥	25	磷铵	50
			尿素	25	磷肥	25
			磷铵	50		
		C3b	尿素	30	磷铵	50
			磷铵	50	磷肥	25
	C4	C4a	尿素	40	碳酸氢铵	10~15
			复合肥	25	磷肥	10~15
			碳酸氢铵	20~25		
		C4b	混合肥	25	碳酸氢铵	25
			尿素	25~30	磷肥	25
					尿素	10~15
	C5	C5b	磷铵	25	磷铵	30
			尿素	15	碳酸二铵	15
			碳酸二铵	15	氯化钾	10
					尿素	15

县	镇	村	化肥品种	现在用量/(kg/亩)	化肥品种	历史用量/(kg/亩)
X 县	X1	X1a	尿素	40	碳酸氢铵	50
			复合肥	20	尿素	30
			磷酸一铵、磷酸二铵	15	磷肥	40
					氯化铵	30
		X1b	尿素	40	碳酸氢铵	50
			复合肥	20	尿素	30
			磷酸一铵、磷酸二铵	15	磷肥	40
					氯化铵	30
	X2	X2a	尿素	10	尿素	10
			碳酸氢铵	25	碳酸氢铵	25
			复合肥	25	复合肥	25
		X2b	尿素	10	尿素	10
			碳酸氢铵	25	碳酸氢铵	25
			复合肥	25	复合肥	25
	X4	X4a	尿素	48		
			复合肥	50		
		X4b	尿素	15	磷酸二铵	10
			复合肥	20	尿素	15
			磷酸二铵	15	碳铵	50
J 县	J1	J1a	尿素	15	氨水	50
			复合肥	25	碳酸氢铵	25
			碳酸氢铵	15	尿素	10
			BB 肥	50	混合肥	10
		J1b	混合肥	25	氨水	55
			尿素	20	碳酸氢铵	25
			碳酸氢铵	10	尿素	10
			BB 肥	45	混合肥	5
	J2	J2a	复合肥	25	复合肥	20
			尿素	25	尿素	20
			碳铵	20	碳铵	20
			过磷酸钙	40	过磷酸钙	20
		J2b	复合肥	25	复合肥	20
			尿素	25	尿素	25
			碳铵	20	碳铵	20
			过磷酸钙	60	过磷酸钙	50

县	镇	村	化肥品种	现在用量/(kg/亩)	化肥品种	历史用量/(kg/亩)
J县	J3	J3a	尿素	10	尿素	6
			复合肥	20	复合肥	4
		J3b	复合肥	55	尿素	2
			尿素	44	复合肥	2
	J4	J4a	复合肥	37.5	磷肥	30
			尿素	10	尿素	15
			碳铵	20	碳铵	50
					钾肥	15
		J4b	复合肥	37.5	磷肥	35
			尿素	10	尿素	16.25
			碳铵	50	钾肥	15
					碳铵	20
	J5	J5a	尿素	20	碳铵	50
			复合肥	40	磷酸铵	30
					磷酸硼	30
		J5b	尿素	20	碳铵	50
			复合肥	40	磷酸铵	30
					磷酸硼	30

表 3-10　现今化肥的亩均使用量范围和使用村镇数情况

化肥品种	使用村镇数/个	用量范围/(kg/亩)
尿素	25	48~10
复合肥	18	55~20
碳铵	7	50~20
碳酸氢氨	5	15~10
混合肥	5	25~20
磷铵	3	50~25
碳酸二铵	2	15
磷酸一铵、磷酸二铵	2	15
BB肥	2	50~45
过磷酸钙	2	60~40
磷肥	2	25~20
有机肥	1	25

表 3-11　历史化肥的亩均使用量范围和使用村镇数情况

化肥品种	使用村镇数/个	用量范围/（kg/亩）
尿素	18	2～50
碳铵	12	20～50
磷肥	10	25～50
碳酸氢铵	8	10～50
复合肥	6	2～25
混合肥	3	5～25
氯化铵	2	30
氨水	2	50～55
过磷碳酸	2	20～50
钾肥	2	15
碳酸铵	2	30
碳酸硼	2	30
碳酸二铵	1	15
氯化钾	1	10

3.3.3　目标污染物的确定

在查阅文献资料和实地调研的基础上，通过咨询专家，最后确定目标污染物为多环芳烃、多氯联苯、农药、酚类、酞酸酯、苯及其卤代物、挥发性物质以及重金属共 8 类 116 种物质。具体如下：

1. 多环芳烃（16 种）

苊（Acenaphthene）、苊烯（Acenaphthylene）、蒽（Anthracene）、苯并［a］蒽（Benzo［a］anthracene）、苯并［a］芘（Benzo［a］pyrene）、苯并［b］荧蒽（Benzo［b］fluoranthene）、苯并［g,h,i］苝（Benzo［g,h,i］perylene）、苯并［k］荧蒽（Benzo［k］fluoranthene）、䓛（Chrysene）、二苯并［a,h］蒽（Dibenzo［a,h］anthracene）、荧蒽（Fluoranthene）、芴（Fluorene）、茚并［1,2,3-cd］芘（Indeno［1,2,3-cd］pyrene）、萘（Naphthalene）、菲（Phenanthrene）、芘（Pyrene）。

2. 多氯联苯（5 种）

三氯联苯、四氯联苯、五氯联苯、六氯联苯、七氯联苯。

3. 农药（28 种）

有机氯农药：六六六（α-HCH、β-HCH、γ-HCH、δ-HCH）、五氯硝基苯、六氯苯、艾氏剂（Aldrin）、狄氏剂（Dieldrin）、p,p'-DDT、七氯（Heptachlor）、硫丹、（顺，反）

氯丹（Chlordane）、p,p'-DDD、p,p'-DDE。

有机磷农药：对硫磷、甲基对硫磷、马拉硫磷、乐果、敌敌畏、敌百虫、毒死蜱、甲拌磷、杀虫脒和除草醚。

其他农药：莠去津、百菌清、溴氰菊酯。

4. 酚类（8 种）

2-氯酚、2,3-二氯酚、2,4-二氯酚、2,4,6-三氯酚、五氯酚、苯酚、2-硝基酚、4-硝基酚。

5. 酞酸酯（6 种）

邻苯二甲酸二甲酯（DMP）、邻苯二甲酸二乙酯（DEP）、邻苯二甲酸二丁酯（DBP）、邻苯二甲酸丁基苄基酯（BBP）、邻苯二甲酸二（2-乙基己）酯（DEHP）、邻苯二甲酸二正辛酯（DOP）。

6. 取代苯（17+4＝21 种）

甲苯、乙苯、二甲苯（间、对、邻）、苯乙烯、异丙苯、氯苯、1,2-二氯苯、1,3-二氯苯、1,4-二氯苯、1,2,4-三氯苯、四氯苯（1,2,3,4-四氯苯、1,2,3,5-四氯苯、1,2,4,5-四氯苯）、硝基苯、对二硝基苯、间二硝基苯、2,4-二硝基甲苯、2,6-二硝基甲苯、2,4,6-三硝基甲苯。

7. 挥发性物质（20+1＝21 种）

1,2-二氯乙烯（包括顺、反）、三氯甲烷、四氯化碳、1,1,1-三氯乙烷、三溴甲烷、二氯甲烷、1,2-二氯乙烷、环氧氯丙烷、氯乙烯、1,1-二氯乙烯、三氯乙烯、四氯乙烯、氯丁二烯、六氯丁二烯、丙烯醛、二溴一氯甲烷、一溴二氯甲烷、2,2-二氯丙烷、1,3-二氯丙烷、苯。

8. 重金属（11 种）

砷、汞、镉、铬、镍、钡、铅、铁、锰、锌、铜。

4

农村饮用水源污染物的采样和分析

4.1 概述

农村饮用水源的污染十分复杂。一方面农业生产产生的大量废物和污水无序排放，残留化肥、农药及养殖粪便、剩余饵料和水产品排泄物直接进入水体，造成水体有机污染。另一方面，农村企业的发展特别是污染严重的企业逐步转移到小城镇和乡村，由于布局分散、经营粗放、缺乏监管，非达标废水任意排放。据报道，全国农村企业废水排放量占全国废水排放总量的21%，进一步加重了农村饮用水源的污染。此外，由于农村水源量小且分散，饮用水处理设施远远落后于城市，因此其饮水安全问题显得尤为突出。

解决农村饮用水的水质问题，需要了解农村饮用水源地各类污染物的现状，以便进一步通过污染源控制、污染物的去除和更换水源地等措施，最终为用户提供达标的饮用水。由于农村地区经济条件的限制，农村居民基本直接饮用地表水和地下水，因此，以《生活饮用水卫生标准》（GB 5749—2006）为判定标准。

对于农村饮用水源污染物可以选择危害较大，并且在饮用水源普遍存在的一些物质进行分析，以便确定研究水源地的特征污染物。多环芳烃（PAHs）、多氯联苯（PCBs）、酞酸酯类、酚类化合物、苯类及取代物、农药类、挥发性有机物（VOCs）、重金属等8类物质需要重点关注。

4.2 采样

4.2.1 采样规范依据

根据国家水质检验采样的有关标准，规范采样过程。采样的相关标准规范：《水质采样方案设计技术规定》（HJ 495—2009）、《水质样品的保存和管理技术规定》（HJ 493—2009）和《生活饮用水标准检验方法》（GB 5749—2006）。依据规范标准，制定采样计划和准备采样材料。

4.2.2 采样计划

采样前根据农村饮用水源污染状况的调查结果，确定检测指标，制定采样计划。采样计划包括：采样目的、检测指标、采样时间、采样地点、采样方法、采样频次、采样数量、采样容器与清洗、采样体积、样品保存方法、样品标签、现场测定项目、采样质量控制、运输工具、条件和要求等。在农村饮用水风险评估中，对水质风险的评价，采用现场采样，采样的频率一般为两次，即丰水期和枯水期各一次。

4.2.3 采样容器

（1）重金属。对于重金属元素的分析，采样容器宜采用聚乙烯塑料容器。

（2）有机物。对于有机物的分析，采样容器宜采用棕色玻璃瓶。

4.2.4 采样容器的清洗

（1）塑料容器。对于聚乙烯塑料容器，先用水和洗涤剂清洗，除去灰尘、油垢后用自来水冲洗干净，然后用质量分数10%的硝酸浸泡24h，取出沥干后用自来水冲洗3次，并用蒸馏水或者超纯水充分淋洗干净。

（2）玻璃容器。对于采集有机物分析的玻璃容器的清洗，用重铬酸钾洗液浸泡24h，然后用自来水冲洗干净，用蒸馏水淋洗后置烘箱内180℃烘4h，冷却后再用农残级的正己烷、石油醚冲洗3次。

4.2.5 水样的采集

（1）湖库型水源地对河流、湖泊、水库型水源地的水，用直立式水质采样器采集，采集一定深度的水。

（2）地下水水源。对于自喷的泉水，在涌口处直接采样。不自喷的泉水，先用抽水管抽取一定的水，让新水更替后再取样；井水在抽取充分后，再取样。

（3）末梢水。末梢水的采集，在打开水龙头放出数分钟后，再取样。

4.2.6 采样体积和保存

根据测试指标、测试方法、平行样检测所需要样品数量确定采样体积和保存方法，具体情况如表4-1所示。

表 4-1　采样保存方法、时间和采样体积

检测项目	保存方法	取样体积	保存时间	备注
重金属	HNO_3 调节 $pH \leqslant 2$	100mL	14d	
Cr^{6+}	用 NaOH 调节 $pH = 8-9$	0.2L	14d	
挥发性有机物	用 1+10 HCl 调至 $pH \leqslant 2$，$1 \sim 5℃$ 避光、密封保存	40mL	48h	若是末梢水应加入抗坏血酸，以除去残留余氯
农药	$1 \sim 5℃$ 避光冷藏	2.5L	24h	
邻苯二甲酸酯类	$1 \sim 5℃$ 避光保存	2.5L	24h	若是末梢水应加入抗坏血酸，以除去残留余氯
多环芳烃	$1 \sim 5℃$ 避光保存	2.5L	7d	若是末梢水应加入硫代硫酸钠，以除去残留余氯
酚类	用 NaOH 调节 $pH \geqslant 12$	2.5L	24h	若是末梢水应加入亚砷酸钠，以除去残留余氯

4.2.7　水样采集的质量控制

（1）现场空白。在采样过程中，现场用超纯水做样品，按照检测项目的采样方法和要求，与样品相同条件下的装瓶、保存、运输方法运到实验室。农村饮用水污染物检测，需要在每个县区设置一个现场空白。

（2）现场平行样。在同等采样条件下，采集平行双样，送至实验室分析。每个样品点采集两个样品，以保证实验结果的可靠性。

（3）现场加标样。将实验室配置一定浓度被测物质的标准溶液，加入一份已知体积的水样中，另一份不加标样，送至实验室进行分析。本项目的现场加标实验控制在样品总数量的 10% 左右。

4.3　多环芳烃污染物来源、分析方法和案例研究

PAHs 是一大类广泛存在于环境中的有机污染物，也是最早被发现和研究的化学致癌物。由于其毒性、生物蓄积性和半挥发性并能在环境中持久存在，而被列为典型持久性有机污染物（POPs），受到国际上科学界的广泛关注。1976 年美国国家环境保护局提出的 129 种"优先控制污染物"中，PAHs 有 16 种；1990 年我国提出的水中优先控制的 68 种污染物中，PAHs 有 7 种。由于 PAHs 的水溶性极小，它们在土壤中的降解和生物可利用性受到严重限制。由于其具有较高的辛醇-水分配系数，易于分配到环境中疏水性有机物中，因此在生物体脂类中易于富集浓缩，有较高的生物富集因子（BCF）。

4.3.1 多环芳烃来源

（1）各种燃料燃烧。煤、石油、天然气、木材、纸以及其他含碳氢化合物的不完全燃烧或在还原气氛下热解形成 PAHs。当前农村的秸秆很少还田，采用直接燃烧的处理方法，是水体中 PAHs 的一个来源之一。

（2）原油及其产品的泄漏。PAHs 约占原油含量的 0.5%。据估计每年来自石油泄露进入环境中的 PAHs 总量约为 17 万 t。

（3）炼油、炼焦等企业产生的 PAHs。石化及焦化等工业生产中炼焦、炼油、煤焦油提炼等工艺过程中产生大量的 PAHs，因而其排放的废水、废气和废渣中含有 PAHs 类物质。

（4）垃圾焚烧产生 PAHs。目前垃圾焚烧炉的广泛使用也扩大了 PAHs 在环境中的分布。据报道，每小时处理 90t 垃圾的焚烧炉日排放致癌性 PAHs 总量超过 20 千克。PAHs 大部分吸附在空气中的气溶胶颗粒上，通过干、湿沉降到达地面，随水流进入水体，并主要通过呼吸、饮水以及食物等途径进入人体。

（5）工业品中含有的 PAHs。工业处理中作为添加剂、防腐剂或杀虫剂的材料中含有一定量的 PAHs，如木焦油和蒽油等。

4.3.2 多环芳烃分析方法

1. 样品前处理

采用固相萃取（SPE）进行富集。将 HLB 柱和 Envi-18 柱依次用 5mL 二氯甲烷、甲醇和超纯水进行活化。将采集的水样经过 0.45μm 玻璃纤维滤膜过滤，取 2L 过滤后水样加入浓度 100ng/L 的萘-d8、二氢苊-d18、菲-d10、䓛-d12、苝-d12 作为替代物。采用 HLB 和 Envi-18 串联对水样进行固相萃取富集。水样通过 SPE 小柱的流速控制在 6mL/分钟。富集水样的 HLB 和 Envi-18 用溶剂进行洗脱。HLB 用二氯甲烷和甲醇混合液（体积比 9∶1）10mL 分 3 次进行洗脱，Envi-18 用正己烷和二氯甲烷混合液（体积比 7∶3）10mL 分 3 次进行洗脱。洗脱液混合后用无水硫酸钠进行脱水，用旋转蒸发仪和氮吹仪浓缩至 0.5mL，加入 0.1mg/L 的荧蒽-d10 作为内标物，保存在 4℃冰箱里待测。

2. 样品的检测

采用气相色谱（7890A）—质谱（5975C）联用仪和 HP-5MS 毛细管柱（30 m×0.25 mm×0.25 μm，美国安捷伦公司生产）进行检测。进样口温度 280℃，无分流进样，GC 炉温采用程序升温，40℃保持 2min，5℃/min 升温至 290℃，保持 4min。样品分析时采用 SIM 扫描模式，根据特征峰和保留时间进行定性分析，根据基峰面积进行定量分析。其总离子流色谱图如图 4-1 所示。

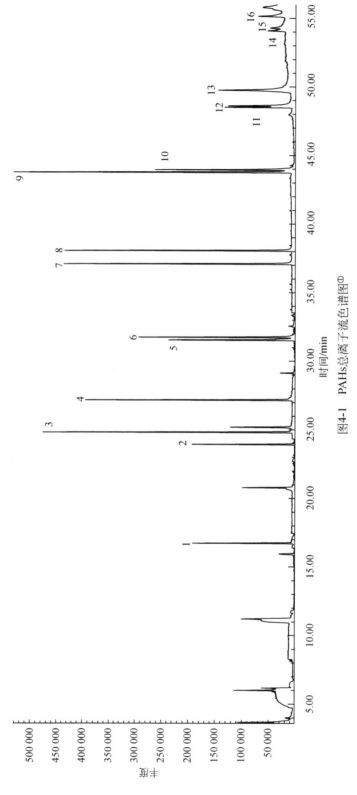

图4-1　PAHs总离子流离色谱图①

1.萘；2.苊烯；3.苊；4.芴；5.菲；6.蒽；7.荧蒽；8.芘；9.苯并[a]蒽；10.䓛；11.苯并[b]荧蒽；12.苯并[k]荧蒽；13.苯并[a]芘；14.茚并[1,2,3-cd]芘；15.二苯并[a,h]蒽；16.苯并[g,h,i]苝

① 质谱中的"丰度"是"分子"被打成碎片离子被检测到的信号强度，没有单位

3. 检测结果质量控制和质量保证

样品替代物的回收率应该为 70%～130%[①]，RSD<10%；空白加标回收率为 80%～120%，基体加标回收率为 60%～120%。所有空白测试结果应低于检出限，每批次试剂均分析试剂空白，每分析一批样品至少做一个空白；仪器每 12 小时做一次溶剂空白，检查仪器的污染状况；每 20 个样品，做一次标样，控制误差在 10% 以内。

4.3.3 多环芳烃污染案例研究

在华东某县的 5 个镇（以 A、B、C、D、E 代替）10 个村（以所在镇的字母和数字代替）布点采样，每个村分别采集深层地下水（水深大于 100 m）、浅层地下水（水深小于 20 m）水样。该地区在 2000 年前主要以浅层地下水作为饮用水源，2000 年以后改用深层地下水。采用固相萃取（SPE）与气相色谱—质谱联用方法，对饮用水中萘（NAP）、苊烯（ANY）、苊（ANA）、芴（FLU）、菲（PHE）、蒽（ANT）、荧蒽（FLT）、芘（PYR）、苯并[a]蒽（BaA）、䓛（CHR）、苯并[b]荧蒽（BbF）、苯并[k]荧蒽（BkF）、苯并[a]芘（BaP）、茚并[1,2,3-cd]芘（IPY）、二苯并[a,h]蒽（DBA）以及苯并[g,h,i]芘（BPE）共 16 种 PAHs 进行定量定性分析。

深层地下水丰水期与枯水期 PAHs 浓度如表 4-2 和表 4-3 所示，丰水期 PAHs 总量为 4058.29～9613.53ng/L，算术均值为 6255.67ng/L，萘、菲、芴约占 PAHs 总量的 90%，二苯并[a,h]蒽未检出。枯水期 PAHs 总量为 72.78～809.00ng/L，算术均值为 200.12ng/L，茚并[1,2,3-cd]芘、二苯并[a,h]蒽和苯并[g,h,i]芘均未检出。丰水期时总 PAHs 均超过 GB5749—2006 规定的 2000 ng/L，枯水期总 PAHs 未超标。丰水期 E 镇的两个村 PAHs 总量最高。枯水期 D2 村 PAHs 总量最高，并且苯并[a]芘超过GB5749—2006中规定的 10ng/L，超标 8.42 倍。

表 4-2　丰水期深层地下水多环芳烃浓度　　　　　　（单位：ng/L）

	A		B		C		D		E	
	A1	A2	B1	B2	C1	C2	D1	D2	E1	E2
NAP	3 025.56	2 716.44	2 999.78	5 179.94	2 057.61	4 356.67	2 178.89	2 128.72	6 372.28	6 352.67
ANY	28.43	55.72	60.08	69.50	26.85	44.66	22.60	47.60	75.38	81.32
ANA	63.53	42.83	92.58	104.43	70.50	101.27	63.86	73.38	153.24	167.57
FLU	539.58	1 055.58	683.25	750.08	628.58	774.17	560.83	494.00	1 007.83	1 055.50
PHE	993.86	1 671.65	1 229.59	1 326.07	1 190.68	1 276.40	942.53	981.49	1 620.41	1 575.74
ANT	68.43	101.68	55.30	73.63	40.27	54.48	66.09	70.88	104.18	104.63
FLT	—	120.96	117.75	121.04	104.32	147.86	90.89	138.11	124.43	133.61

---

① 回收率大于 100% 是由于系统误差、基质效应引起的，例如，我国残留分析方法的标准都有明确的规定，回收率范围为 80%～120%

	A		B		C		D		E	
	A1	A2	B1	B2	C1	C2	D1	D2	E1	E2
PYR	92.09	80.42	82.33	70.42	65.86	112.09	59.63	102.09	93.86	80.14
BaA	4.12	3.39	7.57	3.73	3.39	10.17	3.45	6.33	7.18	5.03
CHR	14.57	10.46	19.39	13.92	11.06	20.82	11.24	14.16	18.44	16.00
BbF	—	—	2.55	4.27	—	—	—	2.39	5.36	4.27
BkF	75.19	34.07	9.97	17.63	55.07	55.91	46.59	10.80	18.75	10.74
BaP	3.20	3.84	3.71	4.99	1.54	2.18	2.82	9.86	9.09	5.38
IPY	7.51	7.51	4.29	4.83	1.07	4.02	4.02	1.61	0.54	9.12
BPE	7.12	6.55	4.99	5.56	3.99	7.83	4.84	3.70	1.99	11.82
∑PAHs	4 923.19	5 911.10	5 373.13	7 750.04	4 260.79	6 968.53	4 058.28	4 085.12	9 612.96	9 613.54

注：—表示没有检出，全书同

表 4-3　枯水期深层地下水多环芳烃浓度　　　　　　　（单位：ng/L）

	A		B		C		D		E	
	A1	A2	B1	B2	C1	C2	D1	D2	E1	E2
NAP	28.20	57.48	47.67	11.88	27.21	24.82	20.98	102.03	65.07	27.85
ANY	4.73	6.26	6.26	2.38	3.10	3.21	3.39	18.39	3.76	3.38
ANA	2.09	2.49	3.77	8.86	2.30	4.74	3.17	6.66	1.88	1.96
FLU	15.94	12.65	22.92	11.64	14.34	15.50	24.37	69.60	9.32	13.15
PHE	39.48	16.27	56.91	19.36	23.80	10.48	29.87	230.27	20.04	28.72
ANT	2.49	1.50	6.38	2.24	3.86	1.32	2.55	18.59	2.11	4.18
FLT	14.82	8.39	15.95	6.20	20.57	0.16	20.08	84.34	9.87	12.91
PYR	16.85	10.61	17.69	7.57	16.51	9.28	19.71	71.47	18.41	14.49
BaA	5.02	0.86	0.80	1.24	3.81	0.50	6.80	27.61	1.62	2.41
CHR	15.14	3.41	2.33	3.25	9.20	1.66	15.68	68.46	4.62	7.79
BbF	—	0.89	6.07	1.78	—	0.24	6.05	8.42	—	4.34
BkF	8.66	—	—	—	5.25	—	15.72	8.95	1.15	—
BaP	4.25	3.55	0.43	4.74	—	0.86	5.75	94.22	1.73	4.21
∑PAHs	157.67	124.36	187.18	81.14	129.95	72.77	174.12	809.00	139.58	125.39

　　浅层地下水丰水期和枯水期 PAHs 检测结果如表 4-4 和表 4-5 所示。丰水期 PAHs 总量为 2205.84 ～ 24 621.20 ng/L，算术均值为 8404.73 ng/L，二苯并［a,h］蒽未检出。枯水期 PAHs 总量为 82.88 ～ 601.95 ng/L，算术均值 214.68 ng/L，茚并［1,2,3-cd］芘、二苯并［a,h］蒽和苯并［g,h,i］芘均未检出。丰水期 B1 和 D1 水样中苯并［a］芘均超标，分别超标 0.13 倍和 0.92 倍，枯水期 D2 村苯并［a］芘超标 2.1 倍。

表 4-4　丰水期浅层地下水多环芳烃浓度　　　　　　　（单位：ng/L）

	A		B		C		D		E	
	A1	A2	B1	B2	C1	C2	D1	D2	E1	E2
NAP	974.44	12 701.78	2 238.21	1 813.88	5 775.06	3 301.61	17 073.89	5 108.94	3 609.06	2 650.44
ANY	12.25	117.48	39.50	17.60	71.79	36.33	156.32	54.49	59.37	47.71
ANA	32.65	277.20	59.65	43.00	135.86	75.54	363.03	107.63	80.19	67.13
FLU	322.50	1 780.58	354.83	337.40	960.83	642.83	2 428.33	715.26	579.33	450.92
PHE	693.63	2 452.52	800.22	605.68	1 714.18	1 211.66	3 603.24	1 185.77	935.49	1 053.90
ANT	20.72	101.78	61.23	29.19	132.54	67.06	154.28	82.08	59.16	68.58
FLT	69.79	184.50	102.22	57.06	119.86	221.75	392.14	99.93	70.96	148.82
PYR	46.05	132.51	76.72	36.46	81.58	180.79	312.56	66.54	48.33	120.93
BaA	4.29	10.40	11.27	3.26	5.71	27.68	2.82	4.56	3.56	8.19
CHR	15.29	28.02	30.94	9.02	13.98	47.59	12.49	11.47	10.71	13.62
BbF	1.98	1.82	3.23	—	0.62	2.19	5.10	0.62	1.04	3.70
BkF	5.76	44.75	5.93	8.01	1.60	47.24	92.52	2.20	32.58	44.93
BaP	2.05	7.30	11.27	1.54	2.56	8.71	19.21	2.05	8.32	5.63
IPY	1.88	13.94	13.50	2.02	2.68	6.70	2.41	1.92	8.31	4.56
BPE	2.56	11.40	18.70	2.72	3.13	6.41	2.85	2.93	5.84	6.27
∑PAHs	2 205.84	17 865.98	3 827.42	2 966.84	9 021.98	5 884.09	24 621.19	7 446.40	5 512.25	4 695.33

表 4-5　枯水期浅层地下水多环芳烃浓度　　　　　　　（单位：ng/L）

	A		B		C		D		E	
	A1	A2	B1	B2	C1	C2	D1	D2	E1	E2
NAP	40.12	51.30	23.00	39.27	62.34	23.44	52.36	54.18	39.30	21.34
ANY	5.00	7.19	3.06	5.59	8.04	3.33	5.72	7.86	1.83	4.05
ANA	1.80	2.57	0.66	1.90	2.52	2.01	1.59	4.27	2.68	1.78
FLU	11.63	17.85	15.93	10.13	17.36	11.10	10.92	34.70	16.54	12.21
PHE	15.04	5.17	1.59	9.00	22.85	30.55	36.74	77.43	32.92	28.55
ANT	1.47	3.59	2.02	1.08	2.01	3.68	7.88	10.22	6.02	4.84
FLT	13.07	24.78	18.50	5.93	12.18	19.07	110.60	143.21	33.01	34.09
PYR	17.21	36.23	15.68	6.54	13.43	22.97	117.07	144.35	31.10	32.71
BaA	0.72	0.97	1.69	0.61	1.45	2.54	18.22	22.87	42.46	5.12
CHR	3.17	4.06	4.62	2.35	4.23	6.00	39.53	59.13	13.88	12.22
BbF	1.03	—	—	0.49	11.00	—	10.48	10.30	3.11	3.43
BkF	—	—	—	—	—	1.94	3.96	2.09	7.28	0.30
BaP	—	—	0.90	—	0.77	—	8.37	31.35	7.32	4.00
∑PAHs	110.26	153.71	87.65	82.89	158.18	126.63	423.44	601.96	237.45	164.64

4.4 多氯联苯来源、分析方法和案例研究

多氯联苯（PCBs）呈流动的油状液体或白色结晶固体或非结晶性树脂状，燃烧具有一定毒性。PCBs 是《斯德哥尔摩公约》禁止的 12 类持久性有机污染物（POPs）之一，全球禁止生产，且是最终要消除的持久性有机污染物（POPs）之一。著名的日本米糠油事件和中国台湾油症事件就是因管理不慎导致多氯联苯污染食品而造成的。日本 1968 年米糠油中毒事件中，受害者因食用被 PCBs 污染的米糠油（每公斤米糠油含 2000 ~ 3000mg 的 PCBs）而中毒。至 1978 年年底，日本有 28 个县（包括东京都、京都府、大阪府）确认有 1684 名病人为 PCBs 中毒患者。1977 年前死于此症的有 30 多人。

4.4.1 多氯联苯来源

1. 电容器和变压器的绝缘材料

PCBs 因具有良好的绝缘性和耐高温性，PCBs 曾大量用于电力设备，包括电力电容器和变压器。虽然 PCBs 禁用多年，但是在各种环境介质中仍然广泛存在。目前环境中 PCBs 的主要来源为含 PCBs 的电容器和变压器等在使用、封存、拆卸过程中的泄漏。PCBs 主要的制造期在美国是从 1930 年直到 20 世纪 70 年代末，在日本于 1954 ~ 1972 年进行生产，在中国于 1965 ~ 1974 年进行生产，欧洲生产至 20 世纪 80 年代，俄罗斯于 1993 年停止生产。全世界多氯联苯的累计产量估计为 75 ~ 200 万 t。

1965 ~ 1974 年，中国共生产了 47 万台含 PCBs 的电容器。1991 年，我国环境保护总局禁止生产和使用含 PCBs 的电容器，对废弃的进行封存。这项工作也被写入了《中国履行〈关于持久性有机污染物的斯德哥尔摩公约〉国家实施计划》中。

我国曾经出台 PCBs 管理政策：第一机械工业部于 1974 年 3 月 9 日发出关于"改用电力电容器浸渍材料的通知"规定，中国不再制造含多氯联苯电力电容器。1979 年 8 月 11 日国家经济委员会、国务院环境保护领导小组发出关于"防止多氯联苯有害物质污染问题的通知"，规定今后不再进口以多氯联苯为介质的电器设备。1991 年 3 月 1 日，环境保护总局和能源部下发了"防止含多氯联苯电力装置及其废物污染环境的规定"，规定强调了各级人民政府的环保部门必须对多氯联苯电力装置进行封存，封存年限不超过 20 年，并且封存的电力装置必须是可回收的。1991 年 6 月 27 日，国家技术监督局和国家环境保护局联合发布了《含多氯联苯废物污染控制标准》（GB 13015—91）。该标准规定了含多氯联苯废物污染控制标准以及含多氯联苯废物的处置方法，含多氯联苯废物污染控制标准值为 50 mg/kg。1999 年 12 月 3 日，国家环境保护总局发布了《关于危险废物焚烧污染控制标准》（GWKB 2—1999）。

2. PCBs 用作油漆的添加剂

五氯联苯用作油漆的添加剂。中国生产五氯联苯时断时续，主要生产厂家是上海三灶化工厂，产品主要用途作为油漆的添加剂，有各种不同规格的油漆、橡胶漆、底漆、磁漆。生产含五氯联苯油漆的厂家主要是上海造漆厂、上海振化造漆厂、天津油漆、广州油漆、大连油漆厂、哈尔滨油漆厂、西安油漆厂、甘肃油漆厂等。

3. 含氯有机物的不完全焚烧

固体垃圾焚烧也是产生 PCBs 的污染源之一。垃圾焚烧过程可以通过飞灰表面的催化反应合成 PCBs。

4. 高污染土壤或沉积物中 PCBs 的释放也是产生 PCBs 的一个重要来源

土壤中残留的 PCBs 源于污染物排放、泄漏、空气降尘携带等过程。相对于空气、新鲜水体、生物体等，它负载着陆地环境中最多的 PCBs，现在已成为大气中的 PCBs 的最大污染源。研究表明，PCBs 在土壤中迁移性很弱，随着土层深度的增加含量迅速降低。

4.4.2　多氯联苯污染物分析方法

1. 样品前处理

采用固相萃取（SPE）进行富集。将 HLB 柱和 Envi-18 柱依次用二氯甲烷、甲醇和超纯水进行活化。水样经过 0.45μm 玻璃纤维滤纸过滤后，将 2L 过滤后的水样加入浓度为 100ng/L C-PCB141 和 C-PCB209 作为替代物，把已经活化的 HLB 和 Envi-18 串联后对水样进行固相萃取。控制水样通过 SPE 小柱的流速在 6 mL/min。富集水样的 SPE 柱带回实验室进行洗脱，HLB 用二氯甲烷和甲醇混合液（体积比为 9∶1）10 mL 分三次进行洗脱，Envi-18 用正己烷和甲醇混合液（体积比为 7∶3）10 mL 分三次进行洗脱。洗脱液混合后用无水硫酸钠进行脱水，用旋转蒸发仪和氮吹仪浓缩至 0.5 mL，加入 0.01 mg/L 的十氯联苯作为内标物，保存在 4℃ 的冰箱里待测。

2. 样品的检测

采用气相色谱（7890A）—质谱（5975C）联用仪，HP-5MS 毛细管柱（30 m×0.25 mm ×0.25 μm，美国安捷伦公司生产）进行检测。进样口温度 280℃，无分流进样，GC 炉温采用程序升温，40℃ 保持 2min，5℃/min 升温至 290℃，保持 4min。样品分析时采用 SIM 扫描模式，根据特征峰和保留时间进行定性分析，根据基峰面积进行定量分析。其总离子流色谱图如图 4-2 所示。

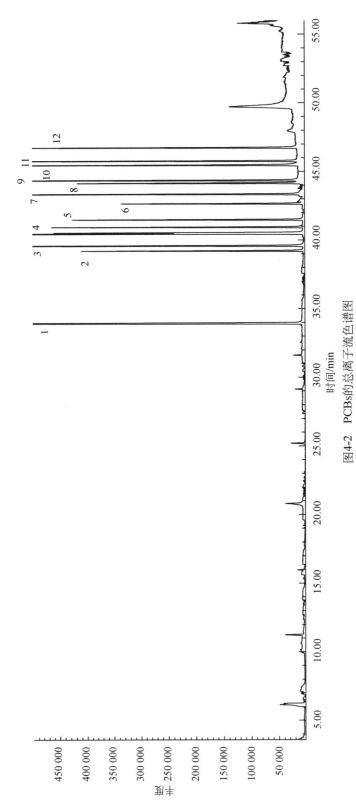

图4-2　PCBs的总离子流色谱图

1.四氯联苯（PCB77）；2.四氯联苯（PCB81）；3.五氯联苯（PCB123）；4.五氯联苯(PCB118)；5.五氯联苯（PCB114）；6.五氯联苯（PCB105）；7.五氯联苯（PCB126）；8.六氯联苯（PCB167）；9.六氯联苯（PCB156）；10.六氯联苯（PCB157）；11.六氯联苯（PCB169）；12.七氯联苯（PCB189）

3. 质量控制和质量保证

在进行样品分析的同时，进行方法空白、基质加标及样品平行样分析，每 6 个样品做一个方法空白，每个样品做三个平行样分析，对标准物和样品作多次重复分析。样品替代物的回收率应该为 70%～120%，RSD<10%；空白加标回收率为 80%～120%，基体加标的回收率为 60%～120%。所有空白测试结果应低于检出限；每批次试剂均分析试剂空白；每分析一批样品至少做一个空白；仪器每 12 小时做一次溶剂空白，检查仪器的污染状况；每 20 个样品，做一次标样，控制误差在 10% 以内。

4.4.3 多氯联苯污染案例研究

选取华东某县 5 个镇，每个镇选取两个村，共计 10 个村（以字母 Y 和数字表示），每村分别取深层井水、浅层井水、地表沟塘水 2.5L 水样。采用固相萃取（SPE）与气相色谱—质谱联用方法，检测 12 种共平面的 PCBs，包括 PCB77、PCB81、PCB126、PCB169、PCB105、PCB114、PCB118、PCB123、PCB156、PCB157、PCB167、PCB189。

检测结果如表 4-6 所示，华东某县三类饮用水源地多氯联苯中仅有五氯联苯（PCB118）检出，且各采样点五氯联苯的检出率为 100%。其中，地表沟塘水丰水期超标率为 20%，浓度为 0.51～45.69 ng/L，枯水期超标率 43%，浓度为 3.78～82.99 ng/L；浅层井水丰水期超标率 10%，浓度为 0.51～42.13ng/L，枯水期超标率 50%，浓度为 2.66～44.16 ng/L。深层井水丰水期无超标现象，浓度为 1.78～15.74 ng/L，枯水期超标率 30%，浓度范围为 6.93～34.36ng/L。三类水源水体中，浅层井水枯水期超标率最高，其次为地表沟塘水枯水期。

表 4-6　华东某县不同水体中五氯联苯（PCB118）浓度

采样点	深层井水/(ng/L)		浅层井水/(ng/L)		地表沟塘水/(ng/L)	
	丰水期	枯水期	丰水期	枯水期	丰水期	枯水期
Y1	15.74	33.92[*]	42.13[*]	23.73[*]	2.54	30.91[*]
Y2	2.54	18.50	1.78	2.66	6.09	—
Y3	1.78	34.36[*]	1.02	9.53	4.57	20.82[*]
Y4	3.81	12.32	2.28	29.73[*]	25.89[*]	82.99[*]
Y5	2.54	3.33	4.31	4.84	6.60	3.96
Y6	1.78	9.27	2.54	44.16[*]	0.51	5.04
Y7	3.05	14.24	0.51	33.10[*]	5.58	3.78
Y8	3.81	10.94	3.05	7.43	8.63	—
Y9	2.54	23.10[*]	2.03	25.40[*]	6.60	35.15
Y10	3.30	6.93	3.05	11.05	45.69[*]	—
均值	4.09	16.69	6.27	19.16	11.27	26.09
超标率（%）	0	30	10	50	20	42.95

注：*表示浓度超标，—表示未采集到水样

同一采样地点不同水期的五氯联苯超标率也存在差异，枯水期超标率普遍高于丰水期。此外，所有采样点位中，除个别采样点外，枯水期浓度均要高于丰水期浓度，甚至呈现倍数差异关系，这可能与不同时期的水量不同有关，且随着外部物理化学条件的改变，沉积物不仅是 PCBs 的汇，在一定条件下也可能成为 PCBs 释放的源。

4.5 酞酸酯类来源、分析方法和案例研究

酞酸酯类化合物（phthalate esters，PAEs，也称邻苯二甲酸酯类化合物）是大约 30 种化合物的总称，一般为无色油状黏稠液体，难溶于水，易溶于有机溶剂，常温下不易挥发，通常用酞酸酐与各种醇类之间的酯化反应获得。PAEs 主要包括邻苯二甲酸二乙酯（DEP）、邻苯二甲酸二丙酯（DPRP）、邻苯二甲酸二丁酯（DBP）、邻苯二甲酸二戊酯（DPP）、邻苯二甲酸二己酯（DHP）、邻苯二甲酸二环己酯（DCHP）、邻苯二甲酸二（2-乙基己基）酯（DEHP）、邻苯二甲酸丁基苄基酯（BBP）等。它是世界上广泛使用的人工合成的难降解有机化合物，主要用于塑料增塑剂、涂料、香料、油漆等化工生产中，是环境中最常见的痕量有机污染物之一。

4.5.1 酞酸酯类污染物来源

酞酸酯类物质主要用作增塑剂。由于塑料制品在工农业生产和日常生活中的广泛使用，其产量不断增加。近几年，美国每年增塑剂产量在 100 万 t 以上，其中 70% 都是酞酸酯类化合物。与此同时，美国在许多地方都检出了酞酸酯类物质，密西西比河河口酞酸二异辛酯的浓度达到 0.6μg/L，苏必利尔湖湖湾的水样中酞酸二异辛酯的浓度为 0.3μg/L，以俄亥俄河河水为水源的自来水中也检出了酞酸二丁酯。美国国家环境保护局将 6 种 PAEs 列为优先控制的有毒污染物，分别为：邻苯二甲酸二（2-乙基己基）酯（DEHP）、邻苯二甲酸丁苄酯（BBP）、邻苯二甲酸正丁酯（DBP）、邻苯二甲酸二正辛酯（DOP）、邻苯二甲酸二乙酯（DEP）、邻苯二甲酸二甲酯（DMP）。在欧洲，酞酸酯类增塑剂的年销售量约为 100 万 t，其中邻苯二甲酸二（2-乙基己基）酯的应用最为广泛，其销售量占总量的 40%。我国于 1989 年列出 68 种环境优先控制污染物，其中包括三种 PAEs，分别为 DEP、DMP、DOP。事实上，作为一种环境激素，酞酸酯类物质的急性毒性较小，对人体危害主要体现在对内分泌系统的影响、对生殖与发育的影响、致癌作用、神经系统毒性和对免疫系统的影响。其中，最重要的作用就是对生殖系统的影响。

4.5.2 酞酸酯类污染物分析方法

1. 样品前处理

采用固相萃取（SPE）进行富集。取经过 0.45 μm 的滤膜过滤 0.5 L 水样，加入 5mL

甲醇和替代物邻苯二甲酸二乙酯-d4。用500mg/6mL[①] 的 C18 SPE 小柱依次通过 10mL 二氯甲烷，再用 10 mL 甲醇淋洗，抽干，再通过 10mL 超纯水浸泡 SPE 小柱 1 ~ 2min 后抽出，但保留 3 ~ 5 mm 厚度的液面。水样流速控制在 4 mL/min 左右，直至水样完全通过后，再用真空泵抽 15min，去除小柱中的水分；水样瓶用 5 mL 的二氯甲烷清洗，再将此溶液用于淋洗 SPE 小柱，再加入 5 mL 的二氯甲烷淋洗，收集淋洗液。然后将淋洗液通过 8g 无水 Na_2SO_4 的柱子脱水，将淋洗液用轻微氮气流浓缩至约 0.5 mL，再加入三苯基磷酸酯作为内标，定容至 0.5 mL，待测。

2. 样品的测定

采用气相色谱（7890A）—质谱（5975C）联用仪，HP-5MS 毛细管柱（30 m×0.25 mm ×0.25 μm，美国安捷伦公司生产）进行检测。进样口温度 280℃，无分流进样，GC 炉温采用程序升温，40℃保持 2min，5℃/min 升温至 290℃，保持 4min。样品分析时采用 SIM 扫描模式，根据特征峰和保留时间进行定性分析，根据基峰面积进行定量分析。其总离子流色谱图如图 4-3 所示。

3. 质量控制和质量保证

在进行样品分析的同时，进行方法空白、基质加标及样品平行样分析，每 6 个样品做一个方法空白，每个样品做 3 个平行样分析，对标准物和样品作多次重复分析。样品替代物的回收率应该为 80% ~ 120%，RSD<5%；空白加标回收率为 80% ~ 120%，基体加标的回收率为 70% ~ 120%。所有空白测试结果应低于检出限；每批次试剂均分析试剂空白；每分析一批样品至少做一个空白；仪器每 12h 做一次溶剂空白，检查仪器的污染状况；每 20 个样品，做一次标准样品，控制误差在 10% 以内。

4.5.3 酞酸酯类污染案例研究

在江苏某县 A、B、C、D、E 共 5 个镇进行取样，每个镇选两个村，共计 10 个村，每村分别采集深层地下水、浅层地下水两类水体。采用固相萃取与 GC-MS 对水样中的 DMP、DEP、DBP、BBP、DEHP 和 DOP 进行定性定量分析。

深层地下水 PAEs 在丰水期和枯水期的浓度见表 4-7 和表 4-8。PAEs 在丰水期水样中均有检出，枯水期水样除 DOP 外，DMP、DEP、DBP、BBP、DEHP 检出率均为 100%。其中，丰水期 DEP 浓度均值为 2097.44 ng/L，枯水期 DEP 浓度均值为 346.60 ng/L，远低于《生活饮用水卫生标准》（GB 5749—2006）规定标准限值（$3×10^6$ng/L）。丰水期 DBP 浓度均值为 5002.42ng/L，超标率达到 100%，最大超标为 2.13 倍；枯水期浓度均值 8306.35ng/L，超标率为 80%，最大超标为 7.35 倍。丰水期 DEHP 浓度均值为 6473.25ng/L，超标率为 30%，最大超标为 1.19 倍；枯水期浓度均值为 1078.46ng/L，均未超标。PAEs 总浓度丰水期均值为 14 455.66ng/L，枯水期总浓度均值为 10 034.56ng/L。

---

① SPE 小柱的规格。500mg 是小柱中过滤材质质量，6mL 是推荐的过滤速度即 6mL/min

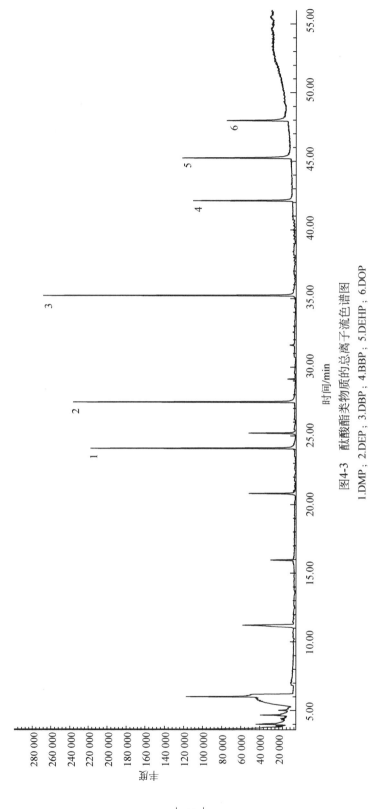

图4-3 酞酸酯类物质的总离子流色谱图

1.DMP；2.DEP；3.DBP；4.BBP；5.DEHP；6.DOP

表 4-7   丰水期深层地下水中 PAEs 浓度   （单位：ng/L）

采样点		DMP	DEP	DBP	BBP	DEHP	DOP	$\sum$ PAEs
A	A1	679.92	1 432.29	4 355.53	42.30	4 119.01	4.68	10 633.73
	A2	745.28	1 619.05	3 583.21	13.56	3 951.29	7.93	9 920.32
B	B1	763.92	1 979.71	5 804.40	32.64	8 806.24	6.10	17 393.02
	B2	1 056.72	3 132.19	5 053.02	65.75	7 919.41	7.10	17 234.19
C	C1	799.36	2 710.48	3 721.82	191.26	5 834.06	7.70	13 264.68
	C2	519.92	870.67	4 873.27	13.56	3 947.13	5.03	10 229.58
D	D1	803.68	1 842.95	6 391.38	51.95	6 087.82	12.37	15 190.17
	D2	845.12	2 216.57	5 194.40	14.94	5 948.02	8.53	14 227.58
E	E1	836.88	2 382.86	5 275.41	41.15	8 572.97	14.33	17 123.59
	E2	1 174.40	2 787.62	5 771.70	50.57	9 546.53	8.88	19 339.71
平均值		822.52	2 097.44	5 002.41	51.77	6 473.25	8.27	14 455.66

表 4-8   枯水期深层地下水中 PAEs 浓度   （单位：ng/L）

采样点		DMP	DEP	DBP	BBP	DEHP	$\sum$ PAEs
A	A1	275.14	242.40	4 791.14	26.47	470.24	5 805.39
	A2	133.13	257.87	9 140.80	6.66	335.72	9 874.19
B	B1	297.04	325.40	3 364.98	31.26	1 738.54	5 757.23
	B2	428.66	815.36	14 441.05	1.66	756.29	16 443.03
C	C1	148.83	340.40	1 374.74	15.10	1 243.41	3 122.48
	C2	644.49	391.69	1 418.99	1.02	2 776.90	5 233.10
D	D1	261.59	359.95	22 042.21	12.50	600.28	23 276.52
	D2	259.21	243.23	5 422.95	33.35	1 010.17	6 968.90
E	E1	264.00	244.66	6 857.77	15.85	1 270.06	8 652.34
	E2	157.25	245.00	14 208.89	18.29	583.02	15 212.46
平均值		286.93	346.60	8 306.35	16.22	1 078.46	10 034.56

　　浅层地下水 PAEs 在丰水期和枯水期的浓度见表 4-9 和表 4-10。浅层地下水丰水期共检出 6 种酞酸酯类物质，枯水期检出 5 种物质，检出率均为 100%。其中，丰水期 DEP 浓度均值为 2200.41ng/L，枯水期 DEP 浓度均值为 329.03ng/L，远低于《生活饮用水卫生标准》（GB 5749—2006）规定标准限值。丰水期 DBP 浓度均值为 4729.11ng/L，超标率达到 90%，最大超标为 3.48 倍；枯水期浓度均值为 10 469.05ng/L，超标率为 100%，最大超标为 10.7 倍。丰水期 DEHP 浓度均值为 7102.25ng/L，超标率为 40%，最大超标为 1.26 倍；枯水期浓度均值为 1210.10ng/L，均未超标。丰水期 PAEs 总浓度平均值为 14 872.91ng/L，枯水期总浓度均值为 12 317.96ng/L。

表 4-9　丰水期浅层地下水中 PAEs 浓度　　　　　（单位：ng/L）

采样点		DMP	DEP	DBP	BBP	DEHP	DOP	$\sum$PAEs
A	A1	509.79	963.00	3 777.24	17.53	7 816.73	6.47	13 090.76
	A2	457.67	1 330.87	1 988.61	7.39	3 236.04	5.15	7 025.73
B	B1	404.00	1 565.90	3 109.43	14.71	6 550.69	3.55	11 648.30
	B2	1 362.08	3 737.24	6 621.19	40.46	9 941.29	7.58	21 709.84
C	C1	2 061.60	6 431.43	10 442.77	108.05	10 080.20	17.35	29 141.39
	C2	820.38	1 666.09	4 380.37	15.98	6 599.21	3.81	13 485.84
D	D1	552.08	1 253.43	3 500.13	17.01	6 917.43	9.18	12 249.25
	D2	517.84	831.81	5 007.23	25.29	8 975.45	6.69	15 364.31
E	E1	626.88	1 842.48	3 519.50	10.11	2 160.59	2.37	8 161.93
	E2	737.28	2 381.90	4 944.65	34.25	8 744.85	8.82	16 851.76
平均值		804.96	2 200.41	4 729.11	29.08	7 102.25	7.10	14 872.91

表 4-10　枯水期浅层地下水中 PAEs 浓度　　　　　（单位：ng/L）

采样点		DMP	DEP	DBP	BBP	DEHP	$\sum$PAEs
A	A1	177.53	239.23	5 342.25	11.96	660.84	6 431.80
	A2	290.82	220.36	4 849.72	5.34	207.88	5 574.12
B	B1	267.08	661.85	8 906.36	12.80	603.18	10 451.26
	B2	351.39	392.90	32 111.06	10.23	647.46	33 513.04
C	C1	256.64	283.61	7 280.49	19.79	836.74	8 677.27
	C2	303.77	375.19	15 838.54	26.75	5 072.28	21 616.54
D	D1	151.02	357.83	4 531.36	14.44	989.39	6 044.03
	D2	322.95	250.72	3 700.00	16.52	1 567.35	5 857.53
E	E1	476.38	260.94	17 810.47	16.72	852.55	19 417.06
	E2	350.79	247.66	4 320.26	14.87	663.32	5 596.89
平均值		294.84	329.03	10 469.05	14.94	1 210.10	12 317.96

　　枯丰水期 DEP 均未超标，但 DBP 在枯丰水期，超标率都非常高，DEHP 在丰水期有超标现象。这与国内其他地区饮用水源的酞酸酯类检测结果基本一致（表 4-11），DBP 和 DEHP 存在超标现象，尤其 DBP 最为典型。

　　从不同类型水源来看，PAEs 总浓度均值为浅层地下水大于深层地下水。这是由于浅层地下水埋藏较浅，流量不稳定，且受气候因素影响大，易受污染。地下水中的邻苯二甲酸酯类物质的来源主要通过两大途径：直接途径是含有该类化合物工业废水的排放，固体废弃物的堆放和雨水淋洗以及 PVC 塑料的缓慢释放；间接途径是该类化合物首先排入大气，然后通过干沉降或雨水淋洗而转入水环境中，并逐步由浅层地下水向深层地下水渗透。

表 4-11　不同地区地下水中 DBP 和 DEHP 浓度　　　（单位：μg/L）

地区	年份	环境介质	DBP	DEHP
京津	1986	地下水	0.03 ~ 3.4	0.06 ~ 6.6
北京	1994	地下水	4.9 ~ 5.6	4.0 ~ 4.8
上海	2001	深层地下水	0.85 ~ 2.12	1.40 ~ 3.5
合肥	2008	深层地下水	3.37 ~ 6.47	1.13 ~ 3.05
武汉	2008	地下水	1.29 ~ 10.23	0.04 ~ 3.29
淮河流域盱眙段	2008	浅层地下水	—	0.97 ~ 4.47
江苏某县	2010	深层地下水	1.37 ~ 14.21	0.34 ~ 9.55
		浅层地下水	1.99 ~ 32.11	0.21 ~ 10.08

从不同时期来看，首先，地下水丰水期和枯水期 PAEs 含量和种类均有差异，丰水期 PAEs 总浓度均值大于枯水期，主要原因可能是研究地区位于淮河下游，丰水期降水量多，导致大量的污染物由上游冲刷至下游，水质受上游影响较大。其次，由于降雨产生径流及雨水淋溶导致丰水期检出率、超标率均高，还有待进一步研究。赵振华等（1987）研究发现大气中 PAEs 的季节变化为：在居民区中 DBP 和 DEHP 都是夏季高于冬季，由于夏季气温高，使塑料制品等中的增塑剂易于分解挥发致，使吸附在气溶胶颗粒上的 PAEs 含量增加，最终通过降雨沉降至水环境中。

4.6　酚类污染物来源、分析方法和案例研究

酚类是一种原生质毒物，对一切生活个体都有毒杀作用，能使蛋白质凝固，长期饮用被酚类污染的水可引起慢性积累性中毒，可抑制中枢神经系统或损害肝、肾功能。美国国家环境保护局基于有毒化学物的毒性、自然降解的可能性及在水体中出现的概率等因素，已把苯酚、邻氯酚、2,4-二氯苯酚、三氯苯酚和五氯酚等酚类化合物列入 129 种优先控制的污染物名单之中。在我国环境优先控制污染物"黑名单"中，包括苯酚、氯代酚、硝基酚等几种酚类化合物。

4.6.1　酚类污染物来源

（1）石油化工。酚类物质是焦化厂的主要污染物之一，广泛存在于废气、废水、废渣中。主要由烟煤大分子结构在炼焦热解过程中形成。炼油厂和其他碳氢化合物加工厂产生的废弃物中也含有酚类物质。

（2）煤气制造。煤气站产生的酚类物质以苯酚为主，含有少量的间甲苯酚、对甲苯酚，含酚废水主要来源于煤气净化过程中的间接冷却器的冷凝水和水封用水。

（3）木材防腐。酚类可用作木材的防腐剂，是常用的木材胶黏剂、杀菌剂及防腐剂，主要物质为五氯酚。

（4）其他。各种氯酚酸除草剂和有机磷杀虫剂的降解也会产生酚类物质。

由于酚类化合物的广泛使用，它进入环境的量不断增加，已成为世界各国普遍关注的

优先控制有机污染物。

4.6.2 酚类污染物分析方法

1. 样品前处理

采用固相萃取（SPE）进行富集。水样用0.45μm的滤膜过滤后，用0.5mol/L硫酸调节pH＝2，备用。500 mg/6 mL的C18 SPE小柱依次用正己烷、甲醇、0.05mol/L硫酸各10mL，以1 mL/min流速通过SPE小柱。活化后的SPE小柱填料应保持湿润状态。将上述0.5L、pH＝2的水样加入替代物2,4-二溴苯酚，以3～5 mL/min的流速通过活化后的SPE小柱，用干净的空气吹扫小柱约2min。用6 mL二氯甲烷（苯酚的测定淋洗液使用乙醚）以1.0 mL/min的流速洗脱SPE小柱，收集洗脱液，将洗脱液通过8g无水硫酸钠柱脱水。洗脱液在高纯氮气低流速浓缩（不要吹干），加入内标物2,5-二溴甲苯，2,2′,5,5′-四溴联苯，定容至0.5 mL，待测。

2. 样品检测

采用气相色谱（7890A）—质谱（5975C）联用仪，HP-5MS毛细管柱（30 m×0.25 mm×0.25 μm，美国安捷伦公司生产）进行检测。进样口温度280℃，无分流进样，GC炉温采用程序升温，40℃保持2min，5℃/min升温至290℃，保持4min。样品分析时采用SIM扫描模式，根据特征峰和保留时间进行定性分析，根据基峰面积进行定量分析。其总离子流色谱图如图4-4所示。

3. 质量控制和质量保证

在进行样品分析的同时，进行方法空白、基质加标及样品平行样分析，每6个样品做一个方法空白，每个样品做3个平行样分析，对标准物和样品作多次重复分析。样品替代物的回收率应该为80%～120%，RSD<5%；空白加标回收率为80%～120%。所有空白测试结果应低于检出限；每批次试剂均分析试剂空白；每分析一批样品至少做一个空白；仪器每12h做一次溶剂空白，检查仪器的污染状况；每20个样品，做一次标样，控制误差在10%以内。

4.6.3 酚类污染案例研究

在江苏某县5个镇进行取样，每个镇选两个村，共计10个村，每村分别取浅层地下水和深层地下水（大于100m）两个水样。水样通过固相萃取和GC-MS进行分析，对水样中苯酚、2-氯酚、2-硝基酚、2,4-二氯酚、2,3-二氯酚、2,4,6-三氯酚、五氯酚进行定性定量分析。

深层地下水在丰水期和枯水期检出的酚类物质如表4-12所示，共检出苯酚、2-氯苯酚、2-硝基苯酚以及2,4-二氯酚4种物质。

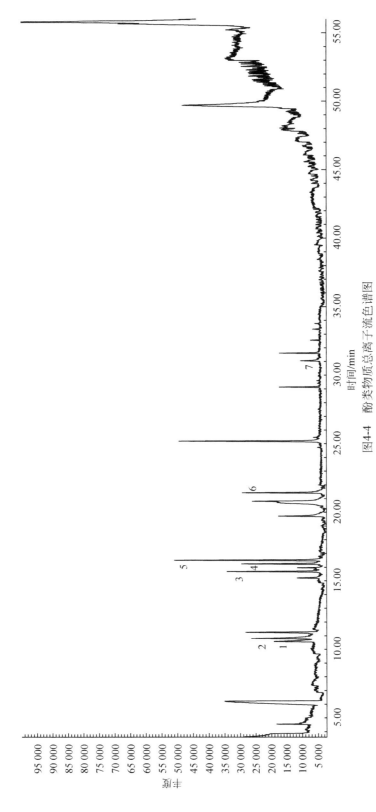

图4-4 酚类物质总离子流色谱图

1. 苯酚；2. 2-氯苯酚；3. 2-硝基苯酚；4. 2,4-二氯苯酚；5. 2,3-二氯苯酚；6. 2,4,6-三氯苯酚；7. 五氯苯酚

深层地下水丰水期苯酚、2-氯苯酚、2-硝基苯酚以及2,4-二氯酚的浓度分别为876.07 ~6552.15ng/L、5.95~91.27ng/L、424.62~1000.00ng/L、267.82~2114.94ng/L，均没有超过《生活饮用水卫生标准》（GB 5749—2006）和世界卫生组织饮用水标准规定的限值。水样中总挥发酚（4种测出的酚类物质通过摩尔质量折算为苯酚）的浓度为1243.17 ~7746.03 ng/L，有9个水样超过《生活饮用水卫生标准》（GB 5749—2006）规定的2000 ng/L。

枯水期水样中苯酚、2-氯苯酚、2-硝基苯酚以及2，4-二氯酚的浓度分别为2.54~504.89 ng/L，检测限以下~0.86 ng/L，14.02~849.6 ng/L，检测限以下~9.20 ng/L。总挥发酚的浓度为12.02~1083.66 ng/L，所有水样均没有超过《生活饮用水卫生标准》（GB 5749—2006）规定的限值。与丰水期相比，枯水期水样中检出的酚类浓度较低。

浅层地下水在丰水期和枯水期时检出的物质浓度如表4-13所示。浅层地下水丰水期苯酚、2-氯苯酚、2-硝基苯酚、2,4-二氯酚以及总挥发酚的含量分别为477.91~12 214.72 ng/L，13.63~63.49ng/L，169.23~2876.92ng/L，327.59~1545.98ng/L，1295.21~15 100.09ng/L。8个水样中总挥发酚的浓度超过《生活饮用水卫生标准》（GB 5749–2006）规定的限值，其他酚类没有超标。

表4-12　深层地下水中各酚类物质的浓度 （单位：ng/L）

	苯酚		2-氯苯酚		2-硝基苯酚		2,4-二氯酚		总挥发酚	
	丰水	枯水	丰水	枯水	丰水	枯水	丰水	枯水	丰水	枯水
A1	4 419.02	104.6	44.44	0.86	523.08	45.28	1 037.93	—	5 404.70	135.86
A2	4 448.47	2.54	5.95	—	781.54	14.02	435.06	—	5 232.74	12.02
A3	4 248.47	83.25	62.7	—	733.85	23.03	1 012.64	—	5 375.51	98.83
A4	3 161.35	127.87	40.92	—	720	91.04	1 109.77	2.02	4 319.15	190.63
A5	2 428.22	105.84	53.17	0.19	480	53.33	1 368.97	0.65	3 582.28	142.43
A6	4 400.61	504.89	45.24	—	424.62	849.6	1 055.17	6.94	5 330.22	1 083.66
A7	6 552.15	17.1	48.41	—	846.15	66.48	1 014.94	9.2	7 746.03	67.39
A8	876.07	66.33	8.73	0.53	304.62	18.66	267.82	—	1 243.17	79.34
A9	2 138.04	91.28	37.3	—	504.62	23.35	1 071.26	1.26	3 125.25	107.80
A10	5 319.02	29.79	91.27	—	1 000.00	47.9	2 114.94	0.55	7 283.46	62.51

表4-13　浅层地下水中各物质的浓度 （单位：ng/L）

	苯酚		2-氯苯酚		2-硝基苯酚		2,4-二氯酚		总挥发酚	
	丰水	枯水	丰水	枯水	丰水	枯水	丰水	枯水	丰水	枯水
A1	3 347.37	36.68	51.66	—	289.85	24.03	965.61	—	4 138.80	52.94
A2	2 482.64	61.33	19.00	—	262.35	45.86	497.04	—	2961.01	92.35
A3	981.6	86.96	13.63	—	169.23	76.38	327.59	0.94	1295.21	139.17
A4	5 141.1	115.00	39.29	—	1 429.23	52.59	461.49	1.44	6 403.22	151.41

	苯酚		2-氯苯酚		2-硝基苯酚		2,4-二氯酚		总挥发酚	
	丰水	枯水	丰水	枯水	丰水	枯水	丰水	枯水	丰水	枯水
A5	12 214.72	228.68	63.49	—	2 876.92	38.50	1 545.98	—	15 100.09	254.73
A6	7 468.25	138.29	52.71	—	541.15	34.77	896.37	—	8 390.48	161.81
A7	3 946.01	91.88	54.76	—	644.62	18.82	1 277.01	0.54	5 159.51	104.92
A8	477.91	58.65	66.27	—	480.00	40.55	1 394.25	0.97	1 656.16	86.64
A9	4 546.01	106.36	28.57	—	555.38	50.17	529.31	1.97	5 248.26	141.44
A10	3 122.09	78.56	50.00	—	695.38	26.94	1 109.77	1.03	4 269.88	97.38

浅层地下水枯水期共检出苯酚、2-硝基苯酚、2,4-二氯酚 3 种物质，其含量分别为 36.68 ~ 228.68ng/L，18.82 ~ 76.38ng/L，检测限以下至 1.97ng/L。总挥发酚的浓度为 52.94 ~ 254.73 ng/L，所有水样均没有超过标准限值。与丰水期相比，浅层地下水在枯水期浓度较低。

不同水期相比，丰水期酚类浓度较高，由于当地无石油化工污染，推理这可能是由于自然界中存在的酚类化合物大部分是植物生命活动的结果，丰水期时正值植物生长的茂盛季节，同时由于使用除草剂和杀虫剂，导致丰水期酚类浓度高于枯水期。

当地地下水未经有效的处理而直接饮用，对当地居民有一定的健康威胁。为了保证农村饮用水的安全，需要加强地下水中酚类的检测，采取积极措施控制水样中酚类的污染。

4.7 挥发性物质污染物来源、分析方法和案例研究检测

挥发性有机物（VOCs）一般来自化工企业排放的废水和废气，具有迁移性、持久性，可扩散到偏远地区，甚至在南极的雪中检测到 VOCs。部分 VOCs，特别是低相对分子质量的卤代烃及苯系物具有致癌、致畸、致突变等毒性作用，属于环境优先控制污染物。

4.7.1 挥发性有机物来源

挥发性有机物主要指三氯甲烷、四氯化碳、苯、丙烯醛、二氯甲烷、氯丁二烯等，各挥发性物质来源不同。

三氯甲烷是有机合成原料，主要用来生产氟利昂（F-21、F-22、F-23）、染料和药物，在医学上，常用作麻醉剂。可用作抗生素、香料、油脂、树脂、橡胶的溶剂和萃取剂。与四氯化碳混合可制成不冻的防火液体。还用于烟雾剂的发射药、谷物的熏蒸剂和校准温度的标准液。

四氯化碳常用作溶剂、灭火剂、有机物的氯化剂、香料的浸出剂、纤维的脱脂剂、粮食的蒸煮剂、药物的萃取剂、有机溶剂、织物的干洗剂，但是由于毒性的关系现在甚少使用并被限制生产，很多用途也被二氯甲烷等所替代。也可用来合成氟利昂、尼龙 7、尼龙 9 的单体，还可制造三氯甲烷和药物，也可在金属切削中用作润滑剂。

苯在工业用途中非常广泛，是工业上一种常用的溶剂，主要用于金属脱脂。由于苯有毒，人体直接接触溶剂的生产过程已经不用苯作溶剂。苯有减轻爆震的作用，可作为汽油添加剂。在20世纪50年代四乙基铅开始使用以前，所有的抗爆剂都是苯。随着含铅汽油的淡出，苯又被重新起用。苯对人体有不利影响，对地下水质也有污染，欧美发达国家限定汽油中苯的含量不得超过1%。苯在工业上最重要的用途是做化工原料。苯可以合成一系列苯的衍生物。苯的主要用途首先是制取乙苯，其次是制取环己烷和苯酚。苯经取代反应、加成反应、氧化反应等生成的一系列化合物可以作为制取塑料、橡胶、纤维、染料、去污剂、杀虫剂等的原料。大约10%的苯用于制造苯系中间体的基本原料。苯与乙烯生成乙苯，后者可以用来生产制造塑料的苯乙烯。苯与丙烯生成异丙苯，后者可以经异丙苯法来生产丙酮与制造树脂和黏合剂的苯酚、尼龙的环己烷、合成顺丁烯二酸酐，用于制作苯胺的硝基苯等。多用于农药的各种氯苯合成，用于生产洗涤剂和添加剂的各种烷基苯、合成氢醌、蒽醌等化工产品。

丙烯醛在国外用作油田注入水的杀菌剂，以抑制注入水中的细菌生长，防止细菌在地层造成腐蚀及堵塞等问题。丙烯醛是重要的有机合成中间体，可用于制造蛋氨酸（饲料添加剂）。丙烯醛经还原生成的烯丙醇用作生产甘油的原料，经氧化生成丙烯酸，可进一步合成丙烯酸酯用于丙烯酸酯涂料。丙烯醛的二聚体可用于制造二醛类化合物，广泛用作造纸、鞣革和纺织助剂。丙烯醛是戊二醛、$1,2,6$-己三醇及交联剂等的原料，还用于胶体铱、钌、铑的制造。丙烯醛与溴作用可得到$2,3$-二溴丙醛。$2,3$-二溴丙醛是医药中间体，用来生产抗肿瘤药甲氨蝶呤等。

二氯甲烷大量用于制造安全电影胶片、聚碳酸酯，其余用作涂料溶剂、金属脱脂剂、气烟雾喷射剂、聚氨酯发泡剂、脱模剂、脱漆剂。在制药工业中做反应介质，用于制备氨苄青霉素、羟苄青霉素和先锋霉素等；还用作胶片生产中的溶剂、石油脱蜡溶剂、气溶胶推进剂、有机合成萃取剂、聚氨酯等泡沫塑料，生产用发泡剂和金属清洗剂等。二氯甲烷在国内主要用于胶片生产和医药领域。其中用于胶片生产的消费量占总消费量的50%，医药方面占总消费量的20%，清洗剂及化工行业消费量占总消费量的20%，其他方面占10%。二氯甲烷也用在工业制冷系统中用作载冷剂使用，危害很大，与明火或灼热的物体接触时能产生剧毒的光气。遇潮湿空气能水解生成微量的氯化氢，光照亦能促进水解而对金属的腐蚀性增强。二氯甲烷还存在于喷雾器的推进剂、油漆清除剂、金属去油剂中。

氯丁二烯主要用于生产氯丁橡胶，也能与苯乙烯、丙烯腈、异戊二烯等共聚，生产各种合成橡胶。氯丁橡胶可以应用于不同的技术领域，主要是应用在橡胶工业领域（61%），如用来制作运输皮带和传动带，电线、电缆的包皮材料，制造耐油胶管、垫圈以及耐化学腐蚀的设备衬里。它也可以作为黏合剂的原材料，例如，浸渍制品（如手套）、模压泡沫材料、沥青改性等。在弹性体领域的应用是非常广泛的，例如，模压制品、电缆、传动带、传送带、型材等。人工合成的高分子化合物是以氯丁二烯为主要原料，通过均聚或少量其他单体共聚而成的。如抗张强度高、耐热、耐光、耐老化性能优良，耐油性能均优于天然橡胶、丁苯橡胶、顺丁橡胶。具有较强的耐燃性和优异的抗延燃性，其化学稳定性较高，耐水性良好。在建筑领域（包括减震制品、桥梁支座、橡胶水坝及水膨胀性密封材料等），以及其他高分子材料改性等领域中也得到了广泛的应用。

4.7.2　挥发性有机物分析方法

1. 样品采集

水样收集在 40 mL 棕色玻璃瓶中，添加 1∶1 盐酸，使水样 pH<2。若采集末梢水中含有余氯，则应加入抗坏血酸，加入浓度为 25 mg/L 的 4-溴氟苯和甲苯-d8 作为替代物，加入 0.5 mg/L的 1,4-二氯苯-d4 作为内标物，密封，样品在 4℃ 避光保存，两天内完成水样的测试。

2. 样品分析

样品采用吹扫捕集仪（Tekmar 9800）与 GC（7890A）-MS（5975C）联用仪进行分析。

吹扫捕集仪样品温度为 40℃；吹扫气为高纯氮气，吹扫时间 11min，吹扫流速 40 mL/min；捕集阱温度：吹扫阶段 20℃，解析预热阶段 180℃，解析阶段 200℃，烘焙阶段 220℃；解析时间 1.5min；烘焙时间 20min；传输管线温度 150℃。

GC-MS 分流进样口，分流比为 10∶1；进样口温度 250℃；GC 炉温采用程序升温，35℃ 保持 2min，5℃/min 升至 120℃，再以 10℃/min 升至 220℃，保持 2min。总离子流色谱图如图 4-5 所示。

3. 质量控制和质量保证

每一个样品采用双平行样，每批样品至少采集一个运输空白和全程空白样品，空白中目标物的含量应该低于方法的检出限或者样品分析结果的 5%。每一批样品应该分析一个试剂空白、试剂空白加标和基体加标分析，当样品数量多于 20 时，应 20 个样品分析一个试剂空白和基体加标分析。空白加标的回收率为 80%～120%。基体加标的回收率为 60%～130%，替代物的回收率为 70%～130%。每次做样前或者每 24h 应用 4-溴氟苯检查一次仪器，4-溴氟苯的离子丰度应满足标准的离子丰度。

4.7.3　挥发性有机物污染案例研究

在江苏省某县 5 个镇进行取样，每个镇选取两个村，每个村分别取深层地下水与浅层地下水水样，共采集 20 个水样。采用吹扫捕集仪与 GC-MS 联用仪分析样品中 1,1-二氯乙烯、二氯甲烷、2,2-二氯丙烷、三氯甲烷、1,2-二氯乙烯、1,1,1-三氯乙烷、苯、四氯化碳、一溴二氯甲烷、三氯乙烯、甲苯、1,3-二氯丙烷、丙烯醛共计 13 种挥发性有机物。

水样检测结果如表 4-14 所示，检出二氯甲烷、1,3-二氯丙烷、三氯甲烷、苯和四氯化碳 5 种 VOCs。其中，二氯甲烷、三氯甲烷、苯和四氯化碳的检出率为 100%，1,3-二氯丙烷检出率为 55%。

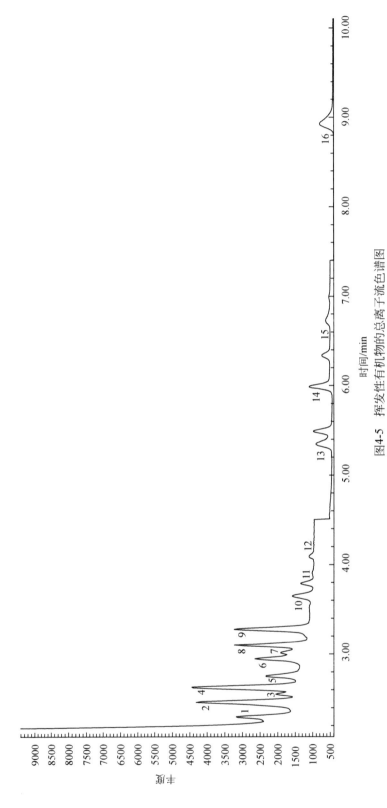

图4-5　挥发性有机物的总离子流色谱图

1. 1,1-二氯乙烯；2. 二氯甲烷；3. 2,2-二氯丙烷；4. 1,2-二氯乙烷-d 4；5. 三氯甲烷；6. 顺-1,2-二氯乙烯；7. 1,1,1-三氯乙烷；8. 氟苯；9. 苯；10. 四氯化碳；11. 一溴二氯甲烷；12. 三氯乙烯；13. 甲苯；14. 1,3-二氯丙烷；15. 丙烯醛；16. 氘代氯苯

表 4-14　水样中 VOCs 测定结果　　　　　　（单位：μg/L）

采样点	水体类型	二氯甲烷	1,3-二氯丙烷	三氯甲烷	苯	四氯化碳
A1	深层	0.14	0.94	0.46	0.09	2.33
	浅层	1.71	6.87	9.36	2.35	1.72
A2	深层	0.16	—	0.33	0.24	0.23
	浅层	0.14	—	0.29	0.21	0.18
B1	深层	1.07	—	11.70	1.31	2.16
	浅层	1.51	—	12.51	1.65	2.83
B2	深层	1.12	36.32	5.14	1.04	1.72
	浅层	0.31	2.94	0.62	0.33	0.41
C1	深层	0.15	—	5.90	0.17	0.22
	浅层	0.14	—	45.60	0.16	0.28
C2	深层	0.78	2.27	40.88	0.85	1.32
	浅层	0.15	3.08	67.89	0.16	0.67
D1	深层	1.38	—	14.68	1.65	2.92
	浅层	0.18	3.53	1.42	0.31	0.27
D2	深层	0.19	—	0.54	0.26	0.33
	浅层	0.16	1.47	3.92	0.23	0.21
E1	深层	1.50	—	12.07	1.83	3.45
	浅层	0.36	1.78	0.84	0.33	0.78
E2	深层	0.18	2.42	2.35	0.16	0.31
	浅层	1.48	50.98	90.02	1.74	2.59

　　二氯甲烷在水样中的浓度为 0.14～1.71μg/L，在 A1 浅层地下水中浓度最高，所有水样没有超过《生活饮用水卫生标准》（GB 5749—2006）规定的 20μg/L。1,3-二氯丙烷在水样中的浓度为检测限以下至 50.98μg/L，1 个水样超过世界卫生组织饮用水标准规定的 40μg/L，E2 浅层地下水中浓度最高，超标 1.55 倍。三氯甲烷在水样中的浓度为 0.29～90.02μg/L，有两个水样超过《生活饮用水卫生标准》（GB 5749—2006）规定的 60μg/L，E2 浅层地下水浓度最高，超标 0.50 倍。水样中苯的浓度为 0.09～2.35μg/L，A1 浅层地下水浓度最高。四氯化碳在水样中的浓度为 0.18～3.45μg/L，有 6 个水样超过《生活饮用水卫生标准》（GB 5749—2006）规定的 2μg/L，超标率为 30%，E1 深层地下水浓度最高，超标 0.725 倍。二氯甲烷、1,3-二氯丙烷、三氯甲烷和苯在浅层地下水中浓度高于深层地下水。四氯化碳属于重质非水相有机物，这可能是导致四氯化碳在深层地下水浓度高于浅层地下水的重要原因。

4.8　农药污染物来源、分析方法和案例研究

　　农药按其使用用途可以分为杀虫剂、除草剂、杀菌剂、灭鼠剂、烟熏剂、植物生长调节剂。用途最广泛的是杀虫剂，可以分为有机氯杀虫剂、有机磷杀虫剂、氨基甲酸酯杀虫剂三大类。有机氯杀虫剂作为持续性有机污染物已经在大多数国家禁用。2001 年，127 个国家和地区的代表签署了《斯德哥尔摩公约》（POPs 公约），公约规定，签约国家需在 25 年之内停止或限制使用 12 种持久性有机污染物，DDT 正是其中之一，115 个国家将禁用 DDT 杀虫剂。

DDT 在杀戮带疟疾菌蚊虫时扮演着"重要角色"。约 24 个国家仍依赖 DDT 控制疟疾，必须进行有关研究协助他们开发替代物。DDT 自从 1939 年被瑞士化学家米勒发现，曾在世界范围内广泛使用。1962 年，美国科学家卡尔松在其著作《寂静的春天》中怀疑，DDT 进入食物链，是导致一些食肉和食鱼的鸟接近灭绝的主要原因。最终，这种曾获诺贝尔化学奖的药物于 1972 年在美国被禁用。我国在 20 世纪 60 ~ 70 年代曾大量使用这种农药，在 1983 年停止了 DDT 的使用。DDT 是一种易溶于人体脂肪，并能长期积累的污染物。DDT 已被证实会扰乱生物的荷尔蒙分泌，2001 年的《流行病学》杂志提到，科学家通过抽查 24 名 16 ~ 28 岁墨西哥男子的血样，首次证实了人体内 DDTs 水平升高会导致精子数目减少。除此以外，新生儿的早产和初生时体重的增加也和 DDT 有某种联系，已有的医学研究还表明了它对人类的肝脏功能和形态有影响，并有明显的致癌性。

4.8.1 农药污染物来源

随着农业现代化进程的不断推进，使用农药已成为农业丰收的重要手段。农药的大量使用，不但通过食物积累农药残毒直接危害人类健康，而且造成空气、土壤以及地下水的污染，间接造成地面上天敌的消失，土壤中微生物的死灭，使得原本平衡的自然生态遭到严重的冲击，土壤更由于微生物的灭绝而产生不平衡，更容易滋生病虫害。

我国受农药污染的农田约有 9 亿亩，主要农产品中，农药残留超标率高达 16% ~ 20%，污染区癌症等疾病的发病率和死亡率高于对照区数倍到 10 多倍。1997 年，某农药厂的工业废水大量泄漏，造成 42 000 亩秧田绝收。

4.8.2 农药污染物的分析方法

1. 样品前处理

采用固相萃取（SPE）进行富集。HLB 和 Envi-18 柱依次用 5mL 的二氯甲烷、甲醇和超纯水进行活化。水样经过玻璃纤维滤膜过滤后，加入浓度 100ng/L 的三苯基膦酸酯作为替代物，把已经活化的 HLB 和 Envi-18 小柱串联后对水样进行固相萃取。取 2L 水样进行 SPE 富集，水样通过 SPE 小柱的流速控制在 6mL/min。HLB 小柱采用体积比 9:1 的二氯甲烷和甲醇混合液 10mL 分三次进行洗脱，Envi-18 小柱采用体积比 7:3 正己烷和二氯甲烷混合液 10mL 分三次进行洗脱。洗脱液混合后用无水硫酸钠进行脱水，经过旋转蒸发仪和氮吹仪浓缩至 0.5mL，加入内标五氯硝基苯，使内标在浓缩液中的浓度为 0.1mg/L，浓缩液保存 4℃冰箱里待测。

2. 样品分析

采用气相色谱（7890A）—质谱（5975C）联用仪，HP-5MS 毛细管柱（30m × 0.25 mm×0.25 μm，美国安捷伦公司生产）进行分析。进样口温度 280℃，无分流进样，GC 炉温采用程序升温，40℃保持 2min，5℃/min 升温至 290℃，保持 4min。样品分析时采用 SIM 扫描模式，根据特征峰和保留时间进行定性分析，根据基峰面积进行定量分析。其总离子流色谱图如图 4-6 和图 4-7 所示。

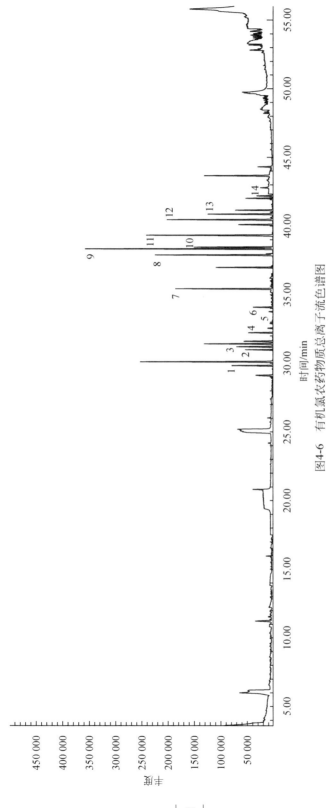

图4-6　有机氯农药物质总离子流色谱图

1. α-HCH；2. β-HCH；3. γ-HCH；4. δ-HCH；5. 硫丹Ⅰ；6. 七氯；7. 艾氏剂；8. 反式氯丹；
9. 狄氏剂；10. 顺式氯丹；11. p,p'-DDE；12. 硫丹Ⅱ；13. p,p'-DDD；14. p,p'-DDT

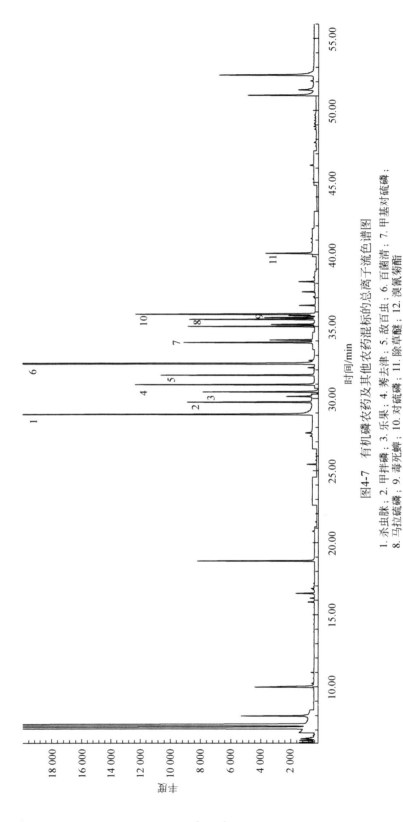

图4-7　有机磷农药及其他农药混标的总离子流色谱图

1. 杀虫脒；2. 甲拌磷；3. 乐果；4. 莠去津；5. 敌百虫；6. 百菌清；7. 甲基对硫磷；
8. 马拉硫磷；9. 毒死蜱；10. 对硫磷；11. 除草醚；12. 溴氰菊酯

3. 质量控制和质量保证

在进行样品分析的同时，进行方法空白、基质加标及样品平行样分析，每 6 个样品做一个方法空白，每个样品做三个平行样分析，对标准物和样品作多次重复分析。样品替代物的回收率应该为 80% ~ 120%，RSD<5%；空白加标回收率为 80% ~ 120%。所有空白测试结果应低于检出限值；每批次试剂均分析试剂空白；每分析一批样品至少做一个空白；仪器每 12h 做一次溶剂空白，检查仪器的污染状况；每 20 个样品，做一次标样，控制误差在 10% 以内。

4.8.3 农药污染案例研究

在湖南某矿区选择 20 个浅层地下水采样点，分别在丰水期和枯水期进行采样，分析水样中的有机氯与有机磷农药。检测结果如表 4-15 所示，枯水期水样中检出的农药类物质包括：敌敌畏、莠去津、顺式氯丹 3 种农药。丰水期检出的农药类物质有敌敌畏、六氯苯、莠去津、敌百虫 4 种农药。与枯水期相比，丰水期农药类物质浓度偏大，但均没有超过集中式生活饮用水地表水源地标准限值。

表 4-15 丰枯时期水样中农药类浓度　　　　　　　　（单位：ng/L）

采样点	枯水期			丰水期			
	敌敌畏	莠去津	顺式氯丹	敌敌畏	六氯苯	莠去津	敌百虫
1	1.11	—	—	42.95	—	—	—
2	0.37	—	—	94.00	—	642.85	—
3	0.43	—	—	183.21	10.87	68.57	—
4	0.37	—	—	147.71	5.07	77.08	16.65
5	0.55	—	—	33.57	—	5.71	—
6	0.43	—	—	47.70	—	—	—
7	—	9.30	—	4.57	2.52	18.09	—
8	0.55	—	—	99.28	4.50	718.77	—
9	0.62	—	—	180.76	—	155.45	—
10	0.43	—	—	125.09	3.78	11.18	—
11	0.92	—	—	148.10	2.30	3.82	—
12	—	—	—	17.71	—	—	—
13	0.59	—	—	84.41	3.24	29.98	—
14	2.37	8.27	8.37	80.70	7.41	2.96	0.62
15	1.48	7.17	—	205.28	14.54	51.89	—
16	—	—	—	164.18	—	8.94	—
17	—	—	—	131.82	2.70	47.45	—
18	—	—	—	84.03	—	11.72	1.20
19	—	—	—	119.91	—	8.60	—
20	—	—	—	134.94	—	102.58	—

4.9 取代苯类物质来源、分析方法和案例研究

4.9.1 取代苯的污染物来源

环境中含量较多的取代苯类物质有氯代苯类、硝基苯类、甲苯类等。取代苯类污染来源广泛，在石油开采、石油化工冶炼和加工过程产生大量该类污染物。石油产品的生产、运输、储存等环节的事故性排放，是地下水系统受到苯类污染的重要原因。据报道，2012年台北中油新生南路附近地下水中的苯含量为 30.16mg/L，超出标准 0.05mg/L，高达 600倍。中油中央北路加油站附近土壤中的总石油碳氢化合物（TPH）45 900mg/kg，超过标准 1000mg/L，高达 45 倍。此外，2,4,6-三硝基甲苯（TNT）是一种爆炸性取代苯类物质，常用来制造炸药。TNT 炸药中约含 14% 的 2,4,6-三硝基甲苯。由于 TNT 具有严重的危害性，我国和美国等国家已将其列入优先控制污染物名单。美国 20 世纪 80 年代就已经停止TNT 的生产。我国于 2005 年开始逐步淘汰铵炸药（主要成分是硝酸铵和 TNT）的生产。TNT 大规模的生产及其加工、使用和销毁导致了大量的 TNT 和有机化合物副产品进入环境。有的 TNT 工厂周围烟雾弥漫，排放的废水和降尘对附近的河流和土壤造成了严重的污染，对生态系统带来了毁灭性的打击。

4.9.2 取代苯类物质的分析方法

1. 样品前处理

采用固相萃取（SPE）进行富集。HLB 和 Envi-18 柱依次用 5mL 的二氯甲烷、甲醇和超纯水进行活化。水样经过玻璃纤维滤膜过滤后，加入浓度 100ng/L 的甲苯-D8 作为替代物，把已经活化的 HLB 和 Envi-18 小柱串联后对水样进行固相萃取。取 2 L 水样进行 SPE富集，水样通过 SPE 小柱的流速控制在 6 mL/min。HLB 小柱采用体积比 9 : 1 的二氯甲烷和甲醇混合液 10mL 分三次进行洗脱，Envi-18 小柱采用体积比 7 : 3 正己烷和二氯甲烷混合液 10mL 分三次进行洗脱。洗脱液混合后用无水硫酸钠进行脱水，经过旋转蒸发仪和氮吹仪浓缩至 0.5mL，加入内标氯苯-D5，使内标在浓缩液中的浓度为 0.1mg/L，浓缩液保存 4℃冰箱里待测。

2. 样品分析

采用气相色谱（7890A）—质谱（5975C）联用仪，HP-5MS 毛细管柱（30m×0.25mm×0.25μm，美国安捷伦公司生产）进行分析。进样口温度 280℃，无分流进样，GC 炉温采用程序升温，40℃保持 2min，5℃/min 升温至 290℃，保持 4min。样品分析时采用 SIM 扫描模式，根据特征峰和保留时间进行定性分析，根据基峰面积进行定量分析。其总离子流色谱图如图 4-8 所示。

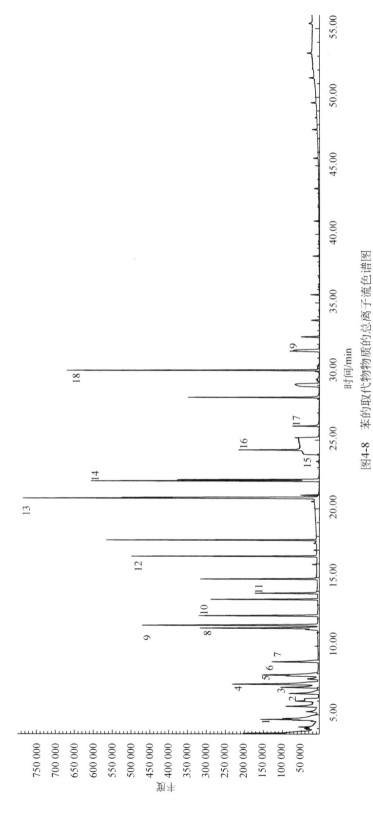

图4-8 苯的取代物物质的总离子流谱色图

1. 甲苯；2. 氯苯；3. 乙苯；4. 对二甲苯；5. 苯乙烯；6. 邻二甲苯；7. 异丙苯；8. 对二氯苯；9. 间二氯苯；10. 邻二氯苯；11. 硝基苯；12. 1,2,4-三氯苯；13. 1,2,4,5-四氯苯；14. 1,2,3,5-四氯苯；15. 对二硝基苯；16. 间二硝基苯；17. 邻二硝基甲苯；18. 六氯苯；19. 五氯硝基苯

3. 质量控制和质量保证

在进行样品分析的同时，进行方法空白、基质加标及样品平行样分析，每 6 个样品做一个方法空白，每个样品做 3 个平行样分析，对标准物和样品作多次重复分析。样品替代物的回收率应该为 80% ～ 120%，RSD<5%；空白加标回收率为 80% ～ 120%。所有空白测试结果应低于检出限；每批次试剂均分析试剂空白；每分析一批样品至少做一个空白；仪器每 12h 做一次溶剂空白，检查仪器的污染状况；每 20 个样品，做一次标样，控制误差在 10% 以内。

4.9.3 取代苯类物质污染案例研究

在湖南某矿区选择 20 个浅层地下水采样点，分别在丰水期和枯水期进行采样，分析水样中的苯及其取代物。检测结果见表 4-16，枯水期水样中检出的苯类物质包括：甲苯、乙苯、苯乙烯、二甲苯、异丙苯、二氯苯、1,2,5-三氯苯、四氯苯、间二硝基苯、2,4,6-三硝基甲苯。所检出的苯类及取代物均未超过饮用水的水质标准。

表 4-16　枯水期水样中的苯类物质　　　　　　　　　（单位：ng/L）

采样点	甲苯	乙苯	苯乙烯	二甲苯	异丙苯	二氯苯	1,2,5-三氯苯	四氯苯	间二硝基苯	2,4,6-三硝基甲苯
1	370.44	465.17	23.64	196.94	271.32	9.96	8.46	6.90	50.42	—
2	144.92	523.08	13.65	194.10	10.25	10.66	5.64	0.81	—	3.57
3	231.30	612.73	13.47	171.94	7.40	7.86	6.77	2.12	4.20	—
4	129.73	762.88	20.43	279.86	15.25	17.99	10.72	—	—	—
5	124.77	606.43	14.10	209.42	25.41	10.83	9.02	—	44.12	—
6	55.88	458.49	13.11	96.35	5.53	6.11	5.08	—	—	—
7	75.25	517.69	27.66	163.71	4.99	5.24	4.51	—	—	—
8	130.68	1 011.86	33.90	326.23	16.05	19.22	12.97	—	21.01	69.56
9	138.79	779.58	38.36	216.64	8.56	9.26	8.46	—	—	—
10	93.28	679.38	19.63	170.95	27.64	9.43	5.64	—	—	—
11	81.02	435.49	39.79	137.29	7.04	5.94	3.38	—	—	—
12	84.26	390.62	73.24	120.72	6.24	6.64	5.64	—	—	—
13	80.24	461.54	15.20	154.02	7.92	5.87	6.77	—	—	10.70
14	219.54	907.26	—	389.62	—	754.64	9.47	3.95	41 546.22	492.29
15	150.32	1 013.65	40.68	1 568.10	48 211.76	—	9.47	—	50.42	203.34
16	87.60	466.38	162.72	172.93	13.27	12.58	9.47	—	—	85.62
17	449.89	951.71	—	1 656.57	41 008.89	—	13.54	—	—	535.10
18	130.43	893.62	46.79	2 659.41	29 163.42	—	12.99	—	—	226.84
19	701.48	1 922.24	32.24	2 666.55	43 382.17	20.38	17.34	—	164.07	162.05
20	575.55	891.59	70.66	269.34	32.10	8.38	10.83	—	—	164.81

丰水期水样中检出结果见表 4-17，主要检出甲苯、乙苯、氯苯、苯乙烯、二甲苯、异丙苯、二氯苯、硝基苯、1,2,4-三氯苯、四氯苯、对二硝基苯、邻二甲苯、2,4-二硝基甲苯、2,4,6-三硝基甲苯。丰水期比枯水期多检出的物质包括氯苯、硝基苯、对二硝基苯、

表 4-17 丰水期水样中的苯类物质浓度

（单位：ng/L）

采样点	甲苯	氯苯	乙苯	苯乙烯	二甲苯	异丙苯	二氯苯	硝基苯	1,2,4-三氯苯	四氯苯	对二硝基苯	2,4-二硝基甲苯	2,4,6-三硝基甲苯
1	5 392.41	42.22	3 717.90	128.87	1 462.17	161.14	26.56	3.06	21.77	—	—	—	—
2	3 413.52	154.07	10 817.18	132.00	3 649.27	279.09	58.81	10.77	4.51	—	—	2.16	21.51
3	1 694.23	60.91	5 848.90	172.64	2 220.05	154.44	21.48	20.64	24.03	—	—	8.91	—
4	3 795.20	30.47	7 715.93	405.27	2 305.40	198.05	49.92	79.83	29.40	—	—	0.47	—
5	723.28	28.16	263.69	217.66	374.99	43.71	17.35	6.65	—	—	—	—	—
6	5 699.75	117.36	6 405.41	170.99	2 721.58	227.80	38.65	4.44	31.54	—	—	—	—
7	4 079.79	117.27	8 793.30	372.45	1 267.73	369.98	46.83	9.23	46.98	3.43	—	3.31	—
8	2 438.61	4.35	5 877.01	404.41	500.54	166.30	26.59	12.72	26.62	—	—	2.45	—
9	3 581.30	106.70	6 804.39	185.49	880.23	190.16	34.29	10.89	32.46	—	72.93	2.74	—
10	3 567.34	116.39	7 028.17	157.37	958.94	230.18	30.14	6.81	27.93	7.92	—	—	293.09
11	2 375.60	66.21	6 402.05	179.24	2 422.35	166.15	20.96	5.28	21.07	—	356.96	—	—
12	4 389.89	100.30	7 878.81	409.85	3 159.69	305.65	61.55	10.46	33.65	—	—	1.37	22.95
13	1 580.53	4.87	5 754.28	396.77	509.77	153.23	27.17	6.52	27.26	—	22.54	15.65	655.42
14	11 527.33	183.69	14 382.97	257.30	3 720.45	271.21	74.73	9.57	82.28	—	75.04	11.26	—
15	3 051.01	62.32	5 722.04	176.86	2 280.09	170.12	30.21	9.96	27.15	—	253.21	—	—
16	4 531.08	111.65	9 070.28	123.35	1 163.30	366.46	49.00	8.94	42.87	—	337.10	3.22	—
17	3 179.32	181.97	12 496.71	276.70	1 432.11	221.53	41.55	5.45	33.72	—	60.73	2.29	62.38
18	3 047.62	45.45	7 430.06	324.98	3 441.34	250.49	59.29	11.23	28.98	—	380.41	—	—
19	2 720.11	5.20	4 948.30	693.23	542.70	113.65	26.78	8.53	25.69	—	—	2.12	—
20	3 865.63	57.30	5 143.55	309.66	3 624.96	302.92	37.87	4.63	25.14	—	393.83	—	—

2,4-二硝基甲苯。丰水期的苯类物质均没超过《生活饮用水卫生标准》（GB 5749—2006）。与枯水期相比，丰水期测得的苯类物质浓度较大。

4.10 重金属污染物来源、分析方法和案例研究

重金属污染指由重金属或其化合物造成的环境污染，主要由采矿、废气排放、污水灌溉和使用重金属制品等人为因素所致。既有因人类活动导致环境中的重金属含量增加，超出正常范围，并导致环境质量恶化，也有个别地区如喀斯特地区因石漠化导致重金属释放。

近 10 多年来，随着中国工业化的不断加速，涉及重金属排放的行业越来越多，包括矿山开采、金属冶炼、化工、印染、皮革、农药、饲料等，再加上一些污染企业的违法开采、超标排污等问题突出，使重金属污染事件出现高发态势。

从 2009 年至今，我国已经有 30 多起重大、特大重金属污染事件，严重影响群众的身体健康。

4.10.1 重金属污染的来源

1. 电池生产过程中产生的重金属污染和废弃电池造成的重金属污染

我国为电池生产大国，2009 年产量 400 多亿只，占全世界 50% 以上。现有电池生产企业约 4000 家，其中，涉重金属企业 2400 家，包括铅蓄电池 2000 家，镉镍电池 80 家，扣式碱性电池 20 家，普通锌锰电池 300 家。2009 年我国电池行业耗铅约 230 万 t、镉 7600t、汞 140t，分别占全国总使用量的 70%、72% 和 15%。据测算，2009 年电池企业排放含重金属废水总量达 1200 万多吨，其中，铅蓄电池企业排放废水 1000 多万吨；产生含重金属固体废物 22 万余吨，其中含铅固体废物 21 万余吨，含镉固体废物约 4000t；废旧铅蓄电池有组织回收率不足 30%。电池行业重金属耗用量大，生产、回收、再生等环节重金属污染风险高。铅蓄电池行业规模企业少、小企业多、部分企业技术装备落后，铅污染严重；铅蓄电池回收再生利用体系不健全，有组织回收率低，再生利用技术装备落后，二次污染严重。含汞扣式电池、含汞锌锰电池、镉镍电池废弃后作为普通垃圾处理，存在重金属污染隐患。

污染严重的生产电池的小企业多建在农村，对农村饮用水可能产生更严重的污染。在农村废弃电池随意丢弃，没有进行有效处理，重金属的二次污染也比城市严重。

2. 皮革行业造成的重金属污染

2012 年全球皮革产量将跨越 16.72 亿 m²，中国约占全球皮革产量的 23.33%。我国具有一定规模的皮革、毛皮及其制品企业共有 1.6 万家，其中仅制革企业就有 2400 多家，皮革工业快速发展带来的环保压力不容忽视。目前，我国皮革工业年排放废水超过 1 亿 t，其中，铬化合物 6000t，硫化物 1 万 t，悬浮物 15 万 t。分散在全国各地的 2400 多家制革企

业，90% 以上是年产仅 10 万张标准皮以下的传统作坊式小厂，年产值超过 500 万元的制革企业不满 300 家。同时，制革过程中原皮重量的近 30% 变成了含铬废弃物。我国是制革大国，每年产生的下脚料约为 30 万 t，几乎占世界产量的 1/2。皮革行业的重金属铬污染是一个急需解决的环保问题。

3. 造纸厂油墨残渣引起重金属污染

据中国造纸协会统计，2009 年我国造纸行业中，废纸浆用量已达 4939 万 t，占总用浆量的 62%。2011 年 1～8 月，我国进口废纸 1761.77 万 t，较 2010 年同比增加 26.81%。然而，在用废纸造纸有利于保护林木资源的同时，带来严重的油墨污染问题。油墨残渣中含有大量铅、铬、镉、汞等重金属物质，均具有一定毒性。有些造纸厂将油墨残渣高价卖给私人小作坊，这些小作坊除了将 50% 左右的纸浆分离后，制成工业用纸外，其余产生的废水和残渣都排放到农村的水沟中，造成了环境污染。一家具有一定规模的废纸造纸厂，每年产生的油墨残渣达十几万吨，甚至几十万吨。据不完全统计，我国目前拥有造纸厂近 3000 家，大部分厂家或多或少的都在用废纸造纸，致使全国每年产生数千万吨的油墨残渣。

4. 重金属污染的土壤，通过雨水径流和淋溶污染地下水

全国受重金属污染的耕地多达 3 亿亩。据权威资料表明，全国每年受重金属污染的粮食高达 1200 万 t（其中约有 10% 的大米重金属镉超标），导致减产 100 亿 kg，直接经济损失超过 200 亿元。此外，近年来随着城市化进程的加快，一些原来被工业企业占用，甚至污染的土地需要进行再开发，重金属污染场地中，主要来自钢铁冶炼企业、尾矿以及化工行业固体废弃物的堆存场，具有代表性的污染物包括砷、铅、镉、铬等。电子废弃物污染场地也存在重金属污染。

4.10.2 重金属的分析方法

1. 样品的预处理

取 100 mL 的水样于塑料瓶中，加入硝酸，调节 pH<2，将水样运回实验室，进行分析，样品在避光下保存。样品经过 0.22 μm 膜过滤后进行分析。

2. 样品的分析

采用电感耦合等离子质谱仪（ICP-MS）进行分析。RF 功率 1350W，采样深度 7.40mm，采样锥孔径（Ni）1.00mm，截取锥孔径（Ni）0.80mm，等离子体气流速 16.0L/min，辅助气流速 1.00L/min，载气流速 1.12L/min，样品提升速率 1.00mL/min，定量分析模式，单位质量数采集点数为 3，驻留时间 30 ms，数据采集重复次数 3，积分时间 0.1000s。

3. 质量控制与质量保证

空白加标回收率为 60%～120%。所有空白测试结果应低于检测限；每批次试剂均分

析试剂空白；每分析一批样品至少做一个空白；每 20 个样品，做一次标样，控制误差在 20% 以内。

4.10.3　重金属污染的案例分析

在湖南某矿区，根据距离矿区远近不同，选择 20 个浅层地下水采样点，分别在丰水期和枯水期进行采样，分析水样中的重金属污染物。

枯水期重金属浓度结果见表 4-18。水样中 Mn、Fe 及 As 超标，其他未超标。《生活饮用水卫生标准》（GB 5749—2006）规定 Mn 的浓度为 $100\mu g/L$，水样中 Mn 的浓度为 $1.33 \sim 723.04\mu g/L$。有 3 个水样超标，最大超标为 6.23 倍。《生活饮用水卫生标准》（GB 5749—2006）规定 Fe 的浓度为 $300\mu g/L$，水样中 Fe 的浓度为 $61.29 \sim 518.87\mu g/L$，有一个水样超标 0.73 倍。《生活饮用水卫生标准》（GB 5749—2006）规定 As 的浓度为 $10\mu g/L$，水样中 As 的浓度为 $0.24 \sim 16.09\mu g/L$，有一个水样超标 0.61 倍。

表 4-18　枯水期水样中重金属浓度　　　　　（单位：μg/L）

采样点	Cr	Mn	Fe	Ni	Cu	Zn	As	Cd	Ba	Hg	Pb
1	0.55	1.46	78.43	0.64	1.48	53.85	0.99	0.06	92.39	0.02	1.25
2	0.72	3.46	70.93	0.68	2.06	57.02	0.30	0.05	60.74	0.02	2.23
3	0.64	21.04	108.09	1.05	7.78	53.83	3.81	0.09	120.94	0.03	0.39
4	0.62	35.78	101.61	0.58	2.12	58.15	1.21	0.05	65.79	0.01	0.76
5	0.48	2.46	93.38	0.69	1.34	46.40	0.53	0.03	76.12	0.01	1.62
6	0.53	1.33	82.34	0.72	4.51	73.74	0.32	0.03	103.94	0.01	4.03
7	2.45	30.30	518.87	3.09	9.93	208.47	16.09	0.67	209.86	0.82	1.77
8	0.55	1.41	76.19	0.78	1.70	70.57	0.25	0.03	105.76	0.14	2.03
9	0.45	6.44	91.70	0.96	2.70	116.87	0.79	0.04	93.39	0.09	1.56
10	0.52	5.68	93.40	1.14	2.37	100.95	1.04	0.07	112.16	0.07	3.95
11	0.37	723.04	97.79	1.00	1.55	62.72	0.39	0.45	94.54	0.05	0.41
12	0.41	232.94	101.57	1.49	1.47	43.22	0.43	0.16	128.56	0.02	0.52
13	0.40	6.81	62.56	0.86	1.52	66.60	0.26	0.03	91.88	0.04	1.57
14	0.44	6.53	67.03	1.06	1.24	61.84	0.24	0.03	93.35	0.02	3.65
15	0.46	5.94	66.74	0.95	1.81	61.00	2.91	0.04	115.46	0.03	2.43
16	0.45	6.65	93.79	0.72	1.37	53.91	0.82	0.03	89.64	0.03	1.82
17	0.37	2.20	61.29	1.04	1.59	76.31	0.46	0.03	80.63	0.01	2.20
18	0.52	5.08	70.99	0.96	1.58	51.06	0.54	0.03	103.56	0.01	1.44
19	0.72	12.47	154.97	6.76	3.98	86.41	2.79	0.16	91.18	0.04	2.06
20	0.43	5.87	93.44	0.95	1.65	59.75	3.04	0.05	103.36	0.05	0.38

丰水期重金属浓度结果见表 4-19。水样中 Mn、As 超标，丰水期水样中 Mn 的浓度为

0.93 ~ 1471.54μg/L，有一个水样超标 13.72 倍。As 的浓度为 0.21 ~ 16.07μg/L，有两个点的水样超标，最大超标 0.61 倍。

表 4-19　丰水期水样中重金属浓度　　　　（单位：μg/L）

采样点	Cr	Mn	Fe	Ni	Cu	Zn	As	Cd	Ba	Hg	Pb
1	0.79	1.25	74.47	0.54	1.31	37.45	0.59	0.07	104.54	0.02	0.79
2	0.89	4.66	74.78	1.29	2.01	34.67	0.46	0.06	109.94	0.02	1.27
3	0.83	46.27	150.10	0.96	4.70	54.34	16.07	0.22	115.94	0.10	0.28
4	0.79	17.10	113.20	0.77	4.25	34.68	10.38	0.22	117.84	0.04	0.70
5	0.76	4.48	82.58	0.91	1.41	40.08	0.76	0.03	107.84	0.02	2.44
6	0.77	0.95	68.31	1.01	2.74	26.46	0.21	0.02	107.24	0.02	1.02
7	0.78	42.93	128.60	1.00	1.70	23.94	3.99	0.05	101.64	0.01	1.24
8	0.88	4.03	85.64	1.18	1.63	32.72	2.87	0.23	111.94	0.02	0.77
9	0.80	5.62	79.63	2.62	2.88	30.20	0.33	0.02	116.14	0.03	0.30
10	0.85	3.64	83.12	5.89	2.94	50.09	0.50	0.07	131.94	0.05	0.71
11	0.67	1 471.54	179.70	2.00	2.32	45.64	2.25	0.45	82.90	0.07	0.26
12	0.76	9.56	78.77	0.67	1.51	34.62	0.25	0.04	65.45	0.05	1.36
13	0.70	20.57	86.39	0.86	1.76	33.11	0.55	0.03	107.44	0.04	0.76
14	0.65	17.06	63.95	1.16	2.08	43.62	0.37	0.04	99.43	0.03	0.13
15	0.97	4.93	93.40	1.19	2.55	40.79	3.64	0.07	134.04	0.07	0.17
16	0.70	8.21	83.94	0.80	1.03	56.18	1.03	0.03	46.35	0.03	0.46
17	0.41	0.93	52.70	0.79	1.32	31.56	0.43	0.02	82.52	0.02	1.49
18	0.65	3.77	67.95	0.79	1.12	33.24	0.56	0.02	70.42	0.01	0.60
19	0.72	2.62	80.40	1.02	1.94	40.17	1.26	0.08	67.84	0.01	1.14
20	0.76	3.24	97.15	0.65	1.30	41.29	2.48	0.02	101.54	0.01	0.89

参 考 文 献

摆亚军，刘文新，陶澍，等．2007．河北省地表水中多环芳烃的分布特征．环境科学学报，27（8）：1364-1369.

曹治国，刘静玲，栾芸，等．2010．滦河流域多环芳烃的污染特征、风险评价与来源辨析．环境科学学报，30（2）：246-253.

陈慧，黄要红，蔡铁云．2004．固相萃取—气相色谱/质谱法测定水中多环芳烃．环境污染与防治，26（1）：72-74.

郭宏伟．2009．多氯联苯在水体中迁移转化研究进展．气象与环境学报，25（4）：48-52.

郭清彬，程学丰，侯辉，等．2010．大气 PM_{10} 中多环芳烃的污染特征．环境化学，29（2）：189-194.

韩冰，何江涛，陈鸿汉，等．2006．地下水有机污染人体健康风险评价初探．地学前缘［中国地质大学（北京）；北京大学］，13（1）：224-229.

韩菲．2007．多环芳烃来源与分布及迁移规律研究概述．气象与环境学报，23（4）：57-61.

何茜，陈锦凤，赖登宇，等．2009.SPME-GC 联用测定环境水样中的酚类化合物．分析试验室，28（5）：

53-56.

胡睿, 王琳玲, 陆晓华. 2005. 固相萃取–气相色谱法测定水中的酚类污染物. 环境科学与技术, 28 (1): 56-57, 65.

胡晓宇, 张克荣, 孙俊红, 等. 2003. 中国环境中邻苯二甲酸酯类化合物污染的研究. 中国卫生检疫杂志, 13 (1): 9-15.

环境保护部. 2009a. 水质多环芳烃的测定液液萃取和固相萃取高效液相色谱法. HJ 478—2009.

环境保护部. 2009b. 水质样品的保存和管理技术规定. HJ 493—2009.

环境保护部. 2009c. 水质采样方案设计技术规定. HJ 495—2009.

环境保护部. 2012. 水质挥发性有机物的测定吹扫捕集/气相色谱—质谱法. HJ 639—2012.

焦飞, 多克辛, 王玲玲, 等. 2004. 河南省主要城市水源水中微量有毒有害有机污染现状调查与研究. 中国环境监测, 20 (2): 5-9.

李权龙, 袁东星, 陈猛. 2002. 替代物和内标物在环境样品分析中的作用与应用. 海洋环境科学, 21 (4): 46-49.

李若愚, 徐斌, 高乃云, 等. 2006. 我国饮用水中内分泌干扰物的去除研究进展. 中国给水排水, 22 (20): 1-4.

陆加杰, 杨琛, 卢锐泉, 等. 2009. 广州大学城珠江水域多环芳烃的污染特征. 中国环境监测, 25 (5): 86-88.

彭华. 2008. 郑州市环境空气中多环芳烃污染状况及变化规律的研究. 中国环境监测, 24 (4): 75-78.

王东红, 原盛广, 马梅, 等. 2007. 饮用水中有毒污染物的筛查和健康风险评价. 环境科学学报, 27 (12): 1937-1943.

王家玲, 运珞珈, 郑红俭, 等. 1985. D 湖水中有机污染物致突变性的研究. 环境科学, 6 (1): 2-5.

王若苹, 杨红斌. 2002. 固相微萃取—毛细管气相色谱法快速分析水中酚类化合物. 中国环境监测, 18 (4): 29-32.

王旭东, 李楠, 王磊, 等. 2010. 固相萃取与气相色谱–质谱联用测定水中痕量多环芳烃. 环境污染与防治, 32 (4): 25-27.

王英锋, 张姗姗, 李杏茹, 等. 2010. 北京大气颗粒物中多环芳烃浓度季节变化及来源分析. 环境化学, 29 (5): 369-375.

卫生部, 国家标准化管理委员会. 2006. 生活饮用水卫生标准. GB 5749—2006.

卫生部, 国家标准化管理委员会. 2006. 生活饮用水标准检验方法. GB/T 5750.1–13.

吴平谷, 韩关根, 王惠华, 等. 1999. 饮用水中邻苯二甲酸酯类的调查. 环境与健康杂志, 16 (6): 338-339.

曾志定, 陈春祝, 欧阳燕玲. 2010. 2006–2009 年泉州市自来水供水系统中挥发酚类检测结果分析. 中国卫生检验杂志, 12 (20): 3435-3436.

张付海, 张敏, 朱余, 等. 2008. 合肥市饮用水和水源水中邻苯二甲酸酯的污染现状调查. 环境监测管理与技术, 20 (2): 22-24.

张琴, 包丽颖, 刘伟江, 等. 2011. 我国饮用水水源内分泌干扰物的污染现状分析. 环境科学与技术, 34 (2): 91-96.

赵振华, 全文熠, 田德海, 等. 1987. 北京市大气飘尘中酞酸酯的污染. 环境化学, 6 (1): 29-34.

周脉耕, 王晓风, 胡建平, 等. 2010. 2004–2005 年中国主要恶性肿瘤死亡的地理分布特点. 中华预防医学杂志, 4: 303-308.

朱雪强, 韩宝平, 刘喜坤. 2004. 某市 X 供水井群四氯化碳污染特征研究. 农业环境科学学报, 23 (6): 1188-1191.

朱舟，顾炜旻，安伟，等．2008．基于 umu 遗传毒性效应的饮用水致癌风险评价的尝试．生态毒理学报，3（4）：363-369.

Adak A, Pal A, Bandyopadhyay M. 2006. Removal of phenol from water environment by surfactant-modified alumina through adsolubilization. Colloids and Surfaces A：Physicochem. Eng. Aspects, 277：63-68.

Azucen L, et al. 2008. Critical comparison of automated purge and trap and solid-phase microextraction for routine determination of volatile organic compounds in drinking waters by GC-MS. Talanta, (74)：1455-1462.

Bagheri H, Saber A, Reza M S. 2004. Immersed solvent microextraction of phenol and chlorophenols from water samples followed by gas chromatography-mass spectrometry. Journal of Chromatography A, 1046：27-33.

Kastnaek F, Demnerova K, Pazlarova J, et al. 1999. Biodegradation of polychlorinated biphenyls and volatile chlorinated hydrocarbons in contaminated soils and ground water in field condition. International Biodeterioration & Biodegradation, (44)：39-47.

Liang Yan, Fung Pui Ka, Tse Man Fung, et al. 2008. Sources and seasonal variation of PAHs in the sediments of drinking water reservoirs in Hong Kong and the Dongjiang River（China）. Environ Monit Assess, 146：41-50.

Manojlovic D, Ostojic D R, Obradovic B M, et al. 2007. Removal of phenol and chlorophenols from water by new ozone generator. Desalination, 213：116-122.

Patrolecco L, Ademollo N, Capri S, et al. 2010. Occurrence of priority hazardous PAHs in water, suspended particulate matter, sediment and common eels（*Anguilla Anguilla*）in the urban stretch of the River Tiber （Italy）. Chemosphere, 81：1386-1392.

Research Triangle Institute. 1997. Supplemental background document；nongroundwater pathway risk assessment；petroleum process waste listing determination. Research Triangle Park，North Carolina. http：//www. epa. gov/ wastes/hazard/wastetypes/wasteid/petroref/contents. pdf.

Schiedek T, Beier M, Ebhardt G. 2007. An integrative method to quantify contaminant fluxes in the groundwater of urban areas. Journal of Soils and Sediments, 7（4）：261-269.

Segovia-Martínez L, Moliner-Martínez Y, Campíns-Falcó P. 2010. A direct Capillary Liquid Chromatography with electrochemical detection method for determination of phenols in water samples. Journal of Chromatography A, 1217：7926-7930.

USEPA. 1989. Risk Assessment Guidance for Superfund：Volume I Human Health Evaluation Manual（Part A）. Washington，DC：Office of Emergency and Remedial Response.

USEPA. 1989. Risk assessment guidance for superfund：Volume I Human health evaluation manual part a, development of risk-based preliminary remediation goals. Washington DC：Office of Emergency and Remedial Response：4-12.

USEPA. 1991. Risk assessment guidance for superfund：Volume I Human health evaluation manual Part b, development of risk-based preliminary remediation goals. Washington DC：Office of Emergency and Remedial Response：51-52.

USEPA. 1992. Guidelines for exposure assessment. Washington DC：Risk Assessment Forum：4-5.

USEPA. 2005. Guidelines for carcinogen risk assessment. Washington DC：Risk Assessment Forum.

USEPA. EPA METHOD 2008. Determination of trace elements in waters and wastes by inductively coupled plasma-mass spectrometer.

USEPA. EPA METHOD 506 Determination of phthalate and adipate esters in drinking water by liquid-liquid extraction or liquid-solid extraction and gas chromatography with photoionization detection.

USEPA. EPA METHOD 508A screening for polychlorinated biphenyls byperchlorination and gas chromatography.

USEPA. EPA METHOD 524. 2 Measurement of purgeable organic compounds in water by capillary column gas chromatography/mass spectrometry.

USEPA. EPA METHOD 525. 2 Determination of organic compounds in drinking water by liquid-solid extraction and capillary column gas chromatography/mass spectrometry.

USEPA. EPA METHOD 604 Methods for organic chemical analysis of municipal and industrial wastewater.

USEPA. EPA METHOD 8260B Volatile organic compounds by gas chromatography/mass spectrometry (GC/MS).

5

典型农村饮用水源有毒污染物水质评价

5.1 概述

水作为人类生存和社会发展的宝贵资源，在自然界循环过程中形成了时空分布的"量"的特征以及其基本的"质"的特征。因此，水的安全性包括水量和水质的双重含义。近年来，随着工农业的快速发展和人口的迅速增加，我国饮用水正面临着资源短缺和水质变差的双重挑战。水资源在天然不足、分布不均的同时，显现出更为严重的水质问题。世界卫生组织指出，人类80%的疾病与饮用水不干净有关。城市饮用水供水相对集中，水质问题主要由水源地污染、自来水场处理环节、管道运输等二次污染等因素构成。相比之下，农村饮用水在水源的水体污染、供水条件以及对饮用水的水质处理等众多方面的问题更为突出。目前，我国农村饮用水源相当一部分受到污染，饮用水安全总体形势不容乐观。有报道指出，我国农村约有3亿多人饮用水安全存在问题，1.9亿居民饮用水中有害物质含量超标。此外，近年来与饮用水源有关的疾病在我国多个农村时常出现，威胁了广大群众的健康。由水质污染造成的缺水是成为影响我国农村饮用水源水质安全的首要问题。为了有效地解决农村饮用水源水质问题，首先必须要实时、准确地了解掌握水源水质动态，进行水质监测并对检测数据进行合理评价，这是保证农村饮用水安全的技术关键。

5.1.1 水质评价

水质是由水与水体中所含物质发生复杂过程相互作用后呈现出的综合特征。水质评价是根据评价的目的，针对评价目标选择相应的水质参数、水质标准和评价方法，对水环境各个要素进行单项及综合评价，研究水环境质量的变化规律并对水环境要素或区域水环境性质的优劣进行定量描述的科学，也是研究改善和提高人类水环境质量的方法和途径的科学。水质评价是合理开发利用水资源，保护水环境不受人类生产生活活动影响的一项基础性工作。根据水质评价目标的不同，水质评价可分为防治污染的水污染评价，如20世纪60年代以来广泛进行的河流污染评价、湖泊富营养化评价等以及为合理开发利用水资源的水资源质量评价。按水质评价对象的不同，可分为地表水评价和地下水评价，前者又分为河流、湖泊、水库、沼泽、潮汐河口和海洋等水质评价。按水质评价时段的不同，可分为利用积累的历史水质数据，揭示水质发展过程的回顾评价，根据近期水质监测数据，阐明水质当前状况的现状评价以及对拟建工程作水质影响分析的影响评价（又称预断评价）。按水质评价用水目的的不同，可分为饮用水水质评价，渔业用水水质评价，工业用水水质评价，农业用水水质评价，游泳和风景游览水体的水质评价等。目前，国内外研究人员针对河流、湖库等地表水及地下水的水质评价开展了大量研究工作。

（1）地表水质量评价方面：早在 20 世纪 30 年代末，苏联学者维尔纳次基即开始对地球河湖的水化学成分进行研究。随后河湖水质研究得到较为广泛的开展。河流水质研究是水环境化学研究的重要内容之一。水质监测是水质研究的基础工作。国际上的水质监测工作始于 19 世纪末，如对欧洲莱茵河的水质开始于 1875 年，对英国泰晤士河和法国塞纳河的水质监测开始于 1890 年前后。最初的监测项目只有溶解氧、pH、粪便大肠杆菌等几项。最近 100 年来，随着工业发展和河流水质污染加重，水质监测项目相应地大大增加。目前，欧洲共同体和美国环境保护局所规定的水质监测项目已超过 100 项。自 20 世纪 50 年代起，国际水文学会在全球范围内开展河流水质研究，研究结果载于美国地质调查所出版的专项报告《河流与湖泊的化学组成》中。70 年代后，各国学者在进一步开展研究的同时，Gibbs 根据对世界上 100 多条河流的统计结果，就河流主要离子成分及其起源进行了研究。与国外相比，我国的河湖水质研究起步较晚。我国的水质监测工作开始于 20 世纪50 年代末和 60 年代初。自 1956 年起，我国水利部相继在全国 500 多条大、中河流上建立了 900 多个水化学监测站，对河水的主要物理性质、主要气体、主要离子和营养元素组分等进行了监测（自 70 年代后又增加了对常见污染物的监测项目）。自 1979 年起，我国环境保护部门亦在全国六大水系上设立了 300 多个监测断面，对反映水质污染变化趋势的 17 个水质指标进行了监测。此外，我国还作为联合国全球淡水水质监测计划的参加者，自 1979 年起在我国经济发达地区的大河上设立了 4 个监测断面，按 GEMS/WAI，ER 计划的要求和规范进行了水质监测。

（2）地下水质量评价方面：自 20 世纪 50 年代开始，地下水质量评价得以被重视，评价工作由浅入深，由简单到复杂，由单项指标到综合指数的计算，由现状评价到趋势分析，由数理统计到数学模型的建立逐渐发展起来。地下水水质研究在国外开展比较早，地下水水质已具有大量而广泛的监测数据，关于地下水水质的原生和次生水文地球化学特征研究，目前已基本成熟。20 世纪 60 年代以后，已有文献报道用复杂的数学模型来对水质进行定量描述。近年来，国外一些发达国家已经转向地下水包气带及含水层的防污性能研究，目前已在很多城市重点区域完成了包气带及含水层的防污性能分区评价，为城市规划建设与地下水资源保护提供了科学依据。国内地下水水质的研究，早在 20 世纪 50、60 年代全国很多地区已经开始对地下水水质监测。例如，北京市水文地质工程地质大队自 1973 年就建立了较为系统的地下水监测网，目前已获取了大量的数据。

5.1.2　水质评价参数

水质参数是指水中物理、化学和生物的成分及其数量。在水污染评价时，可采用当地主要污染物和有关的物理、化学及生物项目作为评价参数，在水资源质量评价时，选择能反映水质基本特性的参数和主要污染参数。在水质评价中，常用的参数有六类：①常规水质参数，包括色、嗅、味、透明度（或浊度）、总悬浮固体、水温、pH、电导率、硬度、矿化度、含盐量等；②氧平衡参数，包括溶解氧、溶解氧饱和百分率、化学耗氧量、生化需氧量等；③重金属参数，包括汞、铬、铜、铅、锌、镉、铁、锰等成分；④有机污染参数，分简单有机物（苯、酚、芳烃、醛、DDT、HCHs、洗涤剂等）和复杂有机物（石油、多氯联苯等）；⑤无机污染物参数，包括氨氮、亚硝酸盐氮、硝酸盐氮、硫酸盐、磷酸盐、氟化物、氰化物、氯化物等；⑥生物参数，包括细菌总数、大肠杆菌群数、底栖动物、藻类种类及生物量等。

我国的饮用水源普遍受到污染，饮用水中对健康有潜在危害的物质不断增多。其中，有机污染物由于具有种类繁多、环境毒理效应复杂等特点，对人体健康构成了严重威胁。2004年10月，第三军医大学等六家单位对重庆各水厂水质进行的化验分析表明，长江水中有机污染物的种类达到50多种，嘉陵江水中有机污染物的种类达到60多种。有机污染物一般都具有毒性，长期饮用含各种有机污染物的水，轻者会干扰人体各器官的正常功能，严重的会造成损害甚至发生各种癌变。在有机物的危害方面，地下水源的水质在土壤的过滤、吸附以及自净能力的作用下相对影响较小，不过时下自来水厂普遍应用的氯化消毒技术在去除病菌的同时也生成了一些消毒副产物，这些"三致"物质（致癌、致畸、致突变）也会对人体健康造成很大的危害。因此，在进行农村饮用水源水质评价研究时，应加强对水中有毒有机污染物及消毒副产物等有机污染物的关注程度。

5.1.3 水质评价标准

水质评价要依据相关的环境标准而开展。《中华人民共和国环境保护标准管理办法》中对环境标准定义：环境标准是为了保护人群健康、社会物质财富和维持生态平衡，对大气、水、土壤等环境质量、对污染源的监测方法以及其他需要所制定的标准。环境标准以及水环境目标不仅反映一个地区、国家和国际组织的环境政策，也是水环境基本价值观的体现。

开展水质评价时，水质标准的选取应根据评价目的和水域功能而定。例如，地表水质评价常用标准为《地表水环境质量标准》（GB 3838—2002）、《海水水质标准》（GB 3097—1997）、《渔业用水水质标准》（GB 11607—1989）、《生活饮用水卫生标准》（GB 5749—1985）、《农田灌溉水质标准》（GB 5084—1992）等，也可以采用当地环保部门根据当地实际情况制定的地方标准。进行地表水水环境质量品质的评判时，应根据水环境功能的类别从《地表水环境质量标准》（GB 3838—2002）中选择水质标准。根据灌溉用水要求或其他用水要求进行水质评价时，则应选择《农田灌溉水质标准》（GB 5084—2005）。对建设项目排放废水对水体产生的影响进行评价时，则应采用《污水综合排放标准》（GB 8978—1996）和《地表水环境质量标准》（GB 3838—2002）共同进行。

由于我国农村地区水处理设施落后，基本直接饮用地表水和地下水。我国农村饮用水源水质评价标准主要依据《生活饮用水卫生标准》（GB 5749—2006）而开展。自新中国成立以来，生活饮用水卫生标准颁布了 6 次，从开始的 16 项指标增加到 35 项，再到现在的 106 项，每次标准的修改制定都增加了水质检验项目和提高了水质标准。若《生活饮用水卫生标准》中未列出污染物限值，则评价标准以《地表水环境质量标准》（GB 3838—2002）中"集中式生活饮用水地表水源地特定项目标准限值"或《世界卫生组织饮用水标准》中污染物限值为准。世界卫生组织提出的《饮用水水质标准》是世界各国制定本国饮用水水质标准的基础和依据，具有广泛的影响。近年来，标准修订的频率越来越快，标准中的检测项目不断增多，指标要求也越来越严格，更趋向复杂有机污染物的控制。世界卫生组织在 1996 年、1998 年、2003 年、2004 年分别公布了《饮用水水质标准》及相关资料。

国外很早就开展了水质标准的制定和修订工作，根据需求不断执行更为严格的新标准。例如，美国的水质标准修改频率较快，每隔几年就修改一些。1986 年 USEPA 颁布了《安全饮用水法案修正案》，规定了实施饮用水水质规则的计划，并制定了《国家饮用水基本规则和二级饮用水规则》（*National Primary and Secondary Drinking Water Regulations*）。2012 年，USEPA 颁布了新的饮用水卫生标准，该规则即为现行美国饮用水水质标准，对饮用水中的污染物规定了最大污染物浓度（MCL）和最大污染物浓度目标值（MCLG），无机物 22 项、有机物 63 项、核素 5 项、微生物 7 项，共 97 项指标，公共供水系统必须要满足该标准的要求。美国的《国家二级饮用水规则》（National Secondary Drinking Water Regulations）共有 15 项指标，是非强制性的指导标准，是美国环境保护局为给水系统推荐的二级标准，但没有规定必须遵守，各州可选择性采纳，作为强制性标准，主要用于控制水中对美容（皮肤、牙齿变色），或对感官（如嗅、味、色度）有影响的污染物浓度。1993 年日本实施了新的水质标准，水质法规定的有 46 项，供水与环境处制订了舒适性指标 13 项，检测性指标 26 项。1998 年欧洲共同体提出的新准则共 48 项，要求各国在随后的两年提出各国标准，并于 5 年内开始实施。澳大利亚于 1996 年开始实施新的水质标准。

5.1.4 水质评价方法

水质评价是以定量的方式直观地表征水环境质量的总体状况，是进行水环境容量计算及实施水污染控制的重要基础。自 20 世纪 60 年代以来，国内外已开发出的水质评价方法有数十种之多，早期以综合指数法为主。1965 年，Horton R. K. 最早提出了水质评价的质量指数法（QI），1970 年他又提出了水质现状评价的质量指数法（WQI）。美国叙拉古大学的 Nemerow N. L. 在其《河流污染的科学分析》一书中提出了另一种指数的计算方法——内梅罗法，并对纽约州的一些地面水的污染情况进行了指数计算。1977 年，Ross S. L. 根据生物需氧量（BOD）、氨氮、悬浮固体及溶解氧（DO）四项指标，对英国克鲁德河流域主流、支流的水质进行了评价。在东欧和苏联，多数学者在评价时既考虑物理化学指标，还考虑生物指标，使水质现状评价向更全面、更科学的方向发展。由于随机性、模糊性、灰色性往往共同存在于所研究的问题和对象之中，以现代数学理论为基础的灰色聚类法、模糊综合评判法、物元分析法等多种方法相继出现。龙腾锐等（2002a，b）、郭劲松（2002）、杨国栋等（2004）、陈守煜等（2005）、孙涛等（2004）

采用人工神经网络模型进行水质评价；张先起等（2005）将基于熵权的模糊物元模型应用在水质综合评价中；金菊良等（2001，2002）提出了水质综合评价的插值模型和投影寻踪模型；杨晓华等（2004）提出了遗传投影寻踪插值模型；马太玲等（2006）将模糊贴近度评价模型用于水质评价中；王晓玲（2006）建立了基于遗传神经网络模型的水质综合评价模型；李祚泳等（2004）建立了水质综合评价的普适指数公式；潘峰等（2002）采用模糊综合评价方法进行水质综合评价；杨士建等（2005）用趋势权重污染指数法评价水质。但是这些模型的计算大都存在人为赋权的干扰以及等级分辨率较粗的不足。随着计算机技术的快速发展，人工神经网络、遗传算法等现代系统方法近年来在水环境评价中也得到了广泛应用。不同方法的耦合将成为科学发展的必然。

总体而言，水质评价方法可以分为两大类：一类是以水质的物理化学参数的实测值为依据的评价方法；另一类是以水生物种群与水质的关系为依据的生物学评价方法。目前，较多采用的是物理化学参数评价方法。可分为：①单项参数评价法，即用某一参数的实测浓度代表值与水质标准对比，判断水质的优劣或适用程度。②多项参数综合评价法，即把选用的若干参数综合成一个概括的指数来评价水质，又称指数评价法。指数评价法用两种指数即参数权重评分叠加型指数和参数相对质量叠加型指数两种。参数权重评分叠加型指数的计算方法是：选定若干评价参数，按各项参数对水质影响的程度定出权重系数，然后将各参数分成若干等级，按质量优劣评分，最后将各参数的评分相加，求出综合水质指数，数值大表示水质好，数值小表示水质差。用这种指数表示水质，方法简明，计算方便。参数相对质量叠加型指数的计算方法是：选定若干评价参数，把各参数的实际浓度与其相应的评价标准浓度相比，求出各参数的相对质量指数，然后求总和值。根据生物与环境条件相适应的原理建立起来的生物学评价方法，通过观测水生物的受害症状或种群组成，可以反映出水环境质量的综合状况，因而既可对水环境质量作回顾评价，又可对拟建工程的生态效应作影响评价，是物理化学参数评价方法的补充。缺点是难确定水污染物的性质和含量。

目前，人们多采用以水质的物理化学参数的实测值为依据的评价方法，通过单项参数评价或多项参数综合评价的方法开展水质评价研究。常用的水质评价方法包括：指数评价法、模糊综合评价法、灰色系统评价法和人工神经网络法等。

1. 指数评价法

指数评价法包括单因子污染指数法和综合污染指数法。

单因子评价法：将每个评价因子与评价标准（地表水常采用 GB 3838—2002 标准）比较，确定各个评价因子的水质类别，其中的最高类别即为断面水质类别，通过单因子污染指数评价可确定水体中的主要污染因子。单因子评价法因过于简单而使评价过于粗糙，如某一河段只有一种污染物超标，则直接判定该河段不满足相应的水质标准。因此，单因子污染指数只能代表一种污染物对水质污染的程度，不能反映水体整体污染程度，单因子指数法从某种程度上说并不系统、全面。

单因子指数法可以表示为

$$I_i = \frac{C_i}{C_{oi}} \tag{5-1}$$

式中，I_i 为相对污染程度；C_i 为实测浓度；C_{oi} 为评价标准值。若 $I_i > 1$，表明水质不符合功能区要求，受到污染；若 $I_i < 1$，则表明水质符合功能区要求，尚未污染。

综合指数法：考虑多种水质因子，并采用加权平均等方法来计算的水质评价法。因对分指数的处理方法不同，综合指数法往往表现出不同的形式。其中，水质质量系数（P）法是 1975 年北京市西郊环境质量评价中提出的方法，它认为水体环境质量是由参与评价的各要素共同决定的。

$$P = \sum \frac{C_i}{C_{oi}} \tag{5-2}$$

式中，P 为相对污染程度；C_i 为实测浓度；C_{oi} 为评价标准值。根据 P 值计算结果，将水质分为 7 个等级：清洁（$P<0.2$）、微污染（$P=0.2 \sim 0.5$）、轻污染（$P=0.5 \sim 1.0$）、中度污染（$P=1.0 \sim 5.0$）、较重污染（$P=5.0 \sim 10$）、严重污染（$P=10 \sim 100$）、极严重污染（$P>100$）。

算术平均综合指数（P）法，各评价指标单因子评价指数加和的算术平均值，以此来综合反映水体污染的程度。

$$P = \frac{1}{n} \sum_{i=1}^{n} P_i = \frac{1}{n} \sum_{i=1}^{n} \frac{C_i}{C_{oi}} \tag{5-3}$$

式中，P 为相对污染程度；C_i 为实测浓度；C_{oi} 为评价标准值；n 为污染因子个数。若 $P>1$，表明水质不符合功能区要求，受到污染；若 $P<1$，则表明水质符合功能区要求，尚未污染。

内梅罗指数法是当前最常用的综合污染指数评价方法，内梅罗水质指数特别考虑了污染最严重的因子，其表达式为

$$S = \sqrt{\frac{(I_{j,\,max})^2 + (1/k \sum_{j=1}^{k} I_j)^2}{2}} \tag{5-4}$$

式中，S 为水环境质量综合污染指数；I_j 为单因子 j 的污染指数；$I_{j,max}$ 为该因子的最大污染指数；k 为污染因子个数。根据 S 值计算结果将水质分为 5 级：优良（$S<0.8$）、良好（$S=0.81 \sim 2.50$）、较好（$S=2.50 \sim 4.25$）、较差（$S=4.25 \sim 7.20$）、极差（$S>7.20$）。

2. 模糊综合评价法

水环境是个复杂的动态系统，水环境质量具有确定与不确定、精确与模糊的特性，同时具有量的特征，处理这类问题时并不仅仅依靠确定性模型，往往可通过随机性模型和模糊模型来解决。

模糊综合评价法是利用模糊数学的原理进行水环境质量综合评价的方法之一，它是通过确定实测样本序列与各级标准序列间的隶属度来确定水质级别的方法。该方法考虑了参加评价的各项因子在总体中的地位，为其配以适当的权重，确定隶属函数，再经过模糊矩阵复合运算，求得综合隶属度，根据综合隶属度来划分水质类别，进而得到综合评价结果。该法的关键是构造隶属函数矩阵以及权重矩阵。该法的典型代表有：模糊综合评价法、Hamming 贴近度法、模糊概率法等。由于水环境污染程度与水质分级相互联系并存在模糊性，而且水质变化是连续的，模糊评价法在理论上具有一定的合理性。但是该法也存

在如下不足：模糊评价法仅按超标倍数加权，在个别指标超倍数较大而多数指标均不超标甚至浓度很低的情况下，将会出现水质评价等级偏低的结果。

3. 灰色系统评价法

就水环境问题而言，灰色系统理论可看做水质监测样本值与不同水质标准接近度的某种距离分析和聚类判别。应用于水质综合评价的灰色系统方法有灰色聚类法、灰色贴近度分析法、灰色关联评价方法等。灰色聚类法是通过建立与隶属函数相似的白化函数，进行灰色聚类，确定所有断面综合水质的级别。灰色贴近度分析法是对灰色聚类法的改进，将聚类函数的确定由分段、分斜率计算改为分段共斜率计算，并用共斜率的方法来确定聚类元素与其理想子集的贴近程度，从而确定其所属类别。灰序列关联分析的实质为灰色系统中多个序列（离散数列）之间接近度的序化分析，这种接近度称为数列间的关联度。通过确定实测样本序列与各级标准序列间的关联度来确定水质级别的方法称为灰关联综合评价法。其基本方法是以断面水质中各因子的实测浓度组成实际序列，各因子的标准浓度组成理想序列，不同标准级别组成的不同理想序列，使用灰色关联度分析法计算实际序列与各理想序列的关联度，最后按照关联度的大小确定断面综合水质的级别，此为单断面水质综合评价的灰关联评价法；把灰色关联度评价法应用于研究具有多断面的区域水环境质量评价问题，就得到了区域水质综合评价的灰关联分析法。关联度越高，说明该样本序列越贴近该级别环境质量标准，则该样本序列就是所要评价的水质级别。如果将待评价样本作为事件，水质级别作为对策，构成局势，还可应用灰色局势决策模型进行水质综合评价。与模糊评价法相同，灰色评价法由于体现了水环境系统的不确定性，在理论上是可行的。其缺点同样是权重计算方法的不准确性将导致水质评价结果的不准确。

4. 人工神经网络法

人工神经网络（artificial neural networks，ANN）是由具有适应性的简单单元组成的广泛并行互连的网络，它的组织能够模拟生物神经系统对真实世界物体所作出的交互反应。ANN 用于水质评价最常用的是 BP（error back propagation，误差反向传播演算法）模型，BP 网络是一种具有 3 层或 3 层以上的神经网络，包括输入层、中间层（隐含层）和输出层。BP 网络是利用最陡坡降法的概念，把误差函数最小化，将网络输出的误差逐层向输入层逆向传播并分摊给各层单元，从而获得各层单元的参考误差，进而调整人工神经元网络相应的连接权，直到网络的误差达到最小化。

比较而言，单因子评价法计算简单、易操作。但该方法将水质最差的单个因子的状况等同于整个水体的水质，评价结果过于悲观。因此，单因子指数法在水质评价中通常只作为主要污染物筛选的依据。综合指数法由于计算简单，评价结果直观，计算结果准确性较好而被人们广泛接受。但是，不同综合指数法有时候可能会掩盖某些污染严重的评价因子，致使评价结果偏离事实。因此，在使用综合指数法进行水质评价的过程中也要根据实际情况而选择适用的方法。模糊数学评价方法，灰色系统评价法和人工神经网络评价法是近年来不断发展产生的水质评价方法。模糊数学评价法利用隶属函数描述水质分级，刻画了界限对模糊性，能够较好地反映水质情况，评价结果较为可靠。但是，该方法需要以大量调查资料为基础，计算复杂，权重系数的选取上存在较大主观性。灰色系统评价法克服了综合指数法硬性划分水质级别而导致级别突变的缺点，也能够较好地反映水质情况，结果较为可靠，但计算较复杂，分辨率偏低。人工神经网络法具有很强的自组织、自学习和自适应的能力，评价结果最接近实际情况，但需要大量调查资料，操作水平要求很高。对于农村饮用水源水质评价而言，由于广大农村地方技术人员技术操作能力以及相应配套设备还处于相对较低水平，因此，简单、易操作、评价结果较为可靠的水质评价方法更便于在农村地区推广应用，是农村饮用水源水质评价的首要选择。

5.2　农村饮用水源有毒污染物水质评价方法的比选

5.2.1　农村饮用水源有毒污染物水质评价基本原则

评价的目标：为应对农村饮用水源有毒污染物污染防治而开展的水质评价。

评价类型：农村地表和地下饮用水源。

水质参数的选择：在污染物选择上，对人体健康危害更大的非常规污染物（有毒污染物）更应该引起高度重视。

水质标准：采用水质评价标准为《生活饮用水卫生标准》（GB 5749—2006）。若《生活饮用水卫生标准》中未列出污染物限值，则评价标准以《地表水环境质量标准》（GB 3838—2002）中"集中式生活饮用水地表水源地特定项目标准限值"或《世界卫生组织饮用水标准》中污染物限值为准。

评价方法：农村饮用水源有毒污染物水质评价方法应以简单、易操作、结果可靠性强为筛选原则，并选择多种评价方法相结合，尽可能全面反映水质状况。

5.2.2　农村饮用水源有毒污染物水质评价方法

根据农村饮用水源有毒污染物水质评价方法的基本原则，本研究对水质评价方法进行了筛选。通过对湖南某矿区枯水期、丰水期地下水重金属水质评价案例研究，对单因子评价法、水质质量系数（P）法、算术平均综合指数（P）法和内梅罗指数法在农村饮用水源有毒污染物水质评价中的适用性进行了对比分析。鉴于单因子评价结果只能代表一种污染物对水质污染的程度，而不能反映水体整体污染程度，因此，单因子评价法主要用于确定水体中的主要污染因子。而水质质量系数（P）法、算术平均综合指数（P）法和内梅罗指数法从不同角度考虑，综合考虑了各个参与评价的重金属因子，从而能够对水体污染程度做出整体判断。但是，通过对不同方法评价结果（表5-1、表5-2）的直观比较可知，不同方法的评价结果存在较大差异。

表 5-1　湖南某矿区枯水期不同水质评价方法评价结果的比选

采样点	水质质量系数（P）法	算术平均综合指数（P）法	内梅罗指数法
1	轻污染	未污染	优良
2	轻污染	未污染	优良
3	中污染	未污染	优良
4	中污染	未污染	优良
5	轻污染	未污染	优良
6	中污染	未污染	优良
7	较重污染	未污染	良好
8	轻污染	未污染	优良
9	中污染	未污染	优良
10	中污染	未污染	优良
11	较重污染	未污染	较差
12	中污染	未污染	良好
13	轻污染	未污染	优良
14	轻污染	未污染	优良
15	中污染	未污染	优良
16	轻污染	未污染	优良
17	轻污染	未污染	优良
18	轻污染	未污染	优良
19	中污染	未污染	优良
20	中污染	未污染	优良

表 5-2　湖南某矿区丰水期不同水质评价方法评价结果的比选

采样点	水质质量系数（P）法	算术平均综合指数（P）法	内梅罗指数法
1	轻污染	未污染	优良
2	轻污染	未污染	优良
3	中污染	未污染	良好
4	中污染	未污染	优良
5	轻污染	未污染	优良
6	轻污染	未污染	优良
7	中污染	未污染	优良
8	中污染	未污染	优良
9	轻污染	未污染	优良
10	中污染	未污染	优良
11	严重污染	已污染	极差
12	轻污染	未污染	优良

采样点	水质质量系数（P）法	算术平均综合指数（P）法	内梅罗指数法
13	轻污染	未污染	优良
14	轻污染	未污染	优良
15	中污染	未污染	优良
16	轻污染	未污染	优良
17	轻污染	未污染	优良
18	轻污染	未污染	优良
19	轻污染	未污染	优良
20	轻污染	未污染	优良

其中，水质质量系数（P）法是在单因子评价的基础上，综合考虑各参评因子的整体情况，并以各参评因子的单因子评价指数的累积加和作为水体整体相对污染程度。评价结果显示，枯水期，湖南某矿区处于较重污染、中污染和轻污染地下饮用水源，分别占饮用水源总数的 10%、45% 和 45%；丰水期，处于严重污染、中污染和轻污染饮用水源，分别占饮用水源总数的 5%、30% 和 65%。该方法虽然综合考虑了各个参评因子对整体水质的贡献，但是简单加和的计算方式使评价结果过于"悲观"，可能导致农村饮用水源"过保护"问题。

算术平均综合指数（P）法同样是在单因子评价的基础上，综合考虑各参评因子的整体情况。与水质质量系数（P）法简单加和的计算方式不同，该方法以各评价指标单因子评价指数加和的算术平均值来综合反映水体污染的程度。评价结果显示，枯水期，湖南某矿区 20 个地下饮用水源均未受到污染，能够满足饮用水功能区的要求；丰水期，受到污染的地下饮用水源仅占饮用水源总数的 5%，95% 的地下饮用水源都能够满足饮用水功能区的要求，未受污染。由于该方法没有单独考虑污染严重的评价因子，因此取算术平均值后将会掩盖某些污染严重的评价因子，使评价结果过于"乐观"，导致农村饮用水源"欠保护"问题。

相比之下，内梅罗指数评价结果显示，枯水期，湖南某矿区水质较差、良好和优良的饮用水源，分别占饮用水源总数的 5%、10% 和 85%；丰水期，水质极差、良好和优良的饮用水源，分别占饮用水源总数的 5%、5% 和 90%。该方法不仅考虑了单因子评价法中参加评价的各种污染物的污染指数，还考虑了大量污染物的污染指数，加大了最大污染物的权重，更加合理地反映了水环境的污染性质和程度。

5.2.3 农村饮用水源有毒污染物水质评价推荐方法

对于农村饮用水源有毒污染物水质评价而言，简单、易操作、评价结果较为可靠的水质评价方法更便于在农村地区推广应用，是农村饮用水源水质评价的首要选择。同时，还应选择多种评价方法相结合，尽可能全面地反映水质状况。根据本研究结果，建议首先采用单因子评价确定出农村饮用水源的主要污染因子，为重点污染防治提供依据；继而采用内梅罗指数法对农村饮用水源单一类别有毒污染物，以及多种有毒污染物共存条件下的水质进行科学、合理评价，全面评价农村饮用水源综合水质状况，并据此提出相应防治对策。

5.3 案例研究

随着经济的快速发展以及人们生活水平的提高，饮水安全问题日益突出。它不仅关系到社会经济的发展，更与人们生命健康息息相关。为了确保饮水安全，对水质必须进行准确、客观的评价。本章采用单因子评价法和内梅罗指数方法对江苏、江西、湖南、广东地区典型农村的饮用水源进行水质评价，确定各水源水质等级，对当地饮用水源的水质状况进行定性定量分析，为水源的管理奠定坚实的基础。

5.3.1 江苏地区典型农村饮用水源有毒污染物水质评价

江苏地区典型农村以深层地下水、浅层地下水和沟塘水为主要饮用水源，该地区胃癌、食管癌发病率较高。鉴于癌症发病率与居民饮水有很大关系，因此对该地区典型农村A、B、C和D丰水期共计111个、枯水期共计99个饮用水源中检出的多环芳烃、多氯联苯、酞酸酯类、酚类、苯类及取代物、农药类、挥发性物质及重金属共72种物质，进行单一类别有毒污染物水质评价及综合水质评价，确定各地下饮用水源水质等级。

1. 单一类别有毒污染物水质评价

1）多环芳烃

丰水期，针对多环芳烃污染物，水质优良的饮用水源占水源总数比例为60.19%，水质良好的地下饮用水源的比例为35.18%，水质较好的饮用水源的比例为1.85%，水质较差的饮用水源的比例为0.93%，水质较好的饮用水源的比例为1.85%。由表5-3和表5-9、表5-11和表5-17、表5-19和表5-25、表5-27和表5-31可知，位于典型区县B的21#和典型区县C的9#饮用水源水质极差。位于典型区县C的17#饮用水源水质较差，位于典型区县A的15#和典型区县C的15#饮用水源水质较好。位于典型区县A的2#、3#、6#、9#、11#、12#、18#、20#~22#、25#、26#和30#，位于典型区县B的1#、2#、6#、9#、12#、18#、24#，位于典型区县C的1#~3#、5#、6#、12#、14#、18#、19#、21#、23#、27#、28#、29#以及位于典型区县D的2#和7#深层地下水源水质良好，其他水源水质优良。

枯水期，针对多环芳烃污染物，水质优良的饮用水源占水源总数的比例为84.85%，水质良好的饮用水源的比例为10.10%，水质较好的饮用水源比例为3.03%，水质极差的饮用水源比例为2.02%。由表5-4和表5-10、表5-12和表5-18、表5-20和表5-26、表5-28和表5-32可知，位于典型区县A的22#和典型区县B的22#饮用水源水质极差。位于典型区县A的23#，以及典型区县C的18#和20#饮用水源水质较好。位于典型区县A的21#，位于典型区县 B 的 8#、21#、22#、24#以及位于典型区县 C 的 8#、9#、24#、26#和 27#饮用水水质良好。其他水源水质优良。

2）多氯联苯

丰水期、枯水期，由表 5-3 和表 5-4，表 5-9 和表 5-10，表 5-11 和表 5-12，表 5-17 和表 5-18，表 5-19、表 5-20，表 5-25 和表 5-26，表 5-27、表 5-28，表 5-31 和表 5-32 所知，江苏地区 4 个典型区县饮用水源中多氯联苯污染物水质优良。

3）酞酸酯类

丰水期，针对酞酸酯类污染物，水质优良的饮用水源占水源总数的比例为 21.29%，水质良好的饮用水源的比例为 55.56%，水质较好的饮用水源比例为 12.04%，水质较差的饮用水源比例为 9.26%，水质极差的饮用水源比例为 1.85%。由表 5-3 和表 5-9、表 5-11 和表 5-17、表 5-19 和表 5-25、表 5-27 和表 5-31 可知，位于典型区县 A 的 15#和典型区县 C 的 27#饮用水源水质极差，饮用水源水质极差。位于典型区县 A 的 15#和 18#，典型区县 B 的 9#、12#、15#以及位于典型区县 C 的 9#、12#、15#、29#、30#饮用水源水质较差。位于典型区县 A 的 6#、30#，位于典型区县 B 的 7#、18#、22#以及位于典型区县 C 的 7#、10#、11#、13#、18#、22#、25#和 28#饮用水源水质较好。位于典型区县 A 的 1#～4#、7#～14#、16#～19#、22#～29#，位于典型区县 B 的 1#～6#、10#、11#、13#、14#、16#、17#、19#、20#、21#、23#、24#，位于典型区县 C 的 1#～6#、14#、16#、17#、19#～21#、23#、24#以及位于典型区县 D 的1#、6#、8#和 24#水质良好。其他水源水质优良。

枯水期，针对该地区酞酸酯类污染物，水质优良的饮用水源占水源总数的比例为 24.25%，水质良好的饮用水源的比例为 43.43%，水质较好的饮用水源的比例为 17.17%，水质较差的饮用水源比例为 7.07%，水质极差的饮用水源比例为 8.08%。由表 5-4 和表 5-10、表 5-12 和表 5-18、表 5-20 和表 5-26、表 5-28 和表 5-32 可知，位于典型区县 A 的 17#、18#以及位于典型区县 C 的 5#、18#、21#、24#、27#、30#饮用水源水质极差。位于典型区县 A 的 8#、9#和 25#以及位于典型区县 C 的 12#、15#、28#、29#饮用水源水质较差。位于典型区县 A 的 3#、10#、15#、16#、21#、23#和 34#，位于典型区县 B 的 5#和 24#，位于典型区县 C 的 8#、23#、26#以及位于典型区县 D 的 6#、7#、9#、11#、22#饮用水源水质较好。位于典型区县 A 的 1#、2#、4#、5#、7#、11#、14#、20#、26#、27#～29#，位于典型区县 B 的 1#～4#、8#、10#、11#、13#、14#、16#、17#、20#、21#和 23#，位于典型区县 C 的 1#、3#、4#、7#、9#、10#、11#、14#、16#、17#、19#、20#和 22#以及位于典型区县 D 的3#、5#、15#、16#饮用水源水质良好。其他水源水质优良。

4）酚类物质

丰水期，针对酚类污染物，水质优良的饮用水源占水源总数的比例为 72.22%，水质良好的饮用水源比例为 9.26%，水质较好的饮用水源比例为 10.19%，水质较差的饮用水源比例为 6.48%，水质极差的饮用水源比例为 1.85%。由表 5-3 和表 5-9、表 5-11 和表 5-17、表 5-19 和表 5-25、表 5-27 和表 5-31 可知，位于典型区县 A 的 15#和 18#饮用水源水质极差。位于典型区县 A 的 6#、10#、12#、19#～21#和 27#饮用水源水质较差。位于典型区县 A 的 9#、11#、13#、16#、17#、22#～26#和 29#饮用水源水质较好。位于典型区县 A 村的 1#～5#、7#、8#、14#和 30#，以及位于典型区县 B 的 24#饮用水源水质良好。其他水源水质优良。

枯水期，由表 5-4 和表 5-10、表 5-12 和表 5-18、表 5-20 和表 5-26、表 5-28 和表 5-32 可知，该地区 4 个典型区县饮用水源水质优良。

5）苯类及取代物

丰水期，针对苯类污染物，水质优良的饮用水源占水源总数的比例为 93.52%，水质良好的饮用水源的比例为 6.48%。由表 5-5 和表 5-9、表 5-13 和表 5-17、表 5-23 和表 5-25 可知，只有位于典型区县 A 的 6#、10#、12#、18#、20#和 21#饮用水源水质良好。其他饮用水源水质优良。

枯水期，针对苯类污染物，水质优良的饮用水源占总饮用水源比例的 98.99%，水质良好的饮用水源比例为 1.01%。由表 5-6、表 5-10、表 5-14、表 5-17、表 5-22 和表 5-26 可知，位于典型区县 C 的 20#饮用水源水质良好。其他饮用水质优良。

6）农药

针对农药污染物，丰水期、枯水期，江苏地区 4 个典型区县饮用水源水质优良。

7）挥发性物质

枯水期，针对挥发性有机物，水质优良的饮用水源占水源总数的比例为 79.80%，水质良好的饮用水源的比例为 11.11%，水质较好的饮用水源比例为 2.02%，水质较差的饮用水源比例为 7.07%。由表 5-4 和表 5-10、表 5-12 和表 5-18、表 5-20 和表 5-26、表 5-28 和表 5-32 可知，位于典型区县 A 的 18#以及位于典型区县 C 的 2#、3#、7#、8#、24#、26#和 28#饮用水源水质较差。位于典型区县 C 的 19#和 20#饮用水源水质较好。位于典型区县 A 的 9#、16#、20#和 28#，位于典型区县 C 的 5#、6#、11#，以及位于典型区县 D 的 4#~7#饮用水源水质良好。其他水源水质优良。

表 5-3 江苏 A 县饮用水源酚类、酞酸酯类、多氯联苯、农药类、多环芳烃类污染物因子（丰水期）

采样点	2-氯苯酚	2,4-二氯酚	总挥发酚	DEP	DBP	五氯联苯	敌敌畏	乐果	莠去津	百菌清	六氯苯	BaP
1	0.00 *	3.46	2.70	0.00	1.45	0.03	0.08	0.00	0.00	0.00	0.00	0.37
2	0.00	3.22	2.07	0.00	1.26	0.08	0.11	0.00	0.00	0.00	0.00	1.13
3	0.00	1.45	0.48	0.01	2.20	0.01	0.05	0.00	0.34	0.00	0.00	0.82
4	0.00	1.45	2.62	0.01	1.19	0.01	0.11	0.00	0.00	0.00	0.01	0.50
5	0.00	1.66	1.48	0.00	0.66	0.00	0.07	0.00	0.00	0.00	0.00	0.15
6	0.00	6.32	6.98	0.00	4.70	0.01	0.11	0.00	0.00	0.00	0.04	1.87
7	0.00	3.57	1.56	0.01	1.76	0.01	0.07	0.00	0.00	0.00	0.02	0.15
8	0.00	1.76	2.62	0.01	1.17	0.01	0.05	0.00	0.00	0.00	0.00	0.26
9	0.00	2.60	3.24	0.00	3.55	0.01	0.24	0.00	0.60	0.00	0.08	2.00
10	0.00	7.05	3.64	0.01	1.92	0.01	0.10	0.00	0.00	0.00	0.02	0.22
11	0.00	3.70	2.13	0.01	1.65	0.01	0.08	0.00	0.00	0.00	0.02	0.87
12	0.00	7.30	7.43	0.03	2.97	0.09	0.26	0.00	0.39	0.00	0.04	0.95
13	0.00	3.38	2.69	0.01	1.93	0.00	0.07	0.00	0.00	0.00	0.01	0.32

采样点	2-氯苯酚	2,4-二氯酚	总挥发酚	DEP	DBP	五氯联苯	敌敌畏	乐果	莠去津	百菌清	六氯苯	BaP
14	0.00	1.09	0.65	0.01	1.04	0.00	0.07	0.00	0.00	0.00	0.00	0.21
15	0.00	6.78	9.03	0.03	12.67	0.01	0.49	0.01	0.85	0.00	0.10	3.76
16	0.00	3.70	2.16	0.01	1.68	0.01	0.00	0.00	0.00	0.00	0.00	0.38
17	0.00	1.54	3.20	0.01	2.21	0.00	0.14	0.00	0.00	0.00	0.04	0.73
18	0.00	2.89	10.70	0.03	6.15	0.05	0.25	0.00	0.00	0.00	0.06	2.23
19	0.00	4.56	1.79	0.01	1.24	0.00	0.05	0.00	0.00	0.00	0.00	0.28
20	0.00	5.15	7.55	0.02	3.48	0.00	0.22	0.00	0.00	0.00	0.06	1.92
21	0.00	8.12	7.53	0.02	6.14	0.01	0.35	0.00	0.00	0.00	0.06	0.97
22	0.00	3.52	2.67	0.00	1.62	0.00	0.06	0.00	0.00	0.00	0.01	0.99
23	0.00	2.99	4.20	0.01	1.46	0.00	0.13	0.00	0.00	0.00	0.00	0.21
24	0.00	2.68	3.36	0.01	2.22	0.00	0.10	0.00	0.22	0.00	0.00	0.91
25	0.00	3.38	3.87	0.01	2.13	0.01	0.09	0.00	0.00	0.00	0.02	0.91
26	0.00	4.26	2.58	0.00	1.17	0.00	0.10	0.00	0.00	0.00	0.00	0.83
27	0.00	3.69	8.52	0.00	2.17	0.01	0.19	0.00	0.17	0.00	0.02	0.44
28	0.00	0.89	0.62	0.01	1.73	0.01	0.07	0.00	0.00	0.00	0.02	0.54
29	0.00	4.65	0.83	0.01	1.67	0.01	0.06	0.00	0.00	0.00	0.00	0.56
30	0.00	0.49	2.38	0.02	4.32	0.02	0.27	0.00	0.00	0.00	0.09	1.72

* 此处0.00并不表示未检测到，实际是有数值的，但由于全文保留两位有效数字，故显示为"0.00"，下同

8）重金属

丰水期，针对重金属污染物，水质优良的饮用水源占水源总数的比例为50.93%，水质良好的饮用水源的比例为21.29%，水质较好的饮用水源比例为12.96%，水质较差的饮用水源比例为9.26%，水质极差的饮用水源比例为5.56%。由表5-7和表5-9、表5-15和表5-17、表5-23和表5-25、表5-29和表5-31可知，位于典型区县A的28#，位于典型区县B的11#以及位于典型区县C的5#、6#、10#和18#饮用水源水质极差[①]。位于典型区县A的12#和24#，位于典型区县B的12#、18#和21#以及位于典型区县C的1#、4#、15#、27#和29#饮用水源水质较差。位于典型区县A的2#、9#、16#和25#，位于典型区县B的6#和24#以及位于典型区县C的8#、9#、11#、12#、17#、23#、24#和30#饮用水源水质较好。位于典型区县A的3#、4#、6#、18#、19#、21#~23#、26#、27#、29#和30#，位于典型区县B的5#、15#和22#以及位于典型区县C的3#、7#、19#~22#、26#和28#饮用水源水质良好。其他水源水质优良。

枯水期，水质优良的饮用水源占水源总数的比例为31.31%，水质良好的饮用水源的比例为59.60%，水质较好的饮用水源的比例为4.04%，水质较差的饮用水源比例为4.04%，水质极差的饮用水源比例为1.01%。由表5-8和表5-10、表5-16和表5-18、表5-24和表5-26、表5-30和表5-32可知，位于典型区县C的17#饮用水源水质极差。位于

---

① 此处的水质评价，是由所有重金属（本书关注）得到的综合结果，并不是针对某一种重金属

典型区县 C 的 25#以及位于典型区县 D 的 20#和 22#饮用水源水质较差。位于典型区县 A 的 28#以及位于典型区县 C 的 11#、20#和 28#饮用水源水质较好。位于典型区县 A 的 1#~5#、7#~11#、13#~15#、17#~24#、26#、27#和 29#，位于典型区县 B 的 1#~5#、8#、10#、11#、16#、17#、21#~24#，位于典型区县 C 的 2#、3#、5#、8#~10#、12#~14#、16#、18#、21#、23#、24#、26#、27#、29#、30#以及位于典型区县 D 的 1#、7#、10#饮用水源水质良好。其他饮用水源水质优良。

2. 有毒污染物综合水质评价

综合考虑重金属、苯类、酚类、酞酸酯类、农药类、多环芳烃和挥发性有机物的水质特征，丰水期，该地区水质优良的饮用水源占水源总数的比例为 14.81%，水质良好的饮用水源的比例为 30.56%，水质较好的饮用水源比例为 29.63%，水质较差的饮用水源比例为 17.59%，水质极差的饮用水源比例为 7.41%。由表 5-9、表 5-17、表 5-25、表 5-31 可知，位于典型区县 A 的 15#、18#和 28#，位于典型区县 B 的 11#以及位于典型区县 C 的 5#、6#、10#和 18#饮用水源水质极差。位于典型区县 A 的 6#、10#、12#、20#、21#、24#、27#，位于典型区县 B 的 12#、18#和 21#，位于典型区县 C 的 4#、9#、12#、15#、27#、29#、30#，以及位于典型区县 D 的 13#和 19#饮用水源水质较差。位于典型区县 A 的 2#、7#、9#、11#、16#、19#、22#、23#、25#、26#、29#和 30#饮用水源水质较好。位于典型区县 B 的 6#、7#、9#、10#、13#、15#和 22#，位于典型区县 C 的 1#、7#、8#、11#、13#、17#、21#~25#和 28#以及位于典型区县 D 的 8#饮用水源水质较好。位于典型区县 A 的 1#、3#~5#、8#、13#和 17#，位于典型区县 B 的 1#~5#、14#、16#、17#、19#、20#、23#、24#，位于典型区县 C 的 2#、3#、14#、16#、19#、20#、26#以及位于典型区县 D 的 1#~4#、6#、7#、14#~16#、18#、19#、22#~24#饮用水源水质良好。其他饮用水源水质优良。

枯水期，综合考虑八类污染物水质特征，该地区水质优良的饮用水源占水源总数的比例为 15.16%，水质良好的饮用水源的比例为 43.43%，水质较好的饮用水源比例为 18.18%，水质较差的饮用水源比例为 13.13%，水质极差的饮用水源比例为 10.10%。由表 5-10、表 5-18、表 5-26、表 5-32 可知，位于典型区县 A 的 17#和 18#以及位于典型区县 C 的 5#、16#、17#、20#、23#、26#和 29#饮用水源水质极差。位于典型区县 A 的 22#和 25#，位于典型区县 C 的 3#、7#、8#、11#、14#、24#、27#和 28#以及位于典型区县 D 的 6#、20#和 24#饮用水源水质较差。位于典型区县 A 的 8#~10#、15#、16#、21#、23#、24#和 28#，位于典型区县 B 的 5#和 24#，位于典型区县 C 的 10#、19#和 25#以及位于典型区县 D 的 7#、9#、20#和 25#饮用水源水质较好。位于典型区县 A 的 1#~5#、7#、11#、13#、14#、19#、20#、26#、27#和 29#，位于典型区县 B 的 1#~4#、6#、8#~12#、14#~18#、20#~23#，位于典型区县 C 的 1#、2#、4#、6#、9#、13#、15#和 18#以及位于典型区县 D 的 1#、3#、4#、10#、15#和 16#饮用水源水质良好。其他饮用水源水质优良。

江苏地区典型农村饮用水源枯水期水质要好于丰水期（图 5-1）。重金属、酚类、酞酸酯类、多环芳烃和挥发性有机物是该地区饮用水源主要有毒污染物，应加强重点防控。典型区县 A 和 C 饮用水源水质受有毒污染物污染相对明显，应进一步加强监测、防控。

表 5-4 江苏 A 县饮用水源酚类、酞酸酯类、多氯联苯、农药类、多环芳烃、挥发性污染物因子（枯水期）

采样点	2-氯苯酚	2,4-二氯酚	总挥发酚	DEP	DBP	五氯联苯	乐果	莠去津	百菌清	顺式氯丹	六氯苯	BaP	二氯甲烷	1,3-二氯丙烷	三氯甲烷	四氯化碳
1	0.00	0.00	0.07	0.00	1.60	0.07	0.00	0.00	0.00	0.00	0.00	0.04	0.01	0.05	0.01	0.06
2	0.00	0.00	0.03	0.00	1.78	0.05	0.00	0.00	0.00	0.00	0.00	0.09	0.09	0.34	0.16	0.04
3	0.00	0.00	0.21	0.00	3.42	0.06	0.00	0.00	0.00	0.00	0.00	0.24	0.01	0.00	0.01	0.06
4	0.00	0.00	0.01	0.00	3.05	0.04	0.00	0.00	0.00	0.00	0.00	0.47	0.01	0.00	0.00	0.00
5	0.00	0.00	0.05	0.00	1.62	0.01	0.00	0.00	0.00	0.00	0.00	0.00	0.05	0.00	0.20	0.05
6	n	n	n	n	n	n	n	n	n	n	n	n	n	n	n	n
7	0.00	0.00	0.05	0.00	2.29	0.05	0.00	0.00	0.00	0.00	0.00	0.00	0.08	0.00	0.21	0.07
8	0.00	0.01	0.07	0.00	5.94	0.05	0.00	0.00	0.00	0.00	0.00	0.08	0.07	0.00	0.26	0.00
9	0.00	0.02	0.74	0.00	5.85	0.07	0.00	0.02	0.00	0.00	0.00	0.00	0.06	1.82	0.09	0.43
10	0.00	0.00	0.03	0.00	4.74	0.01	0.00	0.00	0.00	0.00	0.00	0.09	0.02	0.15	0.01	0.01
11	0.00	0.00	0.05	0.00	1.44	0.02	0.00	0.00	0.00	0.00	0.00	0.00	0.01	0.00	0.10	0.01
12	n	n	n	n	n	n	n	n	n	n	n	n	n	n	n	n
13	0.00	0.00	0.05	0.00	1.12	0.07	0.00	0.00	0.00	0.00	0.00	0.43	0.01	0.00	0.76	0.01
14	0.00	0.00	0.07	0.00	2.97	0.02	0.00	0.00	0.00	0.00	0.00	0.00	0.01	0.10	0.01	0.01
15	0.00	0.02	0.17	0.00	3.74	0.04	0.00	0.01	0.00	0.00	0.00	0.00	0.04	0.11	0.68	0.33
16	0.00	0.01	0.10	0.00	4.81	0.02	0.00	0.00	0.00	0.00	0.00	0.36	0.01	0.15	1.13	0.02
17	0.00	0.00	0.08	0.00	10.70	0.06	0.00	0.00	0.00	0.00	0.00	0.00	0.01	0.08	0.01	0.01
18	0.00	0.01	0.38	0.00	21.11	0.17	0.00	0.00	0.00	0.00	0.00	0.00	0.07	0.00	0.24	7.30
19	0.00	0.00	0.07	0.00	0.46	0.01	0.00	0.00	0.00	0.00	0.00	0.58	0.01	0.18	0.02	0.01
20	0.00	0.00	0.13	0.00	2.43	0.01	0.00	0.00	0.00	0.00	0.00	0.84	0.02	1.51	0.02	0.02
21	0.00	0.01	0.10	0.00	4.03	0.01	0.00	0.01	0.00	0.00	0.00	1.66	0.01	0.00	0.01	0.08
22	0.00	0.02	0.54	0.00	0.47	0.02	0.00	0.00	0.00	0.00	0.00	9.42	0.01	0.07	0.07	0.01
23	0.00	0.00	0.08	0.00	5.28	0.09	0.00	0.01	0.00	0.00	0.00	3.14	0.08	0.14	0.02	0.00
24	0.00	0.02	0.40	0.00	5.32	0.01	0.00	0.01	0.00	0.00	0.00	0.00	0.07	0.00	0.20	0.86
25	0.00	0.03	0.03	0.00	7.35	0.03	0.00	0.00	0.00	0.00	0.00	0.17	0.02	0.09	0.01	0.02
26	0.00	0.00	0.05	0.00	1.51	0.07	0.00	0.00	0.00	0.00	0.00	0.73	0.06	0.53	0.21	0.06
27	0.00	0.02	0.26	0.00	2.66	0.01	0.00	0.02	0.00	0.00	0.00	0.17	0.01	0.12	0.04	0.08
28	0.00	0.00	0.04	0.00	1.81	0.02	0.00	0.00	0.00	0.00	0.00	0.42	0.07	2.55	1.50	0.06
29	0.00	0.00	0.04	0.00	1.23	0.01	0.00	0.01	0.00	0.00	0.00	0.40	0.07	0.00	0.20	0.09
30	n	n	n	n	n	n	n	n	n	n	n	n	n	n	n	n

注：n 表示未采集到水样，下同

表 5-5　江苏 A 县饮用水源苯类污染物因子（丰水期）

采样点	甲苯	乙苯	苯乙烯	二甲苯	异丙苯	二氯苯	1,2,4-三氯苯
1	0.00	0.02	0.09	0.00	0.22	0.00	0.94
2	0.00	0.02	0.11	0.01	0.33	0.00	0.91
3	0.00	0.04	0.01	0.00	0.03	0.00	0.61
4	0.00	0.02	0.15	0.01	0.45	0.00	0.97
5	0.00	0.03	0.12	0.01	0.37	0.00	0.62
6	0.00	0.05	0.23	0.01	0.57	0.00	1.70
7	0.00	0.02	0.11	0.00	0.27	0.00	0.68
8	0.00	0.02	0.12	0.01	0.34	0.00	0.58
9	0.00	0.02	0.26	0.01	0.70	0.00	0.51
10	0.00	0.05	0.18	0.01	0.47	0.00	1.67
11	0.00	0.03	0.17	0.01	0.42	0.00	0.83
12	0.00	0.12	0.33	0.01	0.91	0.00	1.43
13	0.00	0.02	0.20	0.01	0.52	0.00	0.73
14	0.00	0.01	0.07	0.00	0.14	0.00	0.28
15	0.00	0.07	0.43	0.03	1.34	0.00	1.07
16	0.00	0.02	0.09	0.00	0.24	0.00	0.15
17	0.00	0.06	0.42	0.02	1.09	0.00	0.59
18	0.00	0.12	0.86	0.03	1.96	0.01	1.70
19	0.00	0.02	0.12	0.00	0.25	0.00	0.59
20	0.00	0.09	0.48	0.02	1.32	0.00	0.99
21	0.00	0.09	0.46	0.02	1.25	0.00	1.31
22	0.00	0.02	0.09	0.00	0.26	0.00	0.77
23	0.00	0.03	0.21	0.01	0.59	0.00	0.83
24	0.00	0.02	0.14	0.01	0.37	0.00	0.81
25	0.00	0.02	0.14	0.01	0.43	0.00	0.69
26	0.00	0.03	0.21	0.01	0.56	0.00	0.76
27	0.00	0.09	0.24	0.01	0.71	0.00	0.60
28	0.00	0.01	0.11	0.01	0.31	0.00	0.19
29	0.00	0.02	0.12	0.00	0.36	0.00	0.85
30	0.00	0.02	0.34	0.02	1.06	0.00	0.38

表 5-6 江苏 A 县饮用水源苯类污染物因子（枯水期）

采样点	甲苯	乙苯	苯乙烯	二甲苯	异丙苯	二氯苯	1,2,4-三氯苯	苯
1	0.00	0.01	0.01	0.00	0.00	0.00	0.00	0.01
2	0.00	0.01	0.01	0.00	0.00	0.00	0.00	0.24
3	0.01	0.01	0.03	0.00	0.00	0.00	0.00	0.02
4	0.00	0.00	0.00	0.00	0.00	0.00	0.00	0.02
5	0.00	0.00	0.01	0.00	0.00	0.00	0.00	0.13
6	n	n	n	n	n	n	n	n
7	0.00	0.00	0.01	0.00	0.00	0.00	0.00	0.17
8	0.00	0.00	0.02	0.00	0.00	0.00	0.00	0.22
9	0.01	0.01	0.03	0.00	0.00	0.00	0.00	0.10
10	0.00	0.00	0.01	0.00	0.00	0.00	0.00	0.03
11	0.00	0.00	0.01	0.00	0.00	0.00	0.00	0.02
12	n	n	n	n	n	n	n	n
13	0.00	0.00	0.02	0.00	0.00	0.00	0.00	0.02
14	0.00	0.01	0.02	0.00	0.00	0.00	0.00	0.04
15	0.01	0.01	0.01	0.00	0.00	0.00	0.00	0.09
16	0.01	0.01	0.02	0.00	0.00	0.00	0.00	0.02
17	0.01	0.01	0.01	0.00	0.00	0.00	0.00	0.03
18	0.01	0.02	0.05	0.00	0.00	0.00	0.00	0.17
19	0.01	0.01	0.01	0.00	0.00	0.00	0.00	0.03
20	0.00	0.01	0.04	0.00	0.00	0.00	0.00	0.05
21	0.01	0.01	0.01	0.00	0.00	0.00	0.00	0.03
22	0.01	0.00	0.04	0.00	0.00	0.00	0.00	0.02
23	0.00	0.01	0.02	0.00	0.00	0.00	0.00	0.02
24	0.02	0.02	0.03	0.00	0.00	0.00	0.00	0.18
25	0.00	0.01	0.02	0.00	0.00	0.00	0.00	0.03
26	0.00	0.00	0.01	0.00	0.00	0.00	0.00	0.15
27	0.02	0.02	0.03	0.00	0.00	0.00	0.00	0.02
28	0.01	0.01	0.01	0.00	0.00	0.00	0.00	0.17
29	0.00	0.00	0.01	0.00	0.00	0.00	0.00	0.18
30	n	n	n	n	n	n	n	n

表 5-7　江苏 A 县饮用水源重金属污染物因子（丰水期）

采样点	Cr	Mn	Ni	Cu	As	Cd	Hg	Pb
1	0.07	0.94	0.13	0.01	0.42	0.01	0.02	0.32
2	0.08	3.75	0.21	0.02	0.24	0.02	0.05	0.35
3	0.09	2.95	0.07	0.00	0.07	0.01	0.03	0.05
4	0.08	1.24	0.10	0.00	0.45	0.00	0.02	0.02
5	0.07	0.33	0.07	0.00	0.11	0.03	0.02	0.02
6	0.07	2.28	0.06	0.00	0.12	0.00	0.02	0.02
7	0.08	0.81	0.11	0.01	0.43	0.00	0.02	0.32
8	0.08	0.09	0.10	0.00	0.14	0.00	0.02	0.01
9	0.08	3.73	0.10	0.00	0.11	0.00	0.13	0.02
10	0.07	0.96	0.08	0.00	0.47	0.01	0.03	0.07
11	0.07	0.97	0.04	0.00	0.10	0.00	0.12	0.02
12	0.09	6.21	0.13	0.00	0.19	0.00	0.05	0.10
13	0.07	0.51	0.09	0.00	0.40	0.00	0.02	0.14
14	0.09	0.08	0.05	0.00	0.18	0.01	0.05	0.05
15	0.07	0.96	0.17	0.01	0.42	0.01	0.02	0.33
16	0.08	5.36	0.17	0.00	2.74	0.01	0.02	0.30
17	0.08	0.44	0.04	0.00	0.20	0.01	0.14	0.01
18	0.08	1.59	0.06	0.00	0.11	0.00	0.03	0.03
19	0.08	1.42	0.22	0.01	0.49	0.02	0.02	0.56
20	0.08	0.00	0.07	0.01	0.28	0.02	0.01	0.06
21	0.08	2.72	0.07	0.00	0.10	0.00	0.02	0.02
22	0.07	1.29	0.27	0.01	0.47	0.02	0.15	0.77
23	0.07	1.93	0.09	0.00	0.15	0.02	0.02	0.04
24	0.08	7.67	0.12	0.00	0.13	0.01	0.01	0.01
25	0.07	4.27	0.15	0.01	0.49	0.03	0.02	0.36
26	0.07	2.79	0.05	0.00	0.31	0.01	0.02	0.04
27	0.08	2.47	0.08	0.00	0.11	0.03	0.02	0.02
28	0.11	17.54	0.16	0.01	0.88	0.03	0.04	0.48
29	0.06	1.80	0.06	0.00	0.63	0.00	0.04	0.09
30	0.07	1.18	0.07	0.00	0.09	0.04	0.02	0.01

表 5-8　江苏 A 县饮用水源重金属污染物因子（枯水期）

采样点	Cr	Fe	Ni	Cu	Zn	As	Cd	Ba	Hg	Pb
1	0.03	1.79	0.04	0.00	0.02	0.16	0.00	0.70	0.04	0.08
2	0.02	1.57	0.06	0.00	0.01	0.04	0.00	0.44	0.00	0.07
3	0.05	1.75	0.09	0.00	0.01	0.27	0.01	0.38	0.02	0.14
4	0.03	1.87	0.11	0.00	0.02	0.09	0.01	0.62	0.00	0.11
5	0.04	1.61	0.06	0.00	0.03	0.06	0.00	0.41	0.13	0.00
6	n	n	n	n	n	n	n	n	n	n
7	0.03	1.31	0.11	0.00	0.01	0.10	0.00	0.58	0.00	0.08
8	0.02	2.01	0.11	0.01	0.05	0.05	0.01	0.58	0.00	0.10
9	0.03	2.31	0.10	0.00	0.02	0.28	0.01	0.32	0.02	0.17
10	0.03	1.47	0.06	0.01	0.02	0.09	0.00	0.62	0.01	0.08
11	0.04	2.05	0.08	0.00	0.02	0.06	0.01	0.46	0.01	0.11
12	n	n	n	n	n	n	n	n	n	n
13	0.03	1.34	0.05	0.00	0.04	0.10	0.00	0.62	0.12	0.09
14	0.02	2.40	0.06	0.00	0.03	0.05	0.00	0.69	0.06	0.05
15	0.04	2.40	0.12	0.00	0.02	0.46	0.01	0.50	0.04	0.23
16	0.01	1.05	0.04	0.00	0.04	0.10	0.00	0.39	0.34	0.01
17	0.05	2.97	0.15	0.00	0.01	0.05	0.01	0.32	0.12	0.19
18	0.04	2.20	0.13	0.00	0.02	0.27	0.01	0.58	0.05	0.13
19	0.02	1.54	0.05	0.00	0.03	0.19	0.00	0.57	0.05	0.09
20	0.00	1.84	0.06	0.00	0.00	0.04	0.00	0.41	0.00	0.00
21	0.03	2.18	0.08	0.00	0.01	0.36	0.00	0.58	0.02	0.11
22	0.00	1.48	0.05	0.00	0.02	0.10	0.00	0.56	0.01	0.00
23	0.03	2.53	0.11	0.00	0.01	0.34	0.00	0.49	0.38	0.00
24	0.03	1.56	0.06	0.00	0.01	0.21	0.00	0.38	0.01	0.10
25	0.00	0.91	0.03	0.00	0.04	0.24	0.00	0.50	0.02	0.00
26	0.02	1.49	0.05	0.00	0.00	0.06	0.00	0.39	0.01	0.03
27	0.03	1.60	0.10	0.00	0.01	0.24	0.01	0.37	0.08	0.09
28	0.02	3.57	0.05	0.00	0.03	0.44	0.00	0.64	0.00	0.08
29	0.02	1.32	0.04	0.00	0.01	0.06	0.00	0.46	0.00	0.07
30	n	n	n	n	n	n	n	n	n	n

表 5-9　江苏 A 县饮用水源有毒污染物综合水质评价（丰水期）

采样点	重金属	苯类	酚类	酞酸酯类	多氯联苯	农药	多环芳烃	综合评价
1	优良	优良	良好	良好	优良	优良	优良	良好
2	较好	优良	良好	良好	优良	优良	良好	较好
3	良好	优良	良好	良好	优良	优良	良好	良好
4	良好	优良	良好	良好	优良	优良	优良	良好
5	优良	优良	良好	优良	优良	优良	优良	良好
6	良好	良好	较差	较差	优良	优良	良好	较差
7	优良	优良	良好	良好	优良	优良	优良	较好
8	优良	优良	良好	良好	优良	优良	优良	良好
9	较好	优良	较好	良好	优良	优良	优良	较好
10	优良	良好	较差	良好	优良	优良	优良	较差
11	优良	优良	较好	良好	优良	优良	良好	较好
12	较差	良好	较差	良好	优良	优良	优良	较差
13	优良	优良	较好	良好	优良	优良	优良	良好
14	优良	优良	良好	良好	优良	优良	优良	优良
15	优良	良好	极差	极差	优良	优良	较好	极差
16	较好	优良	较好	良好	优良	优良	优良	较好
17	优良	优良	较好	良好	优良	优良	优良	良好
18	良好	良好	极差	较差	优良	优良	良好	极差
19	良好	优良	较差	良好	优良	优良	优良	较好
20	优良	良好	较差	良好	优良	优良	良好	较差
21	良好	良好	较差	较差	优良	优良	良好	较差
22	良好	优良	较好	良好	优良	优良	优良	较好
23	良好	优良	较好	良好	优良	优良	优良	良好
24	较差	优良	较好	良好	优良	优良	优良	较差
25	较好	优良	较好	良好	优良	优良	良好	较好
26	良好	优良	较好	良好	优良	优良	优良	较好
27	良好	优良	较差	良好	优良	优良	优良	较差
28	极差	优良	优良	良好	优良	优良	优良	极差
29	良好	优良	较好	良好	优良	优良	优良	较好
30	良好	优良	良好	较好	优良	优良	良好	较好

表5-10 江苏 A 县饮用水源有毒污染物综合水质评价（枯水期）

采样点	重金属	苯类	酚类	酞酸酯类	多氯联苯	农药	多环芳烃	挥发性有机物	综合评价
1	良好	优良	优良	良好	优良	优良	优良	优良	良好
2	良好	优良	优良	良好	优良	优良	优良	优良	良好
3	良好	优良	优良	较好	优良	优良	优良	优良	良好
4	良好	优良	优良	良好	优良	优良	优良	优良	良好
5	良好	优良	优良	良好	优良	优良	优良	优良	良好
6	n	n	n	n	n	n	n	n	n
7	良好	优良	优良	良好	优良	优良	优良	优良	良好
8	良好	优良	优良	较差	优良	优良	优良	优良	较好
9	良好	优良	优良	较差	优良	优良	优良	良好	较好
10	良好	优良	优良	较好	优良	优良	优良	优良	较好
11	良好	优良	优良	良好	优良	优良	优良	优良	良好
12	n	n	n	n	n	n	n	n	n
13	良好	优良	优良	优良	优良	优良	优良	优良	良好
14	良好	优良	优良	良好	优良	优良	优良	优良	良好
15	良好	优良	优良	较好	优良	优良	优良	优良	较好
16	优良	优良	优良	较好	优良	优良	优良	良好	较好
17	良好	优良	优良	极差	优良	优良	优良	优良	极差
18	良好	优良	优良	极差	优良	优良	优良	较差	极差
19	良好	优良	优良	优良	优良	优良	优良	优良	良好
20	良好	优良	优良	良好	优良	优良	优良	良好	良好
21	良好	优良	优良	较好	优良	优良	良好	优良	较好
22	良好	优良	优良	优良	优良	优良	极差	优良	较差
23	良好	优良	优良	较好	优良	优良	较好	优良	较好
24	良好	优良	优良	较好	优良	优良	优良	优良	较好
25	优良	优良	优良	较差	优良	优良	优良	优良	较差
26	良好	优良	优良	良好	优良	优良	优良	优良	良好
27	良好	优良	优良	良好	优良	优良	优良	优良	良好
28	较好	优良	优良	良好	优良	优良	优良	良好	较好
29	良好	优良	优良	良好	优良	优良	优良	优良	良好
30	n	n	n	n	n	n	n	n	n

表 5-11　江苏 B 县饮用水源酚类、酞酸酯类、多氯联苯、农药类、多环芳烃类污染物因子（丰水期）

采样点	2-氯苯酚	2,4-二氯酚	总挥发酚	DEP	DBP	五氯联苯	敌敌畏	乐果	莠去津	百菌清	顺式氯丹	六氯苯	BaP
1	0.00	0.00	0.18	0.00	1.69	0.01	0.03	0.00	0.00	0.00	0.00	0.00	1.15
2	0.00	0.00	0.24	0.00	1.43	0.01	0.05	0.00	0.00	0.00	0.00	0.01	1.69
3	0.00	0.00	0.14	0.00	1.65	0.01	0.02	0.00	0.00	0.00	0.00	0.01	0.64
4	0.00	0.00	0.20	0.00	1.51	0.00	0.02	0.00	0.00	0.00	0.00	0.01	0.26
5	0.00	0.00	0.22	0.00	1.38	0.00	0.07	0.00	0.00	0.00	0.00	0.00	1.31
6	0.00	0.00	0.45	0.00	1.45	0.01	0.06	0.00	0.00	0.00	0.00	0.01	2.15
7	0.00	0.00	0.18	0.00	4.52	0.00	0.03	0.00	0.00	0.00	0.00	0.01	0.22
8	0.00	0.00	0.25	0.00	0.51	0.00	0.02	0.00	0.00	0.00	0.00	0.00	0.96
9	0.00	0.00	0.53	0.00	5.79	0.01	0.07	0.00	0.09	0.00	0.00	0.02	1.13
10	0.00	0.00	0.22	0.00	3.55	0.00	0.03	0.00	0.00	0.00	0.00	0.01	0.38
11	0.00	0.00	0.27	0.00	3.37	0.00	0.03	0.00	0.00	0.00	0.00	0.01	0.67
12	0.00	0.00	0.56	0.00	8.53	0.01	0.07	0.00	0.00	0.00	0.00	0.02	1.20
13	0.00	0.00	0.35	0.00	3.89	0.00	0.08	0.00	0.00	0.00	0.00	0.01	0.78
14	0.00	0.00	0.17	0.00	1.61	0.02	0.01	0.00	0.00	0.00	0.00	0.01	0.95
15	0.00	0.00	0.64	0.01	5.46	0.11	0.08	0.00	0.00	0.00	0.00	0.05	0.74
16	0.00	0.00	0.24	0.00	2.16	0.01	0.03	0.00	0.00	0.00	0.00	0.01	0.60
17	0.00	0.00	0.18	0.00	2.39	0.00	0.02	0.00	0.00	0.00	0.00	0.01	0.58
18	0.00	0.00	0.64	0.01	4.66	0.02	0.08	0.00	0.00	0.00	0.00	0.02	1.00
19	0.00	0.00	0.16	0.00	1.36	0.01	0.02	0.00	0.00	0.00	0.00	0.01	0.69
20	0.00	0.00	0.18	0.05	2.28	0.01	0.04	0.00	0.00	0.00	0.00	0.01	0.35
21	0.00	0.00	0.26	0.00	2.93	0.01	0.03	0.00	0.00	0.00	0.00	0.00	7.63
22	0.00	0.00	0.18	0.00	3.59	0.01	0.03	0.00	0.00	0.00	0.00	0.01	0.37
23	0.00	0.00	0.13	0.05	2.32	0.00	0.03	0.00	0.00	0.00	0.00	0.01	0.14
24	0.00	1.05	0.45	0.00	2.87	0.01	0.29	0.00	0.51	0.00	0.00	0.02	1.08

表5-12 江苏B县饮用水源酚类、酞酸酯类、多氯联苯、农药类、多环芳烃、挥发性污染物因子（枯水期）

采样点	2-氯苯酚	2,4-二氯酚	总挥发酚	DEP	DBP	五氯联苯	敌敌畏	乐果	莠去津	百菌清	顺式氯丹	六氯苯	BaP	二氯甲烷	1,3-二氯丙烷	三氯甲烷	四氯化碳
1	0.00	0.00	0.07	0.00	2.55	0.01	0.00	0.00	0.05	0.00	0.00	0.00	0.18	0.02	0.00	0.01	0.02
2	0.00	0.00	0.09	0.00	1.46	0.00	0.00	0.00	0.00	0.00	0.00	0.00	0.00	0.02	0.00	0.01	0.02
3	0.00	0.08	0.10	0.00	2.46	0.04	0.00	0.00	0.00	0.00	0.00	0.00	0.23	0.01	0.00	0.01	0.02
4	0.00	0.02	0.04	0.00	1.10	0.00	0.00	0.00	0.00	0.00	0.00	0.00	0.13	0.01	0.00	0.03	0.01
5	0.00	0.00	0.12	0.00	3.60	0.02	0.00	0.00	0.00	0.00	0.00	0.00	0.25	0.01	0.26	0.01	0.02
6	n	n	n	n	n	n	n	0.00	n	n	0.00	0.00	n	n	n	n	n
7	0.00	0.00	0.05	0.00	0.69	0.02	0.00	0.00	0.00	0.00	0.00	0.00	0.52	0.02	0.00	0.01	0.02
8	0.00	0.00	0.04	0.00	1.18	0.11	0.00	0.00	0.00	0.00	0.00	0.00	1.50	0.01	0.00	0.01	0.01
9	n	n	n	n	n	n	n	0.00	n	n	0.00	0.00	n	n	n	n	n
10	0.00	0.00	0.05	0.00	2.20	0.00	0.00	0.00	0.00	0.00	0.00	0.00	0.36	0.01	0.00	0.01	0.01
11	0.00	0.00	0.05	0.00	1.11	0.00	0.00	0.00	0.00	0.00	0.00	0.00	0.00	0.02	0.03	0.01	0.02
12	n	n	n	n	n	n	n	0.00	n	n	0.00	0.00	n	n	n	n	n
13	0.00	0.00	0.09	0.00	1.10	0.03	0.00	0.00	0.02	0.00	0.00	0.00	0.00	0.02	0.52	1.03	0.03
14	0.00	0.00	0.06	0.00	2.68	0.02	0.00	0.00	0.00	0.00	0.00	0.00	0.34	0.10	0.19	0.04	0.08
15	n	n	n	n	n	n	n	0.00	n	n	0.00	0.00	n	n	n	n	n
16	0.00	0.00	0.08	0.00	1.86	0.03	0.01	0.00	0.03	0.00	0.00	0.00	0.13	0.11	0.61	0.10	0.22
17	0.00	0.00	0.03	0.00	1.43	0.02	0.00	0.00	0.00	0.00	0.00	0.00	0.22	0.05	0.00	0.02	0.04
18	n	n	n	n	n	n	n	0.00	n	n	0.00	0.00	n	n	n	n	n
19	0.00	0.00	0.05	0.00	0.97	0.02	0.00	0.00	0.01	0.00	0.00	0.00	0.29	0.04	0.00	0.03	0.02
20	0.00	0.02	0.08	0.00	1.25	0.03	0.00	0.00	0.00	0.00	0.00	0.00	0.76	0.04	0.04	0.01	0.04
21	0.00	0.00	0.23	0.00	3.11	0.11	0.00	0.00	0.01	0.00	0.00	0.00	2.39	0.02	0.16	0.01	0.20
22	0.00	0.04	0.05	0.00	0.87	0.03	0.00	0.00	0.00	0.00	0.00	0.00	1.01	0.02	0.00	0.01	0.02
23	0.00	0.00	0.04	0.00	1.28	0.01	0.00	0.00	0.23	0.00	0.00	0.00	0.00	0.02	0.51	0.02	0.04
24	0.00	0.01	0.31	0.00	4.07	0.01	0.00	0.00	0.02	0.00	0.00	0.00	1.55	0.02	0.00	0.01	0.21

表 5-13 江苏 B 县饮用水源苯类污染物因子（丰水期）

采样点	甲苯	乙苯	苯乙烯	二甲苯	异丙苯	二氯苯	1,2,4-三氯苯
1	0.00	0.00	0.01	0.00	0.03	0.00	0.02
2	0.00	0.01	0.02	0.00	0.05	0.00	0.02
3	0.00	0.05	0.04	0.02	0.19	0.00	0.04
4	0.00	0.01	0.02	0.00	0.04	0.00	0.04
5	0.00	0.01	0.04	0.00	0.08	0.00	0.05
6	0.00	0.08	0.13	0.01	0.27	0.00	0.11
7	0.00	0.03	0.06	0.01	0.20	0.00	0.05
8	0.00	0.00	0.03	0.00	0.06	0.00	0.01
9	0.00	0.05	0.10	0.01	0.25	0.00	0.06
10	0.00	0.01	0.06	0.01	0.13	0.00	0.03
11	0.00	0.02	0.06	0.01	0.23	0.00	0.06
12	0.00	0.02	0.08	0.01	0.13	0.00	0.05
13	0.00	0.02	0.07	0.01	0.16	0.00	0.05
14	0.00	0.02	0.08	0.01	0.23	0.00	0.08
15	0.00	0.07	0.48	0.03	0.39	0.00	0.21
16	0.00	0.02	0.02	0.00	0.06	0.00	0.01
17	0.00	0.00	0.04	0.00	0.10	0.00	0.02
18	0.00	0.09	0.18	0.02	0.49	0.00	0.09
19	0.00	0.03	0.02	0.00	0.04	0.00	0.03
20	0.00	0.04	0.06	0.01	0.12	0.00	0.04
21	0.00	0.02	0.04	0.00	0.06	0.00	0.03
22	0.00	0.01	0.02	0.00	0.06	0.00	0.02
23	0.00	0.04	0.08	0.01	0.12	0.00	0.05
24	0.00	0.03	0.03	0.00	0.04	0.00	0.02

表 5-14 江苏 B 县饮用水源苯类污染物因子（枯水期）

采样点	甲苯	乙苯	苯乙烯	二甲苯	异丙苯	二氯苯	1,2,4-三氯苯	苯
1	0.00	0.01	0.01	0.00	0.00	0.00	0.00	0.06
2	0.00	0.01	0.02	0.00	0.00	0.00	0.00	0.04
3	0.01	0.01	0.06	0.00	0.00	0.00	0.00	0.04
4	0.00	0.01	0.01	0.00	0.00	0.00	0.00	0.06
5	0.00	0.00	0.01	0.00	0.00	0.00	0.00	0.06
6	n	n	n	n	n	n	n	n
7	0.00	0.00	0.02	0.00	0.00	0.00	0.00	0.67
8	0.00	0.01	0.02	0.00	0.00	0.00	0.00	0.05
9	n	n	n	n	n	n	n	n
10	0.00	0.01	0.01	0.00	0.00	0.00	0.00	0.05
11	0.00	0.01	0.02	0.00	0.00	0.00	0.00	0.05
12	n	n	n	n	n	n	n	n
13	0.00	0.01	0.04	0.00	0.00	0.00	0.00	0.07
14	0.00	0.01	0.03	0.00	0.00	0.00	0.00	0.16
15	n	n	n	n	n	n	n	n
16	0.00	0.00	0.02	0.00	0.00	0.00	0.00	0.10
17	0.00	0.00	0.01	0.00	0.00	0.00	0.00	0.07
18	n	n	n	n	n	n	n	n
19	0.00	0.01	0.02	0.00	0.00	0.00	0.00	0.13
20	0.00	0.00	0.01	0.00	0.00	0.00	0.00	0.07
21	0.01	0.02	0.13	0.00	0.00	0.00	0.00	0.07
22	0.00	0.01	0.03	0.00	0.00	0.00	0.00	0.06
23	0.00	0.00	0.01	0.00	0.00	0.00	0.00	0.13
24	0.01	0.03	0.15	0.00	0.00	0.00	0.00	0.07

表 5-15 江苏 B 县饮用水源重金属污染物因子（丰水期）

采样点	Cr	Mn	Ni	Cu	As	Cd	Hg	Pb
1	0.06	0.02	0.06	0.00	0.12	0.02	0.09	0.30
2	0.06	0.03	0.06	0.00	0.30	0.03	0.05	0.09
3	0.06	0.02	0.06	0.00	0.11	0.02	0.08	0.33
4	0.06	0.02	0.07	0.00	0.10	0.02	0.11	0.31
5	0.06	1.20	0.06	0.00	0.49	0.02	0.04	0.55
6	0.06	4.29	0.30	0.00	0.84	0.03	0.10	0.58
7	0.06	0.00	0.12	0.00	0.09	0.02	0.08	0.12
8	0.07	0.11	0.13	0.01	0.79	0.03	0.07	0.58
9	0.06	0.99	0.11	0.00	0.44	0.03	0.04	0.70
10	0.06	0.00	0.02	0.00	0.07	0.02	0.17	0.48
11	0.06	12.88	0.16	0.00	0.22	0.03	0.08	0.63
12	0.06	9.70	1.10	0.01	0.81	0.05	0.05	0.87
13	0.06	0.03	0.08	0.00	0.13	0.03	0.11	0.54
14	0.05	0.04	0.18	0.00	0.88	0.03	0.06	0.76
15	0.09	1.53	0.19	0.00	0.73	0.04	0.06	2.49
16	0.05	0.04	0.11	0.00	0.13	0.02	0.14	0.88
17	0.06	0.01	0.33	0.00	0.13	0.02	0.06	0.49
18	0.07	6.53	0.16	0.00	0.74	0.02	0.10	0.70
19	0.05	0.17	0.18	0.00	0.00	0.02	0.06	0.50
20	0.05	0.04	0.01	0.00	0.11	0.01	0.13	0.07
21	0.06	6.02	0.33	0.00	1.30	0.04	0.14	0.74
22	0.04	1.82	0.29	0.00	0.08	0.03	0.08	0.36
23	0.07	0.06	0.29	0.00	0.08	0.03	0.12	0.66
24	0.07	3.55	0.40	0.00	0.17	0.03	0.05	1.03

表 5-16 江苏 B 县饮用水源重金属污染物因子（枯水期）

采样点	Cr	Fe	Ni	Cu	Zn	As	Cd	Ba	Hg	Pb
1	0.03	1.37	0.04	0.00	0.02	0.10	0.00	0.59	0.01	0.05
2	0.02	2.63	0.08	0.00	0.02	0.10	0.00	0.17	0.01	0.00
3	0.04	1.67	0.05	0.00	0.06	0.07	0.01	0.63	0.01	0.10
4	0.02	1.62	0.19	0.01	0.05	0.11	0.00	0.60	0.00	0.18
5	0.02	1.94	0.10	0.01	0.05	0.49	0.01	0.34	0.00	0.12
6	n	n	n	n	n	n	n	n	n	n
7	0.06	0.79	0.04	0.00	0.01	0.10	0.00	0.39	0.02	0.08
8	0.05	3.18	0.14	0.01	0.08	0.15	0.01	0.32	0.01	0.15
9	n	n	n	n	n	n	n	n	n	n
10	0.07	1.16	0.04	0.00	0.01	0.08	0.00	0.51	0.03	0.07
11	0.04	3.31	0.12	0.00	0.00	0.24	0.00	0.30	0.02	0.00
12	n	n	n	n	n	n	n	n	n	n
13	0.03	0.79	0.08	0.00	0.03	0.07	0.00	0.35	0.04	0.14
14	n	n	n	n	n	n	n	n	n	n
15	n	n	n	n	n	n	n	n	n	n
16	0.03	1.45	0.11	0.00	0.05	0.07	0.00	0.68	0.06	0.19
17	0.04	1.65	0.63	0.00	0.01	0.07	0.00	0.57	0.00	0.10
18	n	n	n	n	n	n	n	n	n	n
19	0.10	1.08	0.07	0.00	0.05	0.03	0.00	0.33	0.02	0.12
20	0.01	0.72	0.04	0.00	0.03	0.10	0.00	0.44	0.06	0.00
21	0.03	2.12	0.33	0.00	0.01	0.13	0.01	0.26	0.01	0.10
22	0.03	3.13	0.12	0.00	0.03	0.03	0.01	0.44	0.04	0.00
23	0.03	2.78	0.18	0.00	0.03	0.09	0.00	0.42	0.10	0.00
24	0.01	1.29	0.24	0.00	0.00	0.04	0.00	0.33	0.09	0.00

表 5-17 江苏 B 县饮用水源有毒污染物综合水质评价（丰水期）

采样点	重金属	苯类	酚类	酞酸酯类	多氯联苯	农药	多环芳烃	综合评价
1	优良	优良	优良	良好	优良	优良	良好	良好
2	优良	优良	优良	良好	优良	优良	良好	良好
3	优良	优良	优良	良好	优良	优良	优良	良好
4	优良	优良	优良	良好	优良	优良	优良	良好
5	良好	优良	优良	良好	优良	优良	优良	良好
6	较好	优良	优良	良好	优良	优良	良好	较好
7	优良	优良	优良	较好	优良	优良	优良	较好
8	优良	优良	优良	优良	优良	优良	优良	优良
9	优良	优良	优良	较差	优良	优良	良好	较好
10	优良	优良	优良	良好	优良	优良	优良	较好
11	极差	优良	优良	良好	优良	优良	优良	极差
12	较差	优良	优良	较差	优良	优良	良好	较差
13	优良	优良	优良	良好	优良	优良	优良	较好
14	优良	优良	优良	良好	优良	优良	优良	良好
15	良好	优良	优良	较差	优良	优良	优良	较好
16	优良	优良	优良	良好	优良	优良	优良	良好
17	优良	优良	优良	良好	优良	优良	优良	良好
18	较差	优良	优良	较好	优良	优良	良好	较差
19	优良	优良	优良	良好	优良	优良	优良	良好
20	优良	优良	优良	良好	优良	优良	优良	良好
21	较差	优良	优良	良好	优良	优良	极差	较差
22	良好	优良	优良	较好	优良	优良	优良	较好
23	优良	优良	优良	良好	优良	优良	优良	良好
24	较好	优良	良好	良好	优良	优良	良好	良好

表 5-18 江苏 B 县饮用水源有毒污染物综合水质评价（枯水期）

采样点	重金属	苯类	酚类	酞酸酯类	多氯联苯	农药	多环芳烃	挥发性有机物	综合评价
1	良好	优良	优良	良好	优良	优良	优良	优良	良好
2	良好	优良	优良	良好	优良	优良	优良	优良	良好
3	良好	优良	优良	良好	优良	优良	优良	优良	良好
4	良好	优良	优良	良好	优良	优良	优良	优良	良好
5	良好	优良	优良	较好	优良	优良	优良	优良	较好
6	n	n	n	n	n	n	n	n	n
7	优良	优良	优良	优良	优良	优良	优良	优良	优良
8	良好	优良	优良	良好	优良	优良	良好	优良	良好
9	n	n	n	n	n	n	n	n	n
10	良好	优良	优良	良好	优良	优良	优良	优良	良好
11	良好	优良	优良	良好	优良	优良	优良	优良	良好
12	n	n	n	n	n	n	n	n	n
13	优良	优良	优良	良好	优良	优良	优良	优良	优良
14	优良	优良	优良	良好	优良	优良	优良	优良	良好
15	n	n	n	n	n	n	n	n	n
16	良好	优良	优良	良好	优良	优良	优良	优良	良好
17	良好	优良	优良	良好	优良	优良	优良	优良	良好
18	n	n	n	n	n	n	n	n	n
19	优良	优良	优良	优良	优良	优良	优良	优良	优良
20	优良	优良	优良	良好	优良	优良	优良	优良	良好
21	良好	优良	优良	良好	优良	优良	良好	优良	良好
22	良好	优良	优良	良好	优良	优良	良好	优良	良好
23	良好	优良	优良	良好	优良	优良	优良	优良	良好
24	良好	优良	优良	较好	优良	优良	良好	优良	较好

表 5-19 江苏 C 县饮用水源酚类、酞酸酯类、多氯联苯、农药类、多环芳烃类污染物因子（丰水期）

采样点	2-氯苯酚	2, 4-二氯酚	总挥发酚	DEP	DBP	五氯联苯	敌敌畏	乐果	莠去津	百菌清	顺式氯丹	六氯苯	BaP
1	0.00	0.06	0.11	0.00	1.69	0.00	0.02	0.00	0.00	0.00	0.00	0.00	1.43
2	0.00	0.02	0.09	0.00	1.43	0.00	0.03	0.00	0.00	0.00	0.00	0.01	0.85
3	0.00	0.00	0.08	0.00	1.65	0.00	0.00	0.00	0.00	0.00	0.00	0.01	1.13
4	0.00	0.02	0.11	0.00	1.51	0.00	0.02	0.00	0.00	0.00	0.00	0.04	0.60
5	0.00	0.00	0.19	0.00	1.38	0.00	0.06	0.00	0.00	0.00	0.00	0.00	1.37
6	0.00	0.00	0.39	0.00	1.45	0.00	0.16	0.00	0.00	0.00	0.00	0.02	1.05
7	0.00	0.03	0.15	0.00	4.52	0.00	0.04	0.00	0.00	0.00	0.00	0.02	0.60
8	0.00	0.00	0.06	0.00	0.51	0.00	0.01	0.00	0.00	0.00	0.00	0.00	0.59
9	0.00	0.06	0.29	0.00	5.79	0.03	0.08	0.00	0.00	0.00	0.00	0.10	8.96
10	0.00	0.00	0.02	0.00	3.55	0.00	0.03	0.00	0.00	0.00	0.00	0.01	0.81
11	0.00	0.04	0.21	0.00	3.37	0.00	0.06	0.00	0.00	0.00	0.00	0.01	0.45
12	0.00	0.00	0.07	0.00	8.53	0.00	0.00	0.00	0.00	0.00	0.00	0.01	0.87
13	0.00	0.00	0.02	0.00	3.89	0.00	0.05	0.00	0.00	0.00	0.00	0.01	0.74
14	0.00	0.00	0.23	0.00	1.61	0.00	0.05	0.00	0.00	0.00	0.00	0.00	1.72
15	0.00	0.00	0.70	0.01	5.46	0.01	0.24	0.00	0.00	0.00	0.00	0.05	1.43
16	0.00	0.02	0.09	0.00	2.16	0.00	0.02	0.00	0.00	0.00	0.00	0.01	0.69
17	0.00	0.00	0.09	0.00	2.39	0.01	0.03	0.00	0.00	0.00	0.00	0.00	4.67
18	0.00	0.05	0.28	0.01	4.66	0.01	0.09	0.00	0.00	0.00	0.00	0.04	0.87
19	0.00	0.00	0.16	0.00	1.36	0.00	0.03	0.00	0.00	0.00	0.00	0.00	1.52
20	0.00	0.07	0.38	0.05	2.28	0.00	0.05	0.00	0.00	0.00	0.00	0.02	0.58
21	0.00	0.00	0.20	0.00	2.93	0.01	0.03	0.00	0.00	0.00	0.00	0.00	0.92
22	0.00	0.00	0.01	0.00	3.59	0.00	0.00	0.00	0.00	0.00	0.00	0.00	0.72
23	0.00	0.05	0.34	0.05	2.32	0.01	0.05	0.00	0.00	0.00	0.00	0.02	1.00
24	0.00	0.09	0.09	0.00	2.87	0.00	0.04	0.00	0.00	0.00	0.00	0.00	0.51
25	0.00	0.02	0.15	0.00	3.61	0.01	0.03	0.00	0.00	0.00	0.00	0.01	0.63
26	0.00	0.02	0.24	0.00	1.63	0.00	0.04	0.00	0.00	0.00	0.00	0.01	0.74
27	0.00	0.12	0.37	0.01	8.87	0.01	0.12	0.00	0.00	0.00	0.00	0.02	1.82
28	0.00	0.01	0.07	0.00	5.23	0.00	0.03	0.00	0.00	0.00	0.00	0.01	1.93
29	0.00	0.00	0.29	0.00	6.43	0.00	0.00	0.00	0.00	0.00	0.00	0.00	1.96
30	0.00	0.05	0.26	0.00	6.14	0.01	0.09	0.00	0.00	0.00	0.00	0.02	0.77

表5-20 江苏 C 县饮用水源酚类、酞酸酯类、多氯联苯、农药类、多环芳烃类、挥发性污染物因子（枯水期）

采样点	2-氯苯酚	2,4-二氯酚	DEP	DBP	五氯联苯	敌敌畏	乐果	莠去津	百菌清	顺式氯丹	六氯苯	BaP	二氯甲烷	1,3-二氯丙烷	三氯甲烷	四氯化碳
1	0.00	0.00	0.00	2.90	0.01	0.00	0.00	0.00	0.00	0.00	0.00	0.13	0.11	0.00	0.05	0.22
2	0.00	0.00	0.00	0.77	0.12	0.00	0.00	0.00	0.00	0.00	0.00	0.08	0.09	0.00	0.05	0.48
3	0.00	0.00	0.00	1.96	0.05	0.00	0.00	0.01	0.00	0.00	0.00	0.25	0.08	8.55	0.03	4.49
4	0.00	0.00	0.00	1.32	0.03	0.00	0.00	0.00	0.00	0.00	0.00	0.31	0.02	0.00	0.01	0.06
5	0.00	0.00	0.00	44.53	0.01	0.00	0.00	0.00	0.00	0.00	0.00	0.16	0.31	1.47	0.09	1.07
6	n	n	n	n	n	n	n	n	n	n	n	n	n	n	n	n
7	0.00	0.00	0.00	1.70	0.01	0.00	0.00	0.00	0.00	0.00	0.00	0.20	0.06	1.47	0.03	0.17
8	0.00	0.00	0.00	4.72	0.02	0.00	0.00	0.00	0.00	0.00	0.00	1.17	0.07	9.50	0.13	0.24
9	0.00	0.01	0.00	2.38	0.21	0.04	0.00	0.01	0.00	0.00	0.00	1.25	0.16	8.27	0.10	0.00
10	0.00	0.00	0.00	2.07	0.02	0.00	0.00	0.00	0.00	0.00	0.00	0.16	0.18	0.00	0.07	0.91
11	0.00	0.00	0.00	2.43	0.01	0.00	0.00	0.00	0.00	0.00	0.00	0.47	0.09	0.00	0.03	0.06
12	0.00	0.01	0.00	7.39	0.06	0.00	0.00	0.02	0.00	0.00	0.00	0.56	0.04	0.00	0.03	2.71
13	0.00	0.00	0.00	1.01	0.12	0.00	0.00	0.00	0.00	0.00	0.00	0.19	0.05	0.00	0.02	0.04
14	0.00	0.00	0.00	1.30	0.06	0.02	0.00	0.01	0.00	0.00	0.00	0.00	0.12	0.00	0.03	0.33
15	0.00	0.02	0.00	6.99	0.20	0.00	0.00	0.00	0.00	0.00	0.00	0.44	0.03	0.34	0.02	0.79
16	0.00	0.00	0.00	1.18	0.09	0.00	0.00	0.00	0.00	0.00	0.00	0.33	0.07	0.00	0.12	0.08
17	0.00	0.01	0.00	1.17	0.04	0.01	0.00	0.01	0.00	0.00	0.00	0.25	0.05	0.00	0.02	0.05
18	0.00	0.01	0.00	17.12	0.22	0.01	0.00	0.00	0.00	0.00	0.00	2.65	0.10	0.00	0.04	0.64
19	0.00	0.00	0.00	1.72	0.04	0.00	0.00	0.01	0.00	0.00	0.00	0.23	0.14	0.00	0.04	0.46
20	0.00	0.00	0.00	1.76	0.03	0.00	0.00	0.00	0.00	0.00	0.00	2.27	0.68	0.00	0.31	5.37
21	0.00	0.00	0.00	11.98	0.14	0.01	0.00	0.00	0.00	0.00	0.00	0.21	0.13	0.00	0.04	5.54
22	0.00	0.00	0.00	1.16	0.05	0.00	0.00	0.00	0.00	0.00	0.00	0.49	0.16	0.00	0.05	0.59
23	0.00	0.02	0.00	4.21	0.02	0.01	0.00	0.00	0.00	0.00	0.00	15.81	0.08	0.00	0.05	0.28
24	0.00	0.02	0.01	17.09	0.09	0.01	0.00	0.02	0.00	0.00	0.00	0.85	0.04	0.00	0.11	0.91
25	0.00	0.00	0.00	0.78	0.03	0.00	0.00	0.00	0.00	0.00	0.00	0.19	0.11	7.79	0.05	0.51
26	0.00	0.01	0.00	4.11	0.11	0.00	0.00	0.01	0.00	0.00	0.00	1.05	0.15	0.33	0.04	0.33
27	0.00	0.00	0.00	43.92	0.11	0.00	0.00	0.02	0.00	0.00	0.00	1.36	0.19	0.00	0.06	6.14
28	0.00	0.00	0.00	6.02	0.00	0.00	0.00	0.00	0.00	0.00	0.00	0.00	0.08	0.00	0.02	0.07
29	0.00	0.01	0.00	7.95	0.07	0.00	0.00	0.00	0.00	0.00	0.00	0.06	0.09	0.00	0.03	0.39
30	0.00	0.01	0.00	10.34	0.10	0.00	0.00	0.02	0.00	0.00	0.00	0.73	0.29	0.39	0.07	6.87

表 5-21　江苏 C 县饮用水源苯类污染物因子（丰水期）

采样点	甲苯	乙苯	苯乙烯	二甲苯	异丙苯	二氯苯	1,2,4-三氯苯
1	0.00	0.00	0.01	0.00	0.03	0.00	0.02
2	0.00	0.01	0.02	0.00	0.05	0.00	0.02
3	0.00	0.05	0.04	0.02	0.19	0.00	0.04
4	0.00	0.01	0.02	0.00	0.04	0.00	0.04
5	0.00	0.01	0.04	0.00	0.08	0.00	0.05
6	0.00	0.08	0.13	0.01	0.27	0.00	0.11
7	0.00	0.03	0.06	0.01	0.20	0.00	0.05
8	0.00	0.00	0.03	0.00	0.06	0.00	0.01
9	0.00	0.05	0.10	0.01	0.25	0.00	0.06
10	0.00	0.01	0.06	0.01	0.13	0.00	0.03
11	0.00	0.02	0.06	0.01	0.23	0.00	0.06
12	0.00	0.02	0.08	0.01	0.13	0.00	0.05
13	0.00	0.02	0.07	0.01	0.16	0.00	0.05
14	0.00	0.02	0.08	0.01	0.23	0.00	0.08
15	0.00	0.07	0.48	0.03	0.39	0.00	0.21
16	0.00	0.02	0.02	0.00	0.06	0.00	0.01
17	0.00	0.00	0.04	0.00	0.10	0.00	0.02
18	0.00	0.09	0.18	0.02	0.49	0.00	0.09
19	0.00	0.03	0.02	0.00	0.04	0.00	0.03
20	0.00	0.04	0.06	0.01	0.12	0.00	0.04
21	0.00	0.02	0.04	0.00	0.06	0.00	0.03
22	0.00	0.01	0.02	0.00	0.03	0.00	0.02
23	0.00	0.04	0.08	0.01	0.12	0.00	0.05
24	0.00	0.03	0.03	0.00	0.04	0.00	0.02
25	0.00	0.05	0.03	0.00	0.07	0.00	0.04
26	0.00	0.04	0.06	0.01	0.11	0.00	0.06
27	0.00	0.06	0.14	0.01	0.34	0.00	0.12
28	0.00	0.01	0.03	0.00	0.06	0.00	0.03
29	0.00	0.02	0.04	0.00	0.10	0.00	0.04
30	0.00	0.05	0.11	0.01	0.20	0.00	0.08

表 5-22　江苏 C 县饮用水源苯类污染物因子（枯水期）

采样点	甲苯	乙苯	苯乙烯	二甲苯	异丙苯	二氯苯	1,2,4-三氯苯	苯
1	0.00	0.01	0.03	0.00	0.00	0.00	0.00	0.19
2	0.00	0.00	0.01	0.00	0.00	0.00	0.00	0.23
3	0.00	0.01	0.02	0.00	0.00	0.00	0.00	0.20
4	0.00	0.00	0.03	0.00	0.00	0.00	0.00	0.06
5	0.00	0.01	0.04	0.00	0.00	0.00	0.00	0.54
6	n	n	n	n	n	n	n	n
7	0.00	0.01	0.03	0.00	0.00	0.00	0.00	0.14
8	0.00	0.00	0.03	0.00	0.00	0.00	0.00	0.12
9	0.01	0.04	0.12	0.01	0.00	0.00	0.00	0.31
10	0.00	0.00	0.01	0.00	0.00	0.00	0.00	0.26
11	0.00	0.01	0.03	0.00	0.00	0.00	0.00	0.17
12	0.01	0.02	0.07	0.00	0.00	0.00	0.00	0.16
13	0.00	0.01	0.02	0.00	0.00	0.00	0.00	0.07
14	0.01	0.01	0.03	0.00	0.00	0.00	0.00	0.17
15	0.03	0.03	0.08	0.00	0.00	0.00	0.00	0.07
16	0.00	0.01	0.03	0.00	0.00	0.00	0.00	0.10
17	0.00	0.01	0.03	0.00	0.00	0.00	0.00	0.10
18	0.02	0.02	0.08	0.00	0.00	0.00	0.00	0.17
19	0.01	0.01	0.07	0.00	0.00	0.00	0.00	0.67
20	0.00	0.01	0.03	0.00	0.00	0.00	0.00	1.18
21	0.01	0.02	0.07	0.00	0.00	0.00	0.00	0.64
22	0.00	0.01	0.06	0.00	0.00	0.00	0.00	0.37
23	0.01	0.02	0.07	0.00	0.00	0.00	0.00	0.14
24	0.01	0.02	0.07	0.00	0.00	0.00	0.00	0.07
25	0.00	0.00	0.02	0.00	0.00	0.00	0.00	0.13
26	0.01	0.01	0.04	0.00	0.00	0.00	0.00	0.27
27	0.02	0.01	0.08	0.00	0.00	0.00	0.00	0.60
28	0.00	0.01	0.02	0.00	0.00	0.00	0.00	0.48
29	0.01	0.01	0.02	0.00	0.00	0.00	0.00	0.56
30	0.03	0.03	0.12	0.00	0.00	0.00	0.00	0.82

表 5-23   江苏 C 县饮用水源重金属污染物因子（丰水期）

采样点	Cr	Mn	Ni	Cu	Zn	As	Cd	Hg	Pb
1	0.07	0.16	0.08	0.00	0.06	6.06	0.79	0.13	0.01
2	0.12	0.02	0.02	0.00	0.01	1.18	0.22	0.09	0.01
3	0.07	3.04	0.11	0.00	0.01	0.81	1.67	0.15	0.01
4	0.07	5.23	0.05	0.00	0.08	8.06	0.23	0.11	0.01
5	0.11	19.26	0.30	0.01	0.16	16.01	0.20	0.22	0.01
6	0.07	12.68	0.12	0.00	0.05	5.15	2.38	0.11	0.00
7	0.07	0.07	0.08	0.03	0.02	1.68	0.25	0.09	0.01
8	0.07	3.04	0.05	0.00	0.06	5.90	0.22	0.13	0.02
9	0.09	3.73	0.13	0.00	0.03	3.32	1.56	0.14	0.02
10	0.05	0.05	0.01	0.00	0.12	12.28	0.18	0.10	0.02
11	0.07	2.01	0.07	0.00	0.04	4.25	0.14	0.15	0.02
12	0.08	1.55	0.12	0.00	0.04	4.25	2.31	0.11	0.01
13	0.06	0.03	0.01	0.00	0.00	0.00	0.19	0.09	0.02
14	0.07	0.93	0.09	0.00	0.01	0.66	0.07	0.11	0.01
15	0.07	4.08	0.12	0.00	0.10	9.58	1.11	0.12	0.01
16	0.05	0.22	0.01	0.00	0.00	0.46	0.07	0.09	0.00
17	0.09	4.91	0.28	0.00	0.06	5.52	0.01	0.15	0.00
18	0.05	14.28	0.21	0.00	0.05	4.67	1.83	0.11	0.01
19	0.06	0.04	0.02	0.00	0.03	3.05	0.20	0.08	0.02
20	0.06	0.04	0.06	0.00	0.03	2.93	0.80	0.09	0.01
21	0.06	1.27	0.19	0.00	0.04	3.77	1.80	0.13	0.02
22	0.17	0.03	0.00	0.00	0.02	1.75	0.28	0.07	0.01
23	0.06	1.04	0.08	0.00	0.05	5.49	1.41	0.12	0.02
24	0.06	3.94	0.07	0.00	0.02	1.56	0.84	0.10	0.01
25	0.05	0.00	0.01	0.00	0.00	0.18	0.16	0.08	0.01
26	0.06	0.48	0.03	0.00	0.02	2.46	0.08	0.10	0.01
27	0.05	6.94	0.14	0.00	0.04	4.33	1.56	0.12	0.01
28	0.05	0.07	0.01	0.00	0.03	3.45	0.19	0.08	0.02
29	0.06	2.36	0.11	0.00	0.06	6.24	0.13	0.12	0.02
30	0.07	4.14	0.09	0.00	0.02	2.05	1.28	0.12	0.01

表 5-24　江苏 C 县饮用水源重金属污染物因子（枯水期）

采样点	Cr	Fe	Ni	Cu	Zn	As	Cd	Ba	Hg	Pb
1	0.03	0.83	0.03	0.00	0.03	0.09	0.00	0.46	0.04	0.00
2	0.04	2.55	0.08	0.00	0.01	0.12	0.00	0.27	0.08	0.00
3	0.03	1.75	0.09	0.00	0.01	0.19	0.00	0.46	0.01	0.09
4	0.00	1.02	0.04	0.00	0.01	0.06	0.00	0.54	0.03	0.00
5	0.04	3.17	0.14	0.00	0.02	0.03	0.01	0.30	0.04	0.00
6	n	n	n	n	n	n	n	n	n	n
7	0.02	0.80	0.06	0.01	0.02	0.11	0.00	0.48	0.01	0.04
8	0.04	3.42	0.09	0.00	0.00	0.06	0.01	0.33	0.04	0.00
9	0.02	1.95	0.13	0.00	0.01	0.17	0.00	0.36	0.04	0.06
10	0.03	1.46	0.04	0.00	0.04	0.06	0.01	0.48	0.31	0.08
11	0.03	4.35	0.12	0.00	0.01	0.05	0.00	0.42	0.52	0.00
12	0.05	1.41	0.09	0.00	0.01	0.23	0.00	0.32	0.02	0.08
13	0.01	1.06	0.05	0.00	0.08	0.05	0.00	0.54	0.09	0.00
14	0.03	2.17	0.08	0.00	0.01	0.04	0.00	0.39	0.00	0.12
15	0.04	2.20	0.15	0.00	0.02	0.18	0.01	0.49	0.00	0.17
16	0.02	1.44	0.42	0.00	0.02	0.03	0.00	0.55	0.01	0.11
17	0.07	14.55	0.14	0.00	0.05	0.03	0.01	0.30	0.05	0.06
18	0.05	2.40	0.23	0.00	0.04	0.20	0.01	0.32	0.00	0.14
19	0.01	0.74	0.03	0.00	0.05	0.08	0.00	0.42	0.02	0.00
20	0.08	5.20	0.15	0.01	0.02	0.13	0.00	0.28	0.12	0.00
21	0.03	2.73	0.14	0.00	0.01	0.19	0.00	0.50	0.00	0.15
22	0.08	0.79	0.03	0.00	0.02	0.10	0.00	0.49	0.06	0.00
23	0.05	1.90	0.08	0.01	0.01	0.27	0.00	0.39	0.06	0.00
24	0.03	3.69	0.19	0.00	0.03	0.67	0.01	0.57	0.21	0.32
25	0.06	7.27	0.14	0.00	0.05	0.06	0.01	0.47	0.00	0.08
26	0.04	2.44	0.06	0.00	0.01	0.02	0.00	0.42	0.07	0.08
27	0.03	1.56	0.08	0.00	0.02	0.16	0.01	0.43	0.00	0.08
28	0.03	3.89	0.07	0.00	0.03	0.14	0.00	0.51	0.02	0.08
29	0.02	2.69	0.08	0.01	0.05	0.04	0.01	0.36	0.01	0.25
30	0.04	1.67	0.08	0.00	0.04	0.21	0.01	0.50	0.06	0.13

表 5-25　江苏 C 县饮用水源有毒污染物综合水质评价（丰水期）

采样点	重金属	苯类	酚类	酞酸酯类	多氯联苯	农药	多环芳烃	综合评价
1	较差	优良	优良	良好	优良	优良	良好	较好
2	优良	优良	优良	良好	优良	优良	良好	良好
3	良好	优良	优良	良好	优良	优良	良好	良好
4	较差	优良	优良	良好	优良	优良	优良	较差
5	极差	优良	优良	良好	优良	优良	良好	极差
6	极差	优良	优良	良好	优良	优良	良好	极差
7	良好	优良	优良	较好	优良	优良	优良	较好
8	较好	优良	优良	优良	优良	优良	优良	较好
9	较好	优良	优良	较差	优良	优良	极差	较好
10	极差	优良	优良	较好	优良	优良	优良	极差
11	较好	优良	优良	较好	优良	优良	优良	较好
12	较好	优良	优良	较差	优良	优良	良好	较差
13	优良	优良	优良	较好	优良	优良	优良	较好
14	优良	优良	优良	良好	优良	优良	良好	良好
15	较差	优良	优良	较差	优良	优良	较好	较差
16	优良	优良	优良	良好	优良	优良	优良	良好
17	较好	优良	优良	良好	优良	优良	较差	较好
18	极差	优良	优良	较好	优良	优良	良好	极差
19	良好	优良	优良	良好	优良	优良	良好	良好
20	良好	优良	优良	良好	优良	优良	优良	良好
21	良好	优良	优良	良好	优良	优良	良好	较好
22	良好	优良	优良	较好	优良	优良	优良	较好
23	较好	优良	优良	良好	优良	优良	良好	较好
24	较好	优良	优良	良好	优良	优良	优良	较好
25	优良	优良	优良	较好	优良	优良	优良	较好
26	良好	优良	优良	良好	优良	优良	优良	良好
27	较差	优良	优良	极差	优良	优良	良好	较差
28	良好	优良	优良	较好	优良	优良	良好	较好
29	较差	优良	优良	较差	优良	优良	良好	较差
30	较好	优良	优良	较差	优良	优良	优良	较差

表 5-26   江苏 C 县饮用水源有毒污染物综合水质评价（枯水期）

采样点	重金属	苯类	酚类	酞酸酯类	多氯联苯	农药	多环芳烃	挥发性有机物	综合评价
1	优良	优良	优良	良好	优良	优良	优良	优良	良好
2	良好	优良	优良	优良	优良	优良	优良	优良	良好
3	良好	优良	优良	良好	优良	优良	优良	较差	较差
4	优良	优良	优良	良好	优良	优良	优良	优良	良好
5	良好	优良	优良	极差	优良	优良	优良	良好	极差
6	n	n	n	n	n	n	n	n	n
7	优良	优良	优良	良好	优良	优良	优良	良好	良好
8	良好	优良	优良	较好	优良	优良	良好	较差	较差
9	良好	优良	优良	较好	优良	优良	良好	较差	较差
10	良好	优良	优良	良好	优良	优良	优良	优良	良好
11	较好	优良	优良	良好	优良	优良	优良	优良	较好
12	良好	优良	优良	较差	优良	优良	优良	良好	较差
13	优良	优良	优良	优良	优良	优良	优良	优良	优良
14	良好	优良	优良	良好	优良	优良	优良	优良	良好
15	良好	优良	优良	较差	优良	优良	优良	优良	较差
16	良好	优良	优良	良好	优良	优良	优良	优良	良好
17	极差	优良	优良	良好	优良	优良	优良	优良	极差
18	良好	优良	优良	极差	优良	优良	较好	优良	极差
19	优良	优良	优良	良好	优良	优良	优良	优良	良好
20	较好	良好	优良	良好	优良	优良	较好	较好	较好
21	良好	优良	优良	极差	优良	优良	优良	较好	极差
22	优良	优良	优良	良好	优良	优良	优良	优良	良好
23	良好	优良	优良	较好	优良	优良	极差	优良	极差
24	良好	优良	优良	极差	优良	优良	良好	优良	极差
25	较差	优良	优良	优良	优良	优良	优良	较差	较差
26	良好	优良	优良	较好	优良	优良	良好	优良	较好
27	良好	优良	优良	极差	优良	优良	良好	较差	极差
28	较好	优良	优良	较差	优良	优良	优良	优良	较差
29	良好	优良	优良	较差	优良	优良	优良	优良	较差
30	良好	优良	优良	极差	优良	优良	优良	较差	极差

表 5-27　江苏 D 县深层地下水源有机污染物因子（丰水期）

采样点	HCHs	七氯	艾氏剂	顺式氯丹	p,p'-DDT	PCBs	DEP	DBP	DEHP	BaP	总酚	二氯甲烷	三氯甲烷
1	0.01	0.02	0.00	0.01	0.00	0.02	0.01	1.37	0.07	0.03	0.02	0.00	0.00
2	0.00	0.00	0.00	0.02	0.00	0.08	0.00	0.00	0.00	1.18	0.02	0.00	0.34
3	0.00	0.00	0.00	0.01	0.00	0.05	0.02	0.00	0.11	0.02	0.01	0.00	1.71
4	0.00	0.02	0.00	0.02	0.00	0.04	0.00	0.05	0.00	0.04	0.06	0.00	0.84
5	0.01	0.05	0.00	0.07	0.00	0.09	0.01	0.02	0.00	0.01	0.08	0.00	0.75
6	0.00	0.01	0.00	0.01	0.00	0.31	0.04	2.31	0.23	0.15	0.02	0.00	0.00
7	0.00	0.02	0.00	0.00	0.00	0.09	0.00	0.13	0.12	1.15	0.05	0.00	0.88
8	0.00	0.01	0.00	0.01	0.00	0.08	0.02	1.61	0.13	0.19	0.02	0.00	3.78
9	0.00	0.01	0.04	0.01	0.00	0.09	0.01	0.05	0.00	0.01	0.02	0.00	1.25
10	0.01	0.01	0.00	0.01	0.00	0.06	0.00	0.00	0.00	0.02	0.03	0.00	0.00
11	0.01	0.00	0.00	0.02	0.00	0.09	0.00	0.00	0.00	0.00	0.06	0.00	0.00
12	0.01	0.05	0.00	0.02	0.00	0.21	0.00	0.14	0.00	0.00	0.02	0.01	0.00
13	0.01	0.01	0.00	0.03	0.00	0.04	0.03	0.00	0.15	0.05	0.08	0.05	6.09
14	0.01	0.00	0.00	0.00	0.00	0.06	0.02	0.00	0.00	0.00	0.00	0.03	1.90
15	0.00	0.00	0.00	0.00	0.00	0.07	0.00	0.00	0.00	0.00	0.02	0.06	1.31
16	0.00	0.01	0.00	0.00	0.00	0.24	0.00	0.13	0.00	0.01	0.02	0.03	1.34
17	0.01	0.01	0.00	0.00	0.00	0.09	0.00	0.00	0.00	0.00	0.04	0.00	0.00
18	0.01	0.01	0.10	0.00	0.00	0.15	0.00	0.00	0.00	0.00	0.04	0.00	1.36
19	0.00	0.13	0.00	0.01	0.00	0.05	0.00	0.22	0.00	0.03	0.03	0.32	7.25
20	0.01	0.07	0.00	0.00	0.00	0.06	0.02	0.00	0.00	0.03	0.00	0.00	0.00
21	0.00	0.01	0.05	0.01	0.00	0.06	0.01	0.00	0.00	0.01	0.02	0.00	0.00
22	0.00	0.01	0.00	0.00	0.00	0.12	0.00	0.14	0.00	0.00	0.04	0.00	1.48
23	0.00	0.01	0.03	0.00	0.00	0.05	0.02	0.30	0.00	0.01	0.06	0.10	1.20
24	0.00	0.06	0.03	0.01	0.00	0.28	0.00	1.41	0.00	0.00	0.02	0.23	1.57

表 5-28　江苏 D 县深层地下水源有机污染物因子（枯水期）

采样点	HCHs	七氯	艾氏剂	反式氯丹	PCBs	DEP	DBP	DEHP	BaP	2,4,6-三氯苯酚	总酚	二氯甲烷	三氯甲烷
1	0.00	0.00	0.00	0.00	0.10	0.00	0.20	0.00	0.29	0.00	0.02	0.00	0.00
2	0.00	0.00	0.00	0.00	0.06	0.00	0.73	0.01	0.00	0.00	0.01	0.00	0.00
3	0.00	0.00	0.00	0.03	0.12	0.00	1.96	0.01	0.00	0.00	0.01	0.00	0.00
4	0.00	0.00	0.01	0.02	0.08	0.00	0.01	0.00	0.00	0.00	0.00	2.36	0.92
5	0.00	0.00	0.00	0.00	0.09	0.00	0.83	0.00	0.00	0.04	0.07	0.00	1.55
6	0.01	0.00	0.00	0.00	0.06	0.01	5.14	0.00	0.00	0.00	0.05	2.42	0.97

采样点	HCHs	七氯	艾氏剂	反式氯丹	PCBs	DEP	DBP	DEHP	BaP	2,4,6-三氯苯酚	总酚	二氯甲烷	三氯甲烷
7	0.00	0.00	0.00	0.00	0.07	0.01	4.53	0.00	0.00	0.00	0.01	0.00	1.38
8	0.00	0.00	0.00	0.01	0.12	0.00	0.80	0.00	0.00	0.00	0.00	0.00	0.00
9	0.00	0.00	0.00	0.00	0.12	0.00	3.97	0.00	0.00	0.00	0.01	0.00	0.00
10	0.00	0.00	0.00	0.02	0.14	0.00	0.06	0.00	0.00	0.00	0.01	0.00	0.00
11	0.00	0.00	0.00	0.02	0.10	0.00	0.50	0.00	0.00	0.04	0.02	0.00	0.00
12	0.00	0.00	0.01	0.00	0.07	0.01	0.36	0.00	0.00	0.00	0.01	0.00	0.00
13	0.00	0.00	0.00	0.03	0.10	0.00	0.04	0.00	0.00	0.00	0.01	0.00	0.00
14	0.00	0.00	0.00	0.00	0.12	0.00	0.00	0.01	0.00	0.00	0.02	0.00	0.00
15	0.00	0.00	0.00	0.00	0.06	0.00	3.07	0.02	0.00	0.00	0.04	0.00	0.00
16	0.00	0.00	0.00	0.03	0.08	0.00	2.29	0.01	0.00	0.00	0.02	0.00	0.00
17	0.00	0.00	0.00	0.02	0.10	0.01	4.02	0.00	0.00	0.00	0.04	0.00	0.00
18	0.00	0.00	0.00	0.00	0.09	0.00	0.46	0.02	0.00	0.00	0.04	0.00	0.00
19	0.00	0.00	0.00	0.03	0.10	0.01	0.88	0.04	0.00	0.00	0.05	0.00	0.00
20	0.00	0.00	0.00	0.00	0.13	0.00	0.00	0.06	0.00	0.00	0.00	0.00	0.00
21	0.00	0.01	0.00	0.00	0.17	0.00	0.01	0.01	0.00	0.00	0.04	0.00	0.00
22	0.00	0.00	0.00	0.03	0.08	0.00	3.05	0.00	0.00	0.00	0.01	0.00	0.00
23	0.00	0.00	0.00	0.01	0.08	0.01	0.43	0.01	0.00	0.00	0.02	0.00	0.00
24	0.00	0.00	0.00	0.02	0.08	0.00	0.93	0.04	0.00	0.00	0.03	0.00	0.00

表 5-29　江苏 D 县深层地下水源金属污染物因子（丰水期）

采样点	Al	Cr	Mn	Cu	Zn	As	Se	Ba	Pb
1	0.05	0.07	0.06	0.00	0.01	0.06	0.06	0.10	0.02
2	0.04	0.08	0.05	0.00	0.00	0.08	0.06	0.08	0.01
3	0.20	0.00	0.32	0.00	0.03	0.07	0.00	0.05	0.03
4	0.07	0.06	0.03	0.00	0.02	0.06	0.03	0.06	0.00
5	0.09	0.07	0.06	0.00	0.02	0.06	0.03	0.07	0.02
6	0.05	0.05	0.21	0.00	0.01	0.08	0.00	0.06	0.03
7	0.08	0.00	0.22	0.00	0.01	0.09	0.00	0.07	0.03
8	0.15	0.00	0.05	0.00	0.01	0.09	0.00	0.08	0.00
9	0.06	0.00	0.09	0.00	0.00	0.06	0.00	0.07	0.03
10	0.07	0.00	0.06	0.00	0.01	0.08	0.00	0.08	0.03
11	0.03	0.00	0.15	0.00	0.01	0.09	0.04	0.07	0.01
12	0.02	0.00	0.18	0.00	0.01	0.07	0.06	0.08	0.03
13	0.03	0.06	0.12	0.00	0.01	0.06	0.05	0.06	0.01

采样点	Al	Cr	Mn	Cu	Zn	As	Se	Ba	Pb
14	0.02	0.00	0.13	0.00	0.02	0.06	0.04	0.07	0.00
15	0.05	0.00	0.11	0.00	0.00	0.06	0.03	0.07	0.00
16	0.05	0.04	0.01	0.00	0.00	0.10	0.01	0.08	0.04
17	0.07	0.00	0.05	0.00	0.01	0.06	0.00	0.09	0.01
18	0.09	0.05	0.09	0.00	0.01	0.07	0.05	0.06	0.01
19	0.10	0.00	0.17	0.00	0.01	0.06	0.07	0.09	0.01
20	0.07	0.00	0.20	0.00	0.01	0.08	0.03	0.10	0.01
21	0.04	0.07	0.06	0.00	0.01	0.08	0.05	0.09	0.02
22	0.12	0.05	0.02	0.00	0.01	0.07	0.05	0.08	0.03
23	0.04	0.07	0.15	0.00	0.01	0.06	0.04	0.10	0.02
24	0.03	0.06	0.13	0.00	0.00	0.09	0.03	0.09	0.02

表 5-30 江苏 D 县深层地下水源金属污染物因子（枯水期）

采样点	Al	Cr	Mn	Fe	Cu	Zn	As	Se	Ba	Pb
1	0.00	0.00	0.15	0.00	0.00	0.03	0.06	0.00	0.02	0.00
2	0.00	0.06	0.13	0.00	0.00	0.00	0.06	0.00	0.01	0.02
3	0.00	0.03	0.05	0.95	0.00	0.00	0.08	0.05	0.02	0.02
4	0.00	0.00	0.09	0.00	0.00	0.02	0.05	0.09	0.02	0.01
5	0.00	0.01	0.04	0.00	0.00	0.00	0.09	0.03	0.02	0.02
6	0.00	0.08	0.15	8.49	0.00	0.01	0.06	0.00	0.01	0.02
7	0.00	0.00	0.07	2.03	0.00	0.03	0.05	0.07	0.02	0.01
8	0.00	0.08	0.06	0.00	0.00	0.02	0.05	0.08	0.02	0.00
9	0.00	0.08	0.07	0.00	0.00	0.02	0.07	0.08	0.02	0.02
10	0.00	0.06	0.11	0.00	0.00	0.01	0.05	0.00	0.01	0.02
11	0.00	0.02	0.16	0.89	0.00	0.00	0.09	0.00	0.01	0.01
12	0.00	0.06	0.19	0.89	0.00	0.01	0.07	0.05	0.01	0.00
13	0.00	0.07	0.19	0.97	0.00	0.03	0.02	0.00	0.02	0.01
14	0.00	0.06	0.20	0.94	0.00	0.01	0.10	0.09	0.01	0.01
15	0.00	0.08	0.06	0.93	0.00	0.00	0.09	0.00	0.01	0.02
16	0.00	0.00	0.35	0.94	0.00	0.02	0.05	0.01	0.01	0.00
17	0.00	0.07	0.17	0.00	0.00	0.02	0.07	0.06	0.02	0.00
18	0.00	0.02	0.32	0.00	0.00	0.00	0.05	0.04	0.01	0.00
19	0.00	0.03	0.16	0.00	0.00	0.00	0.05	0.00	0.01	0.00
20	0.00	0.05	0.13	8.44	0.00	0.02	0.05	0.04	0.01	0.00
21	0.00	0.06	0.07	0.75	0.00	0.03	0.06	0.10	0.02	0.00

续表

采样点	Al	Cr	Mn	Fe	Cu	Zn	As	Se	Ba	Pb
22	0.00	0.02	0.25	0.00	0.00	0.03	0.05	0.00	0.02	0.00
23	0.00	0.09	0.13	0.00	0.00	0.00	0.07	0.10	0.02	0.00
24	0.00	0.06	0.06	8.32	0.00	0.01	0.06	0.07	0.01	0.02

表 5-31　江苏 D 县深层地下水源水质综合评价（丰水期）

采样点	农药	多氯联苯	酞酸酯类	多环芳烃	酚类	金属	综合评价
1	优良	优良	良好	优良	优良	优良	良好
2	优良	优良	优良	良好	优良	优良	良好
3	优良	优良	优良	优良	优良	优良	良好
4	优良	优良	优良	优良	优良	优良	良好
5	优良	优良	优良	优良	优良	优良	优良
6	优良	优良	良好	优良	优良	优良	良好
7	优良	优良	优良	良好	优良	优良	良好
8	优良	优良	良好	优良	优良	优良	较好
9	优良	优良	优良	优良	优良	优良	良好
10	优良	优良	优良	优良	优良	优良	优良
11	优良	优良	优良	优良	优良	优良	优良
12	优良	优良	优良	优良	优良	优良	优良
13	优良	优良	优良	优良	优良	优良	较差
14	优良	优良	优良	优良	优良	优良	良好
15	优良	优良	优良	优良	优良	优良	良好
16	优良	优良	优良	优良	优良	优良	良好
17	优良	优良	优良	优良	优良	优良	优良
18	优良	优良	优良	优良	优良	优良	良好
19	优良	优良	优良	优良	优良	优良	较差
20	优良	优良	优良	优良	优良	优良	优良
21	优良	优良	优良	优良	优良	优良	优良
22	优良	优良	优良	优良	优良	优良	良好
23	优良	优良	优良	优良	优良	优良	良好
24	优良	优良	良好	优良	优良	优良	良好

表 5-32　江苏 D 县深层地下水源水质综合评价（枯水期）

采样点	农药	多氯联苯	酞酸酯类	多环芳烃	酚类	挥发性有机物	金属	综合评价
1	优良	优良	优良	优良	优良	优良	良好	良好
2	优良	优良	优良	优良	优良	优良	优良	良好
3	优良	优良	良好	优良	优良	优良	优良	良好
4	优良	优良	优良	优良	优良	良好	优良	良好
5	优良	优良	良好	优良	优良	良好	优良	良好

采样点	农药	多氯联苯	酞酸酯类	多环芳烃	酚类	挥发性有机物	金属	综合评价
6	优良	优良	较好	优良	优良	良好	较差	较差
7	优良	优良	较好	优良	优良	良好	良好	较好
8	优良	优良	优良	优良	优良	优良	优良	优良
9	优良	优良	较好	优良	优良	优良	优良	较好
10	优良	优良	优良	优良	优良	优良	良好	良好
11	优良	优良	优良	优良	优良	优良	优良	优良
12	优良	优良	优良	优良	优良	优良	优良	优良
13	优良	优良	优良	优良	优良	优良	优良	优良
14	优良	优良	优良	优良	优良	优良	优良	优良
15	优良	优良	良好	优良	优良	优良	优良	良好
16	优良	优良	良好	优良	优良	优良	优良	良好
17	优良	优良	较好	优良	优良	优良	优良	较好
18	优良	优良	优良	优良	优良	优良	优良	优良
19	优良	优良	优良	优良	优良	优良	优良	优良
20	优良	优良	优良	优良	优良	优良	较差	较差
21	优良	优良	优良	优良	优良	优良	优良	优良
22	优良	优良	较好	优良	优良	优良	优良	较好
23	优良	优良	优良	优良	优良	优良	优良	优良
24	优良	优良	优良	优良	优良	优良	较差	较差

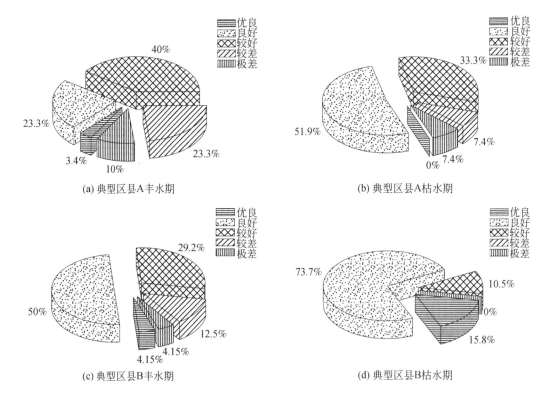

(a) 典型区县A丰水期

(b) 典型区县A枯水期

(c) 典型区县B丰水期

(d) 典型区县B枯水期

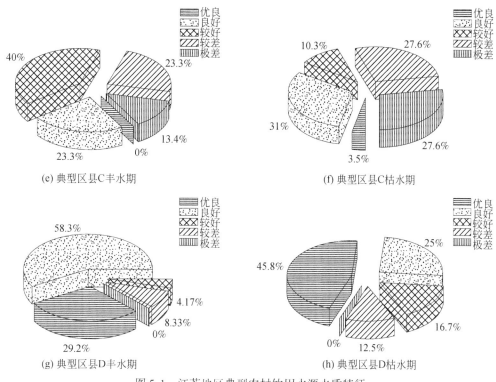

(e) 典型区县C丰水期 (f) 典型区县C枯水期

(g) 典型区县D丰水期 (h) 典型区县D枯水期

图 5-1　江苏地区典型农村饮用水源水质特征

5.3.2　江西地区典型农村饮用水源有毒污染物水质评价

江西地区典型农村以地表水和地下水为主要饮用水源。该地区因矿产资源丰富，冶炼厂较多，对饮用水源的水质安全构成潜在威胁。对该地区典型农村 A 和 B（A：1#～14#，B：15#～30#）共计 30 个地下饮用水源中检出的多环芳烃、多氯联苯、酞酸酯类、酚类、苯类及取代物、农药类、挥发性物质及重金属共 76 种物质进行单一类别有毒污染物水质评价及综合水质评价，确定各地下饮用水源水质等级。

1. 单一类别有毒污染物水质评价

1）多环芳烃

丰水期，针对多环芳烃污染物，水质优良的饮用水源占水源总数的比例为 90%，水质良好的地下饮用水源的比例为 6.67%，水质较好的饮用水源的比例为 3.33%。由表 5-33 和表 5-39 可知，位于典型农村 A 的 3#饮用水源水质较好，位于典型农村 A 的 7#和典型农村 B 的 22#饮用水源水质良好，其他饮用水源水质优良。

枯水期，该地区饮用水源中水质优良的饮用水源占水源总数的比例为 93.33%，水质良好的饮用水源的比例为 6.67%。由表 5-34 和表 5-40 可知，位于典型农村 A 的 1#和典型农村 B 的 23#饮用水源水质良好，其他饮用水源水质优良。

2）多氯联苯

丰水期、枯水期，该地区两个典型农村饮用水源中多氯联苯污染物水质优良（表5-33、表5-34、表5-39和表5-40）。

3）酞酸酯类

丰水期，针对酞酸酯类污染物水质优良的饮用水源占水源总数的比例为16.67%，水质良好的饮用水源的比例为53.33%，水质较好的饮用水源比例为10%，水质较差的饮用水源比例为13.33%，水质极差的饮用水源比例为6.67%。由表5-33和表5-39可知，位于典型农村B的21#和23#饮用水源水质极差。位于典型农村A的8#、12#和14#以及位于典型农村B的12#饮用水源水质较差。位于典型农村A的4#和位于典型农村B的15#、20#饮用水源水质较好。位于典型农村A的1#、5#、6#、10#、11#以及位于典型农村B的16#~18#、22#、24#、25#、27#~30#饮用水源水质良好。只有位于典型农村A的2#、3#、7#、9#和典型农村B的19#饮用水源水质优良。

枯水期，针对该地区酞酸酯类污染物，水质优良的饮用水源占水源总数的比例为33.34%，水质良好的饮用水源的比例为60%，水质较好的饮用水源的比例为3.33%，水质较差的饮用水源的比例为3.33%。由表5-34和表5-40可知，位于典型农村B的22#饮用水源水质较差。位于典型农村A的13#饮用水源水质较好。位于典型农村A的1#、2#、4#~6#、8#、9#和12#以及位于典型农村B的15#~18#、21#、23#、24#、27#、28#和30#饮用水源水质良好，其他饮用水源水质优良。因此，该地区酞酸酯类污染较重，应全面加强对典型农村A和B饮用水源中酞酸酯类污染物的监控和防治力度。

4）酚类

丰水期，针对酚类污染物，水质优良的饮用水源占水源总数比例为96.67%，水质较好的饮用水源的比例为3.33%。由表5-33和表5-39可知，位于典型农村B的20#饮用水源水质较好，其他饮用水源水质优良。

枯水期，由表5-34和表5-40可知，该地区典型农村A和B饮用水源中水质优良。

5）苯类及取代物

丰水期，针对苯类污染物，水质优良的饮用水源占水源总数的比例为63.33%，水质良好的饮用水源的比例为26.67%，水质较好的饮用水源的比例为3.33%，水质较差的饮用水源比例为6.67%。由表5-35和表5-39可知，位于典型农村B的17#和25#饮用水源水质较差。位于典型农村A的11#饮用水源水质较好，位于典型农村A的1#、4#、5#、8#~10#、12#和13#饮用水源水质良好，其他饮用水源水质优良。

枯水期，由表5-36和表5-40可知，该地区饮用水源中苯类污染物水质优良。

6）农药

丰水期、枯水期，由表5-33、表5-34、表5-39和表5-40可知，该地区典型农村A和B饮用水源中水质优良。

7）挥发性物质

丰水期，针对挥发性物质该地区饮用水源中水质优良的饮用水源占饮用水源总数比例为86.66%，水质良好的饮用水源的比例为6.67%，水质较好的饮用水源比例为6.67%。由表5-33和表5-39可知，位于典型农村A的11#和典型农村B的17#饮用水源水质较好。

位于典型农村 A 的 4#和典型农村 B 的 25#饮用水源水质良好,其他饮用水源水质优良。

枯水期,由表 5-34 和表 5-40 可知,该地区饮用水源中水质优良。

8)重金属

丰水期,针对重金属污染物,水质优良的饮用水源占水源总数的比例为 76.67%,水质良好的饮用水源的比例为 20%,水质较差的饮用水源比例为 3.33%。其中,位于典型农村 B 的 27#饮用水源水质较差。由表 5-37 和表 5-39 可知,位于典型农村 A 的 3#和 7#以及位于典型农村 B 的 15#、18#、20#和 21#饮用水源水质良好,其他饮用水源水质优良。

枯水期,水质优良的饮用水源占水源总数的比例为 73.34%,水质良好的饮用水源的比例为 13.33%,水质较好的饮用水源的比例为 3.33%,水质较差的饮用水源比例为 3.33%,水质极差的饮用水源的比例为 6.67%。由表 5-38 和表 5-40 可知,位于典型农村 A 的 10#和 12#饮用水源水质极差。位于典型农村 A 的 11#饮用水源水质较差。位于典型农村 A 的 1#饮用水源水质较好。位于典型农村 A 的 7#和 8#以及位于典型农村 B 的 15#和 17#饮用水源水质良好,其他饮用水源水质优良。

2. 有毒污染物综合水质评价

综合考虑重金属、苯类、酚类、酞酸酯类、农药类、多环芳烃和挥发性有机物的水质特征,丰水期,综合考虑八类污染物水质特征,该地区水质优良的饮用水源占水源总数的比例为 10%,水质良好的饮用水源的比例为 46.67%,水质较好的饮用水源比例为 13.33%,水质较差的饮用水源比例为 23.33%,水质极差的饮用水源比例为 6.67%。由表 5-39 可知,位于典型农村 B 的 21#、23#饮用水源综合水质极差。位于典型农村 A 的 8#、12#和 14#以及位于典型农村 B 的 17#、25#,26#饮用水源水质较差。位于典型农村 A 的 3#、11#,以及位于典型农村 B 的 15#、20#饮用水源综合水质较好。位于典型农村 A 的 1#、4#~7#、9#、10#、12#和 13#以及位于典型农村 B 的 16#、22#、24#、27#~30#饮用水源综合水质良好。只有位于典型农村 A 的 2#和典型农村 B 的 18#、19#饮用水源水质优良。

枯水期,该地区水质优良的饮用水源占水源总数的比例为 26.66%,水质良好的饮用水源的比例为 53.33%,水质较好的饮用水源比例为 6.67%,水质较差的饮用水源比例为 6.67%,水质极差的饮用水源比例为 6.67%。由表 5-40 可知,位于典型农村 A 的 10#和 12#饮用水源综合水质极差。位于典型农村 A 的 11#以及位于典型农村 B 的 22#饮用水源综合水质较差。位于典型农村 A 的 1#和 13#饮用水源水质较好。位于典型农村 A 的 2#、4#~9#以及位于典型农村 B 的 15#~18#、24#、27#、28#和 30#饮用水源水质良好。只有位于典型农村 A 的 3#和 14#以及位于典型农村 B 的 19#~21#、23#、25#、26#和 29#饮用水源水质优良。

综上所述,重金属和酞酸酯类是该地区地下饮用水源主要有毒污染物,应进一步加强监测、防控。

江西地区典型农村 A 和 B 的饮用水源丰水期、枯水期水质相当(图 5-2)。重金属和酞酸酯类物质是该地区饮用水源的主要有毒污染物,应加强重点防控。典型农村 A 和 B 饮用水源水质受有毒污染物污染明显,应进一步加强监测、防控。

表 5-33　江西地区典型农村饮用水源酚类、酞酸酯类、多氯联苯、农药、多环芳烃、挥发性污染物因子（丰水期）

采样点	2-氯苯酚	2,4-二氯酚	总挥发酚	DEP	DBP	DEHP	五氯联苯	敌敌畏	α-HCH	敌百虫	狄氏剂	p,p'-DDT	BaP	二氯甲烷	三氯甲烷	四氯化碳	一氯二溴甲烷	二氯一溴甲烷	三氯乙烯	三溴甲烷	六氯-1,3-丁二烯
1	0.00	0.07	0.30	0.00	2.49	0.87	0.00	0.00	0.00	0.00	0.00	0.00	0.00	0.14	0.05	0.08	0.00	0.00	0.01	0.00	0.11
2	0.00	0.01	0.13	0.00	0.54	0.29	0.00	0.00	0.00	0.00	0.00	0.00	0.00	0.07	0.01	0.11	0.00	0.00	0.00	0.00	0.93
3	0.00	0.00	0.16	0.00	0.80	0.09	0.00	0.01	0.01	0.00	0.00	0.01	4.14	0.23	0.02	0.39	0.00	0.00	0.00	0.00	0.11
4	0.00	0.00	0.12	0.00	3.39	0.14	0.00	0.00	0.00	0.00	0.00	0.00	0.00	0.21	0.07	1.81	0.00	0.00	0.03	0.00	0.20
5	0.00	0.00	0.10	0.00	1.65	0.15	0.00	0.00	0.00	0.00	0.00	0.00	0.00	0.22	0.04	0.14	0.00	0.00	0.02	0.00	0.18
6	0.00	0.00	0.15	0.00	1.96	0.29	0.00	0.00	0.00	0.00	0.00	0.00	0.00	0.10	0.03	0.08	0.00	0.00	0.01	0.00	0.03
7	0.00	0.00	0.14	0.00	0.90	0.12	0.00	0.01	0.00	0.00	0.00	0.00	1.06	0.15	0.06	0.07	0.00	0.00	0.01	0.00	0.05
8	0.00	0.00	0.10	0.00	8.55	0.19	0.00	0.01	0.00	0.00	0.00	0.00	0.00	0.26	0.05	0.15	0.00	0.00	0.02	0.00	0.11
9	0.00	0.01	0.16	0.00	0.78	0.09	0.00	0.00	0.00	0.00	0.00	0.00	0.00	0.15	0.06	0.07	0.00	0.00	0.01	0.00	0.23
10	0.00	0.00	0.13	0.00	1.73	0.11	0.00	0.00	0.00	0.00	0.00	0.00	0.00	0.23	0.08	0.15	0.00	0.00	0.03	0.00	0.29
11	0.00	0.00	0.15	0.00	1.23	0.16	0.00	0.00	0.00	0.00	0.00	0.00	0.21	0.31	0.16	3.62	0.00	0.00	0.03	0.00	0.07
12	0.00	0.06	0.11	0.00	6.74	0.13	0.00	0.00	0.00	0.00	0.00	0.00	0.00	0.18	0.05	0.09	0.00	0.00	0.01	0.00	0.14
13	0.00	0.02	0.22	0.00	2.77	0.69	0.00	0.00	0.00	0.00	0.00	0.00	0.00	0.21	0.05	0.10	0.00	0.00	0.01	0.00	0.08
14	0.00	0.00	0.17	0.00	9.56	0.21	0.00	0.00	0.00	0.00	0.00	0.00	0.00	0.10	0.04	0.06	0.00	0.00	0.01	0.00	0.05
15	0.00	0.13	0.00	4.06	0.15	0.00	—	0.00	0.00	0.00	—	—	0.00	0.17	0.02	0.10	0.00	0.00	0.02	0.00	0.05
16	0.01	0.15	0.00	1.44	0.16	0.00	—	0.00	0.00	0.00	—	—	0.00	0.17	0.07	0.13	0.00	0.00	0.02	0.00	0.03
17	0.01	0.16	0.00	1.57	0.25	0.00	—	0.00	0.00	0.00	—	—	0.00	0.42	0.24	4.97	0.01	0.00	0.05	0.00	0.06
18	0.00	0.18	0.00	1.04	0.24	0.00	—	—	0.00	0.00	—	—	0.00	0.10	0.01	0.11	0.00	0.00	0.00	0.00	0.03
19	0.01	0.17	0.00	0.91	0.28	0.00	—	0.00	0.00	0.00	—	—	0.00	0.13	0.02	0.38	0.00	0.00	0.01	0.00	0.02
20	0.00	3.40	0.00	4.81	0.27	0.00	0.00	0.00	0.00	0.00	—	—	0.00	0.07	0.01	0.04	0.00	0.00	0.00	0.00	0.00
21	0.00	0.13	0.13	11.10	0.34	0.00	0.00	—	—	—	0.00	—	2.23	0.05	0.00	0.03	0.00	0.00	0.01	0.00	0.14
22	0.01	0.20	0.00	2.90	0.83	0.00	—	—	—	—	0.00	—	0.00	0.08	0.02	0.06	0.00	0.00	0.00	0.00	0.03
23	0.00	0.09	0.00	13.33	0.80	0.00	0.00	0.00	0.00	—	0.00	—	0.00	0.06	0.01	0.17	0.00	0.00	0.00	0.00	0.16
24	0.00	0.18	0.00	1.21	0.32	0.00	0.00	0.00	0.00	0.00	0.00	—	0.00	0.06	0.01	0.03	0.00	0.00	0.04	0.00	0.04
25	0.00	0.14	0.00	1.64	0.22	0.00	0.01	0.00	0.00	0.00	0.00	—	0.00	0.37	0.14	3.25	0.00	0.00	0.01	0.00	0.08
26	0.00	0.12	0.00	9.09	0.19	0.00	0.00	0.00	0.00	0.00	0.00	—	0.00	0.08	0.14	0.08	0.01	0.01	0.01	0.00	0.19
27	0.00	0.15	0.00	1.70	0.23	0.00	0.00	0.00	0.00	0.00	0.00	—	0.00	0.09	0.03	0.05	0.00	0.00	0.01	0.00	0.28
28	0.07	0.22	0.00	1.43	0.36	0.00	0.00	0.00	0.00	—	—	—	0.00	0.11	0.06	0.09	0.00	0.01	0.01	0.00	0.07
29	0.00	0.17	0.00	1.43	0.29	0.00	0.02	0.00	0.00	—	—	—	0.31	0.14	0.09	0.23	0.01	0.01	0.01	0.00	0.00
30	0.00	0.24	0.00	1.36	0.36	0.00	0.00	0.00	0.00	—	—	—	0.00	0.15	0.07	0.12	0.00	0.00	0.01	0.00	0.04

表 5-34 江西地区典型农村饮用水源酚类、酞酸酯、多氯联苯、农药、多环芳烃、挥发性污染物因子（枯水期）

采样点	2-氯苯酚	2,4-二氯酚	总挥发酚	DEP	DBP	DEHP	总PCBs	莠去律	顺氏氯丹	六氯苯	BaP	二氯甲烷	三氯甲烷	四氯化碳	一氯二溴甲烷	三溴甲烷	六氯-1,3-丁二烯
1	0.00	0.00	0.05	0.00	1.61	0.11	0.06	0.00	0.00	0.00	0.91	0.10	0.01	0.12	0.00	0.00	0.03
2	0.00	0.00	0.05	0.00	1.80	0.08	0.02	0.00	0.00	0.00	0.00	0.06	0.01	0.11	0.00	0.00	0.05
3	0.00	0.00	0.03	0.00	0.14	0.02	0.00	0.00	0.00	0.00	0.00	0.05	0.01	0.03	0.01	0.00	0.04
4	0.00	0.00	0.03	0.00	2.01	0.07	0.00	0.00	0.00	0.00	0.00	0.04	0.01	0.05	0.00	0.00	0.02
5	0.00	0.00	0.05	0.00	1.81	0.07	0.01	0.00	0.00	0.00	0.08	0.05	0.00	0.04	0.00	0.00	0.03
6	0.00	0.00	0.15	0.00	1.42	0.04	0.02	0.00	0.00	0.00	0.00	0.02	0.01	0.02	0.00	0.00	0.02
7	0.00	0.00	0.04	0.00	0.42	0.11	0.02	0.00	0.00	0.00	0.00	0.07	0.01	0.06	0.02	0.00	0.04
8	0.00	0.00	0.03	0.00	2.21	0.10	0.01	0.00	0.00	0.00	0.00	0.06	0.01	0.07	0.02	0.00	0.03
9	0.00	0.00	0.10	0.00	1.26	0.12	0.00	0.00	0.00	0.00	0.00	0.05	0.01	0.08	0.00	0.00	0.03
10	0.00	0.00	0.03	0.00	0.88	0.08	0.03	0.00	0.00	0.00	0.41	0.18	0.02	0.22	0.01	0.00	0.03
11	0.00	0.00	0.03	0.00	0.26	0.09	0.03	0.00	0.00	0.00	0.00	0.10	0.01	0.11	0.01	0.00	0.03
12	0.00	0.00	0.04	0.00	1.56	0.11	0.01	0.00	0.00	0.00	0.00	0.02	0.00	0.03	0.02	0.00	0.02
13	0.00	0.00	0.04	0.00	4.07	0.13	0.03	0.00	0.00	0.00	0.00	0.05	0.01	0.03	0.00	0.00	0.03
14	0.00	0.00	0.04	0.00	0.50	0.19	0.02	0.00	0.00	0.00	0.24	0.05	0.00	0.04	0.00	0.00	0.04
15	0.00	0.00	0.02	0.00	2.01	0.04	0.00	0.00	0.00	0.00	0.00	0.07	0.01	0.05	0.01	0.00	0.03
16	0.00	0.00	0.03	0.00	1.67	0.08	0.03	0.00	0.00	0.00	0.00	0.03	0.00	0.03	0.01	0.00	0.03
17	0.00	0.00	0.04	0.00	1.42	0.08	0.03	0.00	0.00	0.00	0.00	0.02	0.00	0.02	0.00	0.00	0.09
18	0.00	0.00	0.03	0.00	1.20	0.12	0.02	0.00	0.00	0.00	1.74	0.04	0.00	0.03	0.02	0.00	0.05
19	0.00	0.00	0.13	0.00	0.28	0.12	0.02	0.00	0.00	0.00	0.08	0.08	0.01	0.08	0.00	0.00	0.02
20	0.00	0.00	0.04	0.00	0.74	0.18	0.05	0.00	0.00	0.00	0.61	0.02	0.00	0.02	0.01	0.00	0.09
21	0.00	0.00	0.03	0.00	1.08	0.09	0.07	0.00	0.00	0.00	0.00	0.14	0.01	0.08	0.01	0.00	0.04
22	0.00	0.00	0.03	0.00	6.45	0.13	0.03	0.00	0.00	0.00	0.00	0.03	0.00	0.04	0.01	0.00	0.02
23	0.00	0.00	0.03	0.00	1.70	0.07	0.03	0.00	0.00	0.00	0.00	0.03	0.00	0.04	0.02	0.00	0.03
24	0.00	0.00	0.03	0.00	1.80	0.07	0.00	0.00	0.00	0.00	0.00	0.10	0.01	0.08	0.00	0.00	0.02
25	0.00	0.00	0.13	0.00	1.04	0.13	0.01	0.00	0.00	0.00	0.00	0.03	0.00	0.04	0.00	0.00	0.03
26	0.00	0.00	0.04	0.00	0.49	0.10	0.04	0.00	0.00	0.00	0.00	0.06	0.03	0.03	0.01	0.00	0.42
27	0.00	0.00	0.55	0.00	2.01	0.05	0.03	0.00	0.01	0.00	0.00	0.04	0.01	0.07	0.00	0.00	0.00
28	0.00	0.00	0.17	0.00	2.38	0.26	0.34	0.00	0.00	0.00	0.20	0.03	0.00	0.02	0.01	0.00	0.00
29	0.00	0.00	0.08	0.00	0.99	0.11	0.02	0.00	0.00	0.00	0.00	0.02	0.01	0.02	0.00	0.00	0.41
30	0.00	0.00	0.02	0.00	2.10	0.08	0.05	0.00	0.00	0.00	0.00	0.06	0.01	0.09	0.00	0.00	0.03

表5-35 江西地区典型农村饮用水源苯类污染物因子（丰水期）

采样点	甲苯	氯苯	乙苯	二甲苯	苯乙烯	异丙苯	二氯苯	1,2,4-三氯苯	四氯苯	2,4-二硝基甲苯	2,4,6-三硝基甲苯	苯
1	0.00	0.00	0.02	0.00	0.03	0.00	0.00	0.00	0.00	0.17	0.00	1.41
2	0.00	0.00	0.02	0.00	0.01	0.00	0.00	0.00	0.00	0.05	0.00	0.47
3	0.00	0.00	0.01	0.00	0.01	0.00	0.00	0.00	0.00	0.02	0.00	0.83
4	0.00	0.00	0.01	0.00	0.01	0.00	0.00	0.00	0.00	0.03	0.00	2.41
5	0.00	0.00	0.01	0.00	0.01	0.00	0.00	0.00	0.00	0.00	0.00	2.45
6	0.00	0.00	0.01	0.00	0.01	0.00	0.00	0.00	0.00	0.00	0.00	0.82
7	0.00	0.00	0.01	0.00	0.01	0.00	0.00	0.00	0.00	0.01	0.00	1.16
8	0.00	0.00	0.01	0.00	0.01	0.00	0.00	0.00	0.00	0.02	0.00	2.69
9	0.00	0.00	0.01	0.00	0.01	0.00	0.00	0.00	0.00	0.00	0.00	1.47
10	0.00	0.00	0.01	0.00	0.01	0.00	0.00	0.00	0.00	0.00	0.00	2.79
11	0.00	0.00	0.01	0.00	0.01	0.00	0.00	0.00	0.00	0.05	0.00	3.95
12	0.00	0.00	0.01	0.00	0.01	0.00	0.00	0.00	0.00	0.08	0.00	1.84
13	0.00	0.00	0.02	0.00	0.02	0.00	0.00	0.00	0.00	0.18	0.00	1.91
14	0.00	0.00	0.01	0.00	0.01	0.00	0.00	0.00	0.00	0.09	0.00	0.92
15	0.00	0.00	0.01	0.00	0.01	0.00	0.00	0.00	0.05	0.00	0.70	0.00
16	0.01	0.00	0.01	0.00	0.01	0.00	0.00	0.00	0.00	0.00	1.37	0.01
17	0.01	0.00	0.02	0.00	0.03	0.00	0.00	0.00	0.00	0.00	6.63	0.01
18	0.00	0.00	0.01	0.00	0.01	0.00	0.00	0.00	0.00	0.00	0.62	0.00
19	0.00	0.00	0.02	0.00	0.01	0.00	0.00	0.00	0.00	0.00	0.55	0.00
20	0.02	0.00	0.03	0.00	0.02	0.00	0.00	0.00	0.02	0.00	0.50	0.02
21	0.00	0.00	0.01	0.00	0.02	0.00	0.00	0.00	0.07	0.00	0.34	0.00
22	0.00	0.00	0.01	0.00	0.02	0.00	0.00	0.00	0.11	0.00	0.63	0.00
23	0.00	0.00	0.02	0.00	0.03	0.00	0.00	0.00	0.00	0.00	0.29	0.00
24	0.00	0.00	0.01	0.00	0.01	0.00	0.00	0.00	0.02	0.00	0.38	0.00
25	0.00	0.00	0.02	0.00	0.01	0.00	0.00	0.00	0.05	0.00	6.13	0.00
26	0.00	0.00	0.01	0.00	0.01	0.00	0.00	0.00	0.00	0.00	0.76	0.00
27	0.00	0.00	0.01	0.00	0.01	0.00	0.00	0.00	0.01	0.00	0.72	0.00
28	0.00	0.00	0.01	0.00	0.01	0.00	0.00	0.00	0.08	0.00	1.00	0.00
29	0.00	0.00	0.01	0.00	0.02	0.00	0.00	0.00	0.03	0.00	0.49	0.00
30	0.00	0.00	0.02	0.00	0.01	0.00	0.00	0.00	0.00	0.00	0.71	0.00

表 5-36 江西地区典型农村饮用水源苯类污染物因子（枯水期）

采样点	甲苯	乙苯	二甲苯	苯乙烯	异丙苯	二氯苯	硝基苯	1,2,4-三氯苯	四氯苯	间二硝基苯	2,4,6-三硝基甲苯	苯
1	0.00	0.01	0.00	0.01	0.00	0.00	0.00	0.00	0.00	0.00	0.00	0.41
2	0.00	0.00	0.00	0.02	0.00	0.00	0.00	0.00	0.00	0.00	0.00	0.19
3	0.00	0.00	0.00	0.00	0.00	0.00	0.00	0.00	0.00	0.00	0.00	0.16
4	0.00	0.01	0.00	0.00	0.00	0.00	0.00	0.00	0.00	0.00	0.00	0.13
5	0.00	0.01	0.00	0.01	0.00	0.00	0.00	0.00	0.00	0.00	0.00	0.17
6	0.00	0.00	0.00	0.01	0.00	0.00	0.00	0.00	0.00	0.00	0.00	0.06
7	0.00	0.00	0.00	0.01	0.00	0.00	0.00	0.00	0.00	0.00	0.00	0.24
8	0.00	0.00	0.00	0.01	0.00	0.00	0.00	0.00	0.00	0.00	0.00	0.20
9	0.00	0.00	0.00	0.01	0.00	0.00	0.00	0.00	0.00	0.00	0.00	0.12
10	0.00	0.00	0.00	0.01	0.00	0.00	0.00	0.00	0.00	0.00	0.00	0.64
11	0.00	0.01	0.00	0.01	0.00	0.00	0.00	0.00	0.00	0.00	0.00	0.33
12	0.00	0.00	0.00	0.01	0.00	0.00	0.00	0.00	0.00	0.00	0.00	0.08
13	0.00	0.01	0.00	0.01	0.00	0.00	0.00	0.00	0.00	0.00	0.00	0.21
14	0.00	0.01	0.00	0.01	0.00	0.00	0.00	0.00	0.00	0.00	0.00	0.20
15	0.00	0.01	0.00	0.01	0.00	0.00	0.00	0.00	0.00	0.00	0.00	0.20
16	0.00	0.00	0.00	0.00	0.00	0.00	0.00	0.00	0.00	0.00	0.00	0.08
17	0.00	0.00	0.00	0.01	0.00	0.00	0.00	0.00	0.00	0.00	0.00	0.07
18	0.00	0.00	0.00	0.01	0.00	0.00	0.00	0.00	0.00	0.00	0.00	0.14
19	0.00	0.00	0.00	0.00	0.00	0.00	0.00	0.00	0.00	0.00	0.00	0.26
20	0.00	0.00	0.00	0.00	0.00	0.00	0.00	0.00	0.00	0.00	0.00	0.07
21	0.00	0.00	0.00	0.00	0.00	0.00	0.00	0.00	0.00	0.00	0.00	0.49
22	0.00	0.00	0.00	0.02	0.00	0.00	0.00	0.00	0.00	0.00	0.00	0.29
23	0.00	0.00	0.00	0.01	0.00	0.00	0.00	0.00	0.00	0.00	0.00	0.12
24	0.00	0.00	0.00	0.01	0.00	0.00	0.00	0.00	0.00	0.00	0.00	0.35
25	0.00	0.01	0.00	0.01	0.00	0.00	0.00	0.00	0.00	0.00	0.00	0.13
26	0.00	0.00	0.00	0.02	0.00	0.00	0.00	0.00	0.00	0.00	0.00	0.24
27	0.00	0.01	0.00	0.03	0.00	0.00	0.00	0.00	0.00	0.00	0.00	0.14
28	0.00	0.00	0.00	0.01	0.00	0.00	0.00	0.00	0.00	0.00	0.00	0.08
29	0.00	0.00	0.00	0.00	0.00	0.00	0.00	0.00	0.00	0.00	0.00	0.09
30	0.00	0.00	0.00	0.00	0.00	0.00	0.00	0.00	0.00	0.00	0.00	0.20

表 5-37　江西地区典型农村饮用水源重金属污染物因子（丰水期）

采样点	Cr	Mn	Fe	Ni	Cu	Zn	As	Cd	Ba	Hg	Pb
1	0.01	0.95	0.29	0.12	0.00	0.34	0.02	0.44	0.20	0.05	0.28
2	0.01	0.03	0.25	0.02	0.00	0.08	0.01	0.00	0.19	0.03	0.04
3	0.02	0.11	**2.40**	0.05	0.00	0.10	0.02	0.01	0.16	0.02	0.05
4	0.01	0.01	0.19	0.04	0.00	0.11	0.05	0.00	0.12	0.05	0.19
5	0.01	0.76	0.99	0.14	0.00	0.10	0.02	0.02	0.12	0.07	0.16
6	0.01	0.01	0.20	0.05	0.00	0.08	0.05	0.00	0.10	0.13	0.23
7	0.02	**1.27**	0.47	0.03	0.00	0.05	0.06	0.01	0.27	0.03	0.03
8	0.01	0.09	0.52	0.10	0.00	0.08	0.05	0.00	0.08	0.04	0.05
9	0.02	0.07	0.30	0.06	0.00	0.07	0.03	0.01	0.31	0.08	0.27
10	0.01	0.11	0.16	0.03	0.00	0.09	0.01	0.02	0.16	0.02	0.02
11	0.02	0.88	0.28	0.08	0.00	0.08	0.02	0.03	0.35	0.10	0.24
12	0.01	0.11	0.34	0.03	0.00	0.13	0.01	0.00	0.15	0.13	0.17
13	0.01	0.10	0.30	0.09	0.00	0.08	0.01	0.00	0.19	0.02	0.08
14	0.01	0.10	0.24	0.11	0.00	0.05	0.05	0.00	0.13	0.10	0.18
15	0.02	0.58	**1.21**	0.04	0.00	0.05	0.05	0.01	0.29	0.01	0.13
16	0.01	0.24	0.56	0.02	0.00	0.06	0.05	0.01	0.14	0.04	0.03
17	0.02	**3.06**	**1.90**	0.07	0.01	0.05	0.12	0.00	0.28	0.03	0.11
18	0.02	0.11	0.36	0.09	0.00	0.04	0.02	0.00	0.32	0.06	0.18
19	0.02	0.04	0.48	0.04	0.00	0.07	0.01	0.01	0.23	0.25	0.60
20	0.02	0.59	**1.14**	0.05	0.00	0.06	0.02	0.01	0.28	0.03	0.23
21	0.02	0.51	**1.45**	0.03	0.00	0.04	0.03	0.01	0.32	0.21	0.03
22	0.01	0.05	0.38	0.09	0.00	0.10	0.02	0.00	0.19	0.09	0.09
23	0.06	0.38	0.46	0.14	0.00	0.07	0.06	0.04	0.43	0.07	0.29
24	0.03	0.15	0.72	0.05	0.00	0.04	0.02	0.01	0.40	0.04	0.02
25	0.02	0.15	0.26	0.06	0.00	0.08	0.01	0.01	0.20	0.26	0.02
26	0.01	0.01	0.18	0.50	0.01	0.23	0.02	0.02	0.11	0.12	0.18
27	0.01	0.07	0.22	0.03	0.00	0.09	0.00	0.00	0.17	0.02	0.16
28	0.02	0.08	**1.12**	0.20	0.02	0.06	0.04	0.01	0.34	0.07	0.36
29	0.02	0.03	0.47	0.07	0.00	0.07	0.03	0.00	0.32	0.03	0.18
30	0.01	0.07	0.31	0.17	0.01	0.43	0.03	0.06	0.18	**6.07**	0.11

表 5-38　江西地区典型农村饮用水源重金属污染物因子（枯水期）

采样点	Ni	Zn	Cu	Fe	Mn	Cr	Cd	Pb
1	0.05	0.57	0.00	0.35	3.79	0.00	1.03	0.00
2	0.00	0.00	0.00	0.89	0.00	0.00	0.00	0.00
3	0.00	0.00	0.00	0.89	0.00	0.00	0.00	0.00
4	0.00	0.00	0.00	0.89	0.00	0.00	0.00	0.00
5	0.00	0.00	0.00	0.00	0.00	0.00	0.00	0.00
6	0.00	0.00	0.00	0.00	0.00	0.00	0.00	0.00
7	0.47	0.00	0.00	0.00	0.99	0.00	1.19	3.32
8	0.00	0.00	0.00	0.01	0.00	0.00	0.26	1.13
9	0.00	0.00	0.00	0.00	0.00	0.00	0.20	0.00
10	1.47	0.00	0.00	0.00	1.84	0.00	1.53	11.86
11	0.99	0.00	0.00	0.00	0.00	0.00	1.72	6.48
12	1.72	0.00	0.00	0.00	0.00	0.00	1.04	15.56
13	0.00	0.00	0.00	0.00	0.14	0.00	0.00	0.00
14	0.00	0.00	0.00	0.00	0.00	0.00	0.00	0.00
15	0.14	0.00	0.00	0.48	0.28	0.00	1.27	0.00
16	0.12	0.00	0.00	0.71	0.36	0.00	0.11	0.00
17	0.19	0.00	0.00	0.73	1.39	0.00	0.00	0.00
18	0.00	0.00	0.00	0.42	0.62	0.00	0.00	0.00
19	0.40	0.00	0.00	1.06	0.00	0.00	0.00	0.00
20	0.00	0.00	0.00	0.00	0.69	0.00	0.00	0.00
21	0.00	0.00	0.00	0.00	0.00	0.00	0.00	0.00
22	0.00	0.00	0.00	0.00	0.00	0.00	0.00	0.00
23	0.00	0.01	0.00	0.51	0.34	0.00	0.00	0.00
24	0.00	0.00	0.00	0.00	0.01	0.00	0.00	0.00
25	0.00	0.00	0.00	0.00	0.00	0.00	0.00	0.00
26	0.00	0.11	0.00	0.00	0.00	0.00	0.00	0.00
27	0.00	0.00	0.00	0.00	0.00	0.00	0.00	0.00
28	0.00	0.00	0.00	0.01	0.00	0.00	0.00	0.00
29	0.07	0.00	0.00	0.00	0.00	0.00	0.00	0.00
30	0.00	0.72	0.00	0.00	0.00	0.00	0.00	0.00

表 5-39　江西地区典型农村饮用水源有毒污染物综合水质评价（丰水期）

采样点	重金属	苯类	酚类	酞酸酯类	多氯联苯	农药	多环芳烃	挥发性有机物	综合评价	备注
1	优良	良好	优良	良好	优良	优良	优良	优良	良好	
2	优良	优良	优良	优良	优良	优良	优良	优良	优良	
3	良好	优良	优良	优良	优良	优良	较好	优良	较好	
4	优良	良好	优良	较好	优良	优良	优良	良好	良好	
5	优良	良好	优良	良好	优良	优良	优良	优良	良好	
6	优良	优良	优良	良好	优良	优良	优良	优良	良好	
7	良好	优良	优良	优良	优良	优良	良好	优良	良好	乡镇
8	优良	良好	优良	较差	优良	优良	优良	优良	较差	A
9	优良	良好	优良	优良	优良	优良	优良	优良	良好	
10	优良	良好	优良	良好	优良	优良	优良	优良	良好	
11	优良	较好	优良	良好	优良	优良	优良	较好	较好	
12	优良	良好	优良	较差	优良	优良	优良	优良	较差	
13	优良	良好	优良	良好	优良	优良	优良	优良	良好	
14	优良	优良	优良	较差	优良	优良	优良	优良	较差	
15	良好	优良	优良	较好	优良	优良	优良	优良	较好	
16	优良	优良	优良	良好	优良	优良	优良	优良	良好	
17	良好	较差	优良	良好	优良	优良	优良	较好	较差	
18	优良	优良	优良	良好	优良	优良	优良	优良	优良	
19	优良	优良	优良	优良	优良	优良	优良	优良	优良	
20	良好	优良	较好	较好	优良	优良	优良	优良	较好	
21	良好	优良	优良	极差	优良	优良	优良	优良	极差	
22	优良	优良	优良	良好	优良	优良	良好	优良	良好	乡镇
23	优良	优良	优良	极差	优良	优良	优良	优良	极差	B
24	优良	优良	优良	良好	优良	优良	优良	优良	良好	
25	优良	较差	优良	良好	优良	优良	优良	良好	较差	
26	优良	优良	优良	较差	优良	优良	优良	优良	较差	
27	优良	优良	优良	良好	优良	优良	优良	优良	良好	
28	优良	优良	优良	良好	优良	优良	优良	优良	良好	
29	优良	优良	优良	良好	优良	优良	优良	优良	良好	
30	较差	优良	优良	良好	优良	优良	优良	优良	较差	

表 5-40　江西地区典型农村饮用水源有毒污染物综合水质评价（枯水期）

采样点	重金属	苯类	酚类	酞酸酯类	多氯联苯	农药	多环芳烃	挥发性有机物	综合评价	备注
1	较好	优良	优良	良好	优良	优良	良好	优良	较好	
2	优良	优良	优良	良好	优良	优良	优良	优良	较好	
3	优良	优良	优良	优良	优良	优良	优良	优良	优良	
4	优良	优良	优良	良好	优良	优良	优良	优良	良好	
5	优良	优良	优良	良好	优良	优良	优良	优良	良好	
6	优良	优良	优良	良好	优良	优良	优良	优良	良好	
7	良好	优良	优良	优良	优良	优良	优良	优良	良好	乡镇
8	良好	优良	优良	良好	优良	优良	优良	优良	良好	A
9	优良	优良	优良	良好	优良	优良	优良	优良	良好	
10	极差	优良	优良	优良	优良	优良	优良	优良	极差	
11	较差	优良	优良	优良	优良	优良	优良	优良	较差	
12	极差	优良	优良	良好	优良	优良	优良	优良	极差	
13	优良	优良	优良	较好	优良	优良	优良	优良	较好	
14	优良	优良	优良	优良	优良	优良	优良	优良	优良	
15	良好	优良	优良	良好	优良	优良	优良	优良	良好	
16	优良	优良	优良	良好	优良	优良	优良	优良	良好	
17	良好	优良	优良	良好	优良	优良	优良	优良	良好	
18	优良	优良	优良	良好	优良	优良	优良	优良	良好	
19	优良	优良	优良	优良	优良	优良	优良	优良	优良	
20	优良	优良	优良	优良	优良	优良	优良	优良	优良	
21	优良	优良	优良	良好	优良	优良	优良	优良	优良	
22	优良	优良	优良	较差	优良	优良	优良	优良	较差	乡镇
23	优良	优良	优良	良好	优良	优良	良好	优良	良好	B
24	优良	优良	优良	良好	优良	优良	优良	优良	良好	
25	优良	优良	优良	优良	优良	优良	优良	优良	优良	
26	优良	优良	优良	优良	优良	优良	优良	优良	优良	
27	优良	优良	优良	良好	优良	优良	优良	优良	良好	
28	优良	优良	优良	良好	优良	优良	优良	优良	良好	
29	优良	优良	优良	优良	优良	优良	优良	优良	优良	
30	优良	优良	优良	良好	优良	优良	优良	优良	良好	

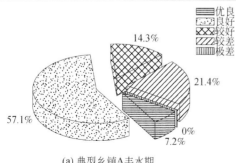

(a) 典型乡镇A丰水期

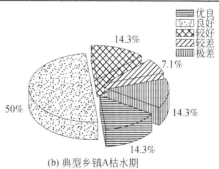

(b) 典型乡镇A枯水期

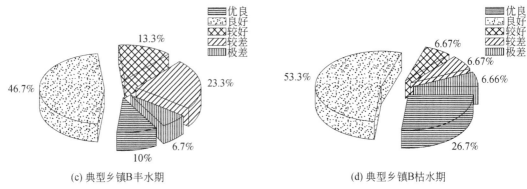

(c) 典型乡镇B丰水期　　　　　　　　　　(d) 典型乡镇B枯水期

图5-2　江西地区典型农村饮用水源水质特征

5.3.3　湖南地区典型农村饮用水源有毒污染物水质评价

湖南某矿区3个典型农村以浅层地下水为主要饮用水源。该地区拥有多个采矿厂及矿产加工厂，对地下饮用水源的水质安全构成潜在威胁。对该地区典型农村A、B和C共计20个地下饮用水源中检出的多环芳烃、多氯联苯、酞酸酯类、酚类、苯类及取代物、农药类、挥发性物质及重金属共65种物质进行单一类别有毒污染物水质评价及综合水质评价，确定各地下饮用水源水质等级。

1. 单一类别有毒污染物水质评价

1）多环芳烃

丰水期，针对多环芳烃污染物，水质优良的地下饮用水源占水源总数的比例为90%，水质良好的地下饮用水源的比例为10%。由表5-41和表5-47可知，位于典型农村B的7#和11#地下饮用水源水质良好，其他地下饮用水源水质优良。

枯水期，由表5-42和表5-48可知，该地区地下饮用水源水质优良。

2）多氯联苯

丰水期、枯水期，由表5-41、表5-42、表5-47和表5-48可知，3个典型农村地下饮用水源中多氯联苯污染物水质优良。

3）酞酸酯类

丰水期，针对酞酸酯类污染物，水质优良的地下饮用水源占水源总数的比例为15%，水质良好的地下饮用水源的比例为70%，水质较差的地下饮用水源比例为15%。由表5-41和表5-47可见，位于典型农村B（5#~16#）的5#、7#和14#地下饮用水源水质较好，位于典型农村A（1#~4#）的2#、3#，位于典型农村B的8#~12#、15#、16#以及位于典型农村C（17#~20#）的17#~20#地下饮用水源水质良好，只有位于典型农村A的1#、4#以及位于典型农村B的13#地下饮用水源水质优良。

枯水期，水质优良的地下饮用水源占水源总数的比例为90%，水质良好的地下饮用水源的比例为10%。由表5-42和表5-48可知，位于典型农村C的17#和18#地下饮用水源水质良好，其他地下饮用水源水质优良。

4）酚类

丰水期、枯水期，由表5-41、表5-42、表5-47和表5-48可知，地下饮用水源水质优良。

5）苯类及取代物

丰水期、枯水期，由表5-43、表5-44、表5-47和表5-48可知，饮用水源中苯类污染物水质优良。

6）农药类

丰水期，针对农药类污染物，水质优良的地下饮用水源占水源总数的比例为95%，水质极差的地下饮用水源比例为5%。由表5-41和表5-47可知，位于典型农村B的16#地下饮用水源水质极差，其他地下饮用水源水质优良。枯水期，由表5-42和表5-48可知，该地区地下饮用水源水质优良。因此，应加强对典型农村B地下饮用水源中农药类污染物的监控、防治力度。

7）挥发性物质

丰水期、枯水期，由表5-41、表5-42、表5-47和表5-48可知，该地区3个典型农村地下饮用水源水质优良。

8）重金属

丰水期，针对重金属污染物，水质优良的地下饮用水源占水源总数的比例为90%，水质良好的地下饮用水源的比例为5%，水质较差的地下饮用水源比例为5%。由表5-45和表5-47可知，位于典型农村B的11#地下饮用水源水质极差，位于典型农村A的3#地下饮用水源水质良好，其他地下饮用水源水质优良。

枯水期，水质优良的地下饮用水源占水源总数的比例为85%，水质良好的地下饮用水源的比例为10%，水质较差的地下饮用水源比例为5%。由表5-46和表5-48可知，位于典型农村B的11#地下饮用水源水质则较差，7#和12#地下饮用水源水质良好，其他地下饮用水源水质优良。

应加强对典型农村B地下饮用水源中重金属污染物的监控、防治力度。

2. 有毒污染物综合水质评价

综合考虑重金属、苯类、酚类、酞酸酯类、农药类、多环芳烃和挥发性有机物的水质特征，丰水期，该地区3个典型农村水质优良的地下饮用水源占水源总数的比例仅为15%，水质良好的地下饮用水源的比例为65%，水质较好的地下饮用水源比例为10%，水质极差的地下饮用水源比例为10%。由表5-47可知，位于典型农村B的11#和16#地下饮用水源综合水质极差，5#和7#地下饮用水源水质较好，位于典型农村A的2#、3#、6#、8#~10#、12#、14#、16#以及典型农村C的17#~20#地下饮用水源综合水质良好，只有位于典型农村A的1#、4#以及典型农村B的13#地下饮用水源水质优良。

枯水期，该地区3个典型农村水质优良的地下饮用水源占水源总数的比例为75%，水质良好的地下饮用水源的比例为20%，水质较差的地下饮用水源比例为5%。由表5-48可知，位于典型农村B的11#地下饮用水源综合水质较差，7#、12#以及位于典型农村C的17#、18#地下饮用水源综合水质良好，其他地下饮用水源水质优良。

综上所述，湖南某矿区3个典型农村饮用水源枯水期水质要明显好于丰水期（图5-3）。重金属和酞酸酯类污染物是该地区地下饮用水源的主要污染物，应加强重点防控。农村A和C地下饮用水源水质相对较好，农村B饮用水源水质受有毒污染物污染明显，应进一步加强监测、防控。

表5-41 湖南某矿区典型农村地下水酚类、酞酸酯、农药、多环芳烃、挥发性污染物因子（丰水期）

采样点	2-氯苯酚	2,4-二氯苯酚	总挥发酚	DEP	DBP	DEHP	敌敌畏	六氯苯	莠去津	敌百虫	BaP	二氯甲烷	三氯甲烷	四氯化碳	三氯乙烯	一氯二溴甲烷	三溴甲烷
1	0.00	0.00	0.08	0.00	0.63	0.12	0.04	0.00	0.00	0.00	0.00	0.00	0.04	0.00	0.00	0.01	0.00
2	0.00	0.01	0.72	0.00	1.41	0.36	0.09	0.00	0.32	0.00	0.00	0.00	0.01	0.02	0.00	0.00	0.00
3	0.00	0.00	0.25	0.00	1.34	0.32	0.18	0.01	0.03	0.00	0.27	0.00	0.01	0.00	0.00	0.00	0.00
4	0.00	0.01	0.20	0.00	1.10	0.22	0.15	0.01	0.04	0.00	0.00	0.01	0.00	0.01	0.00	0.00	0.00
5	0.00	0.05	0.10	0.00	4.92	0.86	0.03	0.00	0.00	0.00	0.00	0.01	0.00	0.00	0.00	0.00	0.00
6	0.00	0.00	0.10	0.00	1.16	0.22	0.05	0.00	0.01	0.00	0.00	0.01	0.00	0.00	0.00	0.00	0.00
7	0.00	0.01	0.25	0.00	4.02	0.69	0.00	0.00	0.36	0.00	1.38	0.01	0.00	0.00	0.00	0.00	0.00
8	0.00	0.00	0.27	0.00	1.53	0.30	0.10	0.00	0.08	0.00	0.00	0.00	0.01	0.00	0.00	0.00	0.00
9	0.00	0.01	0.20	0.00	1.20	0.39	0.18	0.00	0.01	0.00	0.00	0.00	0.01	0.00	0.00	0.00	0.00
10	0.00	0.01	0.20	0.00	1.21	0.38	0.13	0.00	0.00	0.00	0.00	0.00	0.00	0.00	0.00	0.00	0.00
11	0.00	0.00	0.08	0.00	1.92	0.20	0.15	0.00	0.00	0.00	0.90	0.00	0.00	0.00	0.00	0.00	0.00
12	0.00	0.02	0.11	0.00	2.54	0.31	0.02	0.00	0.01	0.00	0.00	0.01	0.01	0.00	0.00	0.00	0.00
13	0.00	0.00	0.13	0.00	0.95	0.32	0.08	0.00	0.00	0.00	0.00	0.00	0.00	0.00	0.00	0.00	0.00
14	0.00	0.00	0.35	0.00	2.92	3.47	0.08	0.01	0.03	0.00	0.00	0.00	0.00	0.00	0.00	0.00	0.00
15	0.00	0.00	0.08	0.00	1.79	0.23	0.21	0.01	0.00	0.00	0.00	0.00	0.01	0.00	0.00	0.00	0.00
16	0.00	0.01	0.13	0.00	1.61	0.55	36.42	0.00	0.02	0.00	0.16	0.00	0.01	0.01	0.00	0.00	0.00
17	0.00	0.02	0.26	0.00	1.39	0.47	0.13	0.00	0.01	0.00	0.00	0.00	0.01	0.00	0.00	0.00	0.00
18	0.00	0.00	0.13	0.00	1.06	0.36	0.08	0.00	0.00	0.00	0.00	0.03	0.01	0.05	0.00	0.00	0.00
19	0.00	0.01	0.13	0.00	2.22	0.47	0.12	0.00	0.05	0.00	0.06	0.02	0.01	0.02	0.00	0.00	0.00
20	0.00	0.00	0.11	0.00	1.22	0.39	0.13	0.00	0.05	0.00	0.00	0.01	0.01	0.02	0.00	0.00	0.00

表 5-42 湖南某矿区典型农村地下水酚类、酞酸酯、多氯联苯、农药、多环芳烃、挥发性污染物因子（枯水期）

采样点	总挥发酚	DEP	DBP	DEHP	五氯联苯	敌敌畏	莠去津	顺式氯丹	六氯苯	BaP	二氯甲烷	三氯甲烷	四氯化碳
1	0.00	0.00	0.34	0.03	0.04	0.00	0.00	0.00	0.00	0.02	0.35	0.11	0.03
2	0.03	0.00	0.28	0.13	0.00	0.00	0.00	0.00	0.00	0.12	0.34	0.04	0.05
3	0.02	0.00	0.22	0.09	0.00	0.00	0.00	0.00	0.00	0.06	0.12	0.10	0.02
4	0.06	0.00	0.22	0.17	0.01	0.00	0.00	0.00	0.00	0.14	0.31	0.01	0.04
5	0.05	0.00	0.25	0.09	0.01	0.00	0.00	0.00	0.00	0.14	0.02	0.09	0.05
6	0.01	0.00	0.16	0.17	0.00	0.00	0.00	0.00	0.00	0.14	0.28	0.27	0.04
7	0.03	0.00	0.13	0.27	0.01	0.00	0.05	0.00	0.00	0.20	0.82	0.14	0.03
8	0.06	0.00	0.24	0.15	0.00	0.00	0.00	0.00	0.00	0.10	0.43	0.22	0.05
9	0.04	0.00	0.33	0.23	0.01	0.00	0.00	0.00	0.00	0.14	0.66	0.22	0.04
10	0.05	0.00	0.17	0.14	0.00	0.00	0.00	0.00	0.00	0.10	0.65	0.28	0.04
11	0.02	0.00	0.31	0.18	0.00	0.00	0.00	0.00	0.00	0.24	0.83	0.14	0.04
12	0.03	0.00	0.20	0.15	0.02	0.00	0.00	0.00	0.00	0.52	0.41	0.12	0.03
13	0.04	0.00	0.29	0.32	0.00	0.00	0.00	0.00	0.00	0.40	0.35	0.10	0.03
14	0.00	0.00	0.85	0.17	0.04	0.00	0.00	0.00	0.05	0.16	0.31	0.33	0.05
15	0.00	0.00	0.87	0.40	0.08	0.00	0.00	0.00	0.00	0.42	0.98	0.27	0.04
16	0.08	0.00	0.37	0.30	0.16	0.00	0.00	0.00	0.00	0.28	0.82	0.09	0.05
17	0.00	0.00	1.60	0.00	0.13	0.00	0.00	0.00	0.00	0.30	0.28	0.10	0.04
18	0.00	0.00	1.83	0.19	0.08	0.00	0.00	0.00	0.00	0.26	0.31	0.09	0.05
19	0.00	0.00	0.48	0.17	0.08	0.00	0.00	0.00	0.00	0.14	0.28	0.09	0.04
20	0.07	0.00	0.54	0.43	0.01	0.00	0.00	0.00	0.00	0.40	0.26	0.00	0.05

表5-43 湖南某矿区典型农村地下水苯类污染物因子（丰水期）

采样点	甲苯	氯苯	乙苯	苯乙烯	三甲苯	异丙苯	二氯苯	硝基苯	1,2,4-三氯苯	四氯苯	对二硝基苯	2,4-二硝基甲苯	2,4,6-三硝基甲苯	苯
1	0.01	0.00	0.01	0.01	0.00	0.00	0.00	0.00	0.00	0.00	0.00	0.00	0.00	0.03
2	0.00	0.00	0.04	0.01	0.01	0.00	0.00	0.00	0.00	0.00	0.00	0.01	0.00	0.03
3	0.00	0.00	0.02	0.01	0.00	0.00	0.00	0.00	0.00	0.00	0.00	0.03	0.00	0.04
4	0.01	0.00	0.03	0.02	0.00	0.00	0.00	0.00	0.00	0.00	0.00	0.00	0.00	0.06
5	0.00	0.00	0.00	0.01	0.00	0.00	0.00	0.00	0.00	0.00	0.00	0.00	0.00	0.04
6	0.01	0.00	0.02	0.01	0.01	0.00	0.00	0.00	0.00	0.00	0.00	0.00	0.00	0.04
7	0.01	0.00	0.03	0.02	0.00	0.00	0.00	0.00	0.00	0.00	0.00	0.01	0.00	0.04
8	0.00	0.00	0.02	0.02	0.00	0.00	0.00	0.00	0.00	0.00	0.00	0.01	0.00	0.04
9	0.01	0.00	0.02	0.01	0.00	0.00	0.00	0.00	0.00	0.00	0.00	0.01	0.00	0.04
10	0.01	0.00	0.02	0.01	0.00	0.00	0.00	0.00	0.00	0.00	0.00	0.01	0.00	0.03
11	0.00	0.00	0.02	0.01	0.00	0.00	0.00	0.00	0.00	0.00	0.00	0.00	0.00	0.03
12	0.01	0.00	0.03	0.02	0.01	0.00	0.00	0.00	0.00	0.00	0.00	0.00	0.00	0.03
13	0.00	0.00	0.02	0.02	0.00	0.00	0.00	0.00	0.00	0.00	0.00	0.05	0.00	0.05
14	0.02	0.00	0.05	0.01	0.01	0.00	0.00	0.00	0.00	0.00	0.00	0.04	0.00	0.04
15	0.00	0.00	0.02	0.01	0.00	0.00	0.00	0.00	0.00	0.00	0.00	0.00	0.00	0.04
16	0.01	0.00	0.03	0.01	0.01	0.00	0.00	0.00	0.00	0.00	0.00	0.01	0.00	0.03
17	0.00	0.00	0.04	0.01	0.00	0.00	0.00	0.00	0.00	0.00	0.00	0.01	0.00	0.04
18	0.00	0.00	0.02	0.02	0.01	0.00	0.00	0.00	0.00	0.00	0.00	0.00	0.00	0.65
19	0.00	0.00	0.02	0.03	0.00	0.00	0.00	0.00	0.00	0.00	0.00	0.01	0.00	0.46
20	0.01	0.00	0.02	0.02	0.01	0.00	0.00	0.00	0.00	0.00	0.00	0.00	0.00	0.06

表5-44 湖南某矿区典型农村地下水苯类污染物因子（枯水期）

采样点	甲苯	乙苯	苯乙烯	二甲苯	异丙苯	三氯苯	1,2,5-三氯苯	四氯苯	间二硝基苯	2,4,6-三硝基甲苯
1	0.00	0.00	0.00	0.00	0.00	0.00	0.00	0.00	0.00	0.00
2	0.00	0.00	0.00	0.00	0.00	0.00	0.00	0.00	0.00	0.00
3	0.00	0.00	0.00	0.00	0.00	0.00	0.00	0.00	0.00	0.00
4	0.00	0.00	0.00	0.00	0.00	0.00	0.00	0.00	0.00	0.00
5	0.00	0.00	0.00	0.00	0.00	0.00	0.00	0.00	0.00	0.00
6	0.00	0.00	0.00	0.00	0.00	0.00	0.00	0.00	0.00	0.00
7	0.00	0.00	0.00	0.00	0.00	0.00	0.00	0.00	0.00	0.00
8	0.00	0.00	0.00	0.00	0.00	0.00	0.00	0.00	0.00	0.00
9	0.00	0.00	0.00	0.00	0.00	0.00	0.00	0.00	0.00	0.00
10	0.00	0.00	0.00	0.00	0.00	0.00	0.00	0.00	0.00	0.00
11	0.00	0.00	0.01	0.00	0.00	0.00	0.00	0.00	0.00	0.00
12	0.00	0.00	0.00	0.00	0.00	0.00	0.00	0.00	0.00	0.00
13	0.00	0.00	0.00	0.00	0.00	0.00	0.00	0.00	0.00	0.00
14	0.00	0.00	0.00	0.00	0.19	0.00	0.00	0.00	0.08	0.00
15	0.00	0.00	0.00	0.00	0.00	0.00	0.00	0.00	0.00	0.00
16	0.00	0.00	0.00	0.00	0.00	0.00	0.00	0.00	0.00	0.00
17	0.00	0.00	0.00	0.00	0.16	0.00	0.00	0.00	0.00	0.00
18	0.00	0.00	0.00	0.01	0.12	0.00	0.00	0.00	0.00	0.00
19	0.00	0.01	0.00	0.01	0.17	0.00	0.00	0.00	0.00	0.00
20	0.00	0.00	0.00	0.00	0.00	0.00	0.00	0.00	0.00	0.00

表 5-45　湖南某矿区典型农村地下水重金属污染物因子（丰水期）

采样点	Cr	Mn	Fe	Ni	Cu	Zn	As	Cd	Ba	Hg	Pb
1	0.02	0.01	0.25	0.03	0.00	0.04	0.06	0.01	0.15	0.02	0.08
2	0.02	0.05	0.25	0.06	0.00	0.03	0.05	0.01	0.16	0.02	0.13
3	0.02	0.46	0.50	0.05	0.00	0.05	1.61	0.04	0.17	0.10	0.03
4	0.02	0.17	0.38	0.04	0.00	0.03	1.04	0.04	0.17	0.04	0.07
5	0.02	0.04	0.28	0.05	0.00	0.04	0.08	0.01	0.15	0.02	0.24
6	0.02	0.01	0.23	0.05	0.00	0.03	0.02	0.00	0.15	0.02	0.10
7	0.02	0.43	0.43	0.05	0.00	0.02	0.40	0.01	0.15	0.01	0.12
8	0.02	0.04	0.29	0.06	0.00	0.03	0.29	0.05	0.16	0.02	0.08
9	0.02	0.06	0.27	0.13	0.00	0.03	0.03	0.00	0.17	0.03	0.03
10	0.02	0.04	0.28	0.29	0.00	0.05	0.05	0.01	0.19	0.05	0.07
11	0.01	14.72	0.60	0.10	0.00	0.05	0.23	0.09	0.12	0.07	0.03
12	0.02	0.10	0.26	0.03	0.00	0.03	0.03	0.01	0.09	0.05	0.14
13	0.01	0.21	0.29	0.04	0.00	0.03	0.06	0.01	0.15	0.04	0.08
14	0.01	0.17	0.21	0.06	0.00	0.04	0.04	0.01	0.14	0.03	0.01
15	0.02	0.05	0.31	0.06	0.00	0.04	0.36	0.01	0.19	0.07	0.02
16	0.01	0.08	0.28	0.04	0.00	0.06	0.10	0.01	0.07	0.03	0.05
17	0.01	0.01	0.18	0.04	0.00	0.03	0.04	0.01	0.12	0.02	0.15
18	0.01	0.04	0.23	0.04	0.00	0.03	0.06	0.00	0.10	0.01	0.06
19	0.01	0.03	0.27	0.05	0.00	0.04	0.13	0.02	0.10	0.01	0.11
20	0.02	0.03	0.32	0.03	0.00	0.04	0.25	0.00	0.15	0.01	0.09

表 5-46　湖南某矿区典型农村地下水重金属污染物因子（枯水期）

采样点	Cr	Mn	Fe	Ni	Cu	Zn	As	Cd	Ba	Hg	Pb
1	0.01	0.01	0.26	0.03	0.00	0.05	0.10	0.01	0.13	0.02	0.13
2	0.01	0.03	0.24	0.03	0.00	0.06	0.03	0.01	0.09	0.02	0.22
3	0.01	0.21	0.36	0.05	0.01	0.05	0.38	0.02	0.17	0.03	0.04
4	0.01	0.36	0.34	0.03	0.00	0.06	0.12	0.01	0.09	0.01	0.08
5	0.01	0.02	0.31	0.03	0.00	0.05	0.05	0.01	0.11	0.01	0.16
6	0.01	0.01	0.27	0.04	0.00	0.07	0.03	0.01	0.15	0.01	0.40
7	0.05	0.30	1.73	0.15	0.01	0.21	1.61	0.13	0.30	0.82	0.18
8	0.01	0.01	0.25	0.04	0.00	0.07	0.03	0.01	0.15	0.14	0.20
9	0.01	0.06	0.31	0.05	0.00	0.12	0.08	0.01	0.13	0.09	0.16
10	0.01	0.06	0.31	0.06	0.00	0.10	0.10	0.01	0.16	0.07	0.40
11	0.01	7.23	0.33	0.05	0.00	0.06	0.04	0.09	0.14	0.05	0.04
12	0.01	2.33	0.34	0.07	0.00	0.04	0.04	0.03	0.18	0.06	0.05
13	0.01	0.07	0.21	0.04	0.00	0.07	0.03	0.01	0.13	0.04	0.16
14	0.01	0.07	0.22	0.05	0.00	0.06	0.02	0.01	0.13	0.02	0.37
15	0.01	0.06	0.22	0.05	0.00	0.06	0.29	0.01	0.16	0.03	0.24
16	0.01	0.07	0.31	0.04	0.00	0.05	0.08	0.01	0.13	0.05	0.18
17	0.01	0.02	0.20	0.04	0.00	0.08	0.05	0.01	0.12	0.01	0.22
18	0.01	0.05	0.24	0.05	0.00	0.05	0.05	0.01	0.15	0.01	0.14
19	0.01	0.12	0.52	0.34	0.00	0.09	0.28	0.03	0.13	0.04	0.21
20	0.01	0.06	0.31	0.05	0.00	0.06	0.30	0.01	0.15	0.05	0.04

表 5-47　湖南某矿区典型农村地下饮用水源有毒污染物综合水质评价（丰水期）

采样点	重金属	苯类	酚类	酞酸酯类	农药	多环芳烃	挥发性有机物	综合评价	备注
1	优良	优良	优良	优良	优良	优良	优良	优良	
2	优良	优良	优良	良好	优良	优良	优良	良好	乡镇 A
3	良好	优良	优良	良好	优良	优良	优良	良好	
4	优良	优良	优良	优良	优良	优良	优良	优良	
5	优良	优良	优良	较好	优良	优良	优良	良好	
6	优良	优良	优良	良好	优良	优良	优良	良好	
7	优良	优良	优良	较好	优良	良好	优良	良好	
8	优良	优良	优良	良好	优良	优良	优良	良好	
9	优良	优良	优良	良好	优良	优良	优良	良好	
10	优良	优良	优良	良好	优良	优良	优良	良好	乡镇 B
11	极差	优良	优良	良好	优良	良好	优良	极差	
12	优良	优良	优良	良好	优良	优良	优良	良好	
13	优良	优良	优良	优良	优良	优良	优良	优良	
14	优良	优良	优良	较好	优良	优良	优良	良好	
15	优良	优良	优良	良好	优良	优良	优良	良好	
16	优良	优良	优良	良好	极差	优良	优良	极差	
17	优良	优良	优良	良好	优良	优良	优良	良好	
18	优良	优良	优良	良好	优良	优良	优良	良好	乡镇 C
19	优良	优良	优良	良好	优良	优良	优良	良好	
20	优良	优良	优良	良好	优良	优良	优良	良好	

表 5-48　湖南矿区典型农村地下饮用水源有毒污染物综合水质评价（枯水期）

采样点	重金属	苯类	酚类	酞酸酯类	多氯联苯	农药	多环芳烃	挥发性有机物	综合评价	备注
1	优良	优良	优良	优良	优良	优良	优良	优良	优良	
2	优良	优良	优良	优良	优良	优良	优良	优良	优良	乡镇 A
3	优良	优良	优良	优良	优良	优良	优良	优良	优良	
4	优良	优良	优良	优良	优良	优良	优良	优良	优良	
5	优良	优良	优良	优良	优良	优良	优良	优良	优良	
6	优良	优良	优良	优良	优良	优良	优良	优良	优良	
7	良好	优良	优良	优良	优良	优良	优良	优良	良好	
8	优良	优良	优良	优良	优良	优良	优良	优良	优良	
9	优良	优良	优良	优良	优良	优良	优良	优良	优良	
10	优良	优良	优良	优良	优良	优良	优良	优良	优良	乡镇 B
11	较差	优良	优良	优良	优良	优良	优良	优良	较差	
12	良好	优良	优良	优良	优良	优良	优良	优良	良好	
13	优良	优良	优良	优良	优良	优良	优良	优良	优良	
14	优良	优良	优良	优良	优良	优良	优良	良好	优良	
15	优良	优良	优良	优良	优良	优良	优良	良好	优良	
16	优良	优良	优良	优良	优良	优良	优良	优良	优良	
17	优良	优良	优良	良好	优良	优良	优良	优良	良好	
18	优良	优良	优良	良好	优良	优良	优良	良好	良好	乡镇 C
19	优良	优良	优良	优良	优良	优良	优良	优良	优良	
20	优良	优良	优良	优良	优良	优良	优良	优良	优良	

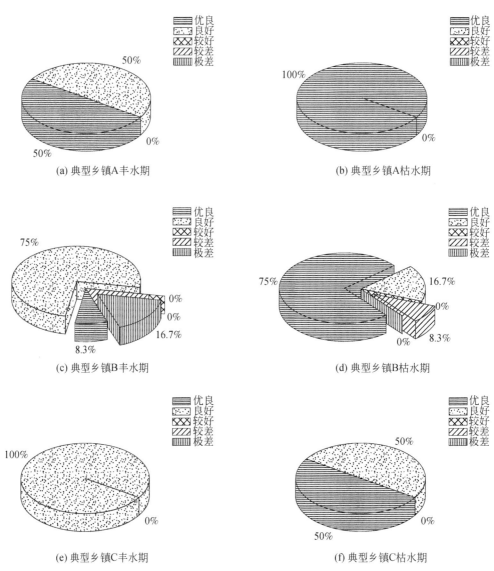

图 5-3　湖南某矿区典型农村饮用水源水质特征

5.3.4　广东地区典型农村饮用水源有毒污染物水质评价

广东某流域典型农村主要以地下水、山泉水、水库水和河流为饮用水源。该地区为我国经济发达地区，城镇化的快速发展导致大量污染物不可避免地进入水环境，从而对饮用水源的水质安全构成潜在威胁。对该地区典型农村 A、B、C、D、E、F、G、H、I 共计 49 个饮用水源中检出的多环芳烃、多氯联苯、酞酸酯类、酚类、苯类及取代物、农药类、挥发性物质及重金属共 30 种物质进行单一类别有毒污染物水质评价及综合水质评价，确定各饮用水源水质等级。

1. 单一类别有毒污染物水质评价

1）多环芳烃

丰水期、枯水期，针对多环芳烃污染物，由表 5-49、表 5-50、表 5-53 和表 5-54 可知，广东某流域典型农村饮用水源水质优良。

2）多氯联苯

丰水期、枯水期，针对多氯联苯污染物，由表 5-49、表 5-50、表 5-53 和表 5-54 可知，广东某流域典型农村饮用水源水质优良。

3）酞酸酯类

丰水期，针对酞酸酯类污染物，水质优良的饮用水源占水源总数的比例为 89.80%，水质良好的饮用水源的比例为 8.16%，水质较好的饮用水源比例为 2.04%。由表 5-49 和表 5-53 可知，位于典型区县 A 的 5#、7# 和 14# 地下饮用水源重金属水质较好，位于典型区县 G 的 39# 饮用水源水质较好，其他饮用水源水质良好或优良。

枯水期，由表 5-50 和表 5-54 可知，广东某流域典型农村饮用水源水质优良。

4）酚类

丰水期、枯水期，由表 5-49 和表 5-53 可知，针对酚类污染物，广东某流域典型农村饮用水源水质优良。

5）苯类及取代物

丰水期、枯水期，由表 5-49、表 5-50、表 5-53 和表 5-54 可知，针对苯类污染物，广东某流域典型农村饮用水源水质优良。

6）农药类

丰水期、枯水期，由表 5-49、表 5-50、表 5-53 和表 5-54 可知，针对农药污染物，广东某流域典型农村饮用水源水质优良。

7）挥发性物质

丰水期，广东某流域典型农村饮用水源水质优良的饮用水源占水源总数的比例为 95.92%，水质良好的饮用水源的比例为 4.08%。由表 5-49 和表 5-53 可知，位于典型区县 E 的 22# 和 24# 饮用水源水质良好，其他饮用水源水质优良。

枯水期，针对挥发性有机物，水质优良的饮用水源占水源总数的比例为 97.96%，水质良好的饮用水源的比例为 2.04%。由表 5-50 和表 5-54 可知，位于典型区县 E 的 22#饮用水源水质良好，其他饮用水源水质优良。

8）重金属

丰水期，针对重金属污染物，水质优良的饮用水源占水源总数的比例为 40.82%，水质良好的饮用水源的比例为 46.94%，水质较好的饮用水源比例为 2.04%，水质较差的饮用水源比例为 6.12%，水质极差的饮用水源比例为 4.08%。由表 5-51 和表 5-53 可知，位于典型区县 I 的 42#和 44#饮用水源水质极差，位于典型区县 E 的 26#、27#和 32#饮用水源水质较差，位于典型区县 A 的 14#饮用水源水质较好，其他饮用水源水质良好或优良。

枯水期水质优良的饮用水源占水源总数的比例为 42.86%，水质良好的饮用水源的比例为 48.98%，水质较好的饮用水源比例为 2.04%，水质较差的饮用水源比例为 2.04%，水质极差的饮用水源比例为 4.08%。由表 5-52 和表 5-54 可知，位于典型区县 I 的 42#和 44#饮用水源水质极差，位于典型区县 E 的 27#饮用水源水质较差，位于典型区县 G 的 39#饮用水源水质较好，其他地下饮用水源水质良好或优良。应加强对典型区县 E 和 I 的饮用水源中重金属污染物的监控、防治力度。

2. 有毒污染物综合水质评价

综合考虑重金属、酚类、酞酸酯类、农药类、多环芳烃和挥发性有机物的水质特征，丰水期，广东某区典型农村水质优良的饮用水源仅占水源总数的比例为 38.78%，水质良好的饮用水源的比例为 46.94%，水质较好的饮用水源比例为 4.08%，水质较差的饮用水源的比例为 6.12%，水质极差的饮用水源比例为 4.08%。由表 5-53 可知，典型区县 I 的 42#和 44#饮用水源综合水质极差，位于典型区县 E 的 26#、27#和 32#饮用水源水质较差，位于典型区县 A 的 14#和东源县 39#饮用水源综合水质较好，其他饮用水源水质良好或优良。

枯水期，综合考虑各类污染物水质特征，广东某流域典型农村水质优良的饮用水源占水源总数的比例为 46.94%，水质良好的饮用水源的比例为 44.90%，水质较好的饮用水源比例为 2.04%，水质较差的饮用水源比例为 2.04%，水质极差的饮用水源比例为 4.08%。由表 5-54 可知，位于典型区县 I 的 42#和 44#饮用水源综合水质极差，位于典型区县 E 的 27#饮用水源水质较差，位于典型区县 G 的 39#饮用水源水质较好，其他饮用水源水质良好或优良。

综上所述，广东某流域典型农村饮用水源枯水期水质要好于丰水期（图 5-4）。重金属是该地区饮用水源的主要有毒污染物，应加强重点防控。典型区县 B、C、D 和 H 的水质相对较好，典型区县 E 和 I 的饮用水源水质受有毒污染物污染明显，应进一步加强监测、防控。

表5-49　广东某流域典型农村饮用水源有机污染物因子（丰水期）

采样点	乐果	δ-HCH	敌敌畏	BaP	PCB	DEP	DBP	DEHP	二氯苯酚	五氯酚	酚总量	三氯甲烷	二氯甲烷	乙苯	二甲苯	三氯苯
1	0.00	0.05	0.00	0.00	0.03	0.00	1.11	0.07	0.00	0.08	0.38	0.00	0.00	0.00	0.00	0.14
2	0.01	0.05	0.00	0.00	0.06	0.00	0.54	0.09	0.03	0.08	0.66	0.00	0.00	0.00	0.00	0.16
3	0.00	0.03	0.00	0.00	0.04	0.00	0.51	0.03	0.03	0.00	0.41	0.00	0.70	0.00	0.01	0.00
4	0.00	0.00	0.00	0.00	0.04	0.00	0.18	0.04	0.03	0.00	0.43	0.00	0.66	0.01	0.00	0.03
5	0.00	0.05	0.00	0.00	0.02	0.00	0.07	0.04	0.03	0.00	0.38	0.00	0.52	0.00	0.01	0.00
6	0.00	0.04	0.00	0.00	0.04	0.00	0.11	0.04	0.03	0.07	0.74	0.00	0.78	0.00	0.00	0.00
7	0.00	0.03	0.00	0.00	0.03	0.00	0.16	0.04	0.03	0.00	0.35	0.00	0.00	0.01	0.00	0.02
8	0.00	0.02	0.00	0.00	0.04	0.00	0.07	0.05	0.05	0.00	0.55	0.00	0.24	0.02	0.01	0.00
9	0.00	0.03	0.00	0.02	0.03	0.00	0.10	0.05	0.03	0.00	0.35	0.00	0.01	0.01	0.00	0.00
10	0.00	0.03	0.00	0.01	0.03	0.00	0.15	0.03	0.05	0.00	0.43	0.00	0.16	0.02	0.00	0.00
11	0.00	0.04	0.00	0.00	0.03	0.00	0.24	0.04	0.05	0.00	0.79	0.00	0.11	0.01	0.00	0.01
12	0.00	0.05	0.00	0.00	0.02	0.00	0.22	0.05	0.02	0.00	0.80	0.00	0.00	0.01	0.00	0.01
13	0.00	0.02	0.00	0.00	0.02	0.00	0.55	0.16	0.03	0.00	0.71	0.00	0.04	0.01	0.00	0.02
14	0.04	0.04	0.01	0.00	0.04	0.00	2.78	0.17	0.00	0.00	0.63	0.00	0.04	0.00	0.00	0.00
15	0.00	0.04	0.00	0.00	0.02	0.00	2.03	0.09	0.02	0.07	0.61	0.00	0.03	0.01	0.00	0.01
16	0.00	0.01	0.00	0.00	0.02	0.00	0.38	0.06	0.02	0.00	0.21	0.00	0.04	0.01	0.00	0.02
17	0.00	0.06	0.00	0.01	0.05	0.00	3.08	0.14	0.03	0.07	0.75	0.00	0.05	0.01	0.00	0.01
18	0.00	0.03	0.00	0.02	0.00	0.00	1.06	0.05	0.05	0.00	0.61	0.00	0.05	0.01	0.00	0.01
19	0.00	0.02	0.00	0.02	0.00	0.00	0.74	0.05	0.03	0.00	0.11	0.00	0.07	0.00	0.00	0.01
20	0.00	0.05	0.00	0.00	0.04	0.00	0.70	0.03	0.03	0.00	0.39	0.00	0.00	0.00	0.00	0.01
21	0.00	0.00	0.00	0.00	0.00	0.00	0.00	0.00	0.00	0.00	0.00	0.00	0.00	0.00	0.00	0.00
22	0.00	0.04	0.00	0.00	0.08	0.00	0.55	0.06	0.00	0.00	0.33	0.00	2.54	0.00	0.00	0.00
23	0.00	0.07	0.00	0.00	0.03	0.00	0.50	0.08	0.05	0.00	0.55	0.00	0.21	0.00	0.00	0.01
24	0.00	0.06	0.00	0.01	0.04	0.00	1.28	0.07	0.05	0.00	0.67	0.00	2.30	0.00	0.00	0.00
25	0.00	0.08	0.00	0.00	0.02	0.00	0.44	0.07	0.00	0.00	1.02	0.00	0.00	0.00	0.00	0.00

采样点	乐果	δ-HCH	敌敌畏	BaP	PCB	DEP	DBP	DEHP	二氯苯酚	五氯酚	酚总量	三氯甲烷	二氯甲烷	乙苯	二甲苯	三氯苯
26	0.00	0.05	0.00	0.00	0.07	0.00	0.95	0.10	0.00	0.00	0.20	0.00	0.32	0.00	0.00	0.00
27	0.00	0.06	0.00	0.00	0.00	0.00	0.00	0.00	0.00	0.00	0.00	0.00	0.00	0.00	0.00	0.00
28	0.00	0.08	0.00	0.00	0.03	0.00	0.38	0.08	0.03	0.00	0.93	0.00	0.54	0.00	0.00	0.00
29	0.00	0.03	0.00	0.00	0.02	0.00	0.13	0.04	0.02	0.00	0.29	0.00	0.66	0.00	0.00	0.00
30	0.00	0.00	0.00	0.01	0.03	0.00	0.36	0.06	0.02	0.00	0.22	0.00	0.47	0.00	0.00	0.01
31	0.00	0.06	0.00	0.00	0.03	0.00	0.14	0.05	0.03	0.07	0.31	0.00	0.14	0.00	0.00	0.00
32	0.00	0.08	0.00	0.00	0.04	0.00	0.20	0.12	0.03	0.07	0.63	0.00	0.31	0.00	0.00	0.00
33	0.00	0.05	0.00	0.00	0.03	0.00	0.70	0.09	0.00	0.00	0.32	0.00	0.03	0.00	0.00	0.00
34	0.00	0.00	0.00	0.00	0.05	0.00	0.68	0.05	0.00	0.00	0.26	0.00	0.00	0.00	0.00	0.00
35	0.00	0.08	0.00	0.00	0.03	0.00	0.35	0.08	0.03	0.00	0.24	0.00	0.03	0.00	0.00	0.00
36	0.00	0.04	0.00	0.01	0.03	0.00	0.79	0.16	0.03	0.00	0.62	0.00	0.00	0.00	0.00	0.00
37	0.00	0.06	0.00	0.00	0.03	0.00	0.08	0.08	0.00	0.00	0.25	0.00	0.00	0.00	0.00	0.00
38	0.00	0.06	0.00	0.00	0.02	0.00	1.47	0.06	0.00	0.00	0.58	0.00	0.00	0.00	0.00	0.00
39	0.00	0.07	0.00	0.00	0.03	0.00	5.47	1.65	0.00	0.00	0.18	0.00	0.05	0.00	0.00	0.00
40	0.00	0.07	0.00	0.00	0.03	0.00	0.13	0.07	0.03	0.00	0.22	0.00	0.05	0.00	0.00	0.00
41	0.00	0.04	0.00	0.00	0.03	0.00	0.07	0.05	0.03	0.00	0.23	0.00	0.07	0.00	0.00	0.00
42	0.00	0.02	0.00	0.00	0.04	0.00	0.14	0.06	0.00	0.00	0.25	0.00	0.00	0.00	0.00	0.00
43	0.00	0.04	0.00	0.00	0.00	0.00	0.16	0.04	0.00	0.00	0.18	0.00	0.02	0.00	0.00	0.00
44	0.00	0.03	0.00	0.00	0.02	0.00	0.19	0.06	0.00	0.00	0.10	0.00	0.00	0.00	0.00	0.00
45	0.00	0.04	0.00	0.00	0.03	0.00	0.42	0.08	0.03	0.00	0.29	0.00	0.00	0.00	0.00	0.00
46	0.00	0.03	0.00	0.00	0.03	0.00	0.12	0.03	0.00	0.00	0.40	0.00	0.00	0.00	0.00	0.00
47	0.00	0.04	0.00	0.00	0.02	0.00	0.20	0.08	0.00	0.00	0.12	0.00	0.00	0.00	0.00	0.00
48	0.00	0.04	0.00	0.00	0.03	0.00	0.12	0.05	0.00	0.00	0.19	0.00	0.00	0.00	0.00	0.00
49	0.00	0.00	0.00	0.00	0.00	0.00	0.67	0.10	0.00	0.00	0.00	0.00	0.00	0.00	0.00	0.00

表5-50 广东某流域典型农村饮用水源有机污染物因子（枯水期）

采样点	乐果	δ-HCH	BaP	PCB	DEP	DBP	DEHP	三氯苯酚	酚总量	二氯甲烷	乙苯	二甲苯	三氯苯
1	0.01	0.03	0.00	0.02	0.00	0.20	0.00	0.00	0.00	0.17	0.00	0.00	0.00
2	0.00	0.05	0.00	0.09	0.00	0.00	0.00	0.01	0.11	0.00	0.00	0.00	0.07
3	0.00	0.03	0.00	0.05	0.00	0.00	0.00	0.03	0.29	0.35	0.00	0.01	0.00
4	0.00	0.01	0.00	0.04	0.00	0.00	0.00	0.01	0.04	0.00	0.00	0.00	0.03
5	0.00	0.03	0.00	0.03	0.00	0.00	0.00	0.00	0.09	0.78	0.00	0.00	0.00
6	0.00	0.04	0.00	0.04	0.00	0.00	0.00	0.03	0.21	0.00	0.00	0.00	0.00
7	0.00	0.03	0.00	0.00	0.00	0.76	0.00	0.03	0.25	0.16	0.00	0.00	0.02
8	0.00	0.02	0.00	0.07	0.00	0.00	0.00	0.04	0.26	0.32	0.01	0.00	0.00
9	0.00	0.03	0.00	0.03	0.00	0.00	0.00	0.03	0.23	0.01	0.01	0.00	0.00
10	0.00	0.03	0.00	0.03	0.00	0.31	0.00	0.02	0.19	0.00	0.01	0.00	0.00
11	0.00	0.04	0.00	0.03	0.00	0.27	0.00	0.05	0.34	0.14	0.00	0.00	0.00
12	0.00	0.05	0.00	0.02	0.00	0.00	0.01	0.02	0.16	0.00	0.00	0.00	0.01
13	0.00	0.02	0.00	0.02	0.00	0.00	0.00	0.03	0.21	0.06	0.01	0.00	0.01
14	0.00	0.00	0.00	0.04	0.00	0.36	0.00	0.00	0.00	0.32	0.00	0.00	0.00
15	0.00	0.04	0.00	0.02	0.00	0.00	0.00	0.02	0.16	0.00	0.00	0.00	0.01
16	0.00	0.01	0.00	0.02	0.00	0.00	0.00	0.02	0.21	0.04	0.00	0.00	0.02
17	0.00	0.06	0.00	0.03	0.00	0.00	0.00	0.03	0.20	0.00	0.00	0.00	0.00
18	0.00	0.03	0.00	0.02	0.00	0.00	0.00	0.03	0.19	0.03	0.00	0.01	0.01
19	0.00	0.00	0.00	0.03	0.00	0.46	0.00	0.03	0.05	0.00	0.00	0.01	0.01
20	0.00	0.04	0.00	0.04	0.00	0.00	0.00	0.03	0.35	0.00	0.00	0.01	0.01
21	0.00	0.00	0.00	0.02	0.00	0.00	0.00	0.00	0.00	0.00	0.00	0.00	0.00
22	0.00	0.04	0.00	0.04	0.00	0.69	0.00	0.02	0.17	1.41	0.00	0.00	0.00
23	0.00	0.02	0.00	0.03	0.00	0.71	0.00	0.02	0.16	0.12	0.00	0.00	0.01
24	0.00	0.02	0.00	0.04	0.00	0.71	0.00	0.03	0.15	0.66	0.00	0.00	0.00
25	0.00	0.05	0.00	0.03	0.00	0.17	0.00	0.00	0.11	0.00	0.00	0.00	0.00

续表

采样点	乐果	δ-HCH	BaP	PCB	DEP	DBP	DEHP	二氯苯酚	酚总量	二氯甲烷	乙苯	二甲苯	三氯苯
26	0.00	0.03	0.00	0.02	0.00	0.93	0.00	0.00	0.10	0.18	0.00	0.00	0.01
27	0.00	0.04	0.00	0.02	0.00	0.02	0.00	0.00	0.09	0.00	0.00	0.00	0.00
28	0.00	0.04	0.00	0.04	0.00	0.25	0.00	0.03	0.45	0.30	0.00	0.00	0.00
29	0.00	0.03	0.00	0.02	0.00	0.08	0.00	0.02	0.22	0.37	0.00	0.00	0.00
30	0.00	0.02	0.00	0.02	0.00	0.51	0.00	0.02	0.09	0.00	0.00	0.00	0.01
31	0.00	0.04	0.00	0.03	0.00	0.00	0.00	0.03	0.21	0.31	0.00	0.00	0.00
32	0.00	0.04	0.00	0.03	0.00	0.00	0.00	0.02	0.17	0.00	0.00	0.00	0.00
33	0.00	0.05	0.00	0.03	0.00	0.00	0.00	0.00	0.08	0.00	0.00	0.00	0.00
34	0.00	0.00	0.00	0.02	0.00	0.00	0.00	0.00	0.10	0.17	0.00	0.00	0.00
35	0.00	0.08	0.00	0.03	0.00	0.00	0.00	0.00	0.11	0.02	0.00	0.00	0.00
36	0.00	0.01	0.00	0.03	0.00	0.00	0.00	0.01	0.06	0.00	0.00	0.00	0.00
37	0.00	0.06	0.00	0.03	0.00	0.00	0.00	0.00	0.05	0.31	0.00	0.00	0.00
38	0.00	0.02	0.00	0.02	0.00	0.19	0.00	0.00	0.05	0.09	0.00	0.00	0.00
39	0.00	0.03	0.00	0.03	0.00	0.22	0.00	0.00	0.00	0.00	0.00	0.00	0.00
40	0.00	0.07	0.00	0.03	0.00	0.00	0.00	0.03	0.22	0.03	0.00	0.00	0.00
41	0.00	0.04	0.00	0.03	0.00	0.32	0.00	0.03	0.23	0.04	0.00	0.00	0.00
42	0.00	0.00	0.00	0.04	0.00	0.00	0.00	0.00	0.08	0.01	0.00	0.00	0.00
43	0.00	0.01	0.00	0.00	0.00	0.00	0.00	0.00	0.00	0.00	0.00	0.00	0.00
44	0.00	0.00	0.00	0.00	0.00	0.00	0.00	0.00	0.06	0.11	0.00	0.00	0.00
45	0.00	0.02	0.00	0.03	0.00	0.00	0.00	0.03	0.19	0.00	0.00	0.00	0.00
46	0.00	0.03	0.00	0.03	0.00	0.00	0.00	0.00	0.14	0.00	0.00	0.00	0.00
47	0.00	0.01	0.00	0.11	0.00	0.56	0.00	0.00	0.09	0.07	0.00	0.00	0.00
48	0.00	0.04	0.00	0.03	0.00	0.00	0.00	0.00	0.05	0.00	0.00	0.00	0.00
49	0.00	0.00	0.00	0.03	0.00	0.00	0.00	0.00	0.00	0.00	0.00	0.00	0.00

表 5-51   广东某流域典型农村饮用水源重金属污染物因子（丰水期）

采样点	Be	Cd	B	Al	Mn	Fe	Ba	Cu	Hg	Pb	Ni	Cr	Zn	As
1	0.00	0.00	0.05	0.45	0.99	2.23	0.05	0.01	0.03	1.69	0.48	2.80	0.02	0.12
2	0.00	0.00	0.02	0.36	0.96	1.81	0.02	0.01	0.03	1.83	0.20	0.34	0.00	0.44
3	0.00	0.00	0.01	0.00	0.13	0.05	0.06	0.00	0.01	1.09	0.03	0.17	0.05	0.00
4	0.00	0.00	0.01	0.04	0.04	0.24	0.01	0.00	0.02	1.14	0.06	0.93	0.12	0.07
5	0.00	0.00	0.01	0.14	0.06	0.34	0.02	0.00	0.02	1.03	0.04	0.03	0.41	0.00
6	0.00	0.00	0.01	0.33	0.41	0.68	0.02	0.00	0.02	1.03	0.04	0.02	0.16	0.01
7	0.00	0.00	0.01	0.05	0.04	0.08	0.01	0.00	0.01	0.80	0.04	0.03	0.01	0.00
8	0.00	0.00	0.02	0.00	0.04	0.07	0.01	0.00	0.01	0.70	0.03	0.03	0.00	0.01
9	0.00	0.00	0.01	0.06	0.26	0.65	0.01	0.00	0.02	0.84	0.02	0.00	0.00	0.00
10	0.00	0.00	0.01	0.20	0.09	0.38	0.01	0.00	0.01	0.85	0.02	0.02	0.01	0.01
11	0.00	0.00	0.01	1.35	0.60	2.14	0.02	0.00	0.01	2.06	0.03	0.01	0.00	0.20
12	0.00	0.00	0.01	0.47	0.80	1.37	0.04	0.00	0.02	1.11	0.03	0.00	0.00	1.19
13	0.00	0.00	0.01	0.06	0.26	0.61	0.03	0.02	0.02	1.30	0.03	0.00	0.04	0.00
14	0.00	0.00	0.02	1.57	2.86	3.70	0.03	0.01	0.02	2.41	0.21	0.00	0.04	0.33
15	0.00	0.00	0.02	0.74	0.40	1.02	0.03	0.00	0.01	2.46	0.04	0.00	0.03	0.10
16	0.00	0.00	0.01	0.18	0.19	0.23	0.01	0.00	0.01	0.83	0.05	0.03	0.13	0.12
17	0.00	0.00	0.04	1.35	0.99	2.20	0.04	0.01	0.01	2.86	0.43	0.02	0.03	0.24
18	0.00	0.00	0.01	0.04	0.06	0.24	0.01	0.00	0.02	0.64	0.04	0.00	0.00	0.00
19	0.00	0.00	0.01	0.21	0.02	1.86	0.01	0.00	0.02	0.78	0.04	0.00	0.00	0.00
20	0.00	0.00	0.01	0.11	0.29	1.24	0.01	0.00	0.02	1.17	0.10	0.06	0.04	0.01
21	0.00	0.00	0.01	0.12	0.05	1.03	0.01	0.00	0.02	1.50	0.02	0.00	2.64	0.00
22	0.00	0.00	0.00	0.07	0.14	0.66	0.01	0.00	0.02	0.90	0.03	0.00	0.02	0.06
23	0.00	0.00	0.00	0.09	0.01	0.05	0.01	0.00	0.02	1.82	0.02	0.00	0.03	0.00
24	0.00	0.00	0.01	0.05	0.05	0.08	0.01	0.00	0.04	0.94	0.03	0.00	0.01	0.00
25	0.00	0.00	0.01	0.17	0.06	0.23	0.01	0.00	0.02	0.90	0.03	0.00	0.02	0.00
26	0.00	0.00	0.01	1.29	6.78	5.08	0.03	0.00	0.02	2.45	0.03	0.00	0.00	1.16
27	0.00	0.05	0.01	1.13	0.46	0.24	0.07	0.00	0.02	7.05	0.05	0.00	0.45	0.00
28	0.00	0.00	0.01	0.28	0.31	1.00	0.04	0.01	0.01	1.46	0.19	0.00	0.06	0.00
29	0.27	0.11	0.02	0.36	0.25	1.09	0.00	0.00	0.01	1.22	0.07	0.00	0.24	0.15
30	0.28	0.11	0.01	0.24	0.58	0.85	0.01	0.00	0.01	0.95	0.06	0.01	0.06	0.37
31	0.27	0.11	0.01	0.10	0.05	0.13	0.01	0.00	0.01	1.16	0.06	0.01	0.11	0.16
32	0.27	0.10	0.03	0.09	6.54	2.76	0.03	0.00	0.02	0.97	0.05	0.00	0.01	0.34
33	0.29	0.10	0.01	0.07	0.05	0.15	0.01	0.00	0.02	0.74	0.05	0.00	0.02	0.02
34	0.30	0.10	0.02	0.01	0.03	0.13	0.13	0.00	0.02	0.68	0.06	0.00	0.04	0.02
35	0.28	0.11	0.01	0.76	0.47	0.74	0.04	0.00	0.02	1.11	0.06	0.01	0.09	0.10
36	0.29	0.11	0.01	0.26	0.10	1.19	0.01	0.01	0.02	1.40	0.07	0.00	0.23	0.03
37	0.31	0.10	0.01	0.70	0.25	0.64	0.03	0.01	0.02	1.24	0.05	0.00	0.06	0.09
38	0.36	0.11	0.01	0.86	0.12	2.90	0.01	0.00	0.02	2.45	0.05	0.00	0.07	0.10
39	0.33	0.22	0.01	0.26	2.54	0.05	0.01	0.01	0.02	0.88	0.18	0.01	0.17	1.95
40	0.27	0.11	0.01	0.14	0.05	0.16	0.00	0.00	0.02	1.00	0.06	0.00	0.03	0.05
41	0.28	0.11	0.01	0.13	0.07	0.73	0.01	0.00	0.02	1.15	0.07	0.00	0.00	0.04
42	0.35	0.15	0.01	2.05	7.87	7.04	0.11	0.01	0.02	10.27	0.09	0.00	1.92	0.12
43	0.30	0.11	0.00	0.32	0.03	0.25	0.01	0.00	0.02	1.24	0.05	0.00	0.09	0.02
44	0.40	0.16	0.03	8.40	5.43	3.52	0.10	0.00	0.02	11.61	0.07	0.00	0.00	1.16
45	0.30	0.11	0.01	0.53	0.05	0.15	0.01	0.00	0.02	1.55	0.07	0.00	0.00	0.03
46	0.27	0.10	0.01	0.27	0.07	0.17	0.00	0.00	0.02	1.02	0.09	0.00	0.20	0.07
47	0.28	0.10	0.01	0.18	0.00	0.04	0.02	0.00	0.02	0.53	0.05	0.00	0.00	0.04
48	0.29	0.10	0.01	0.38	0.01	0.11	0.01	0.01	0.02	0.88	0.05	0.00	0.00	0.01
49	0.28	0.10	0.01	0.91	0.02	0.13	0.01	0.00	0.01	0.43	0.05	0.00	0.00	0.04

表 5-52 广东某流域典型农村饮用水源重金属污染物因子（枯水期）

采样点	As	Cr	Ba	Fe	Mn	Zn	Cu	Hg	Pb
1	0.26	0.13	0.06	2.13	0.14	0.15	0.01	0.03	1.69
2	0.17	0.04	0.04	1.75	0.21	0.16	0.01	0.03	1.83
3	0.01	0.04	0.14	0.20	0.31	0.18	0.00	0.01	1.09
4	0.25	0.03	0.02	0.32	0.07	0.03	0.00	0.02	1.14
5	0.05	0.01	0.04	0.26	0.09	0.03	0.00	0.02	1.03
6	0.06	0.01	0.05	0.28	0.10	0.05	0.00	0.02	1.03
7	0.05	0.05	0.07	0.54	0.14	0.53	0.00	0.01	0.80
8	0.09	0.01	0.04	0.25	0.06	0.05	0.00	0.01	0.70
9	0.04	0.02	0.02	0.31	0.06	0.05	0.00	0.02	0.84
10	0.09	0.03	0.02	0.37	0.10	0.12	0.00	0.01	0.85
11	0.21	0.06	0.03	1.14	0.11	0.36	0.00	0.01	2.06
12	0.71	0.01	0.09	0.32	0.03	0.05	0.00	0.02	1.11
13	0.03	0.07	0.74	0.69	0.21	0.46	0.02	0.02	1.30
14	0.16	0.03	0.04	0.66	0.11	0.27	0.01	0.02	2.41
15	0.00	0.00	0.00	0.00	0.00	0.00	0.00	0.01	2.46
16	0.31	0.03	0.03	0.31	0.11	0.18	0.00	0.01	0.83
17	0.33	0.05	0.09	0.79	0.15	0.09	0.01	0.01	2.86
18	0.12	0.05	0.02	0.57	0.11	0.16	0.00	0.02	0.64
19	0.04	0.02	0.02	0.55	0.05	0.16	0.00	0.02	0.78
20	0.08	0.05	0.08	0.47	0.06	0.28	0.00	0.02	1.17
21	0.20	0.01	0.16	0.66	0.74	0.08	0.00	0.02	1.50
22	0.20	0.01	0.02	0.52	0.08	0.09	0.00	0.02	0.90
23	0.04	0.04	0.01	1.91	0.07	0.24	0.00	0.02	1.82
24	0.08	0.05	0.03	0.59	0.14	0.14	0.00	0.04	0.94
25	0.07	0.04	0.02	0.45	0.08	0.19	0.00	0.02	0.90
26	0.26	0.03	0.04	1.03	0.13	0.11	0.00	0.02	2.45
27	0.03	0.05	0.03	0.45	0.31	0.38	0.00	0.02	7.05
28	0.03	0.02	0.07	0.28	0.36	0.08	0.01	0.01	1.46
29	0.17	0.04	0.02	0.42	0.08	0.10	0.00	0.01	1.22
30	0.33	0.01	0.01	0.75	0.10	0.04	0.00	0.01	0.95
31	0.20	0.07	0.03	0.49	0.76	0.39	0.00	0.01	1.16
32	0.14	0.04	0.04	0.46	0.05	0.25	0.00	0.02	0.97
33	0.06	0.04	0.03	1.56	0.16	0.23	0.00	0.02	0.74
34	0.03	0.01	0.31	0.30	0.04	0.04	0.00	0.02	0.68
35	0.12	0.01	0.09	0.56	0.19	0.07	0.00	0.02	1.11
36	0.05	0.03	0.05	0.79	0.04	0.13	0.01	0.02	1.40
37	0.11	0.01	0.08	0.35	0.06	0.05	0.00	0.02	1.24
38	0.06	0.05	0.02	2.03	0.09	0.31	0.00	0.02	2.45
39	5.00	0.03	0.02	0.14	0.79	0.15	0.01	0.02	0.88
40	0.08	0.04	0.02	0.45	0.08	0.21	0.00	0.02	1.00
41	0.09	0.09	0.02	0.89	0.21	0.73	0.00	0.02	1.15
42	0.12	0.01	0.28	0.64	0.13	0.25	0.01	0.02	10.27
43	0.02	0.03	0.03	0.98	0.14	0.32	0.00	0.02	1.24
44	1.44	0.02	0.12	1.27	1.62	0.09	0.00	0.02	11.61
45	0.07	0.03	0.01	0.64	0.03	0.15	0.00	0.02	1.55
46	0.10	0.02	0.01	0.46	0.14	0.23	0.00	0.02	1.02
47	0.09	0.01	0.01	0.17	0.05	0.03	0.00	0.02	0.53
48	0.14	0.02	0.07	0.99	0.28	0.20	0.01	0.02	0.88
49	0.12	0.02	0.07	0.25	0.76	0.08	0.00	0.01	0.43

表5-53　广东某流域典型农村饮用水源有毒污染物综合水质评价（丰水期）

采样点	重金属	酚类	酞酸酯类	多氯联苯	农药	多环芳烃	挥发性有机物	综合评价	备注
1	良好	优良	良好	优良	优良	优良	优良	良好	
2	良好	优良	优良	优良	优良	优良	优良	良好	
3	优良	优良	优良	优良	优良	优良	优良	优良	
4	良好	优良	优良	优良	优良	优良	优良	良好	区县 A
5	优良	优良	优良	优良	优良	优良	优良	优良	
6	优良	优良	优良	优良	优良	优良	优良	优良	
7	优良	优良	优良	优良	优良	优良	优良	优良	
14	较好	优良	良好	优良	优良	优良	优良	较好	
8	优良	优良	优良	优良	优良	优良	优良	优良	区县 B
9	优良	优良	优良	优良	优良	优良	优良	优良	
10	优良	优良	优良	优良	优良	优良	优良	优良	
11	良好	优良	优良	优良	优良	优良	优良	良好	
12	良好	优良	优良	优良	优良	优良	优良	良好	
13	良好	优良	优良	优良	优良	优良	优良	良好	
18	优良	优良	优良	优良	优良	优良	优良	优良	区县 C
19	良好	优良	优良	优良	优良	优良	优良	良好	
20	良好	优良	优良	优良	优良	优良	优良	良好	
21	良好	优良	优良	优良	优良	优良	优良	良好	
15	良好	优良	优良	优良	优良	优良	优良	良好	
16	优良	优良	优良	优良	优良	优良	优良	优良	区县 D
17	良好	优良	良好	优良	优良	优良	优良	良好	
22	优良	优良	优良	优良	优良	优良	良好	良好	
23	良好	优良	优良	优良	优良	优良	优良	良好	
24	优良	优良	优良	优良	优良	优良	良好	良好	
25	优良	优良	优良	优良	优良	优良	优良	优良	
26	较差	优良	优良	优良	优良	优良	优良	较差	
27	较差	优良	优良	优良	优良	优良	优良	较差	
28	良好	优良	优良	优良	优良	优良	优良	良好	区县 E
29	良好	优良	优良	优良	优良	优良	优良	良好	
30	优良	优良	优良	优良	优良	优良	优良	优良	
32	较差	优良	优良	优良	优良	优良	优良	较差	
33	优良	优良	优良	优良	优良	优良	优良	优良	
34	优良	优良	优良	优良	优良	优良	优良	优良	
31	良好	优良	优良	优良	优良	优良	优良	良好	区县 F
35	良好	优良	优良	优良	优良	优良	优良	优良	
36	良好	优良	优良	优良	优良	优良	优良	良好	
37	良好	优良	优良	优良	优良	优良	优良	良好	
38	良好	优良	良好	优良	优良	优良	优良	良好	区县 G
39	良好	优良	较好	优良	优良	优良	优良	较好	
41	良好	优良	优良	优良	优良	优良	优良	良好	
40	优良	优良	优良	优良	优良	优良	优良	优良	区县 H
42	极差	优良	优良	优良	优良	优良	优良	极差	
43	良好	优良	优良	优良	优良	优良	优良	良好	
44	极差	优良	优良	优良	优良	优良	优良	极差	
45	良好	优良	优良	优良	优良	优良	优良	良好	
46	优良	优良	优良	优良	优良	优良	优良	优良	区县 I
47	优良	优良	优良	优良	优良	优良	优良	优良	
48	优良	优良	优良	优良	优良	优良	优良	优良	
49	优良	优良	优良	优良	优良	优良	优良	优良	

表 5-54 广东某流域典型农村饮用水源有毒污染物综合水质评价（枯水期）

采样点	重金属	酚类	酞酸酯类	多氯联苯	农药	多环芳烃	挥发性有机物	综合评价	备注
1	良好	优良	优良	优良	优良	优良	优良	良好	区县 A
2	良好	优良	优良	优良	优良	优良	优良	良好	
3	优良	优良	优良	优良	优良	优良	优良	优良	
4	良好	优良	优良	优良	优良	优良	优良	良好	
5	优良	优良	优良	优良	优良	优良	优良	优良	
6	优良	优良	优良	优良	优良	优良	优良	优良	
7	优良	优良	优良	优良	优良	优良	优良	优良	
14	良好	优良	优良	优良	优良	优良	优良	良好	
8	优良	优良	优良	优良	优良	优良	优良	优良	区县 B
9	优良	优良	优良	优良	优良	优良	优良	优良	
10	优良	优良	优良	优良	优良	优良	优良	优良	区县 C
11	良好	优良	优良	优良	优良	优良	优良	良好	
12	良好	优良	优良	优良	优良	优良	优良	优良	
13	良好	优良	优良	优良	优良	优良	优良	良好	
18	优良	优良	优良	优良	优良	优良	优良	优良	
19	优良	优良	优良	优良	优良	优良	优良	优良	
20	良好	优良	优良	优良	优良	优良	优良	良好	
21	良好	优良	优良	优良	优良	优良	优良	良好	
15	良好	优良	优良	优良	优良	优良	优良	良好	区县 D
16	优良	优良	优良	优良	优良	优良	优良	优良	
17	良好	优良	优良	优良	优良	优良	优良	良好	
22	优良	优良	优良	优良	优良	优良	良好	良好	区县 E
23	良好	优良	优良	优良	优良	优良	优良	良好	
24	优良	优良	优良	优良	优良	优良	优良	优良	
25	优良	优良	优良	优良	优良	优良	优良	优良	
26	良好	优良	优良	优良	优良	优良	优良	良好	
27	较差	优良	优良	优良	优良	优良	优良	较差	
28	良好	优良	优良	优良	优良	优良	优良	良好	
29	良好	优良	优良	优良	优良	优良	优良	良好	
30	优良	优良	优良	优良	优良	优良	优良	优良	
32	优良	优良	优良	优良	优良	优良	优良	优良	
33	良好	优良	优良	优良	优良	优良	优良	良好	
34	优良	优良	优良	优良	优良	优良	优良	优良	
31	良好	优良	优良	优良	优良	优良	优良	良好	区县 F
35	良好	优良	优良	优良	优良	优良	优良	优良	区县 G
36	良好	优良	优良	优良	优良	优良	优良	良好	
37	良好	优良	优良	优良	优良	优良	优良	良好	
38	良好	优良	优良	优良	优良	优良	优良	良好	
39	较好	优良	优良	优良	优良	优良	优良	较好	
41	良好	优良	优良	优良	优良	优良	优良	良好	
40	优良	优良	优良	优良	优良	优良	优良	优良	区县 H
42	极差	优良	优良	优良	优良	优良	优良	极差	区县 I
43	良好	优良	优良	优良	优良	优良	优良	优良	
44	极差	优良	优良	优良	优良	优良	优良	极差	
45	良好	优良	优良	优良	优良	优良	优良	良好	
46	优良	优良	优良	优良	优良	优良	优良	优良	
47	优良	优良	优良	优良	优良	优良	优良	优良	
48	优良	优良	优良	优良	优良	优良	优良	优良	
49	优良	优良	优良	优良	优良	优良	优良	优良	

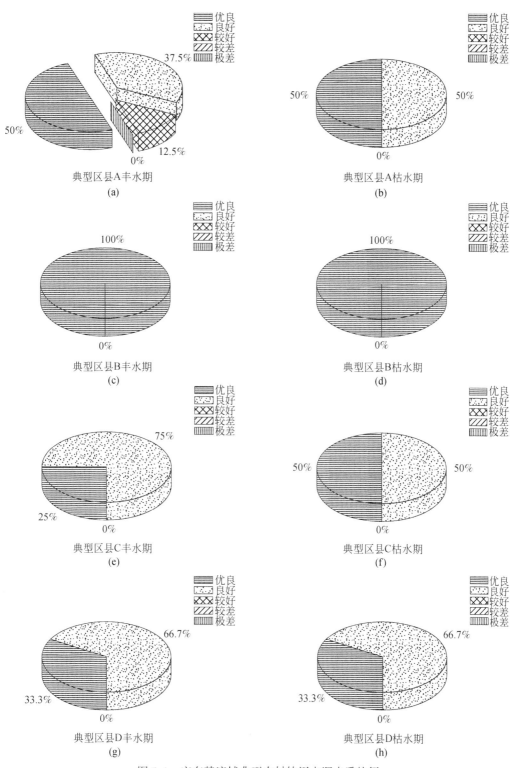

图 5-4　广东某流域典型农村饮用水源水质特征

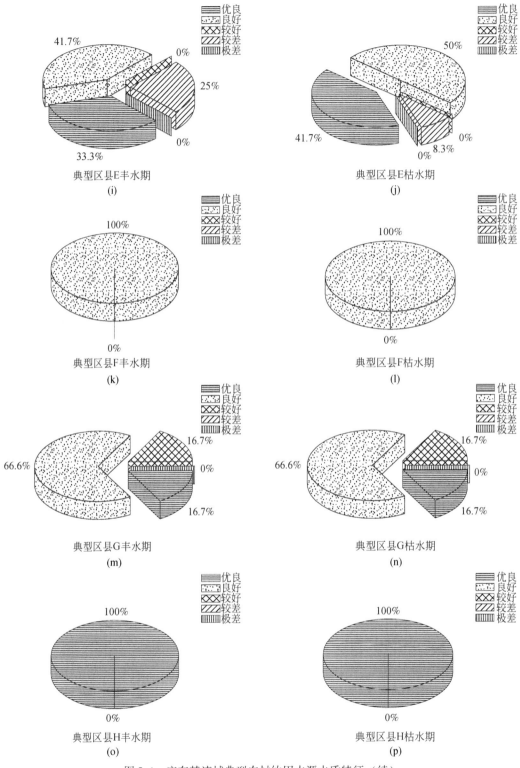

图 5-4 广东某流域典型农村饮用水源水质特征（续）

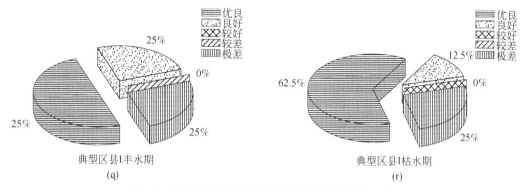

图5-4　广东某流域典型农村饮用水源水质特征（续）

参 考 文 献

陈昌杰.1990.全国生活饮用水水质与卫生疾病调查.中国公共卫生学报,3（1）：122-123.

陈静生,关文荣,夏星辉,等.1998.长江干流近30年来水质变化若干问题探析.环境化学,17：8-13.

陈静生.1992.河流水质全球变化研究若干问题.环境化学,11：43-51.

陈守煜,李亚伟.2005.基于模糊人工神经网络识别的水质评价模型.水科学进展,1：88-91.

郭劲松.2002.基于人工神经网络（ANN）的水质评价与水质模拟研究.重庆大学博士学位论文.

黄仲杰.1998.我国城市供水现状问题与对策.水处理技术,24（2）：18-20.

蒋火华.梁德华.吴贞丽.2000.河流水环境质量综合评价方法比较研究.干旱环境监测,3：32-36.

金菊良,丁晶,魏一鸣.2002.水质综合评价的插值模型.水利学报,12：91-94.

金菊良,魏一鸣,丁晶.2001.水质综合评价的投影寻踪模型.环境科学学报,4：431-434.

寇文揆,寇文斐.2005.农村生活饮用水与安全卫生评价.内蒙古水利,3：79-80.

李伟英,李富生,高乃云,等.2004.日本最新饮用水水质标准及相关管理.中国给排水,2：128.

李祚泳,丁晶,彭荔红.2004.环境质量评价原理与方法.北京：化学工业出版社：5.

李祚泳,郭丽婷,欧阳洁.2001.水环境质量评价的普适指数公式.环境科学研究,3：56-58.

梁德华,蒋火华.2002.河流水质综合评价方法的统一和改进.中国环境监测,18：63-66.

龙腾锐,郭劲松,霍国友.2002a.DBD演算法BP神经网络水质综合模拟研究.哈尔滨建筑大学学报,4：38-43.

龙腾锐,郭劲松,霍国友.2002b.水质综合评价的Hopfield网络模型.重庆建筑大学学报,2：57-60.

陆雍森,冯仲文,张爽.1990.环境评价.上海：同济大学出版社.

马太玲,朝伦巴跟,高瑞忠,等.2006.水质模糊贴近度模型中权值的遗传算法解.环境工程,5：77-79.

潘峰,付强,梁川.2002.模糊综合评价在水环境质量综合评价中的应用研究.环境工程,2：58-62.

孙涛,潘世兵,李永军.2004.人工神经网络模型在地下水水质评价分类中的应用.水文地质工程地质,3：58-61.

唐永蜜.1979.环境质量综合指数简介.环境科学,2：74.

王晓玲.2006.基于遗传神经网络模型的水质综合评价.中国给水排水,11：45-48.

杨国栋,王肖娟,尹向辉.2004.人工神经网络在水环境质量评价和预测中的应用.干旱区资源与环境,6：10-14.

杨士建,李军.2005.用趋势权重污染指数法评价水体的环境质量.环境工程,1：65-68.

杨晓华,杨志峰,郦建强.2004.水质综合评价的遗传投影寻踪插值模型.环境工程,3：69-71.

叶浩，钱家忠，黄夕川. 2005. 投影寻踪模型在地下水水质评价中的应用. 水文地质工程地质，5：9-12.

翟浩辉. 2005. 切实做好农村饮水安全工作. 中国农村水利水电，(1)：28.

张先起，梁川，刘慧卿. 2005. 基于熵权的属性识别模型在地下水水质综合评价中的应用. 四川大学学报（工程科学版），3：28-31.

Chen Suo zhong, Wang Xiao jing, Zhao Xiu-jun. 2008. An attribute recognition model based on entropy weight for evaluating the quality of groundwater sources. Journal of China University of Mining and Technology, 18 (1)：72-75.

Gibbs R J. 1970. Mechanisms controlling world water chemistry. Scince, 170：1088-1090.

Meybeck M, Helmer R. 1989. The quality of rivers：from pristine stage to global pollution. Palaeogeography, Palaeoclimatology, Palaeoecolcgy (Global and Planetary Change), 75 (4)：283-309.

Mueller D K, Ruddy B C, Battaglin W A. 1997. Logistic model of nitrogen in streams of the upper-midwestern United States. Jounral of Environmental Quality, 26：1223-1230.

Tobiszewski M, Tsakovski S, Simeonov V, et al. 2010. Surface water quality assessment by the use of combination of multivariate statistical classification and expert information. Chemosphere, 80 (7)：740-746.

6

优先控制污染物的筛选

6.1 概述

随着工业技术和社会经济的发展，人类制造并排入环境的物质种类迅速增加。据不完全统计显示，目前已知的有机化合物约有 700 万种，常用的 5 万种化学品中 95% 以上是有机化合物，而且每年还有成千上万种新的有机物产生，截至目前进入环境的化学品约有 10 万种。在环境保护工作中，受技术、财力等条件的限制，不可能对每种污染物进行监控。目前大多采用综合指标如 COD_{Cr}、BOD_5、石油类、挥发酚等来反映水体的有机污染状况，并作为制定水环境综合整治规划及设计污水处理设施的基本依据。但因水体中痕量有毒有机物的浓度很低，综合指标无法表征特别是不能反映水中致癌、致畸、致突变的"三致"毒物的状况，所以，除综合指标外，还应增加能反映微量和痕量有机物污染的指标，并对这些污染物进行监控。"十一五"期间，我国环境污染控制从传统污染物总量控制向同时重视微量优先控制污染物控制方向发展，从众多的污染物中筛选出在环境中出现概率高、对周围环境和人体健康危害较大并具潜在环境威胁的污染物，对其进行优先控制是环境管理和环境质量保护的有效技术手段。

优先控制污染物（environmental priority pollutants）是指经过优先选择的污染物，美国环境保护局（USEPA）最早使用这个术语。优先控制污染物在环境保护的不同领域中有不同的称谓，如"优先管理的污染物"、"优先考虑的污染物"、"优先检测的污染物"、"优先控制的污染物"等。

我国于 2007 年发布的《国家环境与健康行动计划（2007—2015）》中非常明确地提出要开展"全面污染源普查，掌握重点污染源、污染途径与主要污染物污染现状，结合环境污染健康影响调查结果，确定全国与区域性优先控制环境污染物名单，为有效实施环境影响规划评价及开展重点污染物治理、控制与监测提供参考"。

从 20 世纪 70 年代初美国环境保护局首先在水中发现氯的衍生物以来，水中有机物对人体健康的影响已日益引起人们的关注。截至 1995 年，全世界已在水中检测出 2221 种有机化合物。美国卫生研究所在自来水中鉴定出 767 种有机化学污染物，其中 109 种为致癌、致畸和致突变物质。从众多的污染物中筛选出优先控制污染物是目前饮用水安全管理的前提，是人体健康的重要保障，符合可持续发展的要求。农村饮用水源缺乏保护，污染复杂，因此，筛选饮用水源中的优先控制污染物势在必行。优先控制污染物的筛选与目标污染物的遴选互为前提。优先控制污染物的筛选结果可以为目标污染物的遴选提供指导，从目标污染物中筛选出优先控制的污染物可以为农村饮用水源的管理提供指导方向。

6.2 国内外研究现状

从 20 世纪 70 年代起，欧洲经济共同体、美国、日本、苏联等国家和组织就制定和公布了各自的环境有害物质名录。美国是最早开展优先监测的国家，1972 年美国国会通过实施了《联邦水污染物控制修正案》（*The Federal Water Pollution Control Act Amendments of 1972*），采用专家论证的方法，确立具体的筛选原则，利用化学品毒性及其他可获得的数据，化合物的样本以及在水中检出的污染物列表，经过反复论证，制订了 65 类 129 种水环境优先监测污染物，主要包括金属与无机化合物、农药、多氯联苯、卤代脂肪烃、醚类、单环芳香族化合物、酚类、酞酸酯类、多环芳烃类、亚硝胺和其他化合物。之后在 1977 年的《清洁水法》（*Clean Water Act*）和 1987 年的《水质法》（*Water Quality Act*）做了进一步修订和完善。USEPA 工业环境实验室提出潜在危害指数法，根据化学物质对环境的潜在危害大小对其排序。有毒物质与疾病登记署（Agency for Toxic Substances and Disease Registry，ATSDR）在 1991 年建立了国家优先名单（NPL）所列地点的有毒物质环境释放与健康效应数据库，在此基础上以有效候选区污染物的出现频率、毒性和人群暴露潜势为指标，采用 USEPA 的危害排序系统（hazard ranking system，HRS），根据总得分排序，排序名单中包含的污染物达到了 275 种，每两年更新一次。美国提出的优先控制污染物的基本筛选原则、筛选方法等已被世界其他国家、地区和组织广泛借鉴。美国筛选出来的污染物名单也是别国筛选时重要的参考，有时甚至直接把相应的优先污染物列入初始筛选名单中。

欧盟在 Directive 2000/60/EC 中对水环境优先控制污染物给出了定义：是指对水环境或通过水环境产生显著风险的污染物，对这些污染物将被优先采取控制和治理行动。故欧盟提出风险排序法对优先控制污染物进行筛选，优先控制污染物的风险评估必须是按照欧盟理事会条例（Council Regulation，EEC）91/414/EEC 第 793/93 号、理事会指令、欧洲议会和理事会指令 98/8/EC 的规定进行，为了在法令规定的时间内完成对优先控制污染物的治理行动，确有必要时，也可以先采用基于风险的污染物简易评估程序，为此采用 CHIAT（the chemical hazard identification and assessment tool）方案筛选优先污染物，该方案被欧盟成员国政府、化工行业、科研部门、环保组织和环境认证机构等广泛用于环境风险评估。2001 年欧盟筛选出 33 种优先污染物质（Eriksson Eva，2008）。经济合作与发展组织（OECD）提出了污染物筛选程序，依据环境浓度和无效应浓度，定量排序和确定优先污染物，荷兰为此开发了"uniform system for the evaluation of substances（USES）"的软件，该软件可以为关注污染物名单的制定提供简易筛选工具，也可以进一步对名单上的污染物开展风险评估。

日本政府于 1973 年颁布了《化学物质的审查规制法》（Bjorn G Hansen，1999），对化学品生产等过程严加管理，日本环境厅于次年开展了大规模"化学物质环境安全性综合调查"。为了从通过省登记在册的 20 000 多种化学品中选出优先监测物质，日本采取了资料调研、现场调查与实验室研究相结合的方式，筛选出了约2000种优先监测物质，在此基础上逐年对其中的一些物质开展环境安全性调查评估，为政府决策提供支持。1997年日本开始实施污染物排放和转移登记（pollutants release and transfer register，PRTR）先导项目，对具有潜在人体危害的178种物质的排放以及为处理和处置所做的转移，分大气、水和土壤不同介质分别向项目组报告，相关数据逐年积累。在PRTR数据的基础上采用POT/LE方法（partial order theory/random linear extension），考虑排放与毒性两方面的参数进行化学物质排序。

我国优先控制污染物的筛选研究起步较晚，20世纪90年代中国环境监测总站根据一定的筛选原则，从工业污染源调查和环境监测着手，利用国外研究成果，并结合国内生产实际进行调查的方法筛选出2347种污染物的初始名单，按照一定的程序，最终筛选出水环境中的14类68种污染物黑名单，标志着我国对外污染物的管理从总量式管理逐渐向名单式管理转变（傅德黔，1990）。在此基础上，各地也相继筛选制定了符合当地情况的污染物优先控制名单。在我国的水环境研究和管理中，都以中国优先污染物黑名单作为监测和污染程度判断的主要依据。这份名单的制定，为我国的环境管理做出了重要的贡献。但是，近20多年，随着经济、科技、社会的发展，我国环境化学污染物形势也发生了巨大的改变，而这份国家级的优先物质名单却一直没有再做更新，因此，建立我国优先控制污染物的筛选系统迫在眉睫。

6.3 优先控制污染物筛选方法

筛选环境优先污染物是控制化学品污染的一项重要基础性工作，要从量大面广的环境化学污染物中筛选出优先控制污染物名单，必须对化学污染物作出严格而客观的评价。既要考虑到化学污染物本身的物理化学性质、毒性毒理、生态效应、环境行为等因素，又要考虑到使用现状、环境暴露、人群接触、潜在风险、污染处置、技术经济水平以及立法、政策、标准等诸多因素。饮用水源中优先控制污染物的筛选需遵循一定的原则：

（1）具有较大的生产量（或排放量）并较为广泛地存在于环境中。年产量比较确定，可估计潜在排放量，但不能反映真实的环境排放量、中间产物、降解产物和天然产物等信息。从环境中检出的频次可以计算检出频率，这一参数更能表征环境中污染物的存在情况。

（2）毒性效应较大的化学物质。毒性效应不仅应考虑急性毒性，而且应包括慢性毒性、特殊毒性等因素。致死剂量水平是最常使用的急性毒性，常用的参数是LD_{50}（半致死剂量）和LC_{50}（半致死浓度），这些参数是定量的，也比较直观。慢性毒性选用比较直观和易于比较的参数TDLo（最低中毒浓度）。毒性效应还应考虑"三致"毒性，主要参考综合危险信息系统（integrated risk information system，IRIS）。

（3）选择国内外已经具备一定基础条件且可以监测的污染物。基础条件应包括具有采样、分析方法、可获得标准物质、具备分析仪器等。对于条件具备或在短时间内可以具备的，则加以考虑。

（4）采取分期分批建立优先控制污染物名单的原则。由于污染源的排放是否能得到控制的问题受到治理技术、经济力量与管理法规等多方面的制约和影响，因此在制定优先污染物名单时，应考虑现实条件，分期进行，逐步实施，优选出来的污染物应该是能够进行排放控制的污染物。

污染物的环境与健康危害性（hazard）评估和风险性（risk）评估是污染物优先筛选的核心，不同的优先筛选方案采用的评估方法也是不同的。从内容上看，大致可以分为危害性评估和风险性评估两大类。前者是考虑化学品固有的环境危害性和健康危害性，但是不考虑其在环境中的水平和暴露情况，因此只是部分反映污染物的潜在风险。而风险性评估则是在危害性评估的基础上进一步考虑污染物在环境中的存在形式、水平和转化等，有时还结合特定的暴露途径，分析污染物的健康风险和生态风险。实际上，风险性相当于危害性与暴露性的综合。

在为筛选优先控制污染物所做的所有风险评估中，都考虑了毒性或危害性，而对暴露的评估差异较大。暴露评估就是分析污染物的释放、确定暴露人群、明确所有的暴露途径、估计暴露点的浓度和摄入量。暴露评估的结果是通过各种途径的人群暴露的强度、频度和持续时间（实际的和潜在的）。

从风险评估的具体方法上可以区分为定性方法（如专家判断法）和定量方法（如密切值法）。由于环境污染物在环境中的行为非常复杂，对暴露途径和环境与健康效应研究不足，因此，从某种意义上讲，现有的定量方法也只相当于半定量方法。

优先控制污染物的筛选方法有模糊综合评判法（杨友明，1993；金燮，1996）、潜在危害指数法、密切值法（崔建升，2009）、Hasse 图解法（刘存，2003）、综合评分法（陈晓秋，2006）等。

6.3.1　模糊综合评判法

模糊综合评判法是运用模糊数学的思想和方法，对现实世界中不易明确界定的事物进行综合评判的一种数学方法（金燮，1996）。它是依据既定的筛选原则和程序，运用各种参数和数据对候选名单中的化学污染物一一进行讨论和综合考察，由粗到细，反复比较，逐步缩小入选的品种和范围，然后再结合经济技术水平考虑，监测的可能性、环境保护管理部门的目标和需要、环境标准和法规等因素，最后得出的环境优先控制污染物名单，是综合评判的结果。模糊综合评判方法的基本思想是在确定评价指标、评价等级标准和指标权值的基础上，运用模糊集合变换原理，以隶属度描述各级指标及同一指标内各要素的模糊界线，构造模糊评判矩阵，通过多层的复合运算，最终确定评价对象所属等级。由于信息要素评价指标各要素没有明确的外延边界，很难对各要素量化处理，因此选用模糊综合评判法进行信息要素评价是适宜的。模糊综合评判法是一个很好的模糊数学的思想和方法，它不仅可以用来进行优先控制污染物的筛选，还是环境影响评价的重要技术手段。此外，它还在工程评标、决策和风险控制等其他学科上有着广泛的应用。这种筛选方法具有简单、易行、直观、有效的特点，因而是一种较常用的方法。它实现了定量和定性的两个层面的评判，适用于被筛选的污染物是由多方面因素所决定的。但采用此方法时，需有一批富有经验的、来自不同学科的专家。而采取这种方法的筛选结果的精度和可接受程度也常常受到专家的学识水平和实践经验的限制（崔建升，2009）。

6.3.2 潜在危害指数法

潜在危害指数法是一种依据化学物质对环境的潜在危害大小进行排序的方法，它利用统一模式的计算结果，是一种快速简便又具有一定科学性的筛选方法，即利用"化学物质潜在危害指数"来筛选环境优先控制污染物。潜在危险指数越大，说明该化学物质对环境构成危害的可能性越大。潜在危险指数的灵敏度很高，有些化学物质虽是同分异构体，其潜在危险指数却明显不同。利用此法，可以有效地对缺少环境标准的复杂化学物质进行筛选，及时找出主要污染物，在进一步研究中避免盲目性。它既考虑了一般毒性、特殊毒性，也考虑到累积性和慢性效应。其不足之处是未考虑化学物质的环境暴露和环境转归（宋利臣，2010）。

6.3.3 密切值法

密切值法是多目标决策中的一种优选方法，在样本优劣排序方面有独到之处。将多指标转化为一个能综合反映污染物优先排序的单指标是此方法的核心和基本途径。其基本原理是以单指标的最大或最小值的极端情况构造"最优点"和"最劣点"，求出各样本与"最优点"和"最劣点"的距离，将这些距离转化为能综合反映各样品质量优劣的综合指标——密切值，计算各有机污染物的最优劣密切值，并根据最优劣密切值的大小进行优先排序，按密切值大小是否发生突变进行风险分类。如果已知各评价指标的权重，在计算距离时可增加权重项，使结果更符合实际。密切值法首先建立无量纲样本矩阵，确定样本集的"最优点"和"最劣点"，计算各样本点与"最优点"和"最劣点"的距离，进行各样本的"密切值"计算及其有机污染物优先排序分析。对待分析的有机污染物样本而言，最优密切值越大，最劣密切值越小，表示该样本点与最优点越远，离最劣点越近，即有机污染物排序越优先，反之亦然。按最优密切值或最劣密切值的大小就能进行有机污染物的优先排序，密切值大小发生突变说明有机污染物的特性发生了明显的变化，据此进行分类是完全可行的。密切值法概念清晰，每一参数意义明确，每一步骤意图明了，计算方法较为灵活，具有较强的可行性、合理性和实用性。此外，密切值法计算简单，计算量小，可处理的数据量大。但是密切值法要考虑的因素很多，各指标间的关系错综复杂，很难对其作精确化和定量化的处理。此法比较适用于多目标的筛选（崔建升，2009）。

6.3.4 Hasse 图解法

Hasse 图解法采用向量描述化合物的危害性，以图形方式显示化合物危害性的相对大小以及它们之间的逻辑关系，是另一种筛选优先控制污染物的方法。十多年来，Hasse 图解法的应用已成功地扩展到水体农药残留预测、生态系统比较以及环境数据库评价等领域。在应用 Hasse 图解法时，化合物的危害性用向量表征。向量中的诸元素是化合物的各种表征暴露和毒性大小的理化指标与生物学指标的测量值，化合物之间相对危害性的大小是通过一对一比较向量中相应元素的数值来确定的。在 Hasse 图上，化合物用带数字编号的圆圈表示，按以上规则排列在直线交错的网络中，危害性最大的化合物置于图的顶部，危害性最小的置于底部。在实现对化合物危害性排序的同时，也将化合物之间因指标大小不能直接比较的矛盾——一展现在图中。在对多个化合物进行排序时，初始的排序图往往需经过简化才能得到最终图。简化需遵循向量的可递性和以最少水平层数存放不可比化合物的原则。化合物在图上的排序与选用的指标有关，在实际排序时可略去个别使大多数化合物都不能比较的指标或数值相同的指标，以提高化合物间的可比性。还可以进一步通过分析矩阵，判断指标的重要性并对它们进行取舍。实现图解法排序可有两种不同形式，一种是基于潜在危害最小化考虑，一种是基于潜在危害最大化考虑。Hasse 图解法最大的优点在于直观地表示出了各种化合物相对危害性的大小，最大限度地展示不同指标之间的矛盾，使得危害性最高和最低的化合物处于最显著的位置，便于做出重点监测的决策。但是，Hasse 图解法的图谱绘制比较烦琐，容易出错。如果将 Hasse 图解法与综合评分法结合起来，相互取长补短，可使得优先控制污染物的筛选研究更进一步（刘存，2003）。

6.3.5 综合评分法

综合评分法采用打分的方式，以待选品种的综合得分的多少来排出先后次序，从而达到筛选的目的。筛选前，需事先设定评分系统和权重，将各参数的数据分级赋予不同的分值。筛选时，对待选的品种按一定的指标逐一打分，各单项的得分叠加即为每一品种所得总分。然后设定一分数线来筛选出一定数量的环境优先控制污染物，综合评分法选取了各单项指标，然后为各单项指标制定定量标准，有些不易定量的参数，利用定性数量化方法，进行标准化定量。参数分值叠加，作为污染物的总分值。值越高，表明潜在危害越大。为简化计算，除污染物的检出频率外，定量参数多采用倍量定值，这样既可使分值下降，也可降低对原始数据精度的要求，使之更符合实际情况。对各单项指标的分值，通过专家打分的方式，引入权重系数，进行加权计算，并按计算结果进行排序和初筛。对初筛结果在综合考虑了治理技术可行性和经济性及可监测条件、对照国内外同类污染物黑名单的基础上，进行复审、调整，得出适合的重点控制名单。综合评分法较为全面，且简单易行，但是不同污染物某些指标间存在矛盾的情况在总分值上得不到反映，或被忽略掩盖，某些参数的分级评分较困难，不同的评分范围及计算权重的确定往往带有一定的主观因素。此法多用在污染物种类较少、判定区域范围较小的情况下，范围较大且污染物种类较多时，此方法就具有一定的局限性。

综合比较各种筛选方法，潜在危害指数法与综合评分法比较简便、易于推广（陈晓秋，2006）。

6.4 优先控制污染物筛选案例分析

6.4.1 潜在危害指数法

潜在危害指数法是由美国环境保护局工业环境实验室提出的，是根据化学物质对环境潜在危害大小对其排序的方法（徐海，1998）。本方法的特点是抓住化学物质对人和生物的毒效应这个主要参数，利用各种毒性数据通过模式运算来估计化学物质的潜在危害大小，并据此对其予以排序和筛选（宋利臣，2010）。

潜在危害指数法主要根据三个指标对化学物质进行评分：①化合物的潜在危害指数；②所有丰水期、平水期、枯水期三期监测过程中的检出总平均浓度；③在"三期"全部监测过程中的检出频次（胡冠九，2007）。

1. 各指标的分级

1）潜在危害指数的计算及分级

化学物质潜在危害指数是依据其最基本的毒理学数据（如阈限值、推荐值、LD_{50} 等）（张海峰，2007；环保部，2011；宋乾武等，2009；汪晶等，1998）按公式推算出来的，计算公式为

$$N = 2aa'A + 4bB$$

式中，N 为潜在危害指数；A 为化学物质的 $AMEG_{AH}$ 所对应的值；B 为潜在"三致"化学物质的 $AMEG_{AC}$ 所对应的值；a、a'、b 为常数项。

A、B 值的确定原则如表 6-1 所示。

表 6-1　A、B 值的确定

一般化学物的 $AMEG_{AH}$/（$\mu g/m^3$）	A 值	潜在"三致"物的 $AMEG_{AC}$/（$\mu g/m^3$）	B 值
>200	1	>20	1
<200	2	<20	2
<40	3	<2	3
<2	4	<0.2	4
<0.02	5	<0.02	5

a、a'、b 的确定原则如下：可以找到 B 值时，$a=1$，无 B 值时，$a=2$；某化学物质有蓄积或慢性毒性时，$a'=1.25$，仅有急性毒性时，$a'=1$；可以找到 A 值时，$b=1$，找不到 A 值时，$b=1.5$。

AMEG（ambiet multimedia environmental goals）即周围多介质环境目标值，是美国环境保护局工业环境实验室推算出来的化学物质或其降解产物在环境介质中的限定值（Kingsbury G L，1980）。

A. 计算以人体健康为依据的空气环境目标值（$AMEG_{AH}$）

估算空气环境目标值（$AMEG_{AH}$）的模式有两种方法：

（1）第一种方法是由阈限值进行推算。阈限值表示在每周工作 5 天，每天工作 8 小时条件下，成年工人可以耐受的化学物质在空气中的加权平均浓度，单位为 mg/m^3。

$AMEG_{AH}$ 的单位为 $\mu g/m^3$，用阈限值推算 $AMEG_{AH}$ 的公式为

$$AMEG_{AH}（\mu g/m^3） = 0.01 \times 阈限值（或推荐值）\times 8 \times 5/(24 \times 7) \times 10^3$$
$$= 阈限值（或推荐值）/420 \times 10^3 \tag{6-2}$$

式中，阈限值为美国政府工业卫生学家会议（ACGIH）制定的车间空气容许浓度；推荐值为国家职业安全和卫生研究所（National Institute for Occupational Safety and Heath，NIOSH）制定的车间空气最高浓度推荐值。

（2）估算 $AMEG_{AH}$ 的第二种方法是在没有阈限值和推荐值的情况下，通过 LD_{50}（mg/kg）估算化学物质的 $AMEG_{AH}$ 值（$\mu g/m^3$），即

$$AMEG_{AH} = 0.107 \times LD_{50} \qquad (6-3)$$

这是个在没有阈限值和推荐值时使用的公式。LD_{50} 的数据主要以大白鼠经口给毒为依据。若没有大鼠经口给毒的 LD_{50}，也可用小鼠经口给毒的 LD_{50} 等其他毒理学数据来代替。

B. 计算以潜在"三致"为依据的空气环境目标值（$AMEG_{AC}$）

$AMEG_{AC}$（$\mu g/m^3$）的计算公式也有两种，即

$$a. \ AMEG_{AC} = 阈限值（或推荐值）/420 \times 10^3 \qquad (6-4)$$

式中，阈限值为"三致"物质或"三致"可疑物的车间空气中的允许浓度（mg/m^3）。

$$b. \ AMEG_{AC} = 10^3/（6 \times 调整序码） \qquad (6-5)$$

式中，调整序码为反映化学物质"三致"潜力的指标。由于调整序码很难找到，因此常不用此公式。

据统计，59 种化合物的潜在危害指数数值范围为 1~30，分为 5 个区间：指数 1~6，分值定为 1，此区间的化合物多数是无慢性毒性；指数 6.5~12.5，分值定为 2；指数 13~18.5，分值定为 3，指数 6.5~18.5 的化合物多有慢性毒性和"三致"作用；指数 19~24.5，分值定为 4；危害指数大于或等于 25 时，分值定为 5，此区间的化合物多为国际上公认的强烈致癌物质。

2）平均浓度分级

对丰水期、枯水期定量检出的数据进行统计，除去个别异常值，找出平均检出浓度最大值与最小值。由于各种物质浓度差距较大，且有机物浓度的分布不均匀，多数化合物的平均检出浓度都较小，因此采用几何分级法，利用等比级数定义分级标准，共分为 5 级（1~5），即利用公式，即

$$a_n = a_1 \times q^n$$

式中：a_n 为平均检出浓度最大值；a_1 为平均检出浓度最小值；q 为等比常数；$n=5$。

按上述公式，将定量检出的各种有机化合物的平均浓度区间分为 5 个区间，各区间从小到大分别赋予 1~5 不同的分值。

3）检出率的分级

对丰水期、枯水期定量检出的数据进行统计，找出检出率的最大值与最小值，将最大、最小检出率区间平均分为 5 个，从小到大依次赋予 1~5 不同的分值。

2. 分数的加权组合

在对每个因子进行分数组合时，要确定各因子的权重。对最重要的因子要指定最大的权重，使之在确定最后分数时能产生最大的影响。在饮用水源中进行有毒有机物筛选时，化合物的潜在危害性应是最重要的因子，而化合物的实际检出数据，相对而言权重较小。我们将潜在危害指数（N）、平均浓度（C）、检出频次（F）的权重分别定义为 3、1、1，

选择总分 $R = 3 \times N + C + F$，再根据 R 对化合物进行排序。

3. 优先控制污染物的确定

优先控制污染物的筛选原则是对经济环境的各种因素进行分析，确定在数量上优先控制水系中30%定量检出的污染物，在种类上筛选出评价指数高的污染物。考虑农村经济的发展水平比较低的特点，初步筛选出20%的污染物作为优先控制污染物。对于检出率较低且检出浓度低于ng级的污染物，可不列为优先控制污染物。

4. 案例分析

案例一

对江苏某地区农村饮用水源丰水期、枯水期的272个地下水水样中检出的72种污染物，采用潜在危害指数法进行优先控制污染物的筛选。分别对污染物的危害指数、浓度以及检出率进行分级赋值，计算得到总分值，如表6-2所示。总分范围为2~24。初步筛选前15种污染物作为该地区的优先控制污染物。由于第15位的2,4,6-三硝基甲苯总分为16，与反式氯丹、硫丹Ⅱ、Zn的总分相同，将16分以上的污染物列为优先控污染物。由于反式氯丹、硫丹Ⅱ检出率较低，且均处于ng级以下，可不将其列为优先控制污染物。最终确定的优先控制污染物共有16种，分别为As、Cd、Cr、Pb、Cu、苯并〔a〕蒽、苯并〔a〕芘、Ni、Hg、Mn、Ba、六氯苯、邻苯二甲酸二（2-乙基己）酯、五氯联苯、2,4,6-三硝基甲苯、Zn。筛选出的优先控制污染物中有10种重金属、2种多环芳烃、1种酞酸酯、1种多氯联苯、1种农药、1种取代苯。有13种属于美国优先控制污染物，12种属于中国优先控制污染物，如表6-3所示。

表6-2 江苏某地区农村饮用水源污染物潜在危害指数排序

序号	物　质	危害指数		平均浓度		检出率		总分
		指数	赋值	浓度/(ng/L)	赋值	检出率/%	赋值	
1	As	25	5	2 780.55	4	99.64	5	24
2	Cd	30	5	65.87	3	98.12	5	23
3	Cr	30	5	2 103.27	4	69.12	4	23
4	Pb	22	4	1 003.86	4	87.47	5	21
5	Cu	20	4	1 675.18	4	88.98	5	21
6	苯并［a］蒽	26	5	2.81	2	66.91	4	21
7	苯并［a］芘	27.5	5	3.21	2	58.96	3	20
8	Ni	26	5	547.15	3	28.68	2	20
9	Hg	30	5	13.86	2	24.07	2	19
10	Mn	15	3	260 247.68	5	100	5	19
11	Ba	16	3	220 143.97	5	100	5	19
12	六氯苯	22.5	4	4.57	2	47.44	3	17
13	邻苯二甲酸二（2-乙基己）酯	15	3	2 341.80	4	63.24	4	17
14	五氯联苯	16.5	3	6.64	2	95.68	5	16

序号	物　质	危害指数		平均浓度		检出率		总分
		指数	赋值	浓度/(ng/L)	赋值	检出率/%	赋值	
15	2,4,6-三硝基甲苯	17	3	124.37	3	60.97	4	16
16	反式氯丹	19.5	4	0.75	2	21.57	2	16
17	硫丹Ⅱ	22	4	0.56	2	22.65	2	16
18	Zn	12	2	31 315.41	5	100	5	16
19	六氯联苯	16.5	3	0.60	2	71.76	4	15
20	邻苯二甲酸二丁酯	10.5	2	4 381.83	4	82.64	5	15
21	2-硝基酚	15	3	112.97	3	50.79	3	15
22	2,4-二氯酚	13	3	121.39	3	45.89	3	15
23	外环氧七氯	19.5	4	0.67	2	18.84	1	15
24	七氯	19.5	4	0.12	1	22.29	2	3
25	顺式氯丹	19.5	4	0.86	2	11.59	1	15
26	苯	13	3	624.31	3	36.04	2	14
27	硫丹Ⅰ	22	4	0.13	1	14.00	1	14
28	HCHs	16	3	3.24	2	50	3	14
29	四氯联苯	16.5	3	0.82	2	53.93	3	14
30	1,2,4-三氯苯	8	2	62.15	3	100	5	14
31	萘	9	2	487.60	3	81.99	4	13
32	荧蒽	10	2	26.24	3	76.87	4	13
33	苯酚	10	2	595.00	3	65.80	4	13
34	四氯苯	10	2	41.86	3	69.74	4	13
35	p,p'-DDE	15	3	2.18	2	22.75	2	13
36	敌敌畏	18	3	22.76	3	19.99	1	13
37	莠去津	13	3	5.82	2	40.86	2	13
38	乐果	14	3	1.55	2	29.54	2	13
39	三氯甲烷	11.5	2	4 018.34	4	40.46	2	12
40	二氯苯	4	1	2 670.69	4	88.95	5	12
41	甲苯	4	1	4 002.65	4	100	5	12
42	乙苯	4	1	1 596.01	4	100	5	12
43	苯乙烯	4	1	1 134.23	4	100	5	12
44	二甲苯	4	1	2 242.94	4	100	5	12
45	邻苯二甲酸二甲酯	10.5	2	183.46	3	46.30	3	12
46	邻苯二甲酸二乙酯	10.5	2	485.47	3	58.84	3	12
47	䓛	12	2	7.58	2	73.53	4	12
48	七氯联苯	16.5	3	0.16	2	17.83	1	12

序号	物 质	危害指数		平均浓度		检出率		总分
		指数	赋值	浓度/(ng/L)	赋值	检出率/%	赋值	
49	苊	8	2	17.15	2	50.37	3	11
50	芘	6	1	22.00	3	80.52	5	11
51	苯并 [b] 荧蒽	12	2	1.14	2	55.94	3	11
52	茚并 [1,2,3-cd] 芘	12	2	3.06	2	55.75	3	11
53	异丙苯	4	1	99.09	3	97.73	5	11
54	四氯化碳	11.5	2	125.67	3	32.36	2	11
55	艾氏剂	18	3	0.01	1	6.28	1	11
56	菲	1	1	198.62	3	79.79	4	10
57	2-氯酚	10	2	5.83	2	22.24	2	10
58	蒽	6	1	12.67	2	65.88	4	9
59	2-甲基酚	6.5	2	3.14	2	18.76	1	9
60	二氯甲烷	4	1	3 074.96	4	38.96	2	9
61	1,3-二氯丙烷	4	1	18 530.40	4	22.27	2	9
62	邻苯二甲酸丁基苄基酯	4	1	15.66	2	50.02	3	8
63	百菌清	5	1	0.85	2	45.54	3	8
64	Fe	*	*	1 063 561.36	5	35.29	2	7+ *
65	邻苯二甲酸二正辛酯	4	1	2.66	2	36.65	2	7
66	芴	*	*	110.33	3	77.20	4	7+ *
67	苊稀	*	*	9.88	2	58.45	3	5+ *
68	苯并 [k] 荧蒽	*	*	11.15	2	43.16	2	4+ *
69	苯并 [g,h,i] 芘	*	*	2.65	2	35.44	2	4+ *
70	4-氯-3 甲基酚	*	*	2.62	2	34.54	2	4+ *
71	2,4-二甲基酚	*	*	2.67	2	16.19	1	3+ *
72	2,4,6-三氯酚	*	*	0.05	1	1.46	1	2+ *

注：* 表示未查到有关毒理学数据，本章下同

表6-3 江苏某地区农村饮用水源优先控制污染物

物 质	潜在危害指数总分	种 类	EPA 优先控制污染物	中国优先控制污染物
As	24	重金属	是	是
Cd	23	重金属	是	是
Cr	23	重金属	是	是
Pb	21	重金属	是	是
Cu	21	重金属	是	是
苯并 [a] 蒽	21	多环芳烃	是	否
苯并 [a] 芘	20	多环芳烃	是	是

续表

物 质	潜在危害指数总分	种 类	EPA 优先控制污染物	中国优先控制污染物
Ni	20	重金属	是	是
Hg	19	重金属	是	是
Mn	19	重金属	否	否
Ba	19	重金属	否	否
六氯苯	17	农药	是	是
邻苯二甲酸二（2-乙基己）酯	17	酞酸酯	是	是
五氯联苯	16	多氯联苯	是	是
2,4,6-三硝基甲苯	16	取代苯	否	是
Zn	16	重金属	是	否

案例二

对江西某地区农村饮用水源丰水期、枯水期共采集了 60 个水样，检出 75 种目标污染物。采用潜在危害指数法对检出的物质进行优先排序，筛选江西地区优先控制污染物，具体如表6-4所示。潜在危害指数法总分范围为 5 ~ 24。筛选前 16 种污染物作为此地区的优控污染物，其总分范围为 17 ~ 24。由于二苯并［a,h］蒽检出率较低，且浓度位于 ng 级以下，其可不列为优先控制污染物。最终确定的优先控制污染物有 15 种，分别为 As、Hg、Ni、Cr、Cd、苯并［a］蒽、苯并［a］芘、Ba、Pb、Cu、苯、Mn、邻苯二甲酸二（2-乙基己）酯、2,4,6-三硝基甲苯、2-硝基苯酚。筛选出来的优控污染物中有 9 种重金属，2 种多环芳烃，1 种酞酸酯，1 种挥发性物质，1 种苯类及取代物，1 种酚类物质。分别有 12 种属于美国 EPA 优先污染物、中国优控污染物，如表6-5 所示。

表 6-4　江西某地区农村饮水源潜在危害指数排序

序号	物 质	危害指数		平均浓度		检出率		总分
		指数	赋值	浓度/(ng/L)	赋值	检出率/%	赋值	
1	As	25	5	300.33	4	100.00	5	24
2	Hg	30	5	275.67	4	100.00	5	24
3	Ni	26	5	864.52	4	66.67	4	23
4	Cr	30	5	402.33	4	50.00	3	22
5	Cd	30	5	64.20	3	65.00	4	22
6	苯并［a］蒽	26	5	6.40	2	100.00	5	22
7	苯并［a］芘	27.5	5	2.32	2	28.33	2	19
8	Ba	16	3	156 406.33	5	100.00	5	19
9	Pb	22	4	788.23	4	58.33	3	19
10	Cu	20	4	1 732.67	4	50.00	3	19
11	苯	13	3	8 836.16	5	100.00	5	19
12	Mn	15	3	17 912.42	5	68.33	4	18

序号	物　质	危害指数		平均浓度		检出率		总分
		指数	赋值	浓度/(ng/L)	赋值	检出率/%	赋值	
13	二苯并［a,h］蒽	30	5	0.72	2	11.67	1	18
14	邻苯二甲酸二（2-乙基己）酯	15	3	1 579.89	4	100.00	5	18
15	2,4,6-三硝基甲苯	17	3	90.01	3	86.67	5	17
16	2-硝基苯酚	15	3	50.46	3	91.67	5	17
17	邻苯二甲酸二丁酯	10.5	2	7 468.99	5	100.00	5	16
18	四氯化碳	11.5	2	616.97	4	100.00	5	15
19	邻苯二甲酸二乙酯	10.5	2	350.93	4	100.00	5	15
20	六氯苯	22.5	4	0.36	1	30.00	2	15
21	狄氏剂	18	4	0.56	2	15.00	1	15
22	三氯甲烷	11.5	2	1 946.53	4	100.00	5	15
23	Zn	12	2	50 320.10	5	58.33	3	14
24	三溴甲烷	12	2	12.99	3	91.67	5	14
25	六氯-1,3-丁二烯	12	2	55.64	3	93.33	5	14
26	顺氏氯丹	19.5	4	0.31	1	6.67	1	14
27	苉	12	2	13.84	3	100.00	5	14
28	荧蒽	10	2	45.70	3	100.00	5	14
29	萘	9	2	76.70	3	100.00	5	14
30	五氯联苯	16.5	3	8.60	2	55.00	3	14
31	邻苯二甲酸二甲酯	10.5	2	258.62	3	100.00	5	14
32	苯酚	10	2	231.59	3	100.00	5	14
33	间二硝基苯	14	3	10.00	2	46.67	3	14
34	2,4-二硝基甲苯	18	3	5.65	2	33.33	2	13
35	2,4-二氯酚	13	3	1.47	2	25.00	2	13
36	苊	8	2	4.96	2	100.00	5	13
37	莠去津	13	3	0.87	2	21.67	2	13
38	甲苯	4	1	1 169.03	4	100.00	5	12
39	乙苯	4	1	1 823.54	4	100.00	5	12
40	二甲苯	4	1	1 536.90	4	100.00	5	12
41	苯乙烯	4	1	408.53	4	100.00	5	12
42	硝基苯	12	2	15.61	3	46.67	3	12
43	4-硝基苯酚	15	3	2.36	2	6.67	1	12
44	杀虫脒	15	3	0.49	2	13.33	1	12
45	α-HCH	16	3	0.58	2	1.67	1	12
46	硫丹 I	22	3	9.92	2	3.33	1	12

序号	物 质	危害指数		平均浓度		检出率		总分
		指数	赋值	浓度/(ng/L)	赋值	检出率/%	赋值	
47	二氯甲烷	4	1	2 155.20	4	100.00	5	12
48	一氯二溴甲烷	8	2	273.53	4	35.00	2	12
49	异丙苯	4	1	73.52	3	100.00	5	11
50	二氯苯	4	1	41.79	3	100.00	5	11
51	邻苯二甲酸丁苄酯	4	1	11.64	3	98.33	5	11
52	三氯联苯	16.5	3	0.02	1	11.67	1	11
53	四氯联苯	16.5	3	0.03	1	6.67	1	11
54	六氯联苯	16.5	3	0.21	1	1.67	1	11
55	七氯联苯	16.5	3	0.08	1	1.67	1	11
56	菲	1	1	66.82	3	100.00	5	11
57	蒽	6	1	13.17	3	100.00	5	11
58	芘	6	1	37.41	3	100.00	5	11
59	苯并 [b] 荧蒽	12	2	3.94	2	51.67	3	11
60	茚并 [1,2,3-cd] 芘	12	2	10.16	2	53.33	3	11
61	敌敌畏	18	3	0.32	1	5.00	1	11
62	p,p′-DDT	15	3	0.14	1	3.33	1	11
63	四氯苯	10	2	0.94	2	35.00	2	10
64	敌百虫	12	2	2.08	2	21.67	2	10
65	三氯乙烯	5	1	455.64	4	50.00	3	10
66	一溴二氯甲烷	8	2	101.97	3	11.67	1	10
67	Fe	*	*	90 726.92	5	70.00	4	9+*
68	氯苯	4	1	35.11	3	50.00	3	9
69	1,2,4-三氯苯	*	*	13.88	3	98.33	5	8+*
70	芴	*	*	26.60	3	98.33	5	8+*
71	2-氯苯酚	10	2	0.04	1	10.00	1	8
72	邻苯二甲酸二正辛酯	4	1	3.55	2	58.33	3	8
73	苊稀	*	*	3.75	2	93.33	5	7+*
74	苯并 [k] 荧蒽	*	*	12.08	3	70.00	4	7+*
75	苯并 [g,h,i] 芘	*	*	3.80	2	60.00	3	5+*

表 6-5 江西某地区农村饮用水源优先控制污染物

物 质	潜在危害指数总分	种 类	EPA 优先控制污染物	中国优先控制污染物
As	24	重金属	是	是
Hg	24	重金属	是	是
Ni	23	重金属	是	是

物 质	潜在危害指数总分	种 类	EPA 优先控制污染物	中国优先控制污染物
Cr	22	重金属	是	是
Cd	22	重金属	是	是
苯并［a］蒽	22	多环芳烃	是	是
苯并［a］芘	19	多环芳烃	是	是
Ba	19	重金属	否	否
Pb	19	重金属	是	是
Cu	19	重金属	是	是
苯	19	挥发物质	是	是
Mn	18	重金属	否	否
邻苯二甲酸二（2-乙基己）酯	18	酞酸酯	是	是
2,4,6-三硝基甲苯	17	取代苯	否	是
2-硝基苯酚	17	酚类	是	否

案例三

湖南某地区农村饮用水源丰水期、枯水期共采集 40 个水样，检出 65 种目标污染物。采用潜在危害指数法对检出的物质进行优先排序，筛选出湖南地区的优先控制污染物，具体如表 6-6 所示。潜在危害指数法总分范围为 2 ~ 24。根据筛选原则，筛选 20% 的污染物作为优先控制污染物，故排序在前的 13 种污染物作为此地区的优先控制污染物，由于排名第 13 位的六氯苯与邻苯二甲酸二（2-乙基己）酯的总分均为 18，故将 18 分以上的物质列为湖南地区的优先控制污染物（表 6-7），分别为 Cr、Ni、As、Cd、Hg、苯并[a]蒽、Cu、Pb、苯并［a］芘、Ba、Mn、敌敌畏、六氯苯、邻苯二甲酸二（2-乙基己）酯。筛选出的优先控制污染物中有 9 种重金属，2 种多环芳烃，2 种农药，1 种酞酸酯。分别有 11 种属于美国 EPA 优先控制污染物、中国优先控制污染物，如表 6-7 所示。

表 6-6　湖南某地区农村饮用水源潜在危害指数排序

序号	物 质	危害指数		平均浓度		检出率		总分
		指数	赋值	浓度/（ng/L）	赋值	检出率/%	赋值	
1	Cr	30	5	676.59	4	100	5	24
2	Ni	26	5	1 324.88	4	100	5	24
3	As	25	5	2 113.66	4	100	5	24
4	Cd	30	5	103.41	3	100	5	23
5	Hg	30	5	56.10	3	100	5	23
6	苯并［a］蒽	26	5	2.87	2	92.5	5	22
7	Cu	20	4	2 378.05	4	100	5	21
8	Pb	22	4	1 306.34	4	100	5	21
9	苯并［a］芘	27.5	5	1.76	1	62.5	4	20

序号	物　质	危害指数		平均浓度		检出率		总分
		指数	赋值	浓度/（ng/L）	赋值	检出率/%	赋值	
10	Ba	16	3	100 488.78	5	100	5	19
11	Mn	15	3	72 241.22	5	100	5	19
12	敌敌畏	18	3	959.86	4	82.5	5	18
13	六氯苯	22.5	4	3.10	2	62.5	4	18
14	邻苯二甲酸二（2-乙基己）酯	15	3	2 886.13	4	97.5	5	18
15	Zn	12	2	56 077.32	5	100	5	16
16	2-硝基苯酚	15	3	54.02	3	72.5	4	16
17	邻苯二甲酸二乙酯	10.5	2	663.37	4	100	5	15
18	邻苯二甲酸二丁酯	10.5	2	3 434.78	4	100	5	15
19	莠去津	13	3	51.85	3	50	3	15
20	苯	13	3	457.40	3	50	3	15
21	四氯化碳	11.5	2	48.43	3	100	5	14
22	三氯甲烷	11.5	2	282.73	3	97.5	5	14
23	顺式氯丹	19.5	4	0.21	1	2.5	1	14
24	萘	9	2	99.27	3	100	5	14
25	邻苯二甲酸二甲酯	10.5	2	156.22	3	100	5	14
26	2,4,6-三硝基甲苯	17	3	75.23	3	37.5	2	14
27	五氯联苯	16.5	3	7.68	2	55	3	14
28	苯酚	10	2	177.35	3	85	5	14
29	间二硝基苯	14	3	1 047.01	4	17.5	1	14
30	苊	8	2	3.30	2	80	5	13
31	荧蒽	10	2	14.97	2	100	5	13
32	菌	12	2	6.77	2	97.5	5	13
33	二氯甲烷	4	1	4 475.10	4	100	5	12
34	2,4-二氯酚	13	3	1.24	1	25	2	12
35	2,4-二硝基甲苯	18	3	1.40	1	30	2	12
36	二甲苯	4	1	1 261.46	4	100	5	12
37	异丙苯	4	1	4 164.19	4	97.5	5	12
38	乙苯	4	1	3 931.30	4	100	5	12
39	甲苯	4	1	1 967.72	4	100	5	12
40	苯乙烯	4	1	154.86	3	95	5	11
41	二氯苯	4	1	42.52	3	92.5	5	11
42	硝基苯	12	2	6.14	2	50	3	11
43	对二硝基苯	14	2	48.82	3	22.5	2	11
44	4-硝基苯酚	15	3	1.72	1	5	1	11
45	邻苯二甲酸丁苄酯	4	1	42.96	3	95	5	11
46	菲	1	1	80.36	3	100	5	11

序号	物　质	危害指数		平均浓度		检出率		总分
		指数	赋值	浓度/(ng/L)	赋值	检出率/%	赋值	
47	一溴二氯甲烷	8	2	64.71	3	32.5	2	11
48	三溴甲烷	12	2	21.92	2	47.5	3	11
49	Fe	*	*	100 486.83	5	100	5	10+ *
50	一氯二溴甲烷	8	2	24.40	2	37.5	2	10
51	芘	6	1	11.56	2	97.5	5	10
52	蒽	6	1	6.70	2	90	5	10
53	2-氯苯酚	10	2	1.86	1	45	3	10
54	氯苯	4	1	39.92	3	50	3	9
55	邻苯二甲酸二正辛酯	4	1	5.20	2	65	4	9
56	苯并［b］荧蒽	12	2	0.87	1	37.5	2	9
57	茚并［1,2,3-cd］芘	12	2	3.14	2	7.5	1	9
58	敌百虫	12	2	0.46	1	7.5	1	8
59	四氯苯	10	2	0.63	1	15	1	8
60	三氯乙烯	5	1	6.96	2	42.5	3	8
61	1,2,4-三氯苯	*	*	19.23	2	97.5	5	7+ *
62	芴	*	*	22.22	2	100	5	7+ *
63	苊稀	*	*	1.26	1	85	5	6+ *
64	苯并［k］荧蒽	*	*	2.70	1	45	3	4+ *
65	苯并［g,h,i］芘	*	*	2.05	1	15	1	2+ *

表 6-7　湖南某地区农村饮用水源优先控制污染物

物　质	潜在危害指数总分	种类	EPA 优先控制污染物	中国优先控制污染物
Cr	24	重金属	是	是
Ni	24	重金属	是	是
As	24	重金属	是	是
Cd	23	重金属	是	是
Hg	23	重金属	是	是
苯并［a］蒽	22	多环芳烃	是	否
Cu	21	重金属	是	是
Pb	21	重金属	是	是
苯并［a］芘	20	多环芳烃	是	是
Ba	19	重金属	否	否
Mn	19	重金属	否	否
敌敌畏	18	农药	否	是
六氯苯	18	农药	是	是
邻苯二甲酸二（2-乙基己）酯	18	酞酸酯	是	是

案例四

在广东某地区农村饮用水源丰水期、枯水期共采集了 96 个水样，检出 44 种目标污染物。采用潜在危害指数法对检出的物质进行优先排序，筛选出广东地区的优先控制污染物，具体如表 6-8 所示。潜在危害指数法总分范围为 2～24。根据筛选原则，将前 9 种污染物作为此地区的优先控制污染物，排名第 9 位的 Ba 与苯并[a]芘、苯并[a]蒽的总分均为 19，故将 19 分以上的物质列为广东地区的优先控制污染物。总分为 18 的邻苯二甲酸二(2-乙基己)酯检出率高，检出浓度较大，也将其作为广东地区的优先控制物质。由于苯并[a]芘的检出率较低，且浓度在 ng 级以下，可不将其列为本地区的优先控制污染物。这样，广东地区的优先控制污染物共 11 种，分别为 As、Ni、Hg、Pb、Cr、Cu、Mn、Cd、Ba、苯并[a]蒽、邻苯二甲酸二(2-乙基己)酯。其中，有 9 种重金属，1 种多环芳烃，1种酞酸酯。以上污染物有 9 种属于美国 EPA 优先控制污染物，8 种属于中国优先控制污染物，如表 6-9 所示。

表 6-8　广东某地区农村饮用水源潜在危害指数排序

序号	物　质	危害指数		平均浓度		检出率		总分
		指数	赋值	浓度/(ng/L)	赋值	检出率/%	赋值	
1	As	25	5	2 216.59	4	86.75	5	24
2	Ni	26	5	1 539.81	4	100	5	24
3	Hg	30	5	17.47	3	100	5	23
4	Pb	22	4	17 715.91	5	100	5	22
5	Cr	30	5	3 174.49	4	50	3	22
6	Cu	20	4	3 506.59	4	100	5	21
7	Mn	15	3	53 431.79	5	100	5	19
8	Cd	30	5	250.17	3	0.5	1	19
9	Ba	16	3	32 968.05	5	98.98	5	19
10	苯并 [a] 芘	27.5	5	0.02	1	43.8	3	19
11	苯并 [a] 蒽	26	5	4.88	2	27.55	2	19
12	邻苯二甲酸二 (2-乙基己) 酯	15	3	398.19	4	100	5	18
13	HCHs	16	3	204.99	3	89.6	5	17
14	多氯联苯	16.5	3	14.45	3	100	5	17
15	乐果	14	3	149.83	3	73.95	4	16
16	Zn	12	2	169 159.48	5	89.8	5	16
17	邻苯二甲酸二丁酯	10.5	2	1 181.56	4	77.55	4	14
18	氯丁二烯	4	2	43 380.97	5	46.98	3	14
19	五氯酚	18	3	84.75	3	6.12	1	13
20	萘	9	2	10.42	2	77.4	4	12
21	邻苯二甲酸二乙酯	10.5	2	25.24	3	51.95	3	12
22	二甲苯	4	1	1 015.47	4	84.56	5	12

序号	物　质	危害指数		平均浓度		检出率		总分
		指数	赋值	浓度/（ng/L）	赋值	检出率/%	赋值	
23	乙苯	4	1	928.95	4	69.7	4	11
24	三氯苯	8	2	193.55	3	28.16	2	11
25	四氯苯	10	2	163.51	3	32.38	2	11
26	二氯甲烷	4	1	4 599.18	4	62.05	4	11
27	邻苯二甲酸二正辛酯	4	1	15.48	3	83.7	5	11
28	邻苯二甲酸丁苄酯	4	1	21.37	3	96.75	5	11
29	邻苯二甲酸二甲酯	10.5	2	48.63	3	29.59	2	11
30	苯并[b]荧蒽	12	2	32.01	3	28.57	2	11
31	荧蒽	10	2	8.05	2	49.85	3	11
32	Fe	＊	＊	261 873.81	5	100	5	10+＊
33	菲	1	1	23.11	3	76.35	4	10
34	苯酚	10	2	23.30	3	5.1	1	10
35	甲酚	6.5	2	57.02	3	16.32	1	10
36	芘	8	2	1.27	2	20.4	1	9
37	蒽	6	1	13.35	2	66.75	4	9
38	䓛	12	2	0.39	1	26.6	2	9
39	芴	6	1	6.58	2	59.35	3	8
40	芴	＊	＊	6.16	2	72.1	4	6+＊
41	二甲基苯酚		＊	144.36	3	40.94	3	6+＊
42	二氯苯酚	13	＊	170.07	3	56.12	3	6+＊
43	苊烯	＊	＊	2.91	2	47.7	3	5+＊
44	苯并[k]荧蒽	＊	＊	0.18	1	19.15	1	2+＊

表 6-9　广东某地区农村饮用水源优先控制污染物

物　质	潜在危害指数总分	种类	EPA 优先控制污染物	中国优先控制污染物
As	24	重金属	是	是
Ni	24	重金属	是	是
Hg	23	重金属	是	是
Pb	22	重金属	是	是
Cr	22	重金属	是	是
Cu	21	重金属	是	是
Mn	19	多环芳烃	否	否
Cd	19	重金属	是	是
Ba	19	重金属	否	否
苯并[a]蒽	19	重金属	是	否
邻苯二甲酸二（2-乙基己）酯	18	酞酸酯	是	是

四个案例筛选出的优先控制污染物中重金属的种数最多，总分值最大，说明我国农村饮用水源中重金属（特别是 As、Cr、Ni、Hg、Pb）污染情况比较严重，重金属污染治理是饮用水源管理的重中之重。

6.4.2 综合评分法

综合评分法以污染物的检出率（A）、环境（健康）影响度（B）、潜在危害指数（C）、是否属于有毒化学品（D）、污染源的检出情况（E）、是否环境激素（F）、是否美国 EPA《优先控制污染物》（G）、是否中国《优先控制污染物》（H）、是否属于持久性污染物（I）9 个因子为指标。

1. 各因子的权重分级

根据以上 9 个因子对优先控制的污染物筛选的重要性，以 100 分计，各因子的权重分级如表 6-10 所示。

表 6-10　各因子权重分级

因子	A	B	C	D	E	F	G	H	I
权重	25	10	10	6	12	10	7	12	8

2. 计算方法

按照式（6-6）进行计算，根据综合评价值进行排序。

综合评价值 $= A \times 25 + B \times 10 + C \times 10 + D \times 6 + E \times 12 + F \times 10 + G \times 7 + H \times 12 + I \times 8$

$$(6-6)$$

环境（健康）影响度的计算方法：以最大的环境（健康）影响度为 1，其余分别乘上最大的环境（健康）影响度的倒数作为系数。

潜在危害指数的计算方法：以最大的潜在危害指数为 1，其余分别乘上最大的潜在危害指数的倒数作为系数。

3. 案例分析

对江苏某地区农村饮用水源丰水期、枯水期的 272 个地下水水样中检出的污染物采用综合评分法进行优先控制污染物的筛选，具体见表 6-11。综合评分法总分值为 19.05 ~ 77.57，根据筛选原则，筛选出 20% 的污染物作为优先控制污染物，故将前 15 种污染物作为该地区的优控物质，总分范围为 51.14 ~ 77.57，分别为 Cd、Pb、五氯联苯、As、邻苯二甲酸二丁酯、Cu、HCHs、Cr、苯并［a］芘、Hg、邻苯二甲酸二（2-乙基己）酯、甲苯、乙苯、Mn、三氯甲烷。其中，有 7 种重金属，2 种酞酸酯，2 种取代苯，1 种多环芳烃，1 种多氯联苯，1 种农药，1 种挥发性物质。以上污染物有 14 种物质属于美国环境保护局优先控制污染物、中国优先控制污染物，如表 6-12 所示。

表 6-11　江苏某地区农村饮用水源综合评分法排序

序号	物　质	A	B	C	D	E	F	G	H	I	总分
1	Cd	0.98	3.72×10^{-3}	1.00	1	0	1	1	1	1	77.57
2	Pb	0.87	2.83×10^{-2}	0.73	1	0	1	1	1	1	72.48
3	五氯联苯	0.96	1.16×10^{-3}	0.55	1	0	1	1	1	1	72.43
4	As	1.00	7.84×10^{-2}	0.83	1	0	0	1	1	1	67.03
5	邻苯二甲酸二丁酯	0.83	4.12×10^{-1}	0.35	1	0	1	1	1	0	63.28
6	Cu	0.89	4.73×10^{-4}	0.67	1	0	0	1	1	1	61.92
7	HCHs	0.50	1.83×10^{-4}	0.53	1	0	1	1	1	1	60.84
8	Cr	0.69	1.19×10^{-2}	1.00	1	0	0	1	1	1	60.40
9	苯并[a]芘	0.59	9.05×10^{-2}	0.92	1	0	1	1	1	0	59.81
10	Hg	0.24	3.91×10^{-3}	1.00	1	0	1	1	1	1	59.06
11	邻苯二甲酸二（2-乙基己）酯	0.63	8.26×10^{-2}	0.50	1	0	1	1	1	0	56.63
12	甲苯	1.00	1.61×10^{-3}	0.13	1	0	0	1	1	0	51.35
13	乙苯	1.00	1.50×10^{-3}	0.13	1	0	0	1	1	0	51.35
14	Mn	1.00	7.34×10^{-1}	0.50	1	0	0	0	0	1	51.34
15	三氯甲烷	0.40	1.89×10^{-2}	0.38	1	1	0	1	1	0	51.14
16	苯	0.36	1.76×10^{-2}	0.43	1	1	0	1	1	0	50.52
17	Zn	1.00	8.83×10^{-3}	0.40	1	0	0	1	0	1	50.09
18	邻苯二甲酸二甲酯	0.46	1.65×10^{-7}	0.35	1	0	1	1	1	0	50.07
19	四氯化碳	0.32	1.77×10^{-2}	0.38	1	1	0	1	1	0	49.10
20	Ni	0.29	7.72×10^{-3}	0.87	1	0	0	1	1	1	48.91
21	萘	0.82	1.38×10^{-3}	0.30	1	0	0	1	1	0	48.51
22	二氯甲烷	0.39	4.34×10^{-2}	0.13	1	1	0	1	1	0	48.51
23	1,2-二氯苯	0.87	7.94×10^{-4}	0.13	1	0	0	1	1	0	48.17
24	荧蒽	0.77	1.76×10^{-4}	0.33	1	0	0	1	1	0	47.55
25	Ba	1.00	8.87×10^{-2}	0.53	1	0	0	0	0	1	45.22
26	苯酚	0.66	8.39×10^{-5}	0.33	1	0	0	1	1	0	44.78
27	六氯苯	0.47	1.29×10^{-3}	0.75	1	0	0	1	1	0	44.37
28	二甲苯	1.00	6.33×10^{-5}	0.13	1	0	0	0	1	0	44.33
29	七氯	0.22	8.80×10^{-5}	0.65	1	0	1	1	0	1	43.07
30	苯并[b]荧蒽	0.56	1.61×10^{-3}	0.40	1	0	0	1	1	0	43.00
31	茚并[1,2,3-cd]芘	0.56	4.31×10^{-3}	0.40	1	0	0	1	1	0	42.98
32	反式氯丹	0.22	1.06×10^{-3}	0.65	1	0	1	1	0	1	42.90
33	乐果	0.30	5.48×10^{-6}	0.47	1	1	0	0	1	0	42.05
34	2,4-二氯酚	0.46	1.14×10^{-1}	0.43	1	0	0	1	1	0	41.95
35	1,4-二氯苯	0.62	3.05×10^{-5}	0.13	1	0	0	1	1	0	41.74

序号	物 质	A	B	C	D	E	F	G	H	I	总分
36	邻苯二甲酸二乙酯	0.59	4.56×10^{-4}	0.35	1	0	1	1	0	0	41.22
37	敌敌畏	0.20	6.42×10^{-3}	0.60	1	1	0	0	1	0	41.06
38	苯并 [a] 蒽	0.67	3.96×10^{-3}	0.87	1	0	0	1	0	0	38.43
39	1,2,4-三氯苯	1.00	8.77×10^{-4}	0.00	1	0	0	1	0	0	38.01+ *
40	1,3-二氯苯	0.92	2.16×10^{-4}	0.13	1	0	0	1	0	0	37.24
41	邻苯二甲酸丁基苄基酯	0.50	3.16×10^{-5}	0.13	1	0	1	1	0	0	36.84
42	苯并 [k] 荧蒽	0.43	6.29×10^{-3}	0.00	1	0	0	1	1	0	35.85+ *
43	䓛	0.74	4.46×10^{-4}	0.40	1	0	0	1	0	0	35.39
44	芘	0.81	2.95×10^{-5}	0.20	1	0	0	1	0	0	35.13
45	1,3-二氯丙烷	0.22	2.61×10^{-1}	0.13	1	1	0	1	0	0	34.51
46	苯并 [g,h,i] 芘	0.35	3.56×10^{-6}	0.00	1	0	0	1	1	0	33.86+ *
47	p,p'-DDE	0.23	6.16×10^{-3}	0.50	1	0	1	1	0	0	33.75
48	邻苯二甲酸二正辛酯	0.37	5.36×10^{-6}	0.13	1	0	1	1	0	0	33.50
49	菲	0.80	2.67×10^{-4}	0.03	1	0	0	1	0	0	33.28
50	Fe	0.35	1.00E+00	0.00	1	0	0	0	0	1	32.82+ *
51	苯乙烯	1.00	1.60×10^{-2}	0.13	1	0	0	0	0	0	32.49
52	顺式氯丹	0.12	1.21×10^{-3}	0.65	1	0	1	1	0	0	32.41
53	芴	0.77	7.78×10^{-5}	0.00	1	0	0	1	0	0	32.30+ *
54	异丙苯	0.98	3.99×10^{-5}	0.13	1	0	0	0	0	0	31.77
55	蒽	0.66	1.70×10^{-6}	0.20	1	0	0	1	0	0	31.47
56	2-硝基酚	0.51	1.59×10^{-3}	0.50	1	0	0	1	0	0	30.71
57	莠去津	0.41	8.21×10^{-4}	0.43	1	0	1	0	0	0	30.56
58	2,4-二甲基酚	0.16	7.53×10^{-6}	0.00	1	0	0	1	1	0	29.05+ *
59	艾氏剂	0.06	1.34×10^{-4}	0.60	1	0	0	1	0	1	28.57
60	苊	0.50	1.21×10^{-5}	0.27	1	0	0	1	0	0	28.26
61	苊稀	0.58	1.33×10^{-5}	0.00	1	0	0	1	0	0	27.61+ *
62	2,4,6-三硝基甲苯	0.61	1.75×10^{-2}	0.57	1	0	0	0	0	0	27.09
63	四氯苯	0.70	2.95×10^{-3}	0.33	1	0	0	0	0	0	26.80
64	硫丹Ⅱ	0.23	3.79×10^{-6}	0.73	1	0	0	1	0	0	26.00
65	2,4,6-三氯酚	0.01	1.01×10^{-6}	0.00	1	0	0	1	1	0	25.37+ *
66	外环氧七氯	0.19	1.90×10^{-3}	0.65	1	0	0	1	0	0	24.23
67	硫丹Ⅰ	0.14	8.40×10^{-7}	0.73	1	0	0	1	0	0	23.83
68	2-氯酚	0.22	1.65×10^{-2}	0.33	1	0	0	0	0	0	22.06
69	4-氯-3甲基酚	0.35	4.11×10^{-7}	0.00	1	0	0	1	0	0	21.63+ *
70	2-甲基酚	0.19	4.43×10^{-5}	0.22	1	0	0	1	0	0	19.86
71	百菌清	0.46	2.40×10^{-5}	0.17	1	0	0	0	0	0	19.05

表 6-12 江苏某地区农村饮用水源优先控制污染物

物　质	综合评分法总分	种类	EPA 优先控制污染物	中国优先控制污染物
Cd	77.57	重金属	是	是
Pb	72.48	重金属	是	是
五氯联苯	72.43	多氯联苯	是	是
As	67.03	重金属	是	是
邻苯二甲酸二丁酯	63.28	酞酸酯	是	是
Cu	61.92	重金属	是	是
HCHs	60.84	农药	是	是
Cr	60.40	重金属	是	是
苯并[a]芘	59.81	多环芳烃	是	是
Hg	59.06	重金属	是	是
邻苯二甲酸二（2-乙基己）酯	56.63	酞酸酯	是	是
甲苯	51.35	取代苯	是	是
乙苯	51.35	取代苯	是	是
Mn	51.34	重金属	否	否
三氯甲烷	51.14	挥发性物质	是	是

6.4.3　方法比较

　　潜在危害指数法考虑的指标包括潜在危害指数、检出率、检出浓度 3 个因子；综合评分法考虑的因子包括污染物的检出率、环境（健康）影响度、潜在危害指数、是否属于有毒化学品、污染源的检出情况、是否是环境激素、是否属于美国 EPA 优先控制污染物、是否属于中国优先控制污染物、是否属于持久性污染物 9 个因子。由于考虑因子不同，计算方法不同，筛选出的优先控制污染物也不尽相同。以江苏某地区为例，对潜在危害指数法与综合评分法进行比较。

　　潜在危害指数法筛选出 16 种优先控制污染物，综合评分法筛选出 15 种优先控制污染物（表6-13）。潜在危害指数法与综合评分法筛选出的结果中有 10 种污染物相同，但排名顺序相差较大。导致差异的原因是潜在危害指数法考虑了污染物的一般毒性、特殊毒性、累积性、慢性效应、环境暴露；而综合评分法评价指标不仅包括潜在危害指数法所考虑的上述因素，还需计算检出值与标准值的比值，判定是否为国内外优先控制污染物等。此外，综合评分法中污染物的检出率权重较大。

表 6-13　潜在危害指数法与综合评分法筛选结果比较

项目	种类	种数	属于美国优先控制污染物	属于中国优先控制污染物	优先控制污染物
潜在危害指数法	6	16	13	12	As、Cd、Cr、Pb、Cu、苯并[a]蒽、苯并[a]芘、Ni、Hg、Mn、Ba、六氯苯、邻苯二甲酸二（2-乙基己）酯、五氯联苯、2,4,6-三硝基甲苯、Zn

项目	种类	种数	属于美国优先控制污染物	属于中国优先控制污染物	优先控制污染物
综合评分法	7	15	14	14	Cd、Pb、五氯联苯、As、邻苯二甲酸二丁酯、Cu、HCHs、Cr、苯并［a］芘、Hg、邻苯二甲酸二（2-乙基己）酯、甲苯、乙苯、Mn、三氯甲烷
相同物质	4	10	9	9	Cd、Pb、五氯联苯、As、Cu、Cr、Mn、Hg、苯并［a］芘、邻苯二甲酸二（2-乙基己）酯

　　比较这两种方法，潜在危害指数法计算较为简便，但计算结果常常会得到多个相同的总分值。这是由于在使用潜在危害指数法进行筛选时采用的因子较少，仅有 3 个，权重分别为 3、1、1，相差不大，同时各污染物检出的浓度范围较大，在浓度相差较大的情况下赋值容易得到相同的分值。在使用综合评分法进行筛选时有 9 个因子，同时各筛选因子的权重值相差较大，范围为 6～25，因此，得到相同的总分较少，但部分有机物既没有国家生活饮用水标准，又没有世界卫生组织饮用水标准（如邻苯二甲酸二甲酯），对结果会产生一定的影响，同时，综合评分法需要进行污染源的调查，故工作量大，计算方法相对也比较复杂。两种方法各有优缺点，可根据实际情况进行选择。

参 考 文 献

陈晓秋 . 2006. 水环境优先控制有机污染物的筛选方法探讨 . 福建分析测试，15（1）：15-17.

崔建升，徐富春，刘定，等 . 2009. 优先污染物筛选方法进展 . 中国环境科学学会学术年会论文集，4：831-834.

傅德黔，孙宗光，周文敏 . 1990. 中国水中优先控制污染物黑名单筛选程序 . 中国环境监测，6（5）：48-50.

环境保护部 . 2011. 国家污染物环境健康风险名录 . 北京：中国环境科学出版社 .

环境保护部科技标准司 . 2010. 国内外化学污染物环境与健康风险排序比较研究 . 北京：科学出版社：16.

胡冠九 . 2007. 环境优先污染物简易筛选法初探 . 环境科学与管理，32（9）：47-49.

刘存，韩寒，周雯，等 . 2003. 应用 Hasse 图解法筛选优先污染物 . 环境化学，22（5）：499-502.

全燮，孙英，杨凤林，等 . 1996. 海域有机污染物优先排序和风险分类模糊评判系统 . 海洋环境科学，15（1）：1-7.

宋利臣，叶珍，马云，等 . 2010. 潜在危害指数在水环境优先污染物筛选中的改进与应用 . 环境科学与管理，35（9）：20-22.

宋乾武，代晋国 . 2009. 水环境优先控制污染物及应急工程技术 . 北京：中国建筑工业出版社 .

杨友明，柳庸行，王维国，等 . 1993. 潜在有毒化学品优先控制名单筛选方法研究 . 环境科学研究，6（1）：1-8.

汪晶，和德科，汪尧衢，等 . 1988. 环境评价数据手册−有毒物质鉴定值 . 北京：化学工业出版社 .

王维国，李新中，孟明宝 . 1991. 筛选优先控制有毒化学品程序 . 环境化学，10（4）：54-59.

王晓栋，高士祥，张爱茜，等 . 2004. 淮河水体优先污染物的筛选与风险评价//第二届全国环境化学学术报告会议文集：68-71.

徐海 . 1998. 潜在危害性指数法在筛选污染因子中的应用 . 上海环境科学 , 17 （9）：34-35.

张海峰 . 2007. 危险化学品安全技术全书 . 第二版 . 北京：化学工业出版社 .

Hansen B G, van Haelst A G, van Leeuwen K, et al. 1999. Priority setting for existing chemicals：European Union risk ranking method. Environ. Environmental Toxicology and Chemistry, 18 （4）：772-779.

Eriksson E, Christensen N, Schmidt J E, et al. 2008. Potential priority pollutants in sewage sludge. Desalination, （226）：371-388.

Kingsbury G L, White J B, Watson J S. 1980. Multimedia environmental goals for environmental assessment, Volume I （Supplement A）. Washington DC：USEPA Office of Technology Assessment.

7

人群健康风险评价

健康风险评价（health risk assessment，HRA）是环境风险评价的重要组成部分，它是通过估算有害因子对人体发生不良影响的概率来评价暴露于该因子下人体健康所受的影响。它的主要特点是以危害度作为评价指标，把环境污染程度与人体健康联系起来，定量地描述污染物对人体产生的健康危害，并提出减小风险的方案和对策。

对于饮用水源地，单项水质指标并不能全面反映出水源地污染对人群健康的影响，健康风险评价以风险度作为评价指标，把饮用水源地的有毒有害污染物与人体健康定量地联系起来，用以确定主要健康风险来源及污染物治理的优先顺序，从而为饮用水源地管理提供科学依据。

7.1 健康风险评价发展历史与研究现状

7.1.1 健康风险评价发展历史

健康风险评价萌芽于20世纪30年代，当时主要采用毒物鉴定法进行健康影响的定性分析。迄今为止，健康风险评价的发展历史大体可以分为以下三个阶段。

第一阶段：20世纪30~60年代，风险评价起步阶段。主要采用毒物鉴定方法进行定性分析，以非致癌物的安全性评价为主。直到20世纪60年代，毒理学家才开发了一些定量的方法进行低浓度暴露条件下的健康风险评价。随着毒理学及相关科学研究的深入，对化学物质危害的评定开始由定性向定量发展。

第二阶段：20世纪70~80年代，健康风险评价研究进入高峰期，致癌物评价方法取得突破，健康评价体系基本形成。美国国家科学院和美国国家环境保护局在该时期取得了极为丰富的成果，其中具有里程碑意义的文件是1983年美国国家科学院发布的红皮书《联邦政府的风险评价：管理程序》（*Risk Assessment in the Federal Government：Managing the Process*），提出风险评价"四步法"，即危害识别、暴露评价、剂量—反应评价和风险表征，该文件成为环境风险评价的指导性文件。在此基础上，USEPA制定和颁布了有关风险评价的一系列技术性文件、准则和指南，包括1986年发布的《致癌风险评价指南》

（*Guidelines for Carcinogen Risk Assessment*）、《化学混合物的健康风险评价指南》（*Guidelines for the Health Risk Assessment of Chemical Mixtures*）、《发育毒物的健康风险评价指南》（*Guidelines for Mutagenicity Risk Assessment*）、《暴露风险评价指南》（*Guidelines for Exposure Assessment*），1988 年颁布的《内吸毒物的健康评价指南》（*Guidelines for the Health Risk Assessment of Sytemictoxicants*）、《男女生殖性能风险评价指南》（*Proposed Guidelines for Assessing Male Reproductive Risk* and *Proposed Guidelines for Assessing Female Reproductive Risk*）等。

第三阶段：20 世纪 90 年代以后，健康风险评价进入完善阶段，生态风险评价逐渐兴起。随着相关基础学科的发展，风险评价技术不断完善。USEPA 于 1992 年对《暴露风险评价指南》进行了更新，1998 年出台了《神经毒物风险评价指南》（*Guidelines for Neurotoxicity Risk Assessment*）和《生态风险评价指南》（*Guidelines for Ecological Risk Assessment*），形成了完整的评价体系。2005 年，USEPA 对《致癌风险评价指南》进行了更新，取代了 1986 年的版本。目前 USEPA 的健康风险评价方法已在世界各地得到广泛的应用。其他国家，如加拿大、英国、澳大利亚等，也在 20 世纪 90 年代中期提出并开展了生态风险评价的研究工作。欧盟为提高化学品的安全性，明确要求对已存在的化学物质和新物质进行风险评估。一些国际组织（如国际标准化组织 ISO）制定的职业安全管理制度，也是健康风险评价具体应用的体现。

7.1.2 我国健康风险评价发展概述

我国的健康风险评价研究较晚，正式开始于 20 世纪 90 年代，且主要以介绍和应用国外的研究成果为主。90 年代以后，在一些部门的法规和管理制度中已经明确提出风险评价的内容。1993 年国家环境保护局颁布了中华人民共和国环境保护行业标准《环境影响评价技术导则（总则）》。1997 年国家环境保护局、农业部、化工部联合发布的《关于进一步加强对农药生产单位废水排放监督管理的通知》规定：新建、扩建、改建生产农药的建设项目必须针对生产过程中可能产生的水污染物，特别是特征污染物进行风险评价。2001 年国家经济贸易委员会发布的《职业安全健康管理体系指导意见》和《职业安全健康管理体系审核规范》中也提出"用人单位应建立和保持危害辨识、风险评价和实施必要控制措施的程序"，"风险评价的结果应形成文件，作为建立和保持职业安全健康管理体系中各项决策的基础"。

潘自强院士领导的调查小组于 1990 年在核工业系统内开展了放射性污染物、致癌化学物和非致癌化学物的环境健康影响综合评价的研究。1997 年国家科学技术委员会将研究燃煤大气污染对健康的危害列入国家攻关计划，国内对环境污染的健康风险评价相关研究工作自此展开。田裘学（1999）、曾光明等（1998）、胡二邦（2000）、王永杰等（2003）及其他一些研究人员先后对环境健康风险评价的方法和风险评价中的不确定性等进行了描述。王振刚等（1997）开展了针对砷污染的健康危害度评价方法的研究。高仁君（2004）等进行了农药对人体健康的风险评价。高继军等（2004）研究了北京市城、郊区重金属经饮水途径引起的人群健康风险。仇付国（2004）针对城市污水再生水进行了健康风险评价的理论与方法研究。韩冰等（2006）根据某区域浅层地下水有机污染调查结果，研究了饮水和洗浴带来的人群健康风险评价。陈鸿汉等（2006）对污染场地健康风险评价的理论和方法开展了讨论，提出了叠加风险和多暴露途径同种污染物人群健康风险的概念。王志霞等（2007）建立了以 GIS 为基础的区域持久性有机污染物的健康风险评价方法。王喆等（2008）、王宗爽等（2009）、段小丽等（2009）研究了健康风险评价中的暴露参数选取问题。曹云者等（2005）、李新荣等（2009）、赵沁娜等（2009）研究了不同介质中的多环芳烃健康风险评价。赵肖等（2009）、王阳等（2009）通过建立生理毒代动力学模型，分别研究了 DDTs 和 HCHs 的混合健康风险和苯的健康风险评价方法。王东红等（2007）探索了一种饮用水中的有毒有机污染物的筛查方法。

7.1.3 我国饮用水源健康风险评价研究现状与问题

我国的环境风险评价工作开始于 20 世纪 80 年代末，起步较晚，很多地方还不成熟，技术也未普及，管理部门也没有建立相应的准则。国内的工作仅依靠国家标准所列出的检测项目，对出厂水和管网水中的有限指标进行检测，并依据污染物的浓度来判断水质的安全性，即所谓达到标准，而没有开展饮用水源地健康风险评价研究。饮用水的健康风险评价在我国还没有形成完整的评价体系，主要表现在以下两个方面。

（1）对目标污染物的确定尚缺乏理论依据，即饮用水健康评价的目的性不强。饮用水中存在数以百计的污染物，国内的研究多是针对特定地区水体中的一种或几种污染物展开评价，在这样的评价过程中，往往会遗漏重要的风险因子，也很难获得饮用水整体健康评价的结果。而如果对饮用水中所有污染物进行健康风险评价，则需要大量的人力物力，也不切实际。所以健康风险评价首先就要确定一种可行的筛选方法，对饮用水中的污染物进行筛查，筛选出风险较大的污染物进行评价。

（2）我国的健康风险评价起步较晚，缺乏重要的基础数据，特别是人群的暴露数据收集尚存在空白，这必将给研究结果带来很大的误差。国外的健康风险评价起步较早，已经建立了应用于健康风险评价的毒理学数据库，也积累了大量可用的有效数据。目前我国多数健康风险评价研究采用的是 USEPA 的暴露数据，给风险评价结果带来很大的不确定性。

7.2 健康风险评价技术框架与方法

正确评价化学污染物对人类健康的综合影响，区别问题的轻重缓急，提高化学品管理的总体效应，必须把决策过程建立在可靠的科学基础上。为了使不同评价部门所得的资料有可比性和通用性，就必须要有一个基本的、统一的认识和操作方法。为此，1983 年美国科学院首次确立了健康风险评价的四阶段法。这一方法目前已被许多国家所采用，它的基本程序分为：风险识别、剂量—反应评价、暴露评价和风险表征四个阶段，如图 7-1 所示。

7.2.1 风险识别

风险识别是确定暴露的有害因子能否引起不良健康效应发生率升高的过程，即对有害

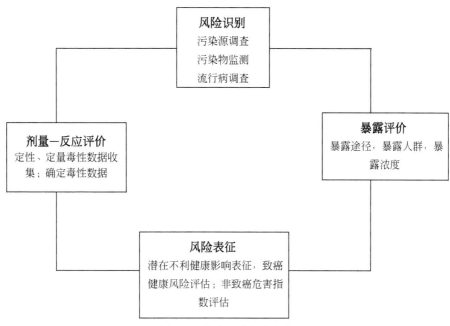

图 7-1 健康风险评价框架

因子引起不良健康效应的潜力进行定性评价的过程。对现存化学物质，主要是评审该化学物质的现有毒理学和流行病学资料，确定其是否对人体健康造成损害。对于有毒有害物质的确立及其相关资料的收集主要包括：该物质的理化性质、人群暴露途径与方式、构效关系、毒物代谢动力学特性、毒理学作用、短期生物学实验、长期动物致癌实验及人群流行病学调查等方面。

7.2.2 剂量—反应评价

剂量—反应评价是对有害因子暴露水平与暴露人群中不良健康效应发生率间的关系进行定量估算的过程。从一定意义上讲，可以认为几乎所有的化学物质对人体都具有一定的毒性，也可以认为几乎所有的化学物质都不具有毒性，关键在于它们与人体接触的具体情况和条件，其中最重要的是人体接触的剂量。因此，剂量—反应关系是目前健康风险评价的主要组成部分，它主要反映毒性效应与剂量之间的定量关系，是进行风险评价的定量依据。剂量—效应关系评估的主要内容包括确定剂量—效应关系、反应强度、种族差异、作用机理、接触方式、生活类型以及与其有关的环境中的其他化学物质的混合作用等。在毒理学研究中常将剂量—反应关系分为两类：一类是指暴露某一化学物的剂量与个体呈现某种生物反应强度之间的关系；另一类是指某一化学物的剂量与群体中出现某种反应的个体在群体中所占比例，可以用百分比或比值表示，如死亡率、肿瘤发生率等。在健康风险评价中，通常有以下两种剂量—效应评估方法：一是无阈值效应（如致癌效应）情况下，利用剂量外推模式评价人群暴露水平上所致危险概率。二是有阈值效应（如非致癌）情况下，通常计算参考剂量（即低于此剂量时，期望不会发生有害效应）。对于非致癌物，一般是对有阈值毒物来讲的，被认为有阈值毒物是在低于实验确定的剂量以下时，没有风险度。对有阈值毒物，是确定其阈值量并规定几个安全系数值以及计算出可接受浓度这一过程来进行评价。

1. 外推模型的选择

剂量—效应关系往往不是直接得到的，而是通过一定的模型估算出来的。在低剂量范围的剂量—效应关系中，有五种数学外推模型，即对数模型、威尔布模型、单击模型、多阶段模型和线性短阶段模型。利用这些模型外推到实验剂量范围之外时，正常所得到的预测值与反应值之间的差别可达几个数量级。所以，必须根据所检无阈值毒物的特性及收集到的有关资料，谨慎选择模型，反复比较，找出对结果既能较符合实际情况，也能较完满解释的模型。

在高剂量外推模式评价致癌物的剂量—反应效应分析危险概率中，分析过程一般包括：选取合适的数据资料、利用高剂量外推模型推导出低剂量暴露下可能的危害程度、将由动物试验数据得出的危害度估计值转换为人的相应值。常用的由高剂量向低剂量外推的模型有 Probit 模型、Logit 模型、Weibull 模型、Ohehit 模型、Multi-hit 模型、Mulbistage 模型。这些模型大多对同一试验所得的数据组拟合度较好，但在外推低剂量时所得到的值有时差别很大，甚至可达几个数量级。

2. 致癌物的剂量—反应评价

致癌物的剂量—反应评价一般包括：①选取合适的资料。②利用高剂量向低剂量的外推模型推导低剂量暴露下可能的危险度估计。一般认为，致癌物在低剂量范围的剂量反应关系曲线可能有三种类型，即线形、超线形、次线形。③将由动物实验资料得出的危险度估计转换为人的相应值。由于在实际的研究中人群资料比较缺乏，首选一些生物反应如代谢等方面与人最接近的动物的实验资料。动物实验的染毒途径应尽可能地与人的实际暴露相近。致癌物的危险度估计值可以以单位危险度、相对应于某一危险度的环境浓度值、个体危险度以及人群危险度等方式表示。USEPA 的致癌物剂量反应关系评定过程中的一个重要参数是斜率因子（slope factor，SF）。它是指一个个体终生（70a）暴露于某一致癌物后发生癌症概率的95%上限估计值，其单位为 $[mg/(kg \cdot d)]$，此值越大，则单位剂量致癌物的致癌概率越高，故又称为致癌强度系数（carcinogenic potency index）。

3. 非致癌物的剂量—效应反应评估

非致癌物的剂量反应评定，一般采用不确定性系数法推导出可接受的安全水平（acceptable safety level，ASL）。因管理目的和内容的不同，ASL 在不同的管理部门被称为参考剂量（reference dose，RfD）、实际的安全剂量（virtually safe dose，VSD）、可接受的日摄入量（acceptable daily intake，ADI）、最大容许浓度（maximum allowable concentration，MAC）等。RfD 代表着一种日均剂量水平估算值，在此日均剂量水平上于给定的时期内（通常为终生）暴露于特定的非致癌污染物中不至于发生明显的有害效应的危险，或者说参考剂量给定的日均暴露剂量水平，人群暴露在此水平的日均剂量中预期在一生之内通常可能不会发生明显的非致癌健康效应。USEPA 将 RfD 定义为：人群终生暴露后不会产生可预测的有害效应的日平均暴露水平估计值。RfD 的估算一般是在充分收集现有的动物实验研究和人群流行病学研究资料的基础上，选择可用于剂量反应评定的关键性研究，从中确定未观察到有害效应的剂量水平（no observed adverse effect level，NOAEL）或观察到有害效应的最低剂量水平（lowest observed adverse effect level，LOAEL），然后将这些值除以相应的不确定性系数（uncertainty factor，UF）和修正系数（modification factor，MF），计算式为

$$RfD = NOAEL \text{ 或 } LOAEL/(UF \times MF) \tag{7-1}$$

UF 的内容：①人群中的个体差异，一般取 10。②动物长期实验的资料向人的外推，一般取 10。③由亚慢性实验资料推导慢性实验结果，一般取 10。④用 LOAEL 代替 NOAEL 时，一般取 10。⑤实验资料不完整时，一般取 10。MF 用于毒性实验的资料存在严重缺陷，会增加外推的不确定性时，取值最大为 10。RfD 作为一个参考点去估计化学物质在其他剂量时可能产生的效应。通常，低于 RfD 的暴露剂量产生的有害效应的可能性很小，而当暴露剂量超过 RfD 时，在人群中产生有害效应的概率就会增加。

7.2.3 暴露评价

暴露评价重点研究人体暴露于某种化学物质或物理因子条件下，对暴露量的大小、暴露频度、暴露的持续时间和暴露途径等进行测量、估算或预测的过程，是进行风险评价的定量依据。暴露评价有两方面的内容：一是分析从污染源进入环境的有害物质或污染物的迁移转化过程，在不同环境介质中的分布和归趋；二是受体的暴露途径、暴露方式分析和暴露量的计算。暴露评价中应对接触人群（或生物）的数量、分布、活动状况、接触方式以及所有能估计到的不确定因素进行描述。暴露评价的目的是确定暴露的来源、类型、程度和持续时间等。如果没有暴露，化学物质即使有毒也不会对人产生危害。因此，人群的暴露评价是危险评定中的关键步骤，是整个危险评价工作中不确定因素较集中的一个领域。确定人群对某一化学物质的暴露水平，可以通过直接测定进行评定，但通常是根据污染物的排放量、排放浓度以及污染物的迁移转化规律等参数，利用一定的数学模型进行估算。暴露评价还应考虑过去、当前和将来的暴露情况，对每一时期采用不同的评估方法。最后，根据环境介质中污染物的浓度和分布，人群活动参数，从空气、水、食品中的摄入参数，生物检测数据等，利用适当的模型，就可以估算不同人群不同时期的总暴露量，在致癌风险评估中通常计算人的终生暴露量。在评价地域广、环境条件较为复杂的情况下，往往是利用污染源及某些监测点的数据，通过内插或外推方法或采用各种迁移、转化、扩散（动态）模型，估算出这一区域内的污染物在环境介质中一定期间的平均浓度及一定区域内的浓度空间分布图，来描述环境中污染物的量。在可以选到适宜指标的情况下，往往可以测定人的体液及组织中的化学物质或代谢产物浓度来估算污染物的接触量。1992 年美国环境保护局颁布的《暴露评价指南》对暴露评价中涉及的基本概念、设计方案、资料收集和监测、估算暴露量、评估不确定性和暴露表征等方面提供了详细的说明。

确定暴露可以帮助量化剂量和风险，确定暴露有三种方法：接触点法、情形评估法、回推法。接触点法是直接监测接触位置的暴露，通过暴露浓度和接触时间确定暴露强度，如可以通过大气检测装置评价鼻腔吸入暴露，通过检测分析食物中化学物质的含量确定口服摄入暴露。情形评估法是把化学物质的浓度和人体的活动及特性联系起来，而不是在某一接触点上进行量化，分别得到化学物质浓度资料和人体资料，然后把它们结合到一起进行暴露评价。回推法是在暴露发生后通过检测体内指示剂含量并通过剂量和指示剂的关系反算出暴露和剂量，指示剂包括血液、头发、尿液中化学物质的浓度或代谢产物。

7.2.4 风险表征

风险表征是风险识别、剂量—反应评价、暴露评价三个步骤的综合，同时也是连接健康风险评价和风险管理的桥梁。因为在此阶段，评价者要为风险管理者提供详细而准确的评价结果，以确定风险发生的概率。必须把前面的资料和分析结果加以综合，以确定有害结果发生的概率，可接受的风险水平及评价结果的不确定性等，为风险决策和采取必要的防范及减缓风险发生的措施提供科学依据。

风险表征的方法主要有两类，一类是定性风险表征，另一类是定量风险表征。定性风险表征要回答的问题是有无不可接受的风险以及风险属于什么性质。定量风险表征不但要说明有无不可接受的风险及风险的性质，而且要从定量角度给出结论。人体健康风险评价是一门新的跨学科的方法学，它通过估算有害因子对人体发生不良影响的概率来评价暴露于该因子下人体健康所受的影响。但是污染物种类繁多，其毒性与浓度水平及其在环境中的迁移、转化、富集、降解显著相关，而且暴露于污染环境中的人数、持续时间和吸入途径都在变化，因此，如何定量描述污染物对人体健康的危害并给出预测模型具有重要的现实意义。

对社会公众而言，最大的可接受风险不应高于常见的风险值。表7-1列出了一些常见的风险水平。

表7-1　常见的风险水平

事件	年风险（平均值）	不确定度/%
空气污染	2×10^{-4}	2000
吸烟	3.6×10^{-3}	300
饮酒	2×10^{-5}	1000
饮用水	6×10^{-7}	1000

表7-2列出了一些机构推荐的对社会公众成员最大可接受风险水平。最大可接受风险水平在 $10^{-6} \sim 10^{-5}$ 范围内。提出这些水平的依据是：与常见危害水平比较、与最低死亡率比较或从附加的平均寿命的缩短来比较。

表 7-2　一些机构推荐的最大可接受水平

机构	最大可接受风险水平
USEPA	1.00×10^{-4}
ICRP	5.00×10^{-5}
瑞典环保局	1.00×10^{-6}
荷兰环保部	1.00×10^{-6}
英国皇家协会	1.00×10^{-6}

7.2.5　不确定性分析

健康风险评价的一个重要特征是在整个评价过程中的每一步都存在着一定的不确定性。大多数健康风险评价都包括一个或多个不确定性因素或误差来源。由于不确定性的存在，使得对给定变量的大小和出现的概率不能作出最好的估算，或者说评估的结果可信度不能保证，给管理者的决策造成一定的影响。

在健康风险评价中，鉴定某一有毒物质的毒性对人体的健康有影响时，往往是选择动物进行毒理实验，再由实验所得数据外推到人类。在外推的过程中，有时附加 10 倍甚至 100 倍安全因子，然后把所得数据作为该有毒物质对人体健康危害的标准值。可以说，在整个实验过程中，动物是受试者，而真正受到有危害健康影响的却是人类。尽管在外推的过程中附加了一定的安全因子，但确切地说，有毒物质在人体内的反应机理、对人体健康的影响及影响程度是不清楚的，也无法用语言准确地加以描述。限于现有的科学水平，往往化学物质所致的损害及其风险度的大小难以确切判断，某些因素的评价不够肯定。例如，在应用动物实验资料时，人和动物之间、动物种属之间、动物品系之间都有差异，很难肯定究竟哪种动物更接近于人。短期筛选实验能否预测长期结果，从高剂量得出的效应与反应结果能否推算到低剂量，均有重大的不肯定性。此外，致癌和致突变作用究竟有无阈值，由样本推测总体时代表性是否理想，数学模式的推算是否与实际相符，各类环境物质的接触剂量、机体摄取剂量和体液监测剂量等是否能真实反映起效作用的靶组织剂量，都存在种种未知数。这些未知数均称为不确定因素。USEPA 将不确定性分为三类：①事件背景的不确定性，包括事件的描述、专业判断的失误以及信息丢失造成分析的不完整性。②参数选择的不确定性，例如气象水文条件随着季节而变化，不同的人群包括性别、年龄和地理位置等。采用敏感度分析和分析不确定性传播的方法尽量避免。③模型本身的不确定性。在环境风险评价中，评价模型中的每一个参数都存在不确定性。

不确定性的来源、类型和性质不同，分析方法也不同。有的根据数学、实验等方法可以避免，有的能够进行定量或定性分析减少不确定性，有一些不确定因素是不可避免的，需要决策者综合各种因素，权衡不确定性的后果影响。分析不确定性的主要方法有以下几点。

1. 数值模拟法

对于某些复杂的模型，分析其不确定性的来源是极其困难的，而借助蒙特卡罗方法

（Monte Carlo Analysis，MCA）则可以比较方便地处理复杂模型中的不确定性问题。MCA方法提供运用概率方法传播参数的不确定性，更好地表征风险和暴露评价。蒙特卡罗分析方法运用概率密度函数对每个参数重复随机取样，取得的值输入风险—暴露模型，得到暴露—剂量分布。Barnth Ouse 等用 MCA 模拟技术研究由单一物种毒性外推到生态系统过程中的不确定性问题，较好地将这一过程的不确定性转变为关于某种效应的不确定状态，从而某一特殊有毒效应水平的风险可以由一个直接毒性和源于外推过程产生的不确定性函数确定。目前大多数风险评价是基于最大合理暴露量（reasonable maximum exposure，RME）情况下的风险评价，基线风险分析（baseline risk analysis，BRA），该分析方法相对保守，存在很大的不确定性，保守的程度难以度量，提供给决策者的信息有限。运用 MCA 方法可以得到合理的概率分布区间，提供给决策者更多的信息。但是，MCA 的不足之处是评价过程变得复杂。

2. 泰勒简化方法

由于风险模型中输入值和输出值之间的函数关系过于复杂，不能从输入值的概率分布得到输出值的概率分布。运用泰勒扩展序列对输入的风险模型进行简化、近似，以偏差的形式表达输入值和输出值之间的关系。利用这种简化能够表达评价模型的均值偏差以及其他用输入值表示输出值的关系。

3. 概率树方法

概率树方法来源于风险评价中的事故树分析概率树，可以表示 3 种或更多种不确定结果，其发生的概率可以用离散的概率分布定量表达。如果不确定性是连续的，在连续分布可以被离散的分布所近似的情况下，概率树方法仍然可以应用。

4. 专家判断法

风险评价的最终结果是评价污染物对环境或人体健康的影响，环境学家和毒理学家经常持不同意见，有时甚至会截然相反。其主要原因在于环境学家使用的是较完善的污染物模型，而毒理学家使用的是毒理学模型（如死亡率模型），并且由于他们各自所具有的学科背景知识不同以及所使用文献资料的迥然差异等，造成了对评价结果的影响分析不同。如果综合考虑两方面专家的意见，将有助于减少在风险评价过程中的不确定性。专家判断法基于 Bayesian 理论，认为任何未知数据都可以看做一个随机变量，分析者可把这个未知数据表达成概率分布的形式，把未知参数设定为特定的概率分布，从概率分布可以得到置信区间，依靠专家给出的概率进行主观的风险评估。Bayesian 理论认为个人具备丰富的专业知识，经过研究后熟悉情况，具备风险评价的信息。信息不仅来源于传统的统计模型，而且包括一些经验资料。因此，专家所提供的资料符合逻辑，主观判断具有科学性和技术性。应用该方法的第一步是组织专业领域的专家开展讨论会进行研究。

5. 其他方法

如灵敏度分析、置信区间法等。敏感度分析是用来确定参数值的变化对暴露—剂量评估结果的影响。置信区间法是从置信限与容许限的角度，借助统计分布理论，研究参数值的不确定性。

7.3 人群健康风险评价应遵循的原则

（1）科学性原则。风险评价方法的确定、指标体系的建立等要建立在科学基础上，能客观和真实地反映评价目标的风险水平。

（2）整体性原则。农村饮用水源人群健康风险评价应能真实反映研究区域的整体风险状况，主要体现在采样点的布局和选择。

（3）定性与定量相结合原则。评价过程应尽量参考现有相关标准、规范等，选取定量指标，以保证评价结果准确、可信。但当有些指标不能定量时，选取定性指标。为提高定性评价的准确性，结合专家评判等方式完成。

（4）全面性与选择性相结合原则。评价指标体系应尽量做到全面反映农村饮用水水源地风险的各方面，因此应保障指标选取的全面性。受基础资料、农村饮用水水源地自身特点等因素制约，指标体系不可能适用于所有饮用水水源地，在应用过程中，如果所有指标都选取则评价难度很大，不切合实际，可结合农村的实际情况进行指标选择。

（5）可操作性原则。农村饮用水水源地安全评价评价指标选取在满足评价要求的基础上尽量便于理解，此外要考虑所选指标的可度量性、可比性、易得性和常用性等。

7.4 典型农村饮用水源人群健康风险评价方法与步骤

7.4.1 风险识别

饮用水源环境风险根据其发生的概率可以分为两种：一种是常规污染带来的水质风险；一种是突发性水质风险。前者如工厂长期排放污染物，化肥、农药等随降雨径流进入水体等，风险发生的概率相对较高，风险比较容易预见；后者的发生概率较低，针对突发性水污染事件应构建专门的评价预警体系。因此本章未考虑第二种风险影响，但可为事故状态下的急性危害评价提供参考。

评价指标选择我国水体中常见的有毒有害污染物，重点分析农药、多环芳烃、多氯联苯、酚类、酞酸酯类、苯类及取代物、烃及卤代物、挥发性有机物及重金属等。

我国典型农村饮用水源主要有毒、有害物质毒性分类与标准见附表3，标准参照《生活饮用水卫生标准》（GB 5749—2006）（单位：mg/L）和《世界卫生组织饮用水水质准则（第四版）》（单位：mg/L），致癌等级参考国际癌症研究中心对常见环境因子致癌强度的分类（agents classified by the IARC monographs，volumes 1~100）（表7-3）。

表 7-3　国际癌症研究中心（IARC）对致癌物具体划分情况

分类	定义（供参考）
1 类	对人类致癌。
2A 类	可能对人体致癌。这类物质或混合物对人体致癌的可能性较高，在动物实验中发现充分的致癌性证据。对人体虽有理论上的致癌性，而实验性的证据有限。
2B 类	可能对人体致癌。这类物质或混合物对人体致癌的可能性较低，在动物实验中发现的致癌性证据尚不充分，对人体的致癌性的证据有限。
3 类	对人体致癌性尚未归类的物质或混合物。对人体致癌性的证据不充分，对动物致癌性证据不充分或有限。或者有充分的实验性证据和充分的理论机理表明其对动物有致癌性，但对人体没有同样的致癌性。
4 类	对人体可能没有致癌性的物质。缺乏充足证据支持其具有致癌性的物质。

对于非致癌污染物进行人群非致癌健康风险评价；对于致癌污染物，如果属于组 1、2A、2B，则进行致癌物健康风险评价。

7.4.2　暴露评价

暴露评价是对人群暴露于环境介质中有害因子的强度、频率、时间进行测量、估算或预测的过程，是进行风险评估的定量依据。暴露人群的特征鉴定与被评物质在环境介质中浓度与分布的确定，是暴露评价中相关联而不可分割的两个组成部分。暴露评价的目的是估测整个研究区域人群接触某种化学物质的程度或可能程度。

传统的 CDI 计算采用 USEPA 的计算公式，计算出的结果是直接饮用或接触所评价的水源造成的风险。而中国人习惯饮用开水，易挥发的有机物在煮沸过程中会有大量的损失。另外，对于各种污染物来说，还存在自然衰减，在计算过程中也应给予考虑。

因此，本方法的计算采用了 Whelan 和 Droppo 等提出的计算公式，增加了 TF 项（经沸煮后污染物的残留比）和 $e^{-\lambda \times TH}$ 项（自然衰减过程中的损耗）。

$$CDI = \frac{\rho \times TF \times e^{-\lambda \times TH} \times U \times EF \times ED}{BW \times AT} \tag{7-2}$$

式中，CDI 为某污染物的日均暴露剂量（mg/d）；ρ 为污染物浓度（mg/L）；TF 为煮沸后污染物的残留比率；$e^{-\lambda \times TH}$ 为供水系统中的损失率，其中 TH 为水力停留时间，取 0.5 d；$\lambda = 0.693/HF$，HF 为污染物半衰期；U 为日饮用量；EF 为暴露频率，取 365 d/a；ED 为暴露延时，取 70 a；AT 为平均暴露时间（d），EF×ED＝AT；BW 为平均体重。

7.4.3　剂量—反应评价

剂量—反应关系的评估方法包括阈限值和非阈限值两类评定方法。传统上前者用于非致癌效应终点的剂量—反应评估，后者则用来评估化学致癌效应的剂量—反应关系。阈限值理论认为，任何化学物质在低于某一剂量（阈剂量）时，不会对机体产生危害。非阈限值理论则认为，任何化学物质即使在浓度很低的情况下，也会引起机体内生物大分子 DNA

的不可逆损伤。

1. 无阈化学物质（致癌物）健康风险评价

一般认为，只要有微量的致癌风险物存在，即会对人体健康产生危害。致癌风险常用风险值（RISK）表示（a^{-1}），其评价模型表达式如下：

$$R_i = (D_i \times SF_i)/70 \tag{7-3}$$

若结果大于 0.01，则按高剂量暴露计算：

$$R_i = (1 - e^{-CD_i \times SF_i})/70 \tag{7-4}$$

总人均年致癌风险

$$RISK = \sum R_i \tag{7-5}$$

式中，R_i 为化学致癌物 i 经饮水暴露产生的人均年致癌风险（a^{-1}）；CDI_i 为化学致癌物 i 经饮水暴露的单位体重日均暴露剂量 [mg/(kg·d)]；SF_i 为化学致癌物 i 经饮水暴露摄入的致癌系数 [mg/(kg·d)]$^{-1}$。

2. 有阈化学物质（非致癌物）健康风险评价

一般认为，非致癌物只有在超过某一阈值时才会对人体健康产生危害。非致癌风险通常用风险指数（HI）描述，其评价模型表达式如下

$$H_i = CDI_i/(RfD_i \times 70) \tag{7-6}$$

式中，H_i 为非致癌物 i 经饮水暴露产生的人均年健康风险（a^{-1}）；CDI_i 为化学非致癌物 i 经饮水暴露的单位体重日均暴露剂量 [mg/(kg·d)]；RfD_i 为非致癌物 i 饮水途径的日均推荐剂量 [mg/(kg·d)]；总人均年非致癌风险 HI（a^{-1}）=$\sum H_i$。

7.4.4 风险表征

1. 致癌风险

计算各样点的总人均年致癌风险。采用 USEPA 推荐的可接受年致癌风险指数：$10^{-6} \sim 10^{-4}$，小于 10^{-6}，风险水平可忽略，大于 10^{-4} 属于不可接受风险水平。

2. 非致癌风险

计算各样点各类物质毒性的总危险度。根据 USEPA 相关定义，当风险指数小于 1，认为是可接受风险；当风险指数大于 1，认为是不可接受风险。

7.4.5 不确定分析

（1）采用统计模型的数学方法（蒙特卡罗法、概率数方法等）说明选择参数的不确定性。

（2）结合水源具体情况及当地饮水习惯进行不确定性分析。

7.5　饮用水源人群健康风险评价案例分析

为了描述饮用水源中的污染物对人体健康产生的影响，本节以华南某流域典型农村饮用水源为例，评价该地区饮用水源中的污染物对人体健康产生的风险。

7.5.1　研究内容与技术路线

（1）调查我国华南某流域典型农村饮用水源地 50 个样点，收集样点水源的基础资料，进行丰水期、枯水期 2 次采样，对水样中的水质常规指标、金属污染物、有机氯农药、有机磷农药、邻苯二甲酸酯、多环芳烃、多氯联苯、酚类化合物和挥发性有机物等污染物进行了检测分析，以研究污染物的污染水平和季节变化。

（2）通过综合分析研究区域典型农村饮用水源有毒污染物的污染特征，利用 USEPA 健康风险评价模型，并结合研究区域情况对模型进行完善，应用我国人群调查的暴露参数，对不同类型的饮用水源进行有毒污染物健康风险评价。

技术路线如图 7-2 所示。

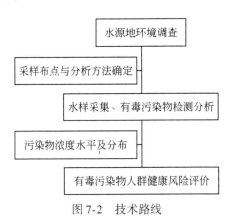

图 7-2　技术路线

7.5.2　风险识别

研究检出对人体健康产生危害的主要有毒污染物如下。

1. 铜

铜是人体必需的微量元素之一，正常情况下，成人体内的 Cu 有 100 ~ 150 mg。由于对铜的毒性方面的研究不多，很少见到铜中毒的案例。但在对哺乳动物的研究中发现，肝脏中铜浓度在超过 150 mg/kg 湿重以前，一般不出现铜中毒症状，当达到该水平时，动物可出现倦怠、衰弱、震颤和厌食等症状，也可出现血红蛋白血症、红血蛋白尿症等，死亡率超过 75%。

2. 砷

砷主要通过饮水、食物经消化道进入体内，也可通过呼吸、皮肤接触等途径被摄入。无机砷化合物的毒性大于有机砷化合物，而无机砷中又以三价砷毒性最强。砷具有神经毒性，长期砷暴露可观察到中枢神经系统抑制症状。砷吸收后通过循环系统分布到全身各组织、器官，对循环系统的危害首当其冲，临床上主要表现为与心肌损害有关的心电图异常和局部微循环障碍导致的雷诺氏综合征、球结膜循环异常、心脑血管疾病等。同时动物实验证实，砷可以促使性腺激素、性激素水平下降，精子发育受到抑制，卵活性减弱，导致胚胎先天畸形，严重时可发生流产、死产。肺脏也是砷致癌的器官之一，长期砷暴露可导致肺癌发病率升高。此外，流行病学和实验研究表明，砷的摄入会对机体免疫功能产生抑制作用。砷对健康的危害是多方面的，可引发多器官的组织学和功能上的异常改变，同时具有致癌性。

3. 铬

铬及其化合物可通过呼吸道、消化道、皮肤和黏膜进入人体，人口服重铬酸钾的致死量为3g左右。大量铬盐从消化道进入，可刺激和腐蚀消化道，引起恶心、呕吐、腹痛、血便以致脱水。同时有头晕、头痛、呼吸急促、烦躁、口唇和指甲青紫、脉搏加快、肌肉痉挛、尿少或无尿等严重中毒症状，如抢救不及时，则会很快休克、陷入昏迷状态。六价铬和三价铬均有致癌作用。目前世界公认某些铬化合物可致肺癌，称为铬癌。

4. 汞

汞是地壳中相当稀少的一种元素，是唯一的液体金属。汞及其化合物毒性都很大，特别是汞的有机化合物毒性更大。毒性最大的是甲基汞，主要侵害神经系统，且这些损害是不可逆的。甲基汞还可通过胎盘屏障侵害胎儿，使胎儿先天性汞中毒，导致畸形或痴呆。此外，甲基汞对精子细胞的形成有抑制作用，使男性生育能力下降。当汞进入人体后，即集聚于肝脏、肾脏、大脑、心脏和骨髓等部位，造成神经性中毒和深部组织病变。长时间暴露在高汞环境中可以导致脑损伤或死亡。另外，汞还可导致心脏病和高血压等心血管疾病的发生，并影响人类的肝脏、甲状腺和皮肤的功能。

5. 铅

环境中的铅主要从消化道、呼吸道和皮肤进入人体。急性铅中毒时，贫血是主要症状之一，患者口内常有金属味，并伴随流涎、恶心、呕吐、便秘或腹泻等症状。神经系统受损出现的中毒性脑病，肾脏受害的中毒性肾病，肝脏损伤引起的中毒性肝炎等。慢性中毒时，对中枢神经系统伤害引起脑病，早期常见神经衰弱综合征，表现为头昏、头痛、失眠、健忘、易兴奋等，小儿可出现多动症。

6. 六六六

六六六（HCHs）又称六氯环己烷，是一种有机氯杀虫剂，在2009年被纳入《斯德哥尔摩公约》9 种新增的 POPs 中。HCHs 可通过胃肠道、呼吸道和皮肤吸收而进入人体，一般毒性作用为神经及实质脏器毒物，大剂量可造成中枢神经及某些实质脏器，特别是肝脏与肾脏的严重损害。

7. 乐果

乐果为中等毒杀虫剂，人的最高忍受剂量为 0.2 mg/（kg·d）。吸收后一部分乐果被氧化成抑制胆碱酯酶活性能力更强的氧化乐果，抑制体内胆碱酯酶活性，造成神经生理功能紊乱。

8. 多环芳烃

多环芳烃指两个或两个以上芳环稠合在一起的一类化合物，是一种全球性的污染物，具有较强的致癌、致畸和致突变性。到目前为止，已经发现的致癌性 PAHs 及其衍生物数目已达到 400 多种，其中致癌性最强的是苯并[a]芘，在各国的饮用水标准中多用其作为控制标准。PAHs 性质稳定，在环境中难降解，加上其低疏水性、高亲脂性以及半挥发性等，决定了它们在各种环境介质中有着与烷基酚相似的迁移、转化等环境地球化学行为，它们易于在生物体内蓄积和在环境中进行远距离输送，即便是在遥远极地地区的水体和生物体中也有检出。

9. 多氯联苯

多氯联苯又称氯化联苯，是一类人工合成有机物，是联苯苯环上的氢原子为氯所取代而形成的一类氯化物。多氯联苯在工业上的广泛使用，已造成全球性环境污染问题。PCBs 可通过哺乳动物的胃肠道、肺和皮肤很好地被吸收。PCBs 进入机体后，广泛分布于全身组织，以脂肪和肝脏中含量较多。母体中的 PCBs 能通过胎盘转移到胎儿体内，而且胎儿脏肝和肾脏中的 PCBs 含量往往高于母体相同组织中的含量。PCBs 中毒会使动物产生腹泻、血泪、运动失调、进行性脱水和中枢神经系统抑制等症状，甚至死亡。PCBs 对人的危害最典型的例子是 1968 年日本发生的米糠油事件。受害者食用了被 PCBs 污染的米糠油而中毒。截止到 1978 年年底，日本 28 个县正式确认了 1684 名病人为 PCBs 中毒患者，其中 30 多人于 1977 年前先后死亡。

10. 邻苯二甲酸酯

邻苯二甲酸酯又称肽酸酯，作为塑料增塑剂被普遍应用于玩具、食品包装、乙烯地板、壁纸、清洁剂、指甲油、喷雾剂、洗发水和沐浴液等产品中。研究表明，邻苯二甲酸酯可干扰内分泌，使男性精子数量减少、运动能力低下、形态异常，严重的还会导致死精症和睾丸癌，是造成男性生殖问题的"罪魁祸首"。

11. 酚类

酚类是芳烃的含羟基衍生物，分为挥发性酚和不挥发性酚。酚是一种中等强度的化学毒物，与细胞原浆中的蛋白质发生化学反应。低浓度时使细胞变性，高浓度时使蛋白质凝固。酚类化合物可经皮肤黏膜、呼吸道及消化道进入体内。低浓度可引起蓄积性慢性中毒，高浓度可引起急性中毒以致昏迷死亡。

7.5.3　暴露评价

1. 饮水途径的暴露评价模型

金属污染物饮水途径日均暴露剂量按照成人和儿童分别计算，公式如下：

成人

$$D_i = \frac{1.5 \times C_i}{64.3} \tag{7-7}$$

儿童

$$D_i = \frac{1.0 \times C_i}{22.9} \tag{7-8}$$

有机污染物饮水途径日均暴露剂量按照成人和儿童分别计算，公式如下：

成人

$$D_i = \frac{1.5 \times C_i \times TF_i}{64.3} \tag{7-9}$$

儿童

$$D_i = \frac{1.0 \times C_i \times TF_i}{22.9} \tag{7-10}$$

式中，D_i 为日均暴露剂量（mg/d）；C_i 为化学致癌物 i 的浓度（mg/L）；1.5 为成人日均饮水量（L/d）；64.3 为华南某省成年男子平均体重（kg）；1.0 为儿童日均饮水量（L/d）；22.9 为华南某省 7 岁儿童平均体重（kg）；TF 为煮沸后有机物残留比。

　　和欧美一些国家不同，中国人习惯饮用开水，易挥发的有机物在煮沸过程中会有一部分挥发出去。通过实验发现水沸腾 10 分钟后，有机氯农药和有机磷农药减少 50%~60%，邻苯二甲酸酯减少 10%~20%，多环芳烃减少 40%~50%，多氯联苯减少 50%~60%，挥发性有机物减少 50%~70%。依照健康风险评价一般所采用取保守值的原则，在计算风险时所采用的残留比如表 7-4 所示。

表 7-4　模型参数值

重金属	SF/[kg/(mg·d)]⁻¹	参考	RfD/[mg/(kg·d)]	参考	煮沸残留比
铁			0.7	RAIS	
锰			1.4	IRIS	
铜			0.04	RAIS	
锌			0.3	IRIS	
砷	1.5	IRIS	0.0003	IRIS	
铬	0.5	RAIS	0.003	IRIS	
汞			0.00016	RAIS	

重金属	SF/[kg/(mg·d)]$^{-1}$	参考	RfD/ [mg/(kg·d)]	参考	煮沸残留比
铅	0.0085	RAIS			
镉			0.0005	IRIS	
HCHs	1.8	IRIS	0.0003	IRIS	0.5
乐果			0.0002	IRIS	0.5
等效苯并 [a] 芘	7.3	IRIS			0.6
PCBs	0.04	IRIS			0.5
DEP			0.8	IRIS	0.9
DBP			0.1	IRIS	0.9
BBP	0.0019	PPRTV	0.2	IRIS	0.9
DEHP	0.014	IRIS	0.02	IRIS	0.9
DNOP			0.04	PPRTV	0.9
二氯甲烷	0.0075	IRIS	0.06	IRIS	0.5
氯丁二烯			0.02	HEAST	0.5
乙苯	0.011	CALEPA	0.1	IRIS	0.5

2. 皮肤接触途径的暴露评价模型

根据研究区域人群的生活习惯特征,该地区人群洗澡和夏季游泳导致的皮肤接触暴露较为频繁,有机污染物易被皮肤吸收,因此有必要计算有机污染物皮肤接触途径的暴露评价。皮肤接触有机污染物的日均暴露剂量按照成人和儿童分别计算,公式如下:

成人

$$D_i = \frac{C_i \times 16\,900 \times 0.001 \times 0.4}{64.3 \times 1 \times 1\,000} \tag{7-11}$$

儿童

$$D_i = \frac{C_i \times 9\,618 \times 0.001 \times 0.4}{22.9 \times 1 \times 1\,000} \tag{7-12}$$

式中,C_i 为化学致癌物 i 的浓度 (mg/L);16 900 为成人暴露的皮肤表面面积 (cm^2);0.001 为皮肤吸附参数 (cm/h);0.4 为每日接触时间 (h/d);64.3 为华南某省成年男子平均体重 (kg);1 为肠道吸附比率;9618 为儿童暴露的皮肤表面面积 (cm^2);22.9 为华南某省 7 岁儿童平均体重 (kg)。

7.5.4 剂量-反应评价

一般认为,只要有微量的致癌风险物存在,即会对人体健康产生危害。致癌风险的评价模型表达式如下

$$CR_i = \frac{D_i \times SF_i}{70} \tag{7-13}$$

若结果大于 0.01,则按高剂量暴露计算

$$CR_i = \frac{(1 - e^{-D_i \times SF_i})}{70} \tag{7-14}$$

一般认为，非致癌物只有在超过某一阈值时才会对人体健康产生危害。非致癌风险的评价模型表达式如下

$$R_i = \frac{D_i}{RfD_i \times 70 \times 10^6} \tag{7-15}$$

式中，CR_i 为化学致癌物 i 经饮水暴露产生的人均年致癌风险（a^{-1}）；R_i 为非致癌物 i 经饮水暴露产生的人均年健康风险（a^{-1}）；D_i 为有毒物质 i 经饮水暴露的单位体重日均暴露剂量 $[mg/(kg \cdot d)]$；SF_i 为化学致癌物 i 经饮水暴露摄入的致癌系数 $[mg/(kg \cdot d)]^{-1}$；RfD_i 为非致癌物 i 饮水途径的日均推荐剂量 $[mg/(kg \cdot d)]$；70 为平均寿命（a）。

致癌强度系数 SF 与非致癌物参考值 RfD 的确定，首先采用 USEPA 的综合风险信息系统（integrated risk information system，IRIS）资料。对于 IRIS 系统中没有包含的化学物质，参考 RAIS 系统（the risk assessment information system）资料。模型参数值见表 7-3，部分数据空缺表明该物质尚无 USEPA 或其他卫生环境组织收录认可的毒理学实验结果数据。

7.5.5 风险表征——研究区域不同类型饮用水源地的污染物健康风险水平与分布

为了定量某种污染物的全年污染水平，一般情况采用多次检测的平均值，但如检测数据变幅较大。为得到各样点的人均年健康风险水平，突出枯水期和丰水期浓度的高值影响，用内梅罗值法计算各样点的有毒污染物年均检出浓度，公式如下：

$$c_{内} = \sqrt{\frac{c_{极}^2 + c_{均}^2}{2}} \tag{7-16}$$

式中，$c_{内}$ 为该污染物的内梅罗值浓度；$c_{极}$ 为该污染物的检测最大值；$c_{均}$ 为该污染物的检测平均值。

应用得到的各污染物内梅罗值浓度，按照前面所述的暴露评价模型和剂量反应评价模型及参数进行计算，得到各样点成人和儿童的金属与有机物健康风险。其中有机污染物健康风险为饮水途径和皮肤暴露途径的风险加和。

本研究选取 USEPA 等机构推荐的 $1.00 \times 10^{-6} a^{-1}$ 作为最大可接受年风险水平标准，以荷兰环保部推荐的 $1.00 \times 10^{-8} a^{-1}$ 作为可忽略风险水平标准。

分别对 50 个样点的金属污染物和有机污染物风险水平进行了统计分布检验，结果见图 7-3。金属的风险分布由于存在几个高值点，呈显著偏态分布；有机物风险基本呈正态分布。因此对于各类水源地的金属风险采用中位数计算，对于有机污染物采用平均数计算。

1. 金属污染物健康风险评价结果

研究区域内各水源地类型的金属污染物人均年致癌风险和非致癌风险结果见表 7-5。结果显示对于成人来说水库水人均年致癌风险超过了 1.0×10^{-6}。对于儿童来说，水库和江河水人均年致癌风险超过了 1.0×10^{-6}。水源地类型的致癌风险大小排序为：水库>江河>

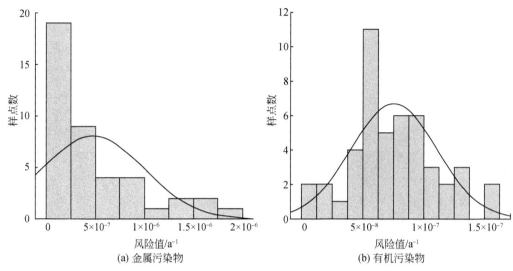

图 7-3　金属污染物和有机污染物风险分布统计检验

地下水>山泉。风险组成见图 7-4（a）。结果显示，江河、水库和地下水的致癌风险来源排序为：铬>砷>铅；山泉水为：铅>铬>砷。

水源地类型的非致癌风险大小排序为：水库>江河>地下水>山泉。风险组成见图 7-4（b）。结果显示，江河的非致癌风险来源物质排序依次为：砷>铁>铬；水库为：铬>锌>砷>铁；山泉为：铁>锌>汞>砷；地下水为：砷>铬>铁。

表 7-5　金属污染物人均年致癌风险和非致癌风险　　　　　　　　（单位：a^{-1}）

| 金属 | 年致癌风险 | | | | | | | |
| | 江河 | | 水库 | | 山泉 | | 地下水 | |
	成人	儿童	成人	儿童	成人	儿童	成人	儿童
砷	2.16×10^{-7}	4.03×10^{-7}	3.14×10^{-8}	5.87×10^{-8}	1.54×10^{-8}	2.87×10^{-8}	1.46×10^{-7}	2.71×10^{-7}
铬	3.49×10^{-7}	6.53×10^{-7}	1.63×10^{-6}	3.06×10^{-6}	3.49×10^{-8}	6.49×10^{-8}	2.49×10^{-7}	4.67×10^{-7}
铅	8.40×10^{-8}	1.57×10^{-7}	2.77×10^{-8}	5.19×10^{-8}	3.96×10^{-8}	7.40×10^{-8}	2.99×10^{-8}	5.60×10^{-8}
合计	6.49×10^{-7}	1.21×10^{-6}	1.69×10^{-6}	3.17×10^{-6}	8.99×10^{-8}	1.68×10^{-7}	4.25×10^{-7}	7.94×10^{-7}

| 金属 | 非致癌风险 | | | | | | | |
| | 江河 | | 水库 | | 山泉 | | 地下水 | |
	成人	儿童	成人	儿童	成人	儿童	成人	儿童
铁	2.71×10^{-10}	5.09×10^{-10}	6.70×10^{-11}	1.25×10^{-10}	1.31×10^{-10}	2.46×10^{-10}	1.06×10^{-10}	1.99×10^{-10}
锰	3.37×10^{-11}	6.31×10^{-11}	4.21×10^{-12}	7.89×10^{-12}	1.09×10^{-12}	2.04×10^{-12}	3.01×10^{-11}	5.64×10^{-11}
铜	3.36×10^{-11}	6.29×10^{-11}	2.09×10^{-11}	3.91×10^{-11}	2.04×10^{-11}	3.83×10^{-11}	5.23×10^{-11}	9.79×10^{-11}
锌	3.19×10^{-11}	5.96×10^{-11}	8.14×10^{-11}	1.53×10^{-10}	6.60×10^{-11}	1.24×10^{-10}	5.81×10^{-11}	1.09×10^{-10}
砷	4.77×10^{-10}	8.93×10^{-10}	6.97×10^{-11}	1.30×10^{-10}	3.41×10^{-11}	6.39×10^{-11}	3.23×10^{-10}	6.06×10^{-10}
铬	2.33×10^{-10}	4.34×10^{-10}	1.08×10^{-9}	2.03×10^{-9}	2.33×10^{-11}	4.34×10^{-11}	1.67×10^{-10}	3.11×10^{-10}
汞	3.54×10^{-11}	6.63×10^{-11}	3.64×10^{-11}	6.83×10^{-11}	3.69×10^{-11}	6.91×10^{-11}	3.47×10^{-11}	6.49×10^{-11}
合计	1.12×10^{-9}	2.09×10^{-9}	1.36×10^{-9}	2.56×10^{-9}	3.13×10^{-10}	5.86×10^{-10}	7.71×10^{-10}	1.44×10^{-9}

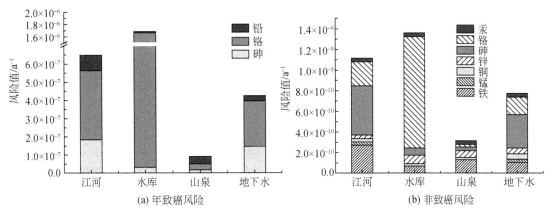

图 7-4 金属污染物成人人均年致癌风险与非致癌风险分布柱状图

2. 有机污染物健康风险评价结果

研究区域内各类型水源地的有机污染物人均年致癌风险和非致癌风险评价结果见表 7-5。其中，江河的致癌风险最高。总致癌风险由高到低排序为：江河>水库>山泉>地下水。风险组成见图 7-5（A）。结果显示，有机污染物致癌风险的主要来源为有机氯农药 δ-HCH，其他主要风险来源为二氯甲烷、DEHP、PAHs 和三氯苯。

非致癌风险由高到低排序为：地下水>水库>江河>山泉。风险组成见图 7-5（B）。结果显示，有机污染物非致癌风险的主要来源为氯丁二烯、乐果和 δ-HCH。其中，江河水的显著风险来源污染物是 δ-HCH；地下水和水库的显著风险来源污染物是氯丁二烯，特别是地下水污染更严重。本研究的地下水样均为浅层地下水，因此分析其可能与土壤污染有较大关系。

表 7-6 有机污染物人均年致癌风险和非致癌风险   （单位：a^{-1}）

| 有机物 | 年致癌风险 | | | | | | | |
| | 江河 | | 水库 | | 山泉 | | 地下水 | |
	成人	儿童	成人	儿童	成人	儿童	成人	儿童
δ-HCH	1.61×10^{-7}	3.04×10^{-7}	2.06×10^{-8}	3.87×10^{-8}	2.36×10^{-8}	4.44×10^{-8}	1.50×10^{-8}	2.83×10^{-8}
PAHs	8.63×10^{-10}	1.62×10^{-9}	3.42×10^{-9}	6.42×10^{-9}	3.92×10^{-9}	7.37×10^{-9}	2.99×10^{-9}	5.63×10^{-9}
PCBs	1.13×10^{-10}	2.12×10^{-10}	1.07×10^{-10}	2.01×10^{-10}	7.34×10^{-11}	1.38×10^{-10}	1.07×10^{-10}	2.01×10^{-10}
BBP	2.22×10^{-11}	4.18×10^{-11}	1.64×10^{-11}	3.08×10^{-11}	1.58×10^{-11}	2.97×10^{-11}	1.47×10^{-11}	2.76×10^{-11}
DEHP	2.95×10^{-9}	5.55×10^{-9}	1.87×10^{-9}	3.51×10^{-9}	2.62×10^{-9}	4.93×10^{-9}	9.16×10^{-9}	1.72×10^{-8}
二氯甲烷	7.12×10^{-10}	1.34×10^{-9}	1.07×10^{-8}	2.01×10^{-8}	9.63×10^{-10}	1.81×10^{-9}	5.45×10^{-9}	1.02×10^{-8}
乙苯	1.78×10^{-9}	3.34×10^{-9}	2.35×10^{-9}	4.42×10^{-9}	6.85×10^{-10}	1.29×10^{-9}	1.50×10^{-9}	2.83×10^{-9}
三氯苯	9.83×10^{-12}	1.85×10^{-11}	6.17×10^{-9}	1.16×10^{-8}	3.84×10^{-9}	7.23×10^{-9}	5.92×10^{-12}	1.11×10^{-11}
总风险	1.67×10^{-7}	3.16×10^{-7}	4.52×10^{-8}	8.50×10^{-8}	3.57×10^{-8}	6.72×10^{-8}	3.42×10^{-8}	6.44×10^{-8}

有机物	江河		水库		山泉		地下水	
	饮水途径	皮肤途径	饮水途径	皮肤途径	饮水途径	皮肤途径	饮水途径	皮肤途径
δ-HCH	3.00×10^{-10}	5.63×10^{-10}	3.82×10^{-11}	7.19×10^{-11}	4.37×10^{-11}	8.21×10^{-11}	2.76×10^{-11}	5.20×10^{-11}
乐果	2.03×10^{-10}	3.81×10^{-10}	1.61×10^{-10}	3.04×10^{-10}	1.69×10^{-10}	3.17×10^{-10}	1.91×10^{-10}	3.59×10^{-10}
DEP	1.82×10^{-14}	3.42×10^{-14}	2.54×10^{-14}	4.78×10^{-14}	4.95×10^{-15}	9.31×10^{-15}	1.94×10^{-14}	3.65×10^{-14}
DBP	9.56×10^{-12}	1.80×10^{-11}	3.56×10^{-12}	6.69×10^{-12}	4.99×10^{-12}	9.39×10^{-12}	9.72×10^{-12}	1.83×10^{-11}
BBP	5.86×10^{-14}	1.10×10^{-13}	4.29×10^{-14}	8.07×10^{-14}	4.18×10^{-14}	7.86×10^{-14}	3.85×10^{-14}	7.24×10^{-14}
DEHP	1.06×10^{-11}	1.98×10^{-11}	6.66×10^{-12}	1.25×10^{-11}	9.38×10^{-12}	1.76×10^{-11}	3.28×10^{-11}	6.16×10^{-11}
DNOP	9.42×10^{-12}	1.77×10^{-11}	9.96×10^{-12}	1.87×10^{-11}	5.53×10^{-12}	1.04×10^{-11}	2.37×10^{-11}	4.46×10^{-11}
二氯甲烷	1.58×10^{-12}	2.98×10^{-12}	2.36×10^{-11}	4.44×10^{-11}	2.13×10^{-11}	4.00×10^{-11}	1.21×10^{-11}	2.28×10^{-11}
氯丁二烯	1.96×10^{-11}	3.68×10^{-11}	4.25×10^{-10}	7.99×10^{-10}	1.09×10^{-10}	2.05×10^{-10}	9.66×10^{-10}	1.82×10^{-9}
乙苯	1.61×10^{-12}	3.04×10^{-12}	2.13×10^{-12}	4.00×10^{-12}	6.23×10^{-13}	1.17×10^{-12}	1.36×10^{-12}	2.56×10^{-12}
二甲苯	6.99×10^{-13}	1.31×10^{-12}	1.02×10^{-12}	1.92×10^{-12}	7.74×10^{-13}	1.45×10^{-12}	9.04×10^{-13}	1.70×10^{-12}
三氯苯	3.39×10^{-14}	6.37×10^{-14}	2.13×10^{-11}	4.00×10^{-11}	1.33×10^{-11}	2.50×10^{-11}	2.05×10^{-14}	3.85×10^{-14}
四氯苯	1.05×10^{-11}	1.97×10^{-11}	8.17×10^{-12}	1.54×10^{-11}	9.59×10^{-12}	1.80×10^{-11}	2.26×10^{-12}	4.25×10^{-12}
总风险	5.68×10^{-10}	1.07×10^{-9}	7.00×10^{-10}	1.32×10^{-9}	3.59×10^{-10}	6.75×10^{-10}	1.27×10^{-9}	2.39×10^{-9}

非致癌风险

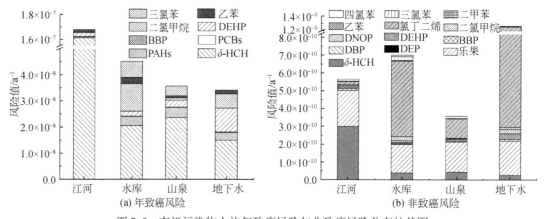

图 7-5　有机污染物人均年致癌风险与非致癌风险分布柱状图

3. 健康风险水平分布

50 个样点的成人金属污染物健康风险总体水平见图 7-6。结果表明，各样点的风险差别较大，存在多个极高风险。研究区域成人金属污染物致癌风险范围为 $1.82 \times 10^{-8} \sim 2.40 \times 10^{-5} a^{-1}$。50 个样点中有 13 个样点的风险值超过了 $1.00 \times 10^{-6} a^{-1}$ 的最大可接受年风险水平标准，风险超标率为 26%。对于非致癌风险，高于 $1.00 \times 10^{-8} a^{-1}$ 可忽略水平的有 5 个样点，与致癌风险分布格局相同，铬和砷也是这些样点非致癌风险的主要来源。

50 个样点的成人有机污染物健康风险水平见图 7-7。结果显示，各样点间的风险水平差距不大，风险范围为 $1.62 \times 10^{-7} \sim 2.77 \times 10^{-9} a^{-1}$。研究区域的有机污染物致癌风险一般，均低于 $1.0 \times 10^{-6} a^{-1}$，无超标，但只有 4 个样点的风险值低于可忽略风险水平 $1.00 \times 10^{-8} a^{-1}$，

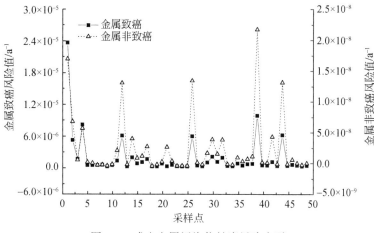

图 7-6　成人金属污染物健康风险水平

同时有 10 个样点的风险值大于 $1.00 \times 10^{-7} a^{-1}$。研究区域有机物致癌风险的最主要来源为 δ-HCH，各样点的 δ-HCH 风险水平较接近。这 10 个高风险样点的 δ-HCH 含量均较高。另外，研究区域饮用水源的主要有机污染物多数为易挥发的有机物，饮用开水能在很大程度上降低健康风险水平，建议饮用烧开后的水。

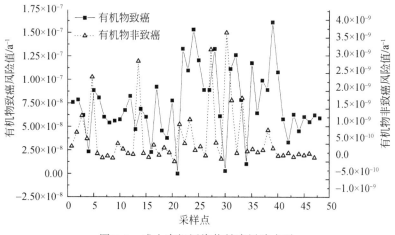

图 7-7　成人有机污染物健康风险水平

表 7-7 为 50 个样点的风险值分布统计。研究区域健康风险水平一般，共 13 个样点的风险存在超标。金属的健康风险高于有机物。

表 7-7　50 个样点的风险值分布统计

风险	$<1.00 \times 10^{-8} a^{-1}$	$1.0 \times 10^{-8} \sim 1.0 \times 10^{-7} a^{-1}$	$1.0 \times 10^{-7} \sim 1.0 \times 10^{-6} a^{-1}$	$>1.0 \times 10^{-6} a^{-1}$
金属致癌	0	12	25	13
金属非致癌	45	5	0	0
有机物致癌	4	36	10	0
有机物非致癌	50	0	0	0

健康总风险为致癌物质和非致癌物质所产生的健康风险之和，本研究中，致癌金属产生的风险数量级为 $10^{-8} \sim 10^{-5}$，非致癌金属产生的风险数量级为 $10^{-10} \sim 10^{-8}$；致癌有机污染物产生的风险数量级为 $10^{-9} \sim 10^{-7}$，非致癌有机物产生的风险数量级为 $10^{-10} \sim 10^{-9}$。因此，致癌风险的分布代表了该地区的健康风险分布格局。

7.5.6　不确定分析

针对本次健康风险评价存在的不确定性作如下讨论：

（1）完整的健康风险评价应包括对大气、土壤、水和食物链等多种介质携带的污染物，通过食入、吸入和皮肤接触等多种暴露途径进入人体对人体健康产生危害的评价。本次研究只评价了有毒污染物通过饮水和皮肤接触途径的健康风险，没有进行呼吸吸入途径的风险评价，实际上低估了有毒污染物的总健康风险。

（2）本研究中假设风险是简单的累加作用，对致癌风险和非致癌风险分别进行了直接加和得到总风险。混合污染物的毒性效应研究是目前国内外环境风险研究的热点问题，但尚未得到较明确和统一的结论，实际情况下的总风险需要进一步探讨。

（3）模型中使用的一些参数如参考剂量、致癌系数、日饮用水量、人体表面积等大多参考 USEPA 和我国的一些统计数据，人群饮水习惯存在较大差异，是否适合研究区域的实际情况还需进一步验证，可能造成本次研究的一些不确定性。

7.5.7　案例小结

研究区域主要风险类型为致癌风险，致癌风险的分布代表了该地区的健康风险分布格局。儿童是较成人更为敏感的风险受体。研究区域的主要风险金属污染物为：铬、砷、铅、铁、锌和锰；主要风险有机污染物为：δ-HCH、二氯甲烷、氯丁二烯、DEHP 和多环芳烃。各种饮用水源地类型的金属污染物风险比较，水库的风险最高，山泉水的风险最低；研究区域各种饮用水源地类型的有机污染物风险比较，江河的风险最高，山泉水的风险最低。山泉水为研究区域的最佳饮用水源类型。

参 考 文 献

曹云者，施烈焰，李丽和，等. 2005. 浑蒲污灌区表层土壤中多环芳烃的健康风险评价. 农业环境科学学报，27（2）：542-545.

陈鸿汉，湛宏伟，何江涛，等. 2006. 污染场地健康风险评价的理论与方法. 地学前缘，13（1）：216-223.

段小丽，聂静，王宗爽，等. 2009. 健康风险评价中人体暴露参数的国内外研究概况. 环境与健康杂志. 26（4）：370-373.

高继军，张力平，黄圣彪，等. 2004. 北京市饮用水源水重金属污染物健康风险的初步评价. 环境科学，25（2）：47-50.

高仁君，陈隆智，郑明奇，等. 2004. 农药对人体健康影响的风险评估. 农药学学报，6（3）：8-14.

高宇，颜崇淮，沈晓明. 2004. 多氯联苯对儿童神经毒性的研究进展. 国外医学卫生学分册，31（2）：

37-40.

耿福明，薛联青，陆桂华，等．2006．饮用水源水质健康危害的风险度评价．水利学报，37（10）：
　　1242-1245．

韩冰，何江涛，陈鸿汉，等．2006．地下水有机污染人体健康风险评价初探．地学前缘，13（1）：
　　224-229．

胡二邦．2000．环境风险评价实用技术和方法．北京：中国环境科学出版社．

黄磊，李鹏程，刘白薇．2008．长江三角洲地区地下水污染健康风险评价．安全与环境工程，15（2）：
　　26-29．

黄奕龙，王仰麟，谭启宇，等．2006．城市饮用水源地水环境健康风险评价及风险管理．地学前缘，
　　13（3）：262-167．

金辉．2001．东江干流东莞段水质研究．环境科学研究，14（3）：48-51．

李涛．2001．国外有机磷农药神经发育毒性研究．国外医学卫生学分册，28（5）：257-260．

李新荣，赵同科，于艳新，等．2009．北京地区人群对多环芳烃的暴露及健康风险评价．农业环境科学学
　　报，28（8）：1755-1765．

罗孝俊，陈社军，麦碧娴，等．2006．珠江三角洲地区水体表层沉积物中多环芳烃的来源、迁移及生态风
　　险评价．生态毒理学报，1（1）：17-24．

马冠生．2011．中国四大城市居民饮水习惯调查报告．北京：中国疾病预防控制中心．

孟紫强．2003．环境毒理学．北京：中国环境科学出版社：531-550．

潘自强，张永兴，陈竹舟，等．1990．中国核工业 30 年辐射环境质量评价和预测．核科学与工程，
　　10（4）：401-412．

钱浩骏，叶细标，傅华．2005．汞及其化合物的慢性神经毒性．环境与职业医学，22（2）：160-166．

钱玲，李涛．2005．环境化学物的生殖毒性研究进展．环境与职业医学，22（2）：167-171．

丘耀文，周俊良，Maskaoui K，等．2002．大亚湾海域多氯联苯及有机氯农药研究．海洋环境科学，
　　21（1）：46-51．

仇付国．2004．城市污水再生利用健康风险评价理论与方法研究．西安建筑科技大学博士研究生论文．

沈文正，李权武．2000．汞的生殖毒性和发育毒性．动物医学进展，21（4）：128-130．

孙超，陈振楼，张翠，等．2009．上海市主要饮用水源地水重金属健康风险初步评价．环境科学研究，
　　22（1）：60-65．

谭培功，赵仕兰，曾宪杰，等．2006．莱州湾海域水体中有机氯农药和多氯联苯的浓度水平和分布特征．
　　中国海洋大学学报，36（3）：439-446．

田裘学．1997．健康风险评价的基本内容与方法．甘肃环境研究与监测，10（4）：32-36．

田裘学．1999．健康风险评价的不确定性及癌风险评价．甘肃环境研究与监测，12（4）：202-206．

万译文，康天放，周忠亮，等．2009．北京官厅水库有机氯农药分布特征及健康风险评价．农业环境科学
　　学报，28（4）：503-507．

王东红，原盛广，马梅，等．2007．饮用水中有毒污染物的筛查和健康风险评价．环境科学学报，
　　27（2）：1937-1943．

王进军，刘占旗，古晓娜．2009．环境致癌物的健康风险评价方法．国外医学卫生学分册，36（1）：
　　50-57．

王铁军，查学芳，熊威娜，等．2008．贵州遵义高坪水源地岩溶地下水重金属污染健康风险初步评价．环
　　境科学研究，21（1）：46-50．

王阳，刘茂．2009．基于生理毒代动力学模型和剂量-反应模型的苯暴露健康风险评价方法．中国工业医
　　学杂志，22（1）：34-37．

王永杰，贾东红 . 2003. 健康风险评价中的不确定性分析 . 环境工程，21（6）：66-69.

王勇泽，李诚，孙树青，等 . 2007. 黄河三门峡段水环境健康风险评价 . 水资源保护，23（1）：28-31.

王喆，刘少卿，陈晓明，等 . 2008. 健康风险评价中中国人皮肤暴露面积的估算 . 安全与环境学报，8（4）：152-156.

王振刚，何海燕 . 1997. As 污染的健康危险度评价 . 中国药理与毒理学杂志，11（2）：93-94.

王志霞，陆雍森 . 2007. 区域持久性有机污染物的健康风险评价方法研究 . 环境科学研究，20（3）：153-157.

王宗爽，段小丽，刘平，等 . 2009. 环境健康风险评价中我国居民暴露参数的探讨 . 环境科学研究，22（10）：1164-1170.

王宗爽，武婷，段小丽，等 . 2009. 环境健康风险评价中我国居民呼吸速率暴露参数研究 . 环境科学研究，22（20）：1171-1175.

魏复盛 . 2001. 有毒有害化学品环境污染及安全防治建议 . 中国工程科学，3（9）：37-40.

魏全伟，刘任，田在锋，等 . 2009. 区域水源地水体多环芳烃健康风险评价 . 水资源与水工程学报，20（2）：15-18.

吴萍，张杰，李浩，等 . 2005. 锰的神经毒性机制探讨 . 中国公共卫生，21（7）：800-802.

吴思英，田俊 . 2002. 镉的生殖毒性流行病学研究进展 . 现代预防医学，29（3）：396-397.

许川，舒为群，罗财红，等 . 2007. 三峡库区水环境多环芳烃和邻苯二甲酸酯类有机污染物健康风险评价 . 环境科学研究，20（5）：57-60.

杨燕红，傅家谟，盛国英 . 1998. 珠江三角洲一些城市水体中微量有机污染物的初步研究 . 环境科学学报，18（3）：271-277.

元凤丽 . 2001. 铅接触与神经毒性作用研究进展 . 预防医学情报杂志，17（6）：442-443.

曾光明，钟政林，曾北危 . 1998. 环境风险评价中的不确定性问题 . 中国环境科学，18（3）：252-255.

曾光明，卓利，钟政林，等 . 1997. 水环境健康风险评价模型及其应用 . 水电能源科学，15（4）：28-33.

张军，金亚平，张扬，等 . 2003. 铅神经毒性分子机制的研究进展 . 中国公共卫生，19（8）：1004-1006.

赵沁娜，徐启新 . 2009. 城市土地置换过程中土壤多环芳烃污染的健康风险评价 . 长江流域资源与环境，15（3）：256-290.

赵肖，廖岩，李适宇 . 2009. 太湖区域环境中基于 PBPK 模型的 DDTs 和 HcHS 混合健康风险 . 生态学杂志，28（8）：1624-2629.

中国营养学会 . 2009. 中国居民膳食指南 . 西藏：西藏人民出版社 .

Butterworth B E，Conolly R B，Morgan K T. 1995. A strategy for establishing mode of action of chemical carcinogens as a guide for approaches to risk assessments. Cancer Letters，93：129-146.

Cattley R C，Marsman D M，Popp J A. 1991. Age-related susceptibility to the carcinogenic effect of the peroxisome proliferators WY-14，643 in rat liver. Carcinogenesis，12：469-473.

EPA/600/P-95/002Fa. 1997. Exposure factors handbook. Washington DC：USEPA.

EPA/600/R-06/096F. 2008. Child-specific exposure factors handbook. Washington DC：USEPA.

Ershow A G，Brown L M，Cantor K P. 1991. Intake of tap water and total water by pregnant and lactating women. American Journal of Public Health，81：328-334.

Hughes M F. 2002. Arsenic toxicity and potential mechanisms of action. Toxicology Letters，133（1）：1-16.

IARC. 2012-3-27. Complete List of Agents evaluated and their classification. http：// monographs. iarc. fr/ENG/Classification/index. php.

Menzie C A，Potoeki B B，Santodonato J. 1995. Exposure to carcinogenic PAHs in the environment. Environmental Science and Technology，26（7）：1278-1284.

Montieello T M, Swenberg J A, Gross E A, et al. 1996. Correlation of regional and nonlinear formaldehyde-induced nasal cancer with proliferating populations of cells. Cancer Res., 56: 1012-1022.

Muhammad S, Shah M T, Khan S. 2011. Health risk assessment of heavy metals and their source apportionment in drinking water of Kohistan region, northern Pakistan. Microchemical Journal, 98 (2): 334-343.

Tilson H A. 1990. Neurotoxieology in the 1990s. Neurotoxicology and Teratology, 12: 293-300.

USEPA. 1986a. Guidelines for carcinogen risk assessment. Federal Register, 51 (185): 33 992-34 003.

USEPA. 1986b. Guidelines for mutagenicity risk assessment. Federal Register, 51 (185): 34 006-34 012.

USEPA. 1988a. Guidance for conducting remedial investigation and feasibility studies under CERCLA. Office of Emergency and Remedial Response.

USEPA. 1988b. Proposed guidelines for assessing male reproductive risk. Federal Register, 53: 24 850-24 860.

USEPA. 1988c. Proposed guidelines for assessing female reproductive risk. Federal Register, 53: 24 834-24 847.

USEPA. 1989. Risk assessment guidance for superfund, volume: human health evaluation manual (part A). Interim final. EPA/540/i-89/002.

USEPA. 1992. Guidelines for exposure assessment. Federal Register, 57 (104): 22 888-22 938.

USEPA. 1996. Proposed guidelines for carcinogen risk assessment: notice. Federal Register, 61: 17 960-18 011.

USEPA. 1998a. Guidelines for neurotoxicity risk assessment. Federal Register, 63 (93): 26 926-26 954.

USEPA. 1998b. Guidelines for reproductive toxicity risk assessment. Federal Register, 61 (212): 56 274-56 322.

USEPA. 2005. Guidelines for carcinogen risk assessment. EPA/630/P-03/OOIF. Washington DC. USEPA

USEPA. 2012. Integrated risk information system. http://www. epa. gov/iris/ [2012-04-27].

US National Research Council. 1983. Risk assessment in the federal government: managing the Process. Washington DC: National Academy Press.

US National Research Council. 1994. Science and Judgment in Risk Assessment. Washington DC: National Academy Press.

Valentin J. 2002. Basic anatomical and physiological data for use in radiological protection: reference values. Annals of the ICRP, 32 (3-4): 1-277.

Wu Bing, Zhang Yan, Zhang Xuxiang, et al. 2010. Health risk from exposure of organic pollutants through drinking water consumption in Nanjing, China. Bulletin of Environmental Contamination and Toxicology, 84 (1): 46-50.

8

有毒污染物暴露与人群健康关系分析

8.1　概述

环境与健康的关系研究一直是各国政府、研究机构和群众关注的热点问题。随着经济和全球化的快速发展，这个问题日显突出，虽然取得了一定成果，但由于环境污染物的多样性、人群暴露以及疾病发生的复杂性，环境与健康的研究存在诸多不确定性，因此，还需要深入研究，为环境污染的控制和人群健康的促进提供理论和实践依据。

8.1.1　国内外研究进展

工业飞速发展在给人类带来前所未有的高生活水平的同时，也使人类的生活环境遭到了几乎不可逆的破坏。我国是发展中国家，工业是国家经济的基本支柱，随着工业化的发展，污染物呈现多样化、复杂化的趋势，由此导致的环境污染对我国居民的健康造成了很大的威胁。现代流行病学研究表明，70%～90%的人类疾病与环境有关。与环境有关的疾病，如肿瘤、心血管疾病、脑血管疾病等的发病率逐年上升，加上呼吸系统疾病、职业病、公害病等，这些疾病引起的死亡率已经占总死亡率的90%以上。

环境污染具有以下特点：①种类多样、途径多元。各种污染物通过水和空气介质排放到环境中，人体可通过呼吸、饮水、进食等多种途径接触污染物。②浓度较小、效应隐匿。环境中污染物的浓度一般较低，由其导致的生物效应呈隐现性，随着接触时间的延长，才逐渐显露出人体健康损害或引起疾病，这也是慢性疾病的一大特点。③影响广泛、危害长远，污染物的排放介质一般为水和空气，而水和空气都是流动的，这就导致了环境污染物的迁移性。此外，大部分污染物在环境中难以降解，并可通过食物链放大效应进入人体并在人体中蓄积，从而对人类以及整个生态系统都造成潜在的危害。

1. 环境污染与肿瘤的发生

癌症已是当今世界上危害人类生命健康的一种常见病，它和脑血管病、心脏病在人类死亡原因中并列，成为人类死亡原因的前三位。对于环境与肿瘤发生关系的研究由来已久，早在1948年，Blum等就报道了阳光可导致皮肤癌的发生。自20世纪80年代以来，人们开始关注环境与肿瘤发生的关系，大量文献报道了环境与肺癌的发生关系，如黄曲霉毒素与肺癌及多环芳烃与肺癌等。

导致肿瘤发生的因素包括直接致癌因素和致癌危险因素：一是可直接引起肿瘤的致癌物，如煤焦油可诱发皮肤癌，多环芳烃可导致肺癌等。二是致癌危险因素，如吸烟、饮酒以及不良的饮食和生活习惯等。环境污染物的致癌方式和机制至今未研究透彻，但大量的研究显示，环境污染物是肿瘤发生的一大危险因素，一项格陵兰岛的因纽特人病例对照研究显示，全氟类化合物与乳腺癌发生的风险有关。

2. 环境污染与人群慢性疾病的关系

持久性有机污染物（POPs）所引起的环境污染问题已经成为影响环境安全和食品安全的重要因素，受到全球环境保护组织、食品卫生机构、工业界、各国政府和科学界的高度关注。持久性有机污染物具有脂溶性、长距离迁移性及蓄积性，其中许多污染物具有致癌、致畸和致突变的"三致"作用，对人类健康和生态系统具有较大的潜在威胁。

在过去的十几年内，有大量文献报道了持久性有机污染物与 T2DM（二型糖尿病）、代谢综合征以及胰岛素抵抗的关系。多项人群研究显示，POPs 与代谢综合征的发生有关，POPs 的浓度与血清甘油三酯、血糖水平之间，存在明显的正相关性；糖尿病患病率与POPs 的浓度之间也存在显著的剂量-反应关系。Lind（2012）等研究显示，血循环中PCBs 的浓度与动脉斑块的数量呈现显著相关。Lee（2007）等多次研究显示，血清中OCPs 有机氯农药、PCBs（多氯联苯醚）的浓度与代谢综合征的发生之间存在显著且一致的相关性。另外还有研究报道，POPs 具有内分泌干扰作用。Halldorsson（2012）研究显示，随着女性血清暴露 PFOs（全氟辛烷磺酰基化合物）浓度的增高，其后代出现肥胖的概率呈现上升趋势。另外，台湾的一项研究结果发现，随着血清 PFOs 暴露浓度的增高，脂联素水平出现增高趋势。

8.1.2 环境与健康的研究策略

目前，国内针对环境污染对生态系统以及对人体健康的研究，大多数局限于环境影响评价，其主要目的仅是描述污染的来源、性质、程度和范围以及可能对环境生态与人群健康影响的程度，特别是对人群健康影响的研究方面，多倾向于危险性评价，分析环境污染可能对人群产生的影响，评估环境污染人群健康影响的危险性的可能性及其大小。然而，仅仅局限于研究环境风险评价，并不能解决当前复杂的环境问题。因为环境影响评价侧重于宏观性评价，其结果多数是"可能性"或者"存在一定的影响"一些比较模糊的结论。同时，这些危险性评价也没有充分考虑非环境因素，即生物（人群）自身因素在损害中的作用，较容易产生偶然性结论。

国外研究环境健康因果关系比较成熟的方法主要有：概率性因果关系法、流行病学因果关系法、个体因果关系法、间接反证因果关系法等。其中流行病学因果关系法使用最为广泛：采用流行病学群体性统计方法，从环境污染与健康损害的分布情况来分析疑污染物及关系较大的因素，运用医学知识判断环境污染区域内的受害人发生了某种程度健康损害，并判断可能引起此种健康损害的可疑污染物，用实验医学方法确证该种污染物能否导致受害人的健康损害。流行病学因果关系理论对于环境损害因果关系判定难题的解决具有十分积极的意义。

1. 流行病学

流行病学（epidemiology）是研究特定人群中疾病、健康状况的分布及其决定因素，并研究防治疾病及促进健康的策略和措施的科学。流行病学从人群的角度出发，研究疾病和健康状况，且它不仅限于研究传染病，还可以研究其他慢性非传染性疾病以及健康状况。

流行病学通过研究疾病的时间、空间以及人群分布（三间分布）特征及影响因素，借以探讨病因，阐明流行规律，制订预防、控制和消灭疾病的对策和措施。作为公共卫生和预防医学的重要分支，流行病学研究始终坚持预防为主的方针，它面向人群，着眼于疾病的预防，特别是一级预防，将疾病扼杀在还未发生的阶段。

流行病学研究的方法主要包括三大类：描述性流行病学、分析性流行病学和实验流行病学。描述性流行病学主要是通过发病资料的收集和简单统计，描述疾病的三间分布特征，找出某些因素与疾病发生之间的关系，提供病因线索，并可提出一定的病因假说；分析性流行病学通过病例对照研究或者队列研究等方法，验证之前提出的病因假设；实验流行病学则需要进行实验干预（包括临床干预、现场干预等），从而进行病因推断，推断暴露于疾病发生的因果关系。

1）描述性流行病学研究

描述性研究（descriptive study）又称描述流行病学，利用已有的资料或对专门调查的资料按不同地区、不同时间及不同人群特征分组，把疾病或健康状态的分布情况真实地描绘、叙述出来。在描述性研究中，除现况研究外，还包括筛检、生态学研究等方法。

A. 现况研究

现况研究是指研究特定时点或时期与特定范围内人群中的有关变量（因素）与疾病或健康状况的关系，即调查这个特定的群体中的个体是否患病和是否具有某些变量或特征的情况，从而探索具有不同特征的暴露与非暴露组的患病情况或是否患病组的暴露情况。由于收集的资料一般不是过去的暴露史或疾病情况，也不是通过追踪观察将来的暴露与疾病情况，故又称为横断面研究（cross-sectional study）。由于研究所得的疾病率一般为在特定时点或时期与范围内该群体的患病频率，故也称之为患病率研究（prevalence study）。

现况研究的目的：① 掌握目标群体中疾病的患病率及其分布状态，采用的方法是抽样调查。②提供疾病的致病因素的线索。通过描述疾病率在不同暴露因素状态上的分布现象，进行逻辑推理（如求同法、求异法、类推法等）而提出可能为该疾病的病因因素。③确定高危人群，是疾病预防中一项极其重要的措施，特别是慢性病的预防与控制，是早发现、早诊断、早治疗的首要步骤。④对疾病监测、预防接种效果及其他资料质量的评价。评价该疾病监测系统或预防接种的资料完整性、可靠性和正确程度。

现况研究的种类：根据研究对象的范围可分为普查和抽样调查。

（1）普查（census）：指在特定时点或时期、特定范围内的全部人群（总体）均为研究对象的调查。这个特定时点应该较短。特定范围是指某个地区或某种特征的人群。普查的目的主要是为了疾病的早期发现和诊断以及寻找某病的全部病例。

（2）抽样调查（sampling survey）：指通过随机抽样的方法，对特定时点、特定范围内人群的一个代表性样本的调查，以样本的统计量来估计总体参数所在范围，即通过对样本中的研究对象的调查研究，来推论其所在总体的情况。抽样调查的目的是描述疾病在时间、空间和人群特征上的分布及影响分布的因素；衡量群体的卫生水平；检查与衡量资料的质量等。

与普查相比，抽样调查具有省时间、省人力、省物力和工作易于做细的优点。但是抽样调查的设计、实施与资料分析均比普查要复杂，重复或遗漏不易被发现，对于变异过大的材料和需要普查普治的情况、患病率太低的疾病也不适合抽样调查，因抽样比大于75%，则不如进行普查。

B. 生态学研究

生态学研究（ecological study）：是描述性研究的一种类型，它是在群体的水平上研究某种因素与疾病之间的关系，以群体为观察和分析的单位，通过描述不同人群中某因素的暴露状况与疾病的频率，分析该暴露因素与疾病之间的关系。

该研究在收集疾病和健康状态以及某因素的资料时，不是以个体为观察、分析的单位，而是以群体为单位的（如国家、城市、学校等），这是其最基本的特征。生态学研究提供的信息是不完全的，只是一种粗线条的描述性研究。研究的目的：① 提供病因线索，产生病因假设；② 评估人群干预措施的效果。

生态学研究的方法有以下两点。

（1）生态比较研究（ecological comparison study）：观察不同人群或地区某种疾病的分布，然后根据疾病分布的差异，提出病因假设。这种研究不需要暴露情况的资料，也不需要复杂的资料分析方法。如描述胃癌在全国各地区的分布，得到沿海地区的胃癌死亡率较其他地区高，从而提出沿海地区环境中如饮食结构等可能是胃癌的危险因素之一。生态比较研究也可应用于评价社会设施、人群干预以及在政策、法令的实施等方面的效果。

（2）生态趋势研究（ecological trend study）：连续观察不同人群中某因素平均暴露水平的改变和（或）某种疾病的发病率、死亡率变化的关系，了解其变动趋势；通过比较暴露水平变化前后疾病频率的变化情况，来判断某因素与某疾病的联系。如某地在实施了大肠癌序贯筛检等综合防治措施后，10余年的大肠癌死亡率曲线有一个明显的下降趋势，就提示了这一综合措施在降低大肠癌死亡率方面是有效的。

2）分析性流行病学

分析性流行病学就是对所假设的病因或流行因素进一步在选择的人群中探索疾病发生的条件和规律，验证病因假设。它包括病例–对照研究和群组研究。

A. 病例–对照研究

病例–对照研究，亦称回顾性研究，比较患某病者与未患某病的对照者暴露于某可能危险因素的百分比差异，分析这些因素是否与该病存在联系，是分析流行病学方法中最基本的、最重要的研究类型之一。

它先按疾病状态，确定调查对象，选择具有特定疾病（或健康状态）的人群作为病例组，再选择未患这种疾病且可比的人群作为对照组，通过问卷调查、实验室检查等方法，搜集可能的危险因素的暴露史，测量并比较两组人群过去暴露于某种可能危险因素的百分比差异，分析暴露是否与疾病有关。假如病例组有暴露史者的比例或暴露程度显著高于对照组，且经统计学检验差异有统计学意义，则可认为这种暴露与某疾病存在着联系。这种研究方法是了解和比较病例组与对照组过去的暴露情况，从病例开始以追溯的办法寻找疾病的原因，在时间上是先有"果"，后及"因"的回顾性研究。

方法和类型：根据研究设计的病例对照配比关系，可分为病例对照不匹配研究，病例对照匹配研究以及衍生的巢式队列研究等。

（1）病例对照不匹配研究，即随机不匹配病例对照研究，亦称成组比较法，按病例对照可比的选择原则，根据样本的大小，选择一定数量的对照，数量不需要严格的比例关系，但对照的数量等于或多于病例。

（2）病例对照匹配，亦称配比法，即要求对照在某些因素或特征上与病例保持一致（如性别、年龄），目的是对两组进行比较式排除匹配因素的干扰。根据匹配的精度要求，又可分为频数匹配和个体匹配。频数匹配只要求匹配的变量因素在研究组和对照组中的频数分布相似，从而限制研究因素以外的某些因素对研究结果的干扰。而个体匹配则要求给每个病例选择一个或几个对照，使对照在某些因素或特征方面与相应的病例相同或基本一致。其目的都是为了增加检验效率、控制混杂因素的作用，从而提高研究的效率。

B. 群组研究

群组研究又称队列研究，将特定人群按其是否暴露于某因素分为两组，追踪观察一定时间，比较两组的发病率，以检验该因素与某疾病联系的假设。如果暴露组人群的发病率显著高于对照组人群，统计学检验有显著意义，则可认为这种暴露因素与某种疾病有联系。这种研究方法是在疾病出现以前分组，追踪一段时间以后才出现疾病，在时间上是先有"因"，后有"果"，属前瞻性研究。

方法类型：根据研究开始时病例是否发生，可分为前瞻性队列研究、回顾性队列研究和双向性队列研究。

（1）前瞻性队列研究是队列研究的基本形式，开始观察时，病例仍未出现，对暴露于某危险因素和不暴露与某危险因素的两队列人群进行追踪观察，从而对发病结果进行分析。其性质是前瞻性的，在时间顺序上增强了病因推断的可信度，且可得到发病率。但因其需要随访追踪，其所需的样本量和时间及经费都较大。

（2）回顾性队列研究，是指在研究开始时病例的结局已经发生，根据掌握的有关研究对象在过去某时刻的暴露情况的历史资料，将其分为暴露组和非暴露组，进而分析暴露对发病结局的影响。这种队列研究可在短期内完成，不需要随访追踪，在时间顺序上仍是由"因"到"果"，因而省时省力。但由于影响暴露于结局的混杂因素难以控制，从而暴露组与非暴露组的可比性难以把握。

（3）双向性队列研究兼顾前瞻性队列研究和历史性队列研究，即在历史性队列研究的基础上，继续观察一段时间，将历史性队列研究与前瞻性队列研究结合到一起。

3）实验流行病学

实验流行病学（experimental epidemiology）又称为流行病学实验或现场试验，以人群为研究对象，以医院、社区、工厂、学校等现场为"实验室"的实验性研究。因为在研究中施加了人为的干预因素，因此也常称之为干预研究（intervention study），是流行病学研究的主要方法之一。它有两个重要特点：①它是实验法而非观察法；②要求设立严格的对照观察，即研究对象随机分配到不同的组，而非自然形成的暴露组与非暴露组。

实验流行病学研究的基本原则：①对照的原则。要求两组研究对象必须具有可比性，即除了是否给予不同干预措施外，其他的基本特征如性别、年龄、居住环境等应尽可能一致。②随机的原则。参加实验研究的对象必须随机的分配到实验组或对照组，提高两组的可比性或均衡性。③盲法的原则。由于受研究对象和研究者主观因素的影响，在设计、资料收集或分析阶段容易出现信息偏倚，为避免这种现象可采用盲法。

方法类型：一般根据不同的研究目的和研究对象可以分为三类：临床试验现场试验和社区随机对照试验。

（1）临床试验。临床试验是对患者或非患者志愿者进行系统的研究，为了发现或者检验、研究产品的作用或者副作用，或者研究产品的吸收、分布、代谢与排泄，以查明其效果与安全性。临床试验中以随机对照临床试验（randomized controled trial，RCT）最为经典，随机对照临床试验需严格按照随机化方法将研究对象分成试验组和对照组，采用盲法，前瞻性地观察两组的结果。

（2）现场试验。现场试验是以正常人为研究对象，以个体或群体为研究单位，将研究对象随机分为实验组和对照组，将所研究的干预措施给予实验组人群后，随访观察一段时间并比较两组人群的结局，如发病率、死亡率、治愈率、健康状况改变情况等，对比分析两组之间效应上的差别，从而判断干预措施的效果的一种前瞻性、实验性研究方法。

（3）社区随机对照试验。社区随机对照试验是一种前瞻性的实验流行病学的研究方法，研究对象是正常人，即未患所研究疾病的人群，选择具有可比性的社区，以社区为单位随机分为实验组和对照组，给实验组施加一种或多种干预措施后，随访追踪一段时间后，得到两组人群的结局资料，比较两组人群效应上的差异，从而判断或评价干预措施的效果。

2. 环境流行病学

环境流行病学是环境医学的一个分支学科，它应用流行病学的理论和方法，研究环境中自然因素和污染因素危害人群健康的流行规律，尤其是研究环境因素和人体健康之间的相关关系和因果关系，即阐明暴露–效应关系，以便为制定环境卫生标准和采取预防措施提供依据。

环境流行病学起源于对自然因素引起的疾病的研究，如地方甲状腺肿、地方性氟中毒等。自20世纪50年代以来，环境污染引起的公害病相继出现，为了查明病因，各国广泛开展了环境流行病学的调查。其目的不仅要阐明环境污染与健康之间的相关关系和因果关系，还要揭示环境污染对人群健康潜在的和远期的危害。

1）环境流行病学研究的主要原则

A. 调查样本具有代表性

环境污染物或某种有害因素对人群健康影响的特点是低浓度、长时间的慢性危害。因此，在选择调查对象时，应选取具有代表性的样本。样本越大，越能反映实际情况。如在进行环境污染与某一种肿瘤关系的调查时，多采用大样本。但这样耗费人力、物力较大，需要时间也长，一般采用抽样调查方法，抽取有一定代表性的样本（群体或个体），根据卫生统计方法进行调查和研究。如果通过抽样调查仍有一些问题搞不清楚，则有必要在一定人群中，进行定群的"从因到果"（前瞻性）或"从果到因"（回顾性）的追踪调查。前瞻性调查是将一个范围明确的居民区的居民划分为某一污染因素的暴露组和非暴露组（对照组），在一定期间追踪观察和比较两组的健康差异和发病死亡情况。回顾性调查是追溯人群中已经发生的某种疾病过去有无可疑的共同病因和发病的性质。综合运用这两种调查方法，并辅以各种实验，有助于病因的阐明。

B. 调查设计具有对比性

揭示暴露人群与非暴露人群之间在健康反应上的差异，在无标准可依时，要严格选择非暴露人群作为对照，以便比较。由于暴露-反应关系，常隐蔽于某一个环境负荷水平和人群组合之中，故应该根据环境负荷和人群组合等情况设立若干个暴露-反应梯度组（如划分轻重污染区，按不同年龄、性别的人群进行分组），以便于调查资料的对比分析。对暴露区和非暴露区人群的患病率或死亡率以及某种效应的出现率，须用标准人口结构加以标准化换算之后，才能进行比较。

C. 获取资料具有有效性

对所要调查的某种特异性或非特异性疾病或病前效应的判断依据，须事先加以统一，并排除环境污染物和生物检测材料的采样或检测方法中的干扰因素。对调查对象的询问、体检，对死亡病例诊断依据的复核等，均应取得有效的完整资料，作出正确结论和判断，并提供准确的参数。此外，还要注意环境中多因素联合作用。在研究某一已知因素时，力求排除其他因素的干扰；在研究原因不明的健康异常或疾病时，力求探明主导因素和辅助因素的作用。

2）环境流行病学的研究内容

环境流行病学的主要内容有：调查不同地区人群的特异性疾病的地区分布、人群分布和时间分布、发病率和死亡率，并连续观察其发展变化规律；调查并检测环境中有害因素，包括污染物和某些自然环境中固有的微量元素在大气、水体、土壤以及食物中的分布、负荷水平、时空波动、理化形态、转化规律和人群暴露水平以及引起危害和疾病的条件；分析调查资料，确定污染范围和程度以及对人体健康的影响，即确定暴露—效应关系和剂量反应曲线，并以此为基础，研究污染物的阈限负荷，为制定环境卫生标准提供基础参数；综合分析调查资料，为公害病或环境病的病因提供线索或建立假说，进而查明因果关系。

A. 暴露测量

环境暴露水平是指人群接触某种环境因素的浓度或剂量，包括外暴露（环境暴露）剂量、内暴露（生物）剂量以及生物有效剂量。

外暴露剂量，即测量环境的外暴露剂量。通常是测定人群接触的环境介质中某种环境因素的浓度和含量，如空气中多环芳烃的干重、饮用水中砷的浓度等，再根据人体接触特征，估计共同暴露水平。

内暴露剂量，即测量生物体内的暴露剂量。由于个体体质及生活习惯方式的差异，每个个体接触和吸收有毒物质的时间和强度都是不同的，生物暴露则可明确反应个体在过去一段时间内，吸入体内的污染物量，如血铅浓度、血清中 OCPs 的浓度等。

生物有效剂量是指经过吸收、代谢活化、转运，最终到达器官、组织、细胞、亚细胞或分子等靶器官的污染物量，它反映最终有效作用剂量，如致癌物与 DNA 形成的加合物的含量。

B. 健康效应测量和评价

环境流行病学调查应根据研究的目的和需要、各项健康效应的可持续时间、受影响的范围、人数以及危害性大小等，选取适当的调查对象和健康效应指标进行测量和评价。在暴露于环境污染物的人群中，常随暴露量、暴露时间及个人健康状况而不同，出现从污染物在体内负荷增加到出现组织器官病理损害及疾病、死亡的不同水平的效应。

在健康效应测量中，调查对象复杂，涉及面广，工作量大，为能达到更好的预期效果，调查人群的选择可采用两种方法：①如果能筛选出高危人群，可以用较小样本的特定人群来进行研究。高危人群即出现某一效应的风险较大的人群，多为高暴露人群或易感的人群。②采用抽样调查，它是从研究总体中随机抽取部分研究单位所组成的样本进行调查研究，进而由样本调查结果来推论总体。抽样调查要求样本能代表总体，遵循随机抽样原则。

健康效应测量的内容主要包括疾病率的测量及生化和生理功能测量。①疾病频率测量。常用的指标有：发病率、患病率、死亡率，或各种疾病的专率，各种症状或功能异常的发生率以及各种人群的专率，例如，年龄或性别专率、某职业人群某病专率等。②生化和生理功能测量。反映各种功能的指标和方法很多，按其手段的类型可分为生理、生化、血液学、免疫学、影像学、遗传学、分子生物学等的检测指标和方法；按人体器官系统包括呼吸系统、消化系统、神经系统、造血系统、生殖系统等的功能检测。总之，任何临床的检测指标，环境流行病学都可以借鉴。

3）环境流行病学的研究方法

（1）现况调查：即横断面调查，在确定的人群中，在某一时点或短时期内，同时评价暴露与疾病的状况，或在某特定时点所做的体检等调查，目的是探索疾病病因线索。通过疾病的现况调查，可以得到某病的患病率以及某些危险因素的暴露情况。

（2）病例对照研究：是最常用的分析流行病学方法，它以确诊的患有某特定疾病的病人作为病例，以不患有该病但具有可比性的个体作为对照，测量并比较病例组与对照组人群在既往暴露于某种因素的暴露比例，经统计学检验，判断暴露因素是否与疾病有关联以及关联强度的大小。

（3）队列研究：队列研究是将人群按是否暴露于某可疑因素及其暴露程度分为不同的亚组，追踪其各自的结局，比较不同亚组之间发病结局的差异，从而判定暴露因子与结局之间有无因果关联及关联大小的一种观察性研究方法。根据作为观察终点的事件在研究开始时是否已经发生，可把队列研究分为前瞻性队列研究和回顾性队列研究。

8.2 案例分析

为进一步评价环境有毒污染物与人群健康的关系，选择华东地区某肿瘤高发区 L 县，运用环境流行病学研究手段，通过区域典型农村饮用水源有毒污染物检测、代表性有毒物质的生物暴露分析，以及人群慢性疾病患病状况（慢性代谢综合征和肿瘤）评价，初步分析了环境有毒污染物暴露与人群健康的关系，旨在为区域环境污染控制及促进人群健康提供数据。

8.2.1 现况研究

1. 现场调查与体检

1）研究对象选择及抽样方法

采用多阶段整群抽样法，选择 L 县的 A 镇、B 镇、C 乡，结合水样采集点的分布，抽取了 26 个行政村，对 26 个行政村内 18 岁以上（含 18 岁）、在当地居住满 5 年以上（含 5 年）的人口进行健康调查和体检。人群抽样方法如图 8-1 所示。

图 8-1 人群抽样方法

2）问卷调查

组织乡镇卫生院预防保健所所长、村组干部及村级卫生服务中心负责人，落实各项工作的组织工作，制定工作程序、人员安排等，由各村行政组织人员通过广播、海报及挨户上门通知等方式进行宣传和组织发动，并宣传调查和体检的各项要求。由课题负责人对所有调查员进行统一培训并模拟调查直至合格，正式调查工作由专门调查人员采用统一地点（各自然村的卫生服务站）现场集中面访或入户调查方法逐项询问。调查内容主要包括六个部分：

（1）一般情况，包括性别、年龄、民族、文化程度、婚姻状况、本地居住状况及居住时间、家庭年收入等。

（2）既往健康史，包括高血压、糖尿病、结石病、心脑血管疾病及高血脂等既往病史以及治疗和愈后情况。

（3）生活习惯和环境状况，包括吸烟、饮酒、饮茶、饮食习惯、生活习惯、居住环境及改水情况等。

（4）职业史，包括职业、每日工作劳动时长、工作时间、劳动强度以及农药、化肥接触情况等。

（5）月经及生育避孕史，包括初潮和绝经年龄、生育史、避孕及节育情况等。

（6）家族病史，包括直系亲属（祖父母、父母、兄弟姐妹、子女）的慢性病（高血压、糖尿病、高血脂、心脑血管病、结石病）及肿瘤发生情况。

此外，按照人群研究的伦理学要求，在调查表首页中包括了"知情同意书"并由被调查者本人签字认可，对于文盲者，经当面宣读并被认可后代为签字同意。详细调查内容见附件 1《生活状况与健康调查表》。

3）现场体检

在问卷调查后的第 2～4 天，按照地域相对集中的原则，在每个自然村的卫生服务站由专业人员进行调查对象的体格测量，具体包括身高、体重、腰围、血压和血糖等的测量。

（1）身高的测量：以长度为 2 m、最小刻度为 0.1 cm 的钢卷尺及直角板为测量工具，被测者脱去鞋、帽，取立正姿势，读数精确到 0.1 cm。

（2）体重的测量：测量仪器为便携式体重秤，被测者脱去鞋、帽，穿单层衣服，读数精确到 0.5 kg。

（3）腰围的测量：以长度为 1.5 m、最小刻度为 0.1 cm 的软皮尺作为测量工具。被测者平静直立，保持平缓呼吸，不要收腹或屏气，将软皮尺在被测者肚脐上缘 1 cm 处水平环绕腹部一周，读数精确到 0.1 cm。

（4）血压的测量：测量仪器为水银血压计，测量工作在安静温暖的室内进行，被测者在测量前 1 h 内避免剧烈的运动以及进食，进入测量室后至少应安静休息 5 ～ 10 min 后方可接受测量。测量时，被测量者需精神放松，不要用力、说话或移动肢体。被测者休息 30 秒后，由另一名专业人员测量第二次血压值，如果连续二次测量的血压值相差超过 10 mmHg，则由第三位专业人员进行第三次测量。

（5）空腹血糖的测定：于体检当日，采集指尖末梢血，采用快速血糖仪及配套的试条，现场测定血糖值。对于血糖异常者，由另一名专业人员重复测定一次。血糖仪每日校正一次，以确保结果的稳定性和可靠性。

生物样品采集、处理、保存及运输：在进行问卷调查时给被调查者发放 150 mL 蓝盖玻璃瓶，叮嘱其在参加集体体检当日，晨起时收集 100 mL 左右晨尿，到现场后统一收集，并在 4 h 内放入 -20℃ 冰柜冻存。现场采集 8 mL 抗凝血和 8 mL 非抗凝血，静置 30 min 左右，以 3000 rad/min 的速度离心 15 min，分离出血浆、血清、白细胞等，并在 2h 内放入 -20 ℃ 冰柜冻存。

2. 质量控制

1）调查前的质量控制措施

（1）调查前的论证。查阅既往资料估算本地区主要慢性病的患病水平，估计本次现场调查的样本量；挑选个别村（T 县的房村镇吴湾村和郝湾村）进行预调查，了解现场调查时可能遇到的困难及可行的应对措施。

（2）调查表的设计。调查表设计过程中，借鉴了国内其他地区慢性病相关调查的内容，经过预调查，结合具体情况进行了抽象概念具体化、明确化的修正，减少调查过程中可能出现的主观随意性，增强了调查方案的可操作性。

（3）调查员与质量控制员的选拔与培训。所有调查员、质量控制员均为专业人员，且经过专门培训。

（4）调查对象应答率的控制。抽样确定调查地区后，根据 2010 年全国人口普查资料，以行政村为单位取得预调查村 18 岁以上年龄组人口数，即调查应通知人数。

（5）宣传发动。在市、县卫生行政主管部门、当地疾控中心和农村预防保健所的支持、协助和组织下，积极发动当地的行政村干部，取得他们的理解和大力支持，由他们协助进行调查对象的摸底造册，发动村民小组长，引导入户调查；在所有调查的行政村均张贴统一制作的宣传海报，向广大村民说明调查的目的、主要内容、时间、要求等主要事项；在各行政村通过广播进行了本次现场调查的宣传通告。

2）调查中的质量控制

（1）使用前校正测量仪器，包括血压计、体重计等。

（2）IC 编号的唯一性。一人一号，可空号但不得重号。调查对象的 IC 编号为 5 位数，第一位数为县区代码，后面 4 位数为调查对象的现场编号。

（3）调查员相互复核。所有调查小组结束当天调查工作后，必须将当天所填写的调查表相互复核一遍，规范填写，做到不漏项、无逻辑错误，并小结当天的工作，安排后续工作。有漏项、逻辑错误的调查表统一安排入户复核。

（4）质量控制员的复核。每个农村确定的调查质量控制员，全面负责本地区基线调查的质量控制工作，既负责现场调查质量控制，又负责所有调查表的二审工作，并与调查员一起作为调查质量同等责任人。

3）调查表的审查和数据录入的质量控制

（1）调查表的抽样审查。按一定比例（约5%）随机抽取部分调查表进行调查表的填写和逻辑审查。共审查 1040 份表格，合格率为 93.6%。不符合标准的调查表存在的问题主要是部分项目漏填及逻辑错误，应及时以入户面访的方式进行补充。

（2）数据录入的质量控制。所有调查表由不同人员通过 Epidata（version3.04）软件独立地进行双轨录入，核对差错并全部纠正，数据的清理工作由项目组专门人员完成。

3. 诊断标准的界定

（1）原发性高血压诊断标准：根据《中国高血压防治指南》，收缩压（SBP）≥140 mmHg 和舒张压（DBP）≥90 mmHg 为高血压，有高血压病史（由县级及县级以上医院诊断）或者服药两周以上者，无论测量时血压是否正常亦诊断为原发性高血压。SBP 在 140~159 mmHg 或 DBP 在 90~99 者为I期高血压；SBP≥160 mmHg 或 DBP≥100 mmHg 者为II期高血压。

（2）高空腹血糖诊断标准：根据世界卫生组织（WHO）推荐标准，6.1 mmol/L≤空腹血糖（FPG）<7.0 mmol/L，诊断为高空腹血糖。

（3）高血脂诊断标准：总胆固醇（TC）>5.7 mmol/L 诊断为高胆固醇血症，甘油三酯（TG）≥1.7 mmol/L 诊断为高甘油三酯血症，高密度脂蛋白（HDLC）<0.9/1.0 mmol/L（男/女）诊断为高甘油三酯血症。

（4）肥胖的诊断标准：根据体质指数 BMI 确定，BMI 等于被调查者的体重（kg）除以身高（m）的平方，BMI<18.5 为低体重，18.5≤BMI<24 为正常，24≤BMI<28 为超重，BMI≥28 为肥胖。

4. 调查结果

1）人群一般特征状况

A. 人口学状况

L 县参与问卷调查的有 7960 人，完成体检的有 6393 人，具有完善的调查表信息、各项体检及血生化信息的有 6002 人，调查的有效应答率为 75.4%。

在 6002 名有效应答者中，男性占 36.8%，平均年龄为 57.44 ±13.84 岁，女性占 63.2%，平均年龄为 54.99 ± 13.95 岁；全部调查人群平均年龄为 57.30 ± 13.54 岁，整体年龄服从正态分布（图 8-2）。其中，18～45 岁人群占 18.9%，46～55 岁人群占 19.7%，56～65 岁人群占 30.1%，66 岁以上人群占 31.3%；男性和女性在各个年龄组的构成比基本相似（表 8-1）。

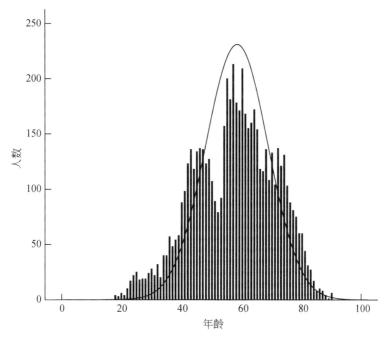

图 8-2 L 县调查人群年龄分布

表 8-1 不同性别调查对象的年龄分布

年龄组 /岁	男		女		合计	
	人数	构成比/%	人数	构成比/%	人数	构成比/%
18～35	102	4.6	211	5.6	313	5.2
36～45	245	11.1	576	15.2	821	13.7
46～55	367	16.6	814	21.4	1181	19.7
56～65	684	31.0	1123	29.6	1807	30.1
66～75	558	25.3	699	18.4	1257	20.9
75 岁以上	251	11.4	372	9.8	623	10.4

该地区 99% 以上的人群为汉族，文化程度分布也较平均，文盲、小学、初中及以上人群分别占 38.5%、25.6%、35.9%，有 8.4% 的人独居（不与子女及亲人一起生活），91.1% 的人群为已婚人群，未婚和离异及其他情况者只占 8.9%（表 8-2）。

表 8-2　L 县三乡镇人群的一般情况描述

项目	A 镇		B 镇		C 乡		合计	
	人数	比例/%	人数	比例/%	人数	比例/%	人数	比例/%
民族								
汉族	2 236	99.7	1 811	99.6	1 933	99.6	5 980	99.6
其他	7	0.3	7	0.4	8	0.4	22	0.4
文化程度								
文盲	863	38.5	715	39.3	731	37.7	2 309	38.5
小学	520	23.2	494	27.2	523	26.9	1 537	25.6
初中及以上	860	38.3	609	33.5	687	35.4	2 156	35.9
居住情况								
独居	199	8.9	164	9.0	140	7.2	503	8.4
合住	2 044	91.1	1 654	91.0	1 801	92.8	5 499	91.6
婚姻状况								
未婚	17	0.8	27	1.5	24	1.2	68	1.1
已婚	2 072	92.4	1 646	90.5	1 752	90.3	5 470	91.1
离异及其他	154	6.9	145	8.0	165	8.5	464	7.8
家庭年收入/元								
少于 3000	495	22.1	411	22.6	312	16.1	1 218	20.3
3000~1 万	1 002	44.7	630	34.7	801	41.3	2 433	40.5
1 万~3 万	613	27.3	594	32.7	691	35.6	1 898	31.6
3 万以上	133	5.9	183	10.1	137	7.1	453	7.5

B. 生活及居住环境

　　L 县的三个乡镇都已经改水，引用水源均为深层地下水，该地区有 64.7% 的家庭仍然使用柴火，只有 35.3% 的人群使用电磁炉及煤气；家庭居住房屋存在潮湿、发霉情况的占 3.4%，有 96.6% 的房屋干燥清爽（表 8-3）。

表 8-3　L 县三乡镇生活居住环境情况

项目	A 镇		B 镇		C 乡		合计	
	人数	比例/%	人数	比例/%	人数	比例/%	人数	比例/%
家用燃料								
柴火	1 139	75.4	955	69.3	636	47.7	2 730	64.7
电	212	14.0	347	25.2	405	30.4	964	22.8
煤气	159	10.5	76	5.5	292	21.9	527	12.5
房屋潮湿情况								
阴暗潮湿	31	1.4	50	2.9	51	2.7	132	2.3
常有霉味	18	0.8	16	0.9	30	1.6	64	1.1
干燥清爽	2 110	97.7	1 682	96.2	1 827	95.8	5 619	96.6

C. 生活方式

L 县的三个乡镇中，男性从不吸烟者占 41.9%，曾经吸烟但已经戒烟者和现在仍然吸烟者分别占 12.0% 和 46.1%；女性吸烟者仅占 5.7%；男性长期饮酒者占 40.1%，女性占 3.8%；规律饮茶者仅占 3.3%，经常进行体育锻炼者占 4.6%（表 8-4）。

D. 饮食习惯

被调查的人员中，使用植物油的占 91.6%，经常吃禽肉类、牛奶及鱼类的人群仅在 45% 以下；经常食用剩饭剩菜及腌制食品者分别占 44.6% 和 39.0%（表 8-5）。

表 8-4　L 县人群生活习惯情况

生活习惯	男		女		合计	
	人数	构成比/%	人数	构成比/%	人数	构成比/%
吸烟情况						
从不吸烟者	926	41.9	3 508	92.5	4 434	73.9
曾经吸烟者	264	12.0	71	1.9	335	5.6
现在仍吸烟者	1 018	46.1	215	5.7	1 233	20.5
开始吸烟的年龄/岁	24.67±8.31		31.93±12.81		25.96±9.68	
每日吸烟量/支	19.02±11.85		12.69±9.66		17.88±11.74	
香烟价格/包						
小于 3 元	603	49.2	181	68.6	784	52.7
3~6 元	478	39	72	27.3	550	36.9
6~10 元	86	7	6	2.3	92	6.2
10 元以上	58	4.7	5	1.9	63	4.2
饮酒情况						
从不饮酒	1 132	51.3	3 608	95.1	4 740	79.0
曾经饮酒	191	8.7	43	1.1	234	3.9
现在仍饮酒	885	40.1	143	3.8	1 028	17.1
开始饮酒年龄/岁	24.08±7.92		29.67±13.59		24.88±9.17	
饮茶情况						
每天饮	156	7.1	40	1.1	196	3.3
经常饮	199	9.0	87	2.3	286	4.8
偶尔/几乎不	1 853	83.9	3 667	96.7	5 520	92.0
打牌打麻将						
经常	289	13.6	281	7.6	570	9.7
偶尔	555	26.0	486	13.1	1 041	17.8
从不	1 288	60.4	2 948	79.4	2 948	72.4
体育锻炼						
经常	138	6.5	128	3.5	266	4.6
偶尔	454	21.5	625	17.0	1 079	18.6
从不	1 522	72.0	2 925	79.5	4 447	76.8

表8-5　L县人群饮食习惯情况

饮食习惯	男		女		合计	
	人数	比例/%	人数	比例/%	人数	比例/%
饮食咸淡						
较咸	352	15.9	623	16.4	975	16.2
适中	1 470	66.6	2 513	66.2	3 983	66.4
偏淡	386	17.5	658	17.3	1 044	17.4
腌制食品						
经常吃	828	37.5	1 512	39.9	2 340	39
偶尔吃	738	33.4	1 295	34.1	2 033	33.9
很少或不吃	642	29.1	987	26	1 629	27.1
剩饭剩菜						
经常吃	987	44.7	1 690	44.5	2 677	44.6
偶尔吃	623	28.2	1 182	31.2	1 805	30.1
很少或不吃	598	27.1	922	24.3	1 520	25.3
食用油						
植物油	1 998	90.5	3 475	91.6	5 473	91.6
色拉油	196	8.9	305	8	501	8
动物油	14	0.6	14	0.4	28	0.5
喝牛奶						
经常	286	13.4	499	13.6	785	13.5
偶尔或几乎不	1 842	86.6	3 180	86.4	5022	86.5
吃禽肉类						
经常吃	1 064	48.2	1 639	43.2	2 704	45.0
偶尔吃	927	42.0	1 702	44.8	2 629	43.8
很少或不吃	216	9.8	454	12.0	670	11.2
吃豆制品						
经常吃	1 777	82.8	2 969	79.5	4 746	80.7
很少或不吃	370	17.2	766	20.5	1 136	19.3
吃鸡蛋						
经常吃	1 099	51.3	1 831	49.2	2 930	50.0
偶尔吃	692	32.3	1 249	33.6	1 941	33.1
很少或不吃	350	16.3	640	17.2	990	16.9
吃鱼类						
经常吃	559	26.0	905	24.4	1 464	25.0
偶尔吃	1 008	47.0	1 689	45.5	2 697	46.0
很少或不吃	579	27.0	1 122	30.2	1 701	29.0

E. 职业特征

在被调查的 L 县三个乡镇的人群中，84.8% 为农民，8.9% 为工人和在外打工者，其他 6.3% 包括司机、办公室人员及离退休员工等，每日工作时间 7.89±2.85 小时，66.6% 的人群工作劳动强度为中、重度（表 8-6）。

表 8-6　L 县人群职业特征描述

特征	男		女		合计	
	人数	比例/%	人数	比例/%	人数	比例/%
职业						
农民	1 653	76.6	3 327	89.6	4 980	84.8
工人	273	12.7	252	6.8	525	8.9
其他	232	10.8	136	3.7	368	6.3
接触农药化肥						
从不	573	28.4	1 211	34.7	1 784	32.4
偶尔	429	21.2	717	20.5	1 146	20.8
经常	1 019	50.4	1 562	44.8	2 581	46.8
心理紧张程度						
不紧张	1 828	86.9	3 159	87.9	4 987	87.5
较紧张	249	11.8	382	10.6	631	11.1
很紧张压力大	27	1.3	54	1.5	81	1.4
劳动强度						
极轻	583	29.2	1 207	36.0	1 790	33.4
中度	565	28.3	879	26.2	1 444	27.0
重度	852	42.6	1 271	37.9	2 123	39.6

F. 生殖及生育史

在被调查的 L 县三个乡镇的 3794 名女性中，初潮年龄 17.11±2.59 岁，孕次 2.98±1.49 次，首育年龄 23.17±3.58 岁。其中，有生育史者 3667 人，占 96.6%；曾服用避孕药者 117 人，仅占 3.08%；安放节育环和结扎者分别为 1914 和 1693 人，分别占 50.4%、44.6%；其中已经停经者有 2494 人，停经年龄 48.68±5.00 岁（表 8-7）。

表 8-7　L 县女性生育史情况

项目	A 镇		B 镇		C 乡		合计	
	人数	比例/%	人数	比例/%	人数	比例/%	人数	比例/%
育有子女	1 329	99.0	1 108	98.5	1 230	98.6	3 667	98.7
服用避孕药	37	2.9	31	3.0	49	4.0	117	3.3
安放节育环	746	57.9	578	54.6	590	48.2	1 914	53.6
结扎	612	47.1	515	48.5	566	46.4	1 693	47.3
停经	922	70.7	703	66.3	869	71.6	2 494	69.7

2）疾病罹患状况

既往疾病史总体情况（表 8-8）。

表 8-8　L 县人群慢性病患病及诊断控制情况

		高血压		糖尿病		高血脂		结石		心脑血管疾病	
		人数	比例/%	人数	比例/%	人数	比例/%	人数	比例/%	人数	比例/%
患者		1 504	25.1	216	3.6	124	2.1	385	6.4	404	6.7
诊断地点	村卫生室	543	36.8	10	4.9	8	6.8	14	4.2	9	2.9
	农村卫生院	492	33.4	63	30.7	40	33.9	94	28.4	44	14.2
	县级医院	397	26.9	116	56.6	59	50.0	198	59.8	234	75.7
	市以上医院	42	2.8	16	7.8	11	9.3	25	7.6	22	7.1

A. 糖尿病史及其治疗

既往糖尿病患者有 216 人，占总调查人群的 3.6%，诊断地点为村卫生室、农村医院、县级医院及市级及以上医院者，分别占 5.8%、30.4%、56.0%、7.7%；诊断为空腹血糖受损、糖耐量异常、Ⅰ型糖尿病、Ⅱ型糖尿病者，分别占 18.0%、7.8%、5.5%、68.6%。采取降糖药、胰岛素、控制饮食或加强运动等措施控制血糖者，有 72.2%、12.5%、41.7%、16.2%，治疗率达 90.1%；和以前相比，血糖控制情况不理想、和以前无差别、比以前稍低及基本控制在正常范围者，分别占 14.4%、15.3%、18.5%、31.0%，糖尿病控制率达 62.6%（表 8-9）。

表 8-9　L 县三乡镇糖尿病患病率及诊断控制情况　　　　　　　　　　（单位：%）

项目	A 镇	B 镇	C 乡	合计
糖尿病				
有	2.7	4.2	4.1	3.6
无	97.3	95.8	95.9	96.4
诊断地点				
村卫生室	1.6	5.8	9.1	5.8
农村卫生院	32.8	34.8	24.7	30.4
县级医院	60.7	50.7	57.1	56.0
市级及以上医院	4.9	8.7	9.1	7.7
糖尿病类型				
空腹血糖受损	20.6	8.9	24.5	18.0
糖耐量异常	2.9	2.2	16.3	7.8
Ⅰ型糖尿病	8.8	2.2	6.1	5.5
Ⅱ型糖尿病	67.6	86.7	53.1	68.6

项目	A 镇	B 镇	C 乡	合计
治疗措施				
有	100.0	83.1	88.7	90.1
无	0.0	16.9	11.3	9.9
控制情况				
无效	39.6	28.6	43.5	37.4
有效	60.4	71.4	56.4	62.6

B. 高血压史及其治疗

既往高血压病患者有 1504 例，占总调查人群的 25.1%，诊断地点为村卫生室、农村卫生院、县级医院、市级及以上医院者，分别占 36.8%、33.4%、26.9%、2.8%；从未服药、断断续续服药及坚持规律服药者，分别占 11.7%、23.5%、60.3%，治疗率达 88.3%；血压控制无效率为 26.0%，有效率为 74.1%（表 8-10）。

表 8-10　L 县三乡镇高血压患病率及诊断控制情况　　　　（单位:%）

项目	A 镇	B 镇	C 乡	合计
高血压				
有	24.9	26.6	23.9	25.1
无	75.1	73.4	76.1	74.9
诊断地点				
村卫生室	34.0	40.0	37.0	36.8
农村卫生院	36.5	37.7	25.2	33.4
县级医院	26.0	20.6	34.6	26.9
市级及以上医院	3.5	1.7	3.3	2.8
治疗措施				
有	86.7	87.1	89.5	88.3
无	13.3	12.9	10.5	11.7
控制情况				
无效	28.5	19.9	29.1	26.0
有效	71.5	80.2	71.0	74.1

C. 心脑血管及其治疗

既往有心脑血管疾病史患者有 404 人，占总调查人群的 6.7%，诊断地点为村卫生室、农村卫生院、县级医院、市级及以上医院者，分别占 3.0%、14.1%、75.5%、7.4%；心梗及心肌缺血者占 30.8%、脑梗及脑出血患者占 69.2%（表 8-11）。

表 8-11　L 县三乡镇心脑血管疾病患病率及诊断控制情况　　　（单位:%）

项目	A 镇	B 镇	C 乡	合计
心脑血管疾病				
有	6.5	5.7	7.9	6.7
无	93.5	94.3	92.1	93.3
诊断地点				
村卫生室	2.8	1.3	4.4	3.0
农村卫生院	16.8	16.9	9.6	14.1
县级医院	69.2	76.6	80.7	75.5
市级及以上医院	11.2	5.2	5.3	7.4
疾病名称				
心梗及心肌缺血	29.9	34.9	28.8	30.8
脑梗及脑出血	70.1	65.1	71.2	69.2
服药治疗				
有	80.3	82.6	82.2	81.6
无	19.7	17.4	17.8	18.4

D. 结石病史

既往结石病患者有 385 人，占总调查人群的 6.4%，胆囊及胆管结石患者占 56.4%，尿路结石者占 41.9%；诊断地点为县级及以上医院者占 67.4%，通过调节饮食、药物排石、体外碎石和手术治疗者分别占 14.8%、45.7%、69.4%、23.9%，治疗率达 89.2%（表 8-12）。

表 8-12　L 县三乡镇结石患病率及诊断控制情况　　　（单位:%）

项目	A 镇	B 镇	C 乡	合计
结石				
无	92.6	93.9	94.5	93.6
有	7.4	6.1	5.5	6.4
诊断地点				
村卫生室	2.9	9.8	0.0	4.2
农村卫生院	29.7	31.4	23.1	28.4
县级医院	57.2	52.0	72.5	59.8
市级及以上医院	10.1	6.9	4.4	7.6
何种结石				
肾结石	33.1	33.3	37.5	34.4
输尿管结石	6.6	7.6	1.0	5.3
膀胱结石	2.6	1.9	1.9	2.2
胆囊结石	54.3	49.5	58.7	54.2

项目	A 镇	B 镇	C 乡	合计
肝内胆管结石	1.3	5.7	0.0	2.2
其他	2.0	1.9	1.0	1.7
治疗措施				
有	90.9	87.3	88.6	89.2
无	9.1	12.7	11.4	10.8

E. 肿瘤病史

既往有肿瘤病史患者有 143 人，检出率为 2.38%，其中，上消化道肿瘤（包括胃癌、贲门癌及食管癌）82 人，占 57.3%，其他患者为卵巢癌、乳腺癌及宫颈癌等（表 8-13）。

表 8-13　L 县三乡镇肿瘤发生率及构成情况　　　　（单位：%）

项目	A 镇	B 镇	C 乡	合计
性别				
男	2.9	4.1	2.0	3.0
女	1.6	2.2	2.2	2.0
年龄				
小于 30 岁	0.0	0.0	0.0	0.0
30～45 岁	1.0	1.2	0.3	0.8
大于 45 岁	2.5	3.4	2.7	2.8
肿瘤类型				
消化道肿瘤	52.1	66.0	52.4	57.3
其他肿瘤	47.9	34.0	47.6	42.7

3）现场疾病检出状况

A. 空腹血糖水平

血糖水平为 5.28 ± 1.53 mmol/L，随着年龄的升高，血糖水平逐渐上升（表 8-14）。高空腹血糖总阳性率为 11.6%，男性阳性率为 11.0%，女性阳性率为 12.0%，男女高血糖阳性率差异没有显著性（$P > 0.05$），高血糖阳性检出率随着年龄的增高而增高（图 8-3）。

表 8-14　L 县人群不同年龄组调查对象的空腹血糖平均值

年龄组/岁	男		女	
	人数	FPG/（mmol/L）	人数	FPG/（mmol/L）
18～35	102	4.66 ± 1.04	211	4.83 ± 1.36
36～45	245	4.96 ± 1.31	576	4.92 ± 1.19
46～55	367	5.25 ± 1.59	814	5.25 ± 1.44
56～65	684	5.29 ± 1.38	1 123	5.40 ± 1.67
66～75	558	5.36 ± 1.77	699	5.57 ± 1.73
76～90	251	5.34 ± 1.33	372	5.45 ± 1.46
合计	2 207	5.24 ± 1.51	3 795	5.30 ± 1.55

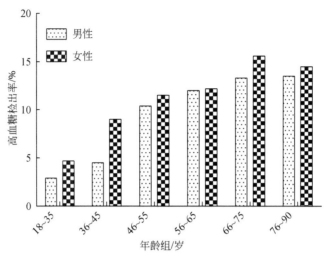

图 8-3　L 县人群不同性别血糖异常患者的年龄分布

B. 血压水平

新检出高血压患者有 1542 例，其中，男性检出率为 54.7%，女性检出率为 48.4%，两性差异有显著性（$P < 0.01$，$OR = 0.78$，95% $CI = 0.72 \sim 0.84$）；在 55 岁前，男性各年龄组的收缩压均高于女性，55 岁之后，女性的收缩压较男性高；除 76 ~ 90 岁年龄组，舒张压在各年龄组都是男性高于女性（表 8-15）。

表 8-15　L 地区不同性别及年龄组调查对象的收缩压与舒张压平均值

年龄组/岁	男			女		
	人数	收缩压/mmHg	舒张压/mmHg	人数	收缩压/mmHg	舒张压/mmHg
18 ~ 35	102	119.9± 13.55	79.81 ± 10.29	211	114.41 ± 13.97	74.97 ± 9.12
36 ~ 45	245	126.14 ± 16.13	83.12 ± 10.75	576	120.74 ± 16.37	78.59 ± 10.52
46 ~ 55	367	129.33 ± 17.47	85.26 ± 11.12	814	128.58 ± 18.76	81.77 ± 10.50
56 ~ 65	684	133.55 ± 19.53	84.40 ± 11.18	1123	134.60 ± 20.33	83.15 ± 10.72
66 ~ 75	558	139.42 ± 21.66	84.11 ± 11.47	699	142.84 ± 21.42	83.92 ± 11.15
76 ~ 90	251	145.65 ± 23.00	84.13 ± 12.64	372	147.47 ± 22.27	84.50 ± 11.36

据统计学分析发现，高血压检出率随着年龄增长而显著增高（$P < 0.01$），且 65 岁以前的各年龄组，男性高血压检出率高于女性，但 65 岁以后，这种关系倒置过来（图 8-4）。

所有的高血压患者中，Ⅰ期高血压（SBP 在 140 ~ 159 mmHg 和 DBP 在 90 ~ 99 者）所占比例较高，是Ⅱ期高血压（SBP ≥ 160 mmHg 或 DBP ≥ 100 mmHg）患者的 1.85 倍（表 8-16）。

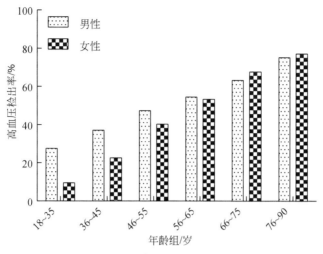

图 8-4 L 地区男女各年龄组高血压检出率情况

表 8-16 L 县人群高血压患者分期构成情况

高血压 分期	男				女				合计 人数	检出率 /%
	既往人数	检出率 /%	新检出 人数	检出率 /%	既往人数	检出率 /%	新检出 人数	检出率 /%		
Ⅰ 期	339	59.6	456	71.4	549	58.7	632	70.0	1 976	64.9
Ⅱ 期	230	40.4	183	28.6	386	41.3	271	30.0	1 070	35.1
合计	569	100.0	639	100.0	935	100.0	903	100.0	3 046	100.0

C. 血脂水平

女性的 TG、TC 水平均随着年龄的增长先升高后下降，无论男性还是女性，HDLC 的水平都是随着年龄的增大而升高的。男性 TG 以及 TC 水平随着年龄的增大分别呈现下降和升高趋势（表 8-17）。

表 8-17 不同性别及年龄组调查对象血脂平均值　　　　（单位：mmol/L）

年龄组/岁	男			女		
	TG	TC	HDLC	TG	TC	HDLC
18 ~ 35	1.62 ± 1.19	4.48 ± 1.07	1.14 ± 0.28	1.04 ± 0.56	4.03 ± 1.00	1.28 ± 0.33
36 ~ 45	1.62 ± 1.33	4.66 ± 1.03	1.26 ± 0.34	1.27 ± 0.80	4.45 ± 0.80	1.32 ± 0.34
46 ~ 55	1.55 ± 1.22	4.80 ± 0.98	1.31 ± 0.37	1.50 ± 1.00	4.77 ± 1.11	1.35 ± 0.33
56 ~ 65	1.34 ± 1.05	4.81 ± 1.03	1.37 ± 0.37	1.61 ± 1.04	5.12 ± 1.08	1.41 ± 0.35
66 ~ 75	1.33 ± 0.82	4.80 ± 1.06	1.38 ± 0.40	1.70 ± 1.18	5.30 ± 1.12	1.43 ± 0.35
76 ~ 90	1.24 ± 0.73	4.82 ± 1.07	1.41 ± 0.34	1.52 ± 0.98	5.16 ± 1.11	1.46 ± 0.37
合计	1.40 ± 1.05	4.78 ± 1.04	1.34 ± 0.37	1.51 ± 1.01	4.92 ± 1.13	1.39 ± 0.35

注：TC-总胆固醇、TG-甘油三酯、HDLC-高密度脂蛋白胆固醇

在血脂异常检出率方面，男女差异明显，男性高 TC 血症、高 TG 血症和低 HDLC 血症的检出率均低于女性（$P < 0.01$）（表 8-18）。

表 8-18 L 县人群男女血脂异常的检出率

血脂异常	男 检出率/%	女 检出率/%	P	OR	95% CI L	U
高 TC 血症	16.9	23.1	0	1.48	1.29	1.69
高 TG 血症	24.1	28.7	0	1.27	1.12	1.43
低 HDLC 血症#	15.5	41.5	0	3.86	3.38	4.40
低 HDLC 血症*	8.3	11.9	0	1.49	1.24	1.78

注：#诊断标准为 HDLC 男性<1.0；女性<1.3 mmol/L

D. 肝肾功能

该地区高 ALT、高 AST、高 BUN、高 Cr、高 UA 血症的检出率分别为 1.9%、6.3%、17.8%、6.8%、7.3%（表 8-19）。

表 8-19 L 县人群肝肾功能异常情况

性别	高 ALT 人数	检出率/%	高 AST 人数	检出率/%	高 BUN 人数	检出率/%	高 Cr 人数	检出率/%	高 UA 人数	检出率/%
男	76	3.4	183	8.3	591	26.8	235	10.6	195	8.8
女	40	1.1	193	5.1	475	12.5	176	4.6	244	6.4
合计	116	1.9	376	6.3	1066	17.8	411	6.8	439	7.3

注：ALT-谷丙转氨酶，AST-谷草转氨酶，BUN-尿素氮，Cr-肌酐，UA-尿酸

4）家族疾病史

家族病史整体情况：该地区存在肿瘤家族史和高血压家族史者分别占 24.4% 和 15.8%（表 8-20）。

表 8-20 L 县各农村人群家族病史情况

病史	L1 人数	检出率/%	L2 人数	检出率/%	L3 人数	检出率/%	合计 人数	检出率/%
肿瘤家族史	605	27	422	23.2	439	22.6	1 466	24.4
高血压家族史	348	15.5	318	17.5	283	14.6	949	15.8
糖尿病家族史	84	3.7	61	3.4	78	4.0	223	3.7
高血脂家族史	31	1.4	13	0.7	25	1.3	69	1.1
心脑血管病家族史	199	8.9	116	6.4	142	7.3	457	7.6
结石家族史	47	2.1	26	1.4	28	1.4	101	1.7

8.2.2 生态学研究

采用 Logistic 回归分析方法，初步筛选了影响 L 地区人群慢性疾病发生的主要危险因

素，为控制疾病提供了依据。

1. 高血压

对于 L 地区人群的性别、文化程度、职业、收入、患糖尿病、心脑血管疾病、高血脂和吃剩饭剩菜、少吃鱼类禽兽肉、肥胖以及高血压、心脑血管疾病、家族病史等均可能是高血压的危险相关因素，对上述因素进行分析，结果如表 8-21 所示。

表 8-21 L 县人群高血压相关因素分析

影响因素	人数	检出率/%	χ^2	P	影响因素	人数	检出率/%	χ^2	P
性别					患高血脂				
男	569	25.8	0.972	0.324	无	1418	24.2	117.5	0.000
女	935	24.6			有	86	65.6		
年龄/岁					职业				
小于 30	4	2.3			农民	1339	26.2		
30~45	79	7.2	295.25	0.000	工人	90	16.3	27.72	0.000
45 以上	1421	30.0			其他	75	21.9		
文化程度					动物内脏				
文盲	716	31.0			经常吃	15	2.6	1.55	0.213
初中及以下	646	21.2	70.94	0.000	偶尔吃或不吃	190	3.6		
高中或以上	142	22.0			中心性肥胖				
婚姻状况					无	754	19.7	162.62	0.000
未婚	5	7.4			有	750	34.5		
已婚	1327	24.3	48.85	0.000	水果				
其他	172	37.1			经常吃	319	20.6	24.80	0.000
居住情况					偶尔吃或不吃	1165	27.0		
独居	152	30.2	7.79	0.005	禽兽肉				
非独居	1352	24.6			经常吃	576	21.3	36.80	0.000
家庭年收入/元					偶尔吃或不吃	928	28.1		
少于 1 万	989	27.1			鸡蛋				
1 万~3 万	431	22.7	23.84	0.000	经常吃	640	21.8	35.04	0.000
3 万以上	84	18.5			偶尔吃或不吃	837	28.6		
患糖尿病					鱼类				
无	1383	23.9	115.74	0.000	经常吃	325	22.2	9.92	0.002
有	121	56.3			偶尔吃或不吃	1158	26.3		
患心脑血管疾病					剩饭剩菜				
无	1235	22.1	393.57	0.000	经常吃	692	27.6	11.93	0.001
有	269	66.3			偶尔吃或不吃	785	23.6		

续表

影响因素	人数	检出率/%	χ^2	P	影响因素	人数	检出率/%	χ^2	P
心里紧张程度					肥胖				
不紧张	1269	25.4			低体重	30	12.3		
较紧张	138	21.9	5.25	0.073	正常	563	19.7	127.13	0.000
很紧张	25	30.9			超重或肥胖	911	31.4		
高血压家族史					高 TC 血症				
无	1237	23.8	33.71	0.000	无	1061	22.3	90.21	0.000
有	267	33.3			有	443	35.4		
心脑血管病家族史					高 TG 血症				
无	1371	24.7	4.06	0.044	无	913	20.8	153.23	0.000
有	133	29.0			有	591	36.4		

经多因素 Logistic 回归分析发现，L 县人群高血压的危险因素主要有性别（男）、年龄、文盲、高血压家族史、中重度工作劳动、高血脂、中心性肥胖以及超重或肥胖等（表 8-22）。

表 8-22　L 县人群高血压相关因素的多因素 Logistic 回归分析

影响因素	B	S. E.	Wald	df	Sig.	Exp（B）	95% CI Lower	95% CI Upper
性别（男）	0.586	0.102	33.11	1	0.000	1.796	1.471	2.193
年龄组			122.64	2	0.000			
30~45 岁	1.162	0.601	3.737	1	0.053	3.198	0.984	10.393
>45 岁	2.563	0.591	18.825	1	0.000	12.972	4.076	41.284
婚姻状况			13.644	2	0.001			
已婚	0.794	0.554	2.05	1	0.152	2.211	0.746	6.552
离异或丧偶	1.195	0.564	4.479	1	0.034	3.302	1.092	9.983
文盲	0.32	0.079	16.341	1	0.000	1.377	1.179	1.608
高血脂	1.09	0.225	23.563	1	0.000	2.974	1.915	4.618
糖尿病	0.857	0.17	25.408	1	0.000	2.355	1.688	3.286
心脑血管病史	1.615	0.124	169.38	1	0.000	5.026	3.941	6.41
高血压家族史	0.673	0.097	47.928	1	0.000	1.96	1.62	2.372
工作劳动强度			15.09	2	0.001			
中等	-0.286	0.091	9.827	1	0.002	0.752	0.629	0.899
重度	-0.282	0.081	12.194	1	0.000	0.754	0.644	0.884
中心性肥胖	0.489	0.089	30.284	1	0.000	1.631	1.37	1.941
高 TG 血症	0.409	0.078	27.347	1	0.000	1.505	1.291	1.754
高 TC 血症	0.39	0.083	22.121	1	0.000	1.476	1.255	1.736
体重			18.055	2	0.000			
低体重	-0.463	0.223	4.315	1	0.038	0.629	0.406	0.974
超重或肥胖	0.289	0.084	11.831	1	0.001	1.335	1.132	1.574

2. 糖尿病

对于 L 地区人群，文化程度、职业、家庭年收入、高血压、高血脂、心脑血管疾病、工作劳动强度、常吃剩饭剩菜、腌制食品以及肥胖等均可能是糖尿病的危险相关因素（表8-23）。

表8-23　L县人群糖尿病相关因素分析

影响因素	人数	检出率/%	χ^2	P	影响因素	人数	检出率/%	χ^2	P
性别					水果				
男	81	3.7	0.08	0.780	经常吃	33	2.1	13.09	0.000
女	134	3.5			偶尔吃或不吃	178	4.1		
年龄/岁					牛奶				
小于30	0	0.0			经常喝	38	4.8	3.78	0.052
30～45	5	0.5	47.39	0.000	偶尔喝或不喝	173	3.4		
45 以上	210	4.4			腌制食品				
文化程度					经常吃	96	4.1	2.94	0.087
文盲	104	4.5			偶尔吃或不吃	114	3.3		
初中及以下	92	3.0	9.25	0.010	剩饭剩菜				
高中或以上	19	2.9			经常吃	106	4.2	4.67	0.031
职业					偶尔吃或不吃	105	3.2		
农民	189	3.7			收入/元				
工人	9	1.6	8.17	0.017	少于1万	151	4.1		
其他	17	5.0			1万～3万	48	2.5	9.34	0.009
剩饭剩菜					3万以上	16	3.5		
经常吃	106	4.2	4.67	0.031	粮食霉变				
偶尔吃或不吃	105	3.2			干燥	212	3.5	12.94	0.000
高血压					经常霉变	3	21.4		
无	94	2.1	115.74	0.000	饮食种类				
有	121	8.0			蔬菜为主	168	4.1		
心脑血管疾病					荤菜为主	45	2.6	9.84	0.007
无	174	3.1	53.54	0.000	两者相当	2	1.2		
有	41	10.1			每天吃多少米面				
高血脂					小于半斤①	72 (5.2)			
无	177	3.0	250.67	0.000	0.5～1.5斤	136 (3.1)		13.86	0.001
有	38	29.0			1.5斤以上	7 (4.0)			
患结石					心里紧张程度				
无	193	3.4	5.98	0.014	不紧张	187	3.7		
有	22	5.9			较紧张	13	2.1	10.46	0.005
					很紧张	7	8.6		

---

① 1 斤 =0.5 kg

影响因素	人数	检出率/%	χ^2	P	影响因素	人数	检出率/%	χ^2	P
工作劳动强度					肥胖				
轻度	82	4.6			低体重	4	1.6		
中等	53	3.7	16.23	0.000	正常	83	2.9	12.26	0.002
重度	48	2.3			超重或肥胖	128	4.4		
糖尿病家族史					高 TC 血症				
没有	194	3.3			无	157	3.3		
有	21	10.5	28.67	0.000	有	58	4.6	5.09	0.024
中心性肥胖					高 TG 血症				
无	109	2.8			无	129	2.9		
有	106	4.9	16.61	0.000	有	86	5.3	19.04	0.000
					低 HDLC 血症				
					无	133	3.3		
					有	82	4.3	3.90	0.048

经多因素 Logistic 回归分析发现，L 县人群糖尿病的危险因素主要有年龄、心脑血管疾病、高血压、高血脂、经常吃剩饭剩菜以及心理紧张等（表 8-24）。

表 8-24　L 县人群糖尿病相关因素的多因素 Logistic 回归分析

因素	B	S. E.	Wald	df	Sig.	Exp（B）	95% CI Lower	95% CI Upper
年龄>45 岁	2.043	0.519	15.502	1	0.000	7.718	2.791	21.344
心脑血管疾病	0.424	0.223	3.627	1	0.057	1.529	0.988	2.366
高血脂	2.119	0.245	74.731	1	0.000	8.326	5.15	13.463
高血压	0.987	0.169	34.05	1	0.000	2.683	1.926	3.737
糖尿病家族史	1.333	0.302	19.43	1	0.000	3.793	2.097	6.861
工作劳动强度			12.952	2	0.002			
中等	−0.071	0.196	0.13	1	0.719	0.932	0.634	1.369
重度	−0.669	0.195	11.726	1	0.001	0.512	0.349	0.751
经常吃剩饭剩菜	0.347	0.16	4.672	1	0.031	1.414	1.033	1.937
心里紧张程度			10.164	2	0.006			
较紧张	−0.573	0.33	3.017	1	0.082	0.564	0.296	1.076
非常紧张	1.201	0.466	6.637	1	0.010	3.324	1.333	8.29

3. 心脑血管病

对于心脑血管疾病，年龄、文化程度、职业、高血压、糖尿病、高血脂、肥胖以及心脑血管疾病家族史、高血压家族病史等均可能是其危险相关因素，而常饮茶、吃水果、鱼类、豆制品等则是保护因素（表 8-25）。

表 8-25　L 县人群心脑血管疾病相关因素分析

影响因素	人数	检出率/%	χ^2	P	影响因素	人数	检出率/%	χ^2	P
性别					饮茶				
男	138	6.3	1.45	0.229	经常饮	28	5.8	0.88	0.350
女	268	7.1			偶尔饮或不饮	367	6.9		
年龄/岁					水果				
小于 30	2	1.2			经常吃	82	5.3	7.75	0.005
30 ~ 45	14	1.3	77.18	0.000	偶尔吃或不吃	318	7.4		
45 以上	390	8.2			禽兽肉				
文化程度					经常吃	143	5.3	16.94	0.000
文盲	203	8.8			偶尔吃或不吃	263	8.0		
初中及以下	169	5.5	24.52	0.000	豆制品				
高中或以上	34	5.3			经常吃	319	6.7	0.03	0.861
婚姻状况					偶尔吃或不吃	78	6.9		
未婚	2	2.9			鸡蛋				
已婚	360	6.6	7.30	0.026	经常吃	169	5.8	9.99	0.002
其他	44	9.5			偶尔吃或不吃	230	7.8		
本地居住					鱼类				
小于 10 年	3	5.1			经常吃	83	5.7	3.87	0.049
10 ~ 20 年	5	3.0	4.00	0.136	偶尔吃或不吃	315	7.2		
20 年以上	398	6.9			粮食霉变				
职业					干燥	404	6.7	1.26	0.262
农民	360	7.0			经常霉变	2	14.3		
工人	16	2.9	15.85	0.000	心脑血管病家族史				
其他	30	8.8			无	355	6.4	14.89	0.000
中心性肥胖					有	51	11.1		
无	214	5.6	23.25	0.000	高血压家族史				
有	192	8.8			无	339	6.5	3.75	0.053
患高血压					有	67	8.4		
无	137	3.0	393.57	0.000	收入/元				
有	269	17.9			少于 1 万	275	7.5		
患糖尿病					1 万 ~ 3 万	110	5.8	9.49	0.009
无	365	6.3	53.54	0.000	3 万以上	21	4.6		
有	41	19.1			肥胖				
患高血脂					低体重	11	4.5		
无	369	6.3	97.97	0.000	正常	157	5.5	18.84	0.000
有	37	28.2			超重或肥胖	238	8.2		
患结石					高 TC 血症				
无	366	6.5	9.55	0.002	无	306	6.4	3.79	0.052
有	40	10.6			有	100	8.0		
是否喝生水					高 TG 血症				
经常喝	14	4.6	2.62	0.106	无	253	5.8	25.09	0.000
偶尔喝或不喝	382	7.0			有	153	9.4		

经多因素 Logistic 回归分析发现，L 县人群心脑血管疾病的危险因素为与其相关的代谢性疾病有相关性，高血压、糖尿病、高血脂以及心脑血管病家族史也是其危险因素（表 8-26）。

表 8-26　L 县人群心脑血管病相关因素的多因素 Logistic 回归分析

影响因素	B	S. E.	Wald	df	Sig.	Exp（B）	95% CI Lower	95% CI Upper
高血压	1.676	0.113	218.48	1	0.000	5.342	4.278	6.671
糖尿病	0.437	0.203	4.629	1	0.031	1.548	1.04	2.305
高血脂	0.955	0.224	18.146	1	0.000	2.6	1.675	4.035
心脑血管病家族史	0.506	0.17	8.846	1	0.003	1.658	1.188	2.314

4. 高脂血症

高血脂的危险因素主要有性别、年龄、婚姻、职业、吸烟、高血压、糖尿病、心脑血管疾病、常吃剩饭剩菜、腌制食品、饮酒、肥胖、高血脂家族病史以及肥胖等（表 8-27）。

表 8-27　L 县人群高血脂相关因素分析

影响因素	人数	检出率/%	χ^2	P	影响因素	人数	检出率/%	χ^2	P
性别					患高血压				
男	743	33.7	32.45	0.000	无	1501	33.4	188.55	0.000
女	1559	41.1			有	801	53.3		
年龄/岁					患糖尿病				
小于 30	40	23.4			无	2184	37.7	25.77	0.000
30~45	318	29.0	71.60	0.000	有	118	54.9		
45 以上	1944	41.1			患心脑血管疾病				
文化程度					无	2096	37.5	28.25	0.000
文盲	953	41.3			有	206	50.7		
初中及以下	1 100	36.1	14.87	0.001	患结石				
高中或以上	249	38.5			无	2128	37.8	10.65	0.001
婚姻状况					有	174	46.3		
未婚	13	19.1			香烟价格/元				
已婚	2113	38.6	10.85	0.004	<3	259	33.0		
其他	176	37.9			3~10	216	33.6	5.57	0.062
居住情况					>10	30	47.6		
独居	206	41.0	1.57	0.210	平时心情如何				
非独居	2096	38.1			舒畅	1491	39.0		
职业					偶尔急躁生气	599	36.2	4.41	0.110
农民	1994	39.0			经常急躁生气	143	39.9		
工人	166	30.1	18.21	0.000					
其他	142	41.5							

影响因素	人数	检出率/%	χ^2	P	影响因素	人数	检出率/%	χ^2	P
蔬菜					饮酒				
经常吃	2 268	38.3	1.57	0.211	从不饮	1 852	38.8	2.12	0.146
偶尔吃或不吃	34	45.3			现在饮或曾经饮	450	36.6		
动物内脏					工作劳动强度				
经常吃	238	41.7	3.32	0.068	轻度	697	38.9		
偶尔吃或不吃	1 971	37.8			中等	515	35.7	6.10	0.047
腌制食品					重度	841	39.6		
经常吃	923	39.4	1.97	0.160	高血脂家族史				
偶尔吃或不吃	1 319	37.6			无	2 269	38.2	2.65	0.104
剩饭剩菜					有	33	47.8		
经常吃	982	39.1	1.18	0.278	中心性肥胖				
偶尔吃或不吃	1 255	37.7			无	1 151	30.1	308.50	0.000
甜食					有	1 151	53.0		
偶尔吃	1 907	38.8	2.20	0.138	肥胖				
经常吃	395	36.4			低体重	44	18.1		
食用油种类					正常	830	29.0	292.62	0.000
植物油	2 098	38.3			超重或肥胖	1 428	49.2		
色拉油、调和油	195	38.9	0.53	0.769	低 HDLC 血症				
猪油	19	67.9			无	1 459	35.7	37.09	0.000
粮食霉变					有	843	43.9		
干燥	2 295	38.3	0.81	0.370					
经常霉变	7	50.0							

经多因素 Logistic 回归分析发现，L 县人群高血脂的危险因素主要有性别（女）、年龄、中心性肥胖、高血压、超重或肥胖以及低 HDLC 血症等（表8-28）。

表8-28　L 县人群高血脂相关因素的多因素 Logistic 回归分析

影响因素	B	S.E.	Wald	df	Sig.	Exp（B）	95% CI Lower	Upper
性别（女）	0.126	0.063	3.982	1	0.046	1.135	1.002	1.285
年龄>45 岁	0.41	0.074	30.882	1	0.000	1.506	1.304	1.741
中心性肥胖	0.485	0.07	47.675	1	0.000	1.624	1.415	1.864
体重			80.731	2	0.000			
低体重	-0.502	0.174	8.376	1	0.004	0.605	0.431	0.85
超重或肥胖	0.533	0.066	65.261	1	0.000	1.705	1.498	1.94
低 HDLC 血症	0.167	0.062	7.171	1	0.007	1.182	1.046	1.335
患有高血压	0.599	0.064	86.773	1	0.000	1.821	1.605	2.065

5. 肿瘤

L 县人群消化道肿瘤发生的危险因素主要有性别、年龄、文化程度、家庭收入、高血脂、上消化道疾病、吸烟、肥胖、常吃剩饭剩菜、腌制食品以及肿瘤家族史等（表 8-29）。

表 8-29　L 县人群消化道肿瘤相关因素分析

影响因素	人数	检出率/%	χ^2	P	影响因素	人数	检出率/%	χ^2	P
性别					肥胖				
男	48	2.2	16.94	0.000	低体重	15	6.2		
女	34	0.9			正常	59	2.1	77.57	0.000
年龄/岁					超重或肥胖	8	0.3		
小于30	0	0.0			鱼类				
30~45	1	0.1	19.78	0.000	经常吃	12	0.8		
45以上	81	1.7			偶尔吃或不吃	70	1.6	4.75	0.029
文化程度					腌制食品				
文盲	30	1.3			经常吃	34	1.5		
初中及以下	49	1.6	5.30	0.071	偶尔吃或不吃	48	1.4	0.07	0.789
高中或以上	3	0.5			剩饭剩菜				
职业					经常吃	44	1.8		
农民	76	1.5			偶尔吃或不吃	38	1.1	3.85	0.050
工人	2	0.4	4.77	0.092	体育锻炼				
其他	4	1.2			偶尔	74	1.3		
收入					经常	8	3.0	4.36	0.037
少于1万	55	1.5			平时心情				
1万~3万	25	1.3	3.44	0.179	舒畅	62	1.6		
3万以上	2	0.4			偶尔急躁生气	16	1.0	3.82	0.148
患有高血脂					经常急躁生气	4	1.1		
没有	60	1.6			工作劳动强度				
有	22	1.0	4.67	0.031	轻度	31	1.7		
患有结石					中等	14	1.0	3.64	0.162
没有	73	1.3			重度	27	1.3		
有	9	2.4	3.14	0.076	肿瘤家族史				
患上消化道疾病					无	53	1.2		
没有	69	4.1			有	29	2.0	5.54	0.019
有	4	1.6	3.80	0.051	中心性肥胖				
吸烟					无	73	1.9		
从不吸	50	1.1			有	9	0.4	22.89	0.000
现在或曾经吸	32	2.0	7.13	0.008					
水果									
经常吃	19	1.2							
偶尔吃或不吃	63	1.5	0.45	0.501					

影响因素	人数	检出率/%	χ^2	P	影响因素	人数	检出率/%	χ^2	P
禽兽肉					低 HDLC 血症				
经常吃	26	1.0	5.97	0.015	无	72	1.8	14.95	0.000
偶尔吃或不吃	56	1.7			有	10	0.5		
高 TG 血症					代谢综合征				
无	76	1.7	16.37	0.000	无	76	1.7	15.01	0.000
有	6	0.4			有	6	0.4		

8.2.3　病例对照研究

多环芳烃（polycyclic aromatic hydrocarbons，PAHs）是指分子中相邻苯环至少有两个共用碳原子的碳氢化合物，主要来源于煤、石油等不完全燃烧或热裂解产物，此外还存在于熏制食物和香烟烟雾中。已有的研究显示，我国环境介质中 PAHs 的污染程度相对较高，这可能导致人体内多环芳烃暴露水平的增加。人们可通过呼吸、饮食、饮水、吸烟以及皮肤接触等多种方式而不同程度地暴露 PAHs。由于 PAHs 对生育、发育、血液、心脏、神经及免疫系统等具有毒性，在高 PAHs 暴露环境下，容易诱发肺癌、皮肤癌、鼻癌和膀胱癌等疾病。PAHs 进入身体后会经历一系列生物转化过程：在 I 相酶代谢过程中，PAHs 被细胞色素 P450 酶氧化为活性更强的环氧化物，这些环氧化物在环氧水解酶的作用下可被还原或水解成羟基代谢物，这些羟基代谢物在 II 相代谢过程中与葡萄糖醛酸或硫酸相结合从而降低毒性，并随着尿液或粪便排出体外。而具有毒性的代谢物则可与蛋白质、DNA 等大分子结合，形成 PAH-DNA 加合物，引起 DNA 损伤，诱导基因突变，诱发肿瘤形成。一些多环芳烃已被 USEPA 列入优先控制污染物名单，其中苯并[a]蒽、䓛、苯并[b]荧蒽、苯并[k]荧蒽、苯并[a]芘和茚并 [1,2,3-cd]芘 6 种多环芳烃具有致癌性。

PAHs 的暴露标志物包括各种 PAHs 原型及其代谢物，因此通过测定尿液中 PAHs 或其代谢产物，可以客观、综合、有效地反映人体对 PAHs 的暴露情况，对预测和评估人群接触 PAHs 有着十分重要的意义，同时也为我们制定对此类有毒有害物质的预防策略和措施提供科学的依据。

1. 生物样本选择及处理

本研究随机选取 L 县体检人群中的 59 例上消化道肿瘤患者尿样，并在本县的正常人群中选取 166 份非肿瘤人群尿样，另在 T 县 A 镇正常人群中选取 107 份尿样，运用高效液相色谱法检测尿液中三种多环芳烃的羟基代谢产物，包括 2-羟基萘（2-OHN）、2-羟基芴（2-OHF）和 1-羟基芘（1-OHP）。

样品前处理：

（1）水解。准确移取 3 mL 尿液样品于 10 mL 试管中，加入 1 mL 醋酸钠缓冲溶液和 10 μL 的 β-葡萄糖苷酸酶，充分混匀后置于 37 ℃恒温振荡水槽水解 3 h。

（2）固相萃取。依次向小柱、C_{18} 小柱加入 3 mL 二氯甲烷、3 mL 甲醇、3 mL 超纯水，

将 C_{18} 小柱活化（小柱不能流干），然后加入水解后的尿样，待尿样通过 C_{18} 小柱（适当时可用抽气泵将柱子抽干）后，加入 1：1 的正己烷和二氯甲烷混合溶液洗脱两遍，将小柱抽干，同时将洗脱液收集于试管中。

（3）浓缩。将脱完水的洗脱液在微弱的氮气下缓慢吹干。

（4）定容。待样品吹干后，加入 100 μL 的乙腈定容，待测。

2. 检测方法

采用高效液相色谱法（HPLC，2695，Waters 公司），配 PAD 检测器（2996）、FD 检测器（2475）、PAH C_{18} 专用柱（4.6×250 mm，5μm，Waters 公司）、C_{18} 保护柱（3.9×20 mm，5 μm，Waters 公司），柱温 30 ℃，流动相为水和乙腈，梯度洗脱（梯度洗脱时间及荧光时间程序见表 8-30 和表 8-31），荧光或增益改变时维持基线，三种代谢产物分离良好（图 8-5）。

表 8-30　HPLC 梯度洗脱时间程序

时间/min	流量/（mL/min）	乙腈/%	水/%	曲线
0	1.2	50	50	6
18	1.2	80	20	6
20	1.2	95	5	6
36	1.2	95	5	6
37	1.2	50	50	1
45	1.2	50	50	6

表 8-31　HPLC 荧光程序

时间/min	激发波长/nm	发射波长/nm	PMT 增益
0.00	260	350	10
9.00	275	350	10
12.70	250	370	10
14.20	289	462	10
15.30	320	380	10
17.50	265	430	10
22.00	290	430	10
23.60	290	430	2
26.00	290	430	10
28.50	305	480	10

PAHs 及其代谢产物标曲线性范围、相关系数及检出限采用外标法定量，荧光标准曲线相关系数均大于 0.99，仪器检测限为 0.001～0.5 μg/L。

PAHs 及其代谢产物加标回收率与精密度在优化好的前处理条件下，对实际尿样进行

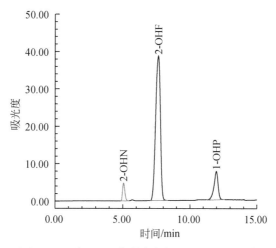

图 8-5　3 种 PAHs 代谢产物标准品的出峰图谱

加标回收试验，加标（终浓度）为 200 μg/L，平均加标回收率在 78.2%～102.3%；相对标准偏差 RSD 为 0.13%～8.61%。

3. 统计分析方法

所有检测数据均录入 SPSS 统计软件（SPSS17.0），采用秩和检验法，分析男女及地区之间尿液中 PAHs 代谢产物的水平差异；采用 Logistic 回归分析，分析 17 个村落的肿瘤发生率与饮用水源中 PAHs 暴露水平的关系。另外，根据代谢产物暴露水平高低，将人群分为四组，比较高低组之间肿瘤发生率的差异。

4. 检测结果

1）PAHs 暴露的总体情况

共检测 332 份尿样，其中，男性 132 份，女性 200 份；T 县 107 份、L 县 225 份。三种代谢产物 2-OHN、2-OHF、1-OHP 在本人群尿液样品中的检出率都在 80% 以上，分别为 92.5%、96.4%、81.6%，符合结果分析的需要。从检测人群的年龄分布直方图（图 8-6）可以看出，该部分人群的年龄分布较均匀，基本呈现正态分布。

三种代谢产物在男性尿样中的浓度中位数分别为 1.70μmol/mol Cr、41.48μmol/mol Cr、28.34μmol/mol Cr，女性浓度中位数分别为 1.23μmol/mol Cr、32.29μmol/mol Cr、20.54μmol/mol Cr。男性的 2-OHN 暴露水

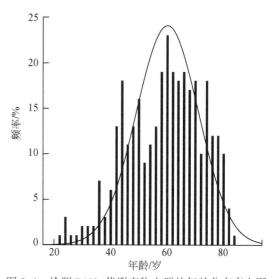

图 8-6　检测 PAHs 代谢产物人群的年龄分布直方图

平高于女性，且存在统计学差异（表8-32）。从区域上来看，L地区人群的2-OHN的暴露水平高于T地区，差异有统计学意义（表8-32）。

表8-32 不同性别、地区尿液中PAHs代谢产物暴露水平

（单位：μmol/mol Cr）

类别		性别		Wilcoxon	P	地区		Wilcoxon	P
		男	女	W		L县	T县	W	
2-OHN	P25	0.96	0.88	31 355	0.023*	1.07	0.92	15 126	0.001**
	P50	1.70	1.23			1.90	1.35		
	P75	3.33	2.01			3.98	2.40		
2-OHF	P25	16.36	16.84	32 400	0.293	18.29	16.63	36 631.5	0.309
	P50	41.48	32.29			29.44	35.08		
	P75	81.38	56.37			55.04	58.9		
1-OHP	P25	18.51	12.83	31 816	0.082	12.70	13.87	17 499.5	0.698
	P50	28.34	20.54			25.59	23.82		
	P75	47.40	33.77			42.38	40.07		

* $p<0.05$；** $p<0.01$

2）饮用水源中PAHs外暴露水平与肿瘤发生率的关系

根据饮用水源检测结果以及人群肿瘤发生率结果（表8-33），将饮用水源中PAHs的暴露浓度水平进行毒性当量换算，分析PAHs暴露水平与肿瘤发生率的关系（表8-34）。

表8-33 PAHs各物质的毒性当量转换系数

编号	PAHs	TEF值
1	苊	0.001
2	苊烯	0.001
3	蒽	0.010
4	苯并[a]蒽	0.100
5	苯并[a]芘	1.000
6	苯并[b]荧蒽	0.100
7	苯并[g,h,i]苝（二萘嵌苯）	0.010
8	苯并[k]荧蒽	0.100
9	䓛	0.010
10	二苯并[a,h]蒽	1.000
11	荧蒽	0.001
12	芴	0.001
13	茚并[1,2,3-cd]芘	0.100
14	萘	0.001
15	菲	0.001
16	芘	0.001

表8-34　采样点各村肿瘤检出率（%）及PAHs检出水平（ng/L）情况

变量	T县A镇				T县B镇			L县A镇				L县B镇				
	温刘	周庙	杨场	李庄	黄桥	新何	龙亭	胡新	林码	桑园	季庵	南严	干东	客堂	瓦滩	王老庄
肿瘤检出率/%	2.20	1.70	0.00	0.61	0.42	0.00	1.08	4.63	3.11	3.42	3.98	2.32	2.37	2.12	2.00	1.51
萘	85.14	48.17	21.06	0.00	0.00	0.00	0.00	1.78	2.98	1.96	1.73	3.22	2.75	5.85	3.21	3.78
苊烯	0.00	0.00	0.00	0.12	0.00	0.00	0.84	0.00	0.00	0.00	0.00	0.00	0.00	0.00	0.00	0.00
苊	0.00	0.00	0.00	0.00	0.00	0.00	0.00	0.30	0.60	0.14	0.57	0.67	1.37	0.92	0.37	0.82
芴	0.00	0.12	0.00	0.17	0.02	0.00	0.13	0.03	2.53	0.45	0.79	1.23	1.38	1.44	2.50	2.14
菲	0.00	1.75	0.00	1.10	0.15	0.00	0.86	7.56	8.93	6.96	2.31	6.36	5.80	7.86	11.87	11.77
蒽	4.14	8.60	3.36	5.22	1.28	0.99	3.55	0.48	0.66	0.49	0.69	0.29	0.25	0.51	0.68	0.00
荧蒽	4.83	11.43	3.97	7.18	1.71	1.09	5.72	11.12	4.69	12.40	5.77	5.44	2.80	8.01	9.68	13.34
芘	2.20	1.71	2.20	1.74	1.09	0.45	1.13	2.09	2.90	2.27	1.03	1.25	0.94	1.28	2.37	1.50
苯并[a]蒽	1.19	1.16	1.18	1.12	0.73	0.42	0.94	0.45	1.36	0.45	0.31	0.13	0.03	0.34	0.03	0.03
䓛	0.22	0.20	0.15	0.18	0.11	0.10	0.13	3.25	1.98	3.43	2.82	3.51	1.90	3.88	8.05	2.51
苯并[b]荧蒽	4.51	3.81	4.52	3.81	3.14	1.49	3.09	0.16	0.09	0.09	0.61	0.21	0.00	0.00	0.40	0.41
苯并[k]荧蒽	0.32	0.53	0.33	0.30	0.23	0.00	0.30	0.00	0.63	0.00	0.00	0.00	0.00	0.00	0.02	0.00
苯并[a]芘	0.15	0.24	0.13	0.14	0.00	0.04	0.13	0.00	0.32	0.00	0.00	0.00	0.00	0.00	0.00	0.00
二苯并[a,h]蒽	0.14	0.24	0.08	0.10	0.00	0.05	0.06	0.27	0.38	0.29	0.21	0.18	0.00	0.35	0.31	0.00
苯并[g,h,i]芘	0.09	0.10	0.46	0.17	0.08	0.06	0.07	0.00	0.00	0.00	0.00	0.00	0.00	0.00	0.00	0.00
茚并[1,2,3-Cd]芘	0.08	0.33	0.00	0.15	0.00	0.02	0.00	0.00	0.53	0.00	0.00	2.91	0.53	13.52	0.00	0.00
总PAHs	0.78	1.70	1.53	1.07	1.10	0.58	1.50	32.71	28.97	21.27	15.86	25.41	17.79	43.96	39.49	36.25

经Logistic回归分析发现，随着饮用水源中芘及荧蒽浓度的升高，肿瘤发生率增高。由图8-7可以看出，当地的肿瘤发生可能与水环境中芘及荧蒽的暴露有关。

3）尿液中PAHs代谢产物暴露水平与肿瘤的相关分析

1-OHP和2-OHN是常见多环芳烃主要的代谢产物，许多研究利用1-OHP作为PAHs混合暴露的风险评价。PAHs的暴露来源除了工业污染外，在农村地区家庭炉灶使用和燃煤取暖的现象还是普遍存在的，产生的PAHs也很高。我国食管癌高发区河南省林县的研究发现，该地区未烹饪和烹饪后的主食中BaP的含量很高，并且该地区人群尿中1-OHP含

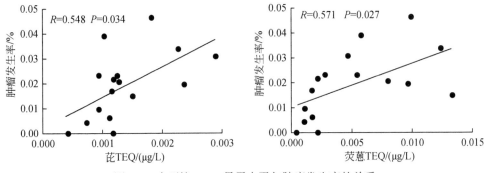

图 8-7　水环境 PAHs 暴露水平与肿瘤发生率的关系

量较高。此外，PAHs 是芳烃受体（AhR）的配体，具有上消化道肿瘤家族史的研究对象体内 AhR 的表达更高，从而使得这些个体对 PAHs 的暴露具有易感性，更易导致癌症的发生。

PAHs 的致癌性一直是国内外研究的热点，但目前大部分都集中在对肺癌的研究方面，对 PAHs 诱发消化道癌症，如食管癌、胃癌的研究较少，且研究人群多集中在职业人群。Gustavsson（1997）等对多环芳烃职业暴露与口腔癌、咽癌、喉癌以及食管癌关系的研究发现，PAHs 高暴露与食管癌的发病存在关联性（RR=1.9）。

本研究分别根据三种 PAHs 代谢产物暴露水平高低，将检测人群分为四组，比较高低组间肿瘤人群的发生率，由表 8-35 可以看出，对于 2-羟基萘，随着其暴露水平的升高，肿瘤发生率存在升高趋势，并存在统计学意义（$P=0.001$），对于 2-羟基芴和 1-羟基芘，肿瘤发生率也存在相似的趋势。这提示该地区的肿瘤发生可能与 PAHs 的暴露有关，这与前期饮用水源中 PAHs 暴露水平与肿瘤发生率的关系以及水源中萘暴露水平与二羟基萘的暴露水平关系研究结果有较好的一致性，但尿液中 PAHs 代谢产物不仅来源于饮水，也可能是经呼吸或消化道而来。萘在全球被广泛应用于染料、驱虫剂以及树脂等，既往研究也显示，环境中萘的污染极其普遍且难以控制，其潜在的生物危害包括致癌性、致突变性以及生殖毒性。根据我们的研究结果，并结合既往的研究报道，提示当地环境中萘的暴露可能是导致肿瘤高发的一个重要原因。

表 8-35　尿液 PAHs 代谢产物暴露水平与肿瘤发生率的关系

项目	四分位	病例/总数	发生率/%	P_{trend}
2-OHN	<25th	8/86	13.6	0.001 **
	25th ~ <50th	13/81	21.2	
	50th ~ <75th	12/82	20.3	
	≥75th	26/83	44.1	
2-OHF	<25th	11/83	18.6	0.276
	25th ~ <50th	17/83	28.8	
	50th ~ <75th	13/83	22.0	
	≥75th	18/83	30.5	

项目	四分位	病例/总数	发生率/%	P_{trend}
1-OHP	$<25^{th}$	15/83	25.4	0.140
	$25^{th} \sim <50^{th}$	10/83	16.9	
	$50^{th} \sim <75^{th}$	12/83	20.5	
	$\geqslant 75^{th}$	22/83	37.3	

** $p < 0.01$

参 考 文 献

耿贯一. 1980. 流行病学（上册）. 北京：人民卫生出版社.

李立明. 2008. 流行病学. 北京：人民卫生出版社.

王建华. 2008. 流行病学. 北京：人民卫生出版社.

Boffetta P, Gustavsson P. 1997. Cancer risk from occupational and environmental exposure to polycyclic aromatic hydrocarbons. Cancer, Causes and Control. 8 (3): 444-472.

Halldorsson T I. 2012. Prenatal exposure to perfluorooctanoate and risk of overweight at 20 years of age: a prospective cohort study. environmental health perspectives, 120 (5): 668-673.

Jorgensen B. 2011. Perfluorinated compounds are related to breast cancer risk in Greenlandic Inuit: A case control study. Environmental Health, 10: 88.

Lee D H K. 1964. Environmental health and human ecology. American Journal of Public Health and the Nations Health, 54 (Suppl_1): 7-10.

Lee D H, Lee I K. 2007. Relationship between serum concentrations of persistent organic pollutants and the prevalence of metabolic syndrome among non-diabetic adults: results from the National Health and Nutrition Examination Survey 1999 ~ 2002. Diabetologia, 50: 1841-1851.

Lin C Y, Wen L L. 2011. Associations between levels of serum perfluorinated chemicals and adiponectin in a young hypertension cohort in Taiwan. Environmental Science and Technology, 45 (24): 10691-10698.

Lind P M, van Bavel B. 2012. Circulating levels of persistent organic pollutants (POPs) and carotid atherosclerosis in the elderly. Environmental Health Perspectives, 120 (1): 38-43.

Rothman K J. 1998. Modern Epidemiology, 2nd ed. Philadelphia, Lippincott Williams & Wilkins.

Rothman K J. 2002. Epidemiology: An Introduction. Oxford: Oxford University Press.

Veerman J L, Mackenbach J P, Barendregt J J. 2007. Validity of predictions in health impact assessment. Journal of Epidemiology and Community Health, 61: 362-366.

9

有毒污染物溯源分析

有毒污染物的溯源分析和风险评估是继污染物发现之后的一项非常重要的工作，对于杜绝源头污染，从根本上切断饮用水污染途径，防治污染物扩散，进行有效的环境监管，从整体上评估多成分污染物的健康风险和生态风险等具有重要意义。

目前，国内外无论是对环境污染或是对食品污染都大量地开展了污染物溯源研究和风险评估工作。污染物在食物链传递中的溯源研究成果已经在污染物由环境向食品/水中迁移转化控制中得到了应用，其中包括生物性（尤其是微生物污染溯源）和化学性（尤其是持久性有机污染物和重金属）污染物溯源。

与微生物溯源比较，更多的研究则关注蓄积毒性强的持久性化学物质（多环芳烃、多氯联苯及有机氯农药等）的溯源。其中研究较多、原理和技术都较为成熟的是对大气颗粒物污染物溯源，另外是对土壤和水体污染物的源解析。所运用的源解析方法有多种模型和多种统计形式。

9.1 基本原理和方法

目前，解析技术研究方法的数学模型可以分为以污染源为对象的扩散模型和以污染区域为对象的受体模型两类。受体模型不受污染源排放条件、气象、地形等因素的限制，且不需要源强，不用追踪颗粒物的迁移过程，避开了扩散模型所遇到的困难，成为目前研究最多、应用最为广泛的模型。

受体模型着眼于研究排放源对受体的贡献。所谓受体是指某一相对于排放源被研究的局部环境。受体模型就是通过测量源和相关环境（受体）样品的物理、化学性质，定性识别对受体有贡献的污染源并定量计算各污染源的分担率。自20世纪70年代进行源解析的研究以来，出现了许多受体模型的研究方法，如显微镜法、化学法、物理法等，它们各有利弊，其中以化学法的发展最为成熟。例如，化学质量平衡模型（chemical mass balance model，CMBM）法、同位素比率解析法、富集因子法等。

在污染源解析模型中，多参数统计分析方法是源解析的重要工具。如因子分析、主成分分析、相关分析、聚类分析等分析方法被广泛应用于环境污染源解析。而基于多种化学污染物指纹图谱构建的多参数统计分析在环境污染物溯源方面也已得到成功应用。有文献报道，利用该技术构建了海水中有机污染物的 GC-MS 指纹图谱，建立了各个污染源的指纹图谱数据库，不同污染源样品间差异比较明显，而相同污染源各样品间具有一定的共性。在此基础上，进一步采用偏最小二乘法建立了不同区域海水样品的分类模型，将各个污染源的样品进行聚类分析，得到的预报结果准确率在97%以上。采用向量夹角余弦接近度判别法对各污染源进行识别，区域匹配的正确率为80%，能够较好地达到区分样品来源的目的。通过模拟 2~4 个污染源对污染海域的共同作用，采用两种方法计算污染源对污染海域的贡献率（利用全谱数据进行计算时采用线性方程矢量系数拟合法，得到的结果和实际值的相关系数在0.9884以上；利用共有峰信息进行计算时，采用多元线性回归法建立的模型预测出的贡献率与实际混合比例的误差平方和为0.001 027，误差平均值为0.002 526）。两种方法均能较好地预测一个混合污染样品中各个污染源的贡献率。

区别于常规的主动示踪方法（如同位素示踪技术等），污染物指纹图谱溯源从本质上分析是一种"被动示踪技术"。该方法以污染物受体分析为主体，构建受体主要污染物指纹图谱，通过多参数相似度分析查找污染物保守区和指纹特征区，并以分配量比计算污染源分担率，"被动"地识别污染物来源及贡献。这种技术不需要选择主动示踪剂，在不知道污染源的情况下能识别污染源方向，并给出产生污染的原因。在进一步找到污染源后，与污染源产生的污染物供体同步分析，可进一步确证这种技术的准确可靠性。

鉴于环境介质的复杂性，污染物的种类和数量存在某种不确定性。以水为例，一方面，其污染物与环境地球化学循环相关，同时受水-气相互作用、工农业生产、生活废弃物处理等的影响。另一方面，其污染物的溯源也因其种类不同而适宜采用不同的方法，例如，PAHs 源解析主要有比值法、CMBM 受体模型法、主成分分析/多源回归法等。重金属的溯源则以同位素比率、主成分分析方法为主。但这些方法都无法在大尺度范围内追踪污染源的方向，只能近距离探讨污染物产生的原因。而被动示踪技术不仅在大尺度范围内进行污染物溯源方面表现出了较好的优势，而且在复杂成分污染物风险评估方面有独到之处。

根据各类污染物产生的化学、生物学机制及其时空迁移转化特点，污染物溯源方法主要有：污染物特征成分分析及比值法、指纹图谱被动示踪法、时空演变分析法、污染物在食物链中的传递过程解析法等。

9.1.1 污染物特征成分分析及比值法

污染物特征成分分析及比值法的原理是基于环境化学成分的产生有特征性和差异性，每种产生过程将会在环境因素的影响下排放出特定/典型的污染物或量比。根据特征性成分及量比推测可能的污染源。

以多环芳烃（PAHs）为例，二萘嵌苯（perylene）和7-二甲基菲是地球早期成岩作用的产物，低分子量 PAHs 占较大比例时，说明 PAHs 没有经过高温热解过程，有些特殊的过程会产生特殊的分子标记物，如1-甲基-7 异丙基菲是木头燃烧的分子标记物。以元素为例，铝、铁、稀土等是这些地壳元素所代表的土壤来源主导的沙尘类污染；钙、镁等元素所代表的建筑工业排放和建筑工地排放突出的建筑尘污染；硫元素所代表的燃煤等燃烧过程排放污染；铅、锌等重金属元素说明有色冶金工业排放污染。以 HCHs 为例，当 α-HCH $/\gamma$- HCH 比例为 0.2～1.0 时，饮用水源 HCHs 污染表现为农业污染；当该比值为 3.7～11 时，则说明是工业污染物。

该方法根据样品特点和不同污染物的特性，经过适当的样品前处理和分析检测，获得样品中待测污染物的种类和浓度水平，然后分析其特征成分和典型污染物的特征比值。

9.1.2　指纹图谱被动示踪法

指纹图谱被动示踪法的原理是基于利用现代分析技术剖析污染源污染物的微观组成信息，对信息进行统计分类、识别，获取污染源稳定指纹图谱（fingerprint）信息，筛选源特征性（source specificity）示踪剂。以此为基础进行的水源污染示踪研究，称之为指纹图谱被动示踪法。

区别于外加物（如同位素）作为示踪剂的主动示踪，以污染物指纹图谱的保守指纹区作为示踪手段。其优势是：在没有适宜的示踪剂、强调污染物溯源的整体性、不明确污染物优先顺序（priority order）、衡量多种污染源污染强度等方面具有特定优势。根据分类对象的属性或特征的相似性、亲疏程度，用数学方法（聚类分析、主成分分析等）逐步的分型划类，最后得到一个能反映个体、群体之间亲属关系的分类系统。聚为一类的对象之间有较高的相似度。

该方法包括分类构建目标污染物的指纹图谱、指纹示踪和污染物溯源等多个步骤。同时，可以根据各类污染物的毒性当量进行偶合，从整体上反映所有污染物的风险水平。

首先进行样品前处理及污染物指纹图谱的构建。根据有毒污染物和干扰物的特征，建立样品前处理（萃取、浓缩等）技术及其仪器分析条件；根据污染物结构（同系物、异构物等）、分子量（分子筛分类）、理化特性（选择并优化仪器条件）的不同，将同类污染物信息经样品处理后统一收集，并经相应仪器分析后将其同时标识在一张或多张多维表达谱上。然后分析和确定各种有毒污染物色谱峰归属，对检测方法进行修正和干扰的排除，构建指纹图谱。指纹图谱的信息采集包括时间维、强度维和信息特征维（如波长维等）。

其次是解析指纹图谱，进行指纹示踪和污染物溯源。通过化学类聚分析的方式解析特征指纹区：利用数值模拟（指纹图谱相似度分析等）和矩阵分析解析上述两类指纹图谱，识别保守指纹区。

反演特征指纹区：将已知指纹图谱的水源和污染源按一定比例混配，二次构建指纹图谱，以矩阵分析计算污染物特征指纹区的识别率，确定保守指纹区，作为源特征性（source specificity）示踪剂。

污染物溯源：根据保守指纹区在污染源、水源水、末梢水等过程中的迁移路线，沿着具有源特征性的保守指纹区寻找该类污染物的源头，追踪污染源。

风险分析：识别指纹图谱信号，耦合毒性当量，整体评价污染物风险水平。

9.1.3 时空演变分析法

时空演变分析法的原理是基于对与饮用水源质量密切相关的水底沉积物污染物的分层分析，能间接反映饮用水源中污染物的历史输入或长短距离输送情况，结合指纹图谱相似度解析思路，对不同区域饮用水源相关水样污染物的比对分析，用于解析污染物空间分布及相关关系。

时空演变分析方法为：分层分析饮用水源水底沉积物中的目标污染物以及饮用水源相关水域中的污染物（量值及指纹图谱），并进行比较分析。

9.1.4 污染物在食物链中的传递过程解析法

人类健康与饮用水源间的关系不仅在于水本身，解析污染物由水—土壤—食物（粮食、果蔬等）的变化规律，能反映水污染物在相关介质中迁移及对人类健康产生的综合影响。

将水源及水源相关的土壤、食物中污染物指纹分布进行对比解析，拟用于水源污染物的走向分析，同时对与水污染相关的疾病病因进行分析，获得另一种意义源解析—水污染物疾病溯源分析。

9.2 污染物溯源案例分析

以与人类健康密切相关的饮用水源及相关的环境为对象，结合污染源调查，利用现代仪器分析技术手段对污染物进行定量分析，并分类构建多种有毒污染物的指纹图谱，从时间、空间、特征成分及指纹示踪等多角度进行溯源和风险分析，为我国农村饮用水源环境监管提供技术支撑。

9.2.1 饮用水源有毒污染物指纹图谱的构建

根据有毒污染物指标建立了以下几大类物质分析方法，包括：有机氯农药（OCPs）20 种，共平面多氯联苯（co-PCBs）12 种，有机磷农药（Ops）20 种，多环芳烃（PAHs）16 种，酞酸酯类（PAEs）7/16 种，酚类物质（Phenols）8 种，挥发性有机物（VOCs）53 种和金属（Metals）16 种。

1. 有机氯污染物

1）设备与材料
主要仪器：气相色谱仪（Thermo 公司），配 ECD、AS3000 自动进样器；气相色谱仪

（CP-3800，Varian 公司），配 ECD 检测器；DB-5 毛细管色谱柱（30m×0.25 mm×0.25μm，Agilent 公司）；DB-5MS 毛细管色谱柱（60m×0.25 mm×0.1μm，Agilent 公司）；12 孔防交叉固相萃取装置（Supelco 公司）；抽滤装置（2500mL，Millipore 公司）；氮吹仪（QGC-12T，吉林省安娜涞特仪器设备有限公司）；Oasis HLB 柱（6mL/500mg，Waters 公司）。

试剂与标准品：正己烷，二氯甲烷，甲醇（色谱纯，CNW 公司），无水硫酸钠（分析纯，成都市科龙化工试剂厂），550℃烘烤4h，超纯水，盐酸（分析纯，南京化学试剂有限公司）。

2 mg/mL OCPs 混合标准溶液（20 种，Cerilliant 公司），包括：α-HCH，β-HCH，γ-HCH，δ-HCH，七氯（Heptachlor），艾氏剂（Aldrin），外环氧七氯（Heptachlor-epoxide），顺式氯丹（cis-chlordane），硫丹Ⅰ（EndosulfanⅠ），反式氯丹（Trans-chlordane），p,p'-DDE，狄试剂（Dieldrin），异狄氏剂（Endrin），14-硫丹Ⅱ（EndosulfanⅡ），p,p'-DDD，异狄氏剂醛（Endrin-aldehyde），硫丹硫酸酯（Endosulfan-sulfate），p,p'-DDT；异狄氏剂酮（Endrin ketone）；甲氧滴滴涕（Methoxychlor）。

co-PCBs 混合标准溶液（12 种，中国计量科学研究院）：溶剂为异辛烷（相对密度 0.6919），重量法配置，浓度为200ng/g（200×0.6919 = 138.38μg/L），包括：四氯联苯（PCB77）、四氯联苯（PCB81）、五氯联苯（PCB123）、五氯联苯（PCB118）、五氯联苯（PCB114）、五氯联苯（PCB105）、五氯联苯（PCB126）、六氯联苯（PCB167）、六氯联苯（PCB156）、六氯联苯（PCB157）、六氯联苯（PCB169）、七氯联苯（PCB189）。

替代物：十氯间二甲苯（PCB209）。

2）构建方法

样品处理：水样用 NaOH 调 pH 至中性，取1L水样经0.45μm 滤膜抽滤，过滤后的水样每1L加4 mL甲醇混匀，然后加入一定量的替代物经 HLB 固相萃取小柱富集。HLB 小柱使用二氯甲烷、甲醇和超纯水各10mL活化，水样经聚四氟乙烯大容量采样管引入小柱中，控制流速，每升水样过完柱约需4.5h，过完水样后的小柱继续抽干15min。采用12mL（6+6）10%甲醇二氯甲烷洗脱。洗脱液合并后用无水硫酸钠脱水并进行氮吹，吹至近干后用4%丙酮正己烷定容至0.5mL。

GC-ECD 分析条件。

OCPs：初温70℃，保持0min；以40℃/min 的速率升温至180℃，保持7min；以7℃/min的速率升温至240℃，保持6min；再以40℃/min的速率升温至290℃，保持3min。进样1μL（PTV Splitless），不分流进样，进样口温度、基座温度为为280℃，ECD 温度为300℃，参考电流0.3mA，尾吹30mL/min，载气为高纯氮气，流速1mL/min。

PCBs：初温120℃，保持1min；以8℃/min 的速率升温至220℃，保持8min；以8℃/min的速率升温至270℃，保持10min。进样1μL，不分流，进样口温度为280℃，ECD 温度为300℃，尾吹30mL/min，载气流速1mL/min。

标准曲线绘制：用微量进样针将-20℃保存的原混合标准溶液用正己烷稀释成适量浓度的使用液存于2mL 棕色样品瓶，4℃冷藏。标准曲线配置范围为2～200μg/L（OCPs）与4.32～138.4μg/L（co-PCBs）。在设定的色谱分离条件下OCPs 和PCBs 标准如图9-1 和图9-2 所示。

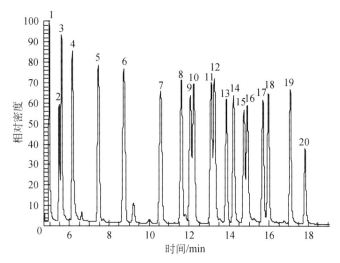

图 9-1　20 种有机氯农药标准色谱图

注：1-α-HCH；2-β-HCH；3-γ-HCH；4-δ-HCH；5-七氯；6-艾氏剂；7-外环氧七氯；8-顺式氯丹；9-硫丹I；10-反式氯丹；11-*p*,*p*'-DDE；12-狄试剂；13-异狄氏剂；14-硫丹II；15-*p*,*p*'-DDD；16-异狄氏剂醛；17-硫丹硫酸酯；18-*p*,*p*'-DDT；19-异狄氏剂酮；20-甲氧滴滴涕

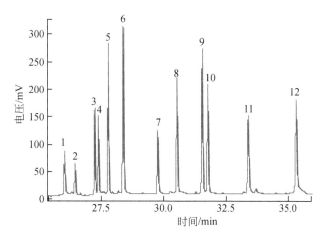

图 9-2　12 种多氯联苯标准色谱图

注：1-PCB77；2-PCB81；3-PCB123；4-PCB118；5-PCB114；6-PCB105；7-PCB126；8-PCB167；9-PCB156；10-PCB157；11-PCB169；12-PCB189

3）构建方法的可行性分析

线性范围、相关系数及检出限：

20 种 OCPs 工作曲线的相关系数均大于 0.999。以 3 倍的信噪比计算仪器的检出限，检出限为 0.02 ~ 0.14μg/L，如表 9-1 所示。

在 4.32 ~ 138.4μg/L 浓度范围内，PCBs 线性相关系数均大于 0.99，各被测物质保留时间和相关系数见表 9-2。相对标准偏差（RSD）为 5.4% ~ 14.6%。以 3 倍的相对标准偏差计算仪器检出限为 0.16 ~ 0.44μg/L。

表 9-1　OCPs 标曲范围、相关系数及检出限

序号	物质	保留时间 /min	标曲范围 /（μg/L）	相关系数 /r	检出限 /（μg/L）
1	α-HCH	4.96	2～200	1	0.02
2	β-HCH	5.42	2～200	0.999 6	0.14
3	γ-HCH	5.57	2～200	1	0.02
4	δ-HCH	6.09	2～200	0.999 9	0.04
5	七氯	7.42	2～200	1	0.03
6	艾氏剂	8.69	2～200	0.999 9	0.03
7	外环氧七氯	10.53	2～200	0.999 8	0.05
8	顺式氯丹	11.57	2～200	0.999 8	0.04
9	硫丹 I	12.03	2～200	0.999 6	0.05
10	反式氯丹	12.2	2～200	0.999 4	0.04
11	p,p'-DDE	13.06	2～200	0.999 2	0.04
12	狄试剂	13.21	2～200	0.999 3	0.04
13	异狄氏剂	13.82	2～200	0.999 6	0.05
14	硫丹 II	14.18	2～200	0.999 1	0.05
15	p,p'-DDD	14.7	2～200	0.999 8	0.07
16	异狄氏剂醛	14.88	2～200	0.999 7	0.07
17	硫丹硫酸酯	15.65	2～200	0.999 8	0.07
18	p,p'-DDT	15.92	2～200	0.999 6	0.06
19	异狄氏剂酮	17.05	2～200	0.999 6	0.05
20	甲氧滴滴涕	17.81	2～200	0.999 1	0.12

表 9-2　PCBs 标曲范围、相关系数及检出限

序号	物质	保留时间 /min	标曲范围 /（μg/L）	相关系数 /r	检出限 /（μg/L）
1	PCB77	26.007	4.32～138.4	0.997 8	0.44
2	PCB81	26.430	4.32～138.4	0.999 8	0.16
3	PCB123	27.220	4.32～138.4	0.999 7	0.19
4	PCB118	27.368	4.32～138.4	0.999 7	0.45
5	PCB114	27.765	4.32～138.4	0.998 3	0.18
6	PCB105	28.364	4.32～138.4	0.999 2	0.17
7	PCB126	29.752	4.32～138.4	0.999 4	0.21
8	PCB167	30.515	4.32～138.4	0.999 9	0.31
9	PCB156	31.525	4.32～138.4	0.998 6	0.21
10	PCB157	31.746	4.32～138.4	0.999 8	0.22
11	PCB169	33.639	4.32～138.4	0.999 7	0.34
12	PCB189	35.306	4.32～138.4	0.999 7	0.32

加标回收率与精密度：对水样进行加标终浓度为 50μg/L 的回收试验，两类物质的平均回收率为 71.6% ~ 110.6%，相对标准偏差 RSD（n=6）均小于 12%，如表 9-3 和表 9-4 所示。样品替代物回收率为 70.2% ~ 96.8%。

表 9-3　OCPs 样品加标回收率与精密度

序号	物质	平均回收率/%	RSD/%
1	α-HCH	83.8	4.47
2	β-HCH	88.7	5.07
3	γ-HCH	85.1	2.13
4	δ-六六六	91.6	5.38
5	七氯	82.3	2.38
6	艾氏剂	92.6	1.83
7	外环氧七氯	87.6	2.24
8	顺式氯丹	81.8	1.85
9	硫丹 I	71.6	5.9
10	反式氯丹	80.7	7.36
11	p,p'-DDE	78.2	4.81
12	狄试剂	86.3	7.09
13	异狄氏剂	104.0	3.43
14	硫丹 II	77.7	11.19
15	p,p'-DDD	90.3	5.63
16	异狄氏剂醛	109.8	5.65
17	硫丹硫酸酯	87.0	6.88
18	p,p'-DDT	101.6	10.26
19	异狄氏剂酮	110.6	1.67
20	甲氧滴滴涕	85.5	1.65

表 9-4　PCBs 样品加标回收率与精密度

序号	物质	平均回收率/%	RSD/%
1	PCB77	75.7	4.81
2	PCB81	81.4	2.84
3	PCB123	79.9	1.96
4	PCB118	91.8	2.35
5	PCB114	83.8	5.28
6	PCB105	100.6	10.10
7	PCB126	87.3	3.98
8	PCB167	99.0	3.11
9	PCB156	99.3	6.75
10	PCB157	94.5	4.55
11	PCB169	96.8	1.20
12	PCB189	103.1	1.44

2. 有机磷农药

1）设备与材料

仪器设备。气相色谱仪（Thermo GC-NPD），PTV 自动进样器（Thermo）；毛细管色谱柱 TR-35MS（30m×0.25mm×0.25μm），supelco 12 孔防交叉固相萃取装置；Millipore 2500 mL 抽滤装置；氮吹仪（QGC-12T）；Waters Oasis HLB SPE 柱（6mL/500mg）；CNW 聚四氟乙烯大容量采样管等。

试剂与标准品。正己烷、二氯甲烷、甲醇、丙酮（色谱纯，CNW 公司）；无水硫酸钠（分析纯，成都市科龙化工试剂厂），550℃烘烤4h；蒸馏水（ELGA），盐酸（分析纯，南京化学试剂有限公司），有机磷混合标准溶液（OPs，20 种），原标 2mg/mL，包括敌敌畏、速灭磷、内吸磷、灭线磷、二溴磷、甲拌磷、二嗪农、乙拌磷、甲基对硫、皮蝇磷、毒死蜱、倍硫磷、毒壤磷、脱叶亚磷、杀虫畏、丙硫磷、丰索磷、硫丙磷、保棉磷、蝇毒磷等。

2）构建方法

样品处理。1L 水样经 0.45μm 水油两相滤膜抽滤，过滤后的水样每升加 4mL 甲醇，经 HLB 固相萃取小柱富集。HLB 小柱使用二氯甲烷、甲醇和超纯水各 10mL 活化。水样经聚四氟乙烯大容量采样管引入小柱中，控制流速，每升水样过完柱需 4.5～5h，过完水样后的小柱继续抽干 15min。小柱采用 12mL（6+6）10% 甲醇二氯甲烷洗脱。洗脱液合并后用无水硫酸钠脱水并进行氮吹，吹至近干后 4% 丙酮正己烷定容至 0.5mL。

GC-NPD 分析条件。程序升温：初温 60℃，保持 0min；以 20℃/min 的速率升温至 220℃，保持 2min；以 20℃/min 的速率升温至 330℃，保持 4min；分析总时间为 19.50min。进样 1μL（PTV Splitless），进样口温度为 200℃，基座温度为 300℃；源电流 2.740A；极化电压 3.5V；载气高纯氮气，流速 1mL/min；空气流速 60mL/min，氢气流速 2.3mL/min；尾吹 15mL/min。在设定的色谱条件下有机磷农药的标准图谱如图 9-3 所示。

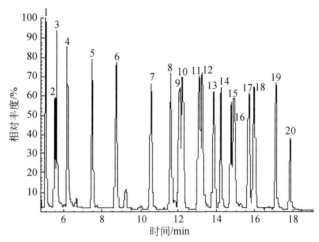

图 9-3　有机磷农药的标准指纹图谱

注：1-敌敌畏；2-速灭磷；3-内吸磷；4-灭线磷；5-二溴磷；6-甲拌磷；7-二嗪农；8-乙拌磷；9-甲基对硫；10-皮蝇磷；11-毒死蜱；12-倍硫磷；13-毒壤磷；14-脱叶亚磷；15-杀虫畏；16-丙硫磷；17-丰索磷；18-硫丙磷；19-保棉磷；20-蝇毒磷

标准曲线绘制。用微量进样针将–20℃保存的原混合标准溶液用正己烷稀释成 20 μg/mL 的使用液存于 2 mL 棕色样品瓶，4℃冷藏。用正己烷稀释成标准曲线系列，标准曲线范围为 50 ~ 5000μg/L。

3）构建方法的可行性

相关系数及检出限：在优化好的条件下，有机磷农药相关系数均大于 0.99，仪器检出限为 0.86 ~ 3.90μg/L（表 9-5）。

表 9-5　有机磷农药相关系数及检出限

物质	保留时间/min	相关系数	检出限/（μg/L）
敌敌畏	5.96	0.993 0	0.94
速灭磷	7.11	0.996 8	0.95
内吸磷	8.23	0.997 8	2.80
灭线磷	8.38	0.997 4	0.73
二溴磷	8.57	0.992 8	3.21
甲拌磷	8.78	0.998 5	0.86
二嗪农	9.43	0.997 7	1.63
乙拌磷	9.58	0.997 9	0.84
甲基对硫磷	10.26	0.997 4	1.07
皮蝇磷	10.50	0.999 0	1.02
毒死蜱	10.97	0.995 0	0.89
倍硫磷	11.21	0.998 8	1.12
毒壤磷	11.49	0.998 6	3.90
脱叶亚磷	11.98	0.997 6	1.45
杀虫畏	12.25	0.998 5	1.23
丙硫磷	12.30	0.998 2	1.92
丰索磷	12.81	0.995 4	1.46
硫丙磷	13.08	0.997 7	1.12
保棉磷	14.37	0.998 9	1.08
蝇毒磷	15.08	0.999 5	1.47

加标回收率与精密度：对水样进行加标终浓度为 1000μg/L 的回收试验，各物质的平均回收率为 72.9% ~ 98.7%，相对标准偏差 RSD（$n=6$）均小于 11%，如表 9-6 所示。

表 9-6　有机磷农药相关系数及检出限　　　　　　　　（单位:%）

物质	平均回收率	RSD
敌敌畏	89.3	3.32
速灭磷	80.0	4.01
内吸磷	83.4	5.01
灭线磷	82.2	4.67
二溴磷	88.3	3.21
甲拌磷	79.1	2.76

物质	平均回收率	RSD
二嗪农	84.7	2.70
乙拌磷	83.8	4.83
甲基对硫磷	79.9	4.71
皮蝇磷	76.4	2.67
毒死蜱	85.6	6.34
倍硫磷	88.5	7.01
毒壤磷	75.4	9.07
脱叶亚磷	72.9	10.67
杀虫畏	84.3	8.03
丙硫磷	98.7	5.91
丰索磷	88.7	4.26
硫丙磷	74.5	4.39
保棉磷	94.2	5.09
蝇毒磷	97.1	6.08

3. 多环芳烃

1）设备与材料

主要仪器。有高效液相色谱仪（2695，Waters 公司），配 PAD 检测器（2996）、FD 检测器（2475）；PAH C_{18} 专用柱（4.6×250 mm，5 μm）；C_{18} 保护柱（3.9×20mm，5μm）；12 孔防交叉固相萃取装置；抽滤装置（2500mL）；氮吹仪（QGC-12T）；Oasis HLB 柱(6 mL/500 mg)。

试剂与标准品。有正己烷、二氯甲烷、甲醇（色谱纯，CNW 公司）；无水硫酸钠（分析纯，成都市科龙化工试剂厂），550 ℃ 烘烤 4h；超纯水；PAHs 混合标准溶液（16 种，Cerilliant 公司），2 mg/mL，包括：萘（Nap）、苊烯（Ace）、苊（Acp）、芴（Fl）、菲（Phe）、蒽（An）、荧蒽（Flu）、芘（Pyr）、苯并[a]蒽（BaA）、䓛（Chr）、苯并[b]荧蒽（BbF）、苯并[k]荧蒽（BkF）、苯并[a]芘（BaP）、二苯并[a,h]蒽（DBA）、苯并[g,h,i]芘（BghiP）、茚并[1,2,3-cd]芘（InP）。

2）构建方法

样品处理：水样用 NaOH 调 pH 至中性，取 1L 水样经 0.45 μm 滤膜抽滤，过滤后的水样每 L 加 4 mL 甲醇混匀，然后加入一定量的替代物经 HLB 固相萃取小柱富集。HLB 小柱使用二氯甲烷、甲醇和超纯水各 10 mL 活化，水样经聚四氟乙烯大容量采样管引入小柱中，控制流速，每升水样过完柱约需 4.5h，过完水样后的小柱继续抽干 15min。采用 12 mL（6+6）10% 甲醇二氯甲烷洗脱。洗脱液合并后用无水硫酸钠脱水并进行氮吹，吹至近干后用 4% 丙酮正己烷定容至 0.5 mL。

实验条件：PAH 专用柱前接 C_{18} 保护柱。流动相为水和乙腈，梯度洗脱时间程序见表 9-7，荧光编程见表 9-8，荧光或增益改变时维持基准线，柱温 30 ℃。苊烯无荧光，紫外线最佳吸收波长为 230 nm，如图 9-4 所示。

表 9-7　梯度洗脱时间程序

时间/min	流量/ （mL/min）	乙腈/%	水/%	曲线
0	1.2	50	50	6
18	1.2	80	20	6
20	1.2	95	5	6
36	1.2	95	5	6
37	1.2	50	50	1
45	1.2	50	50	6

表 9-8　荧光编程

时间/min	激发波长/nm	发射波长/nm	PMT 增益
0	260	350	10
9.00	275	350	10
12.70	250	370	10
14.20	289	462	10
15.30	320	380	10
17.50	265	430	10
22.00	290	430	10
23.60	290	430	2
26.00	290	430	10
28.50	305	480	10

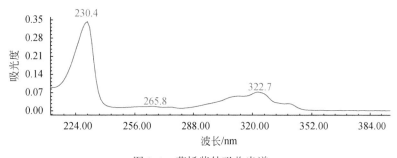

图 9-4　苊烯紫外吸收光谱

标准曲线配制：用微量进样针将标准品稀释成所需浓度，溶剂为乙腈，荧光标准曲线范围 BkF、BaP 为 0.500~100 ng/mL，其余 13 种为 1.00~500 ng/mL。紫外标准曲线范围为 20~5000 μg/L。标准系列存于 2mL 棕色样品瓶中，4℃冷藏。在优化好的检测条件下，16 种 PAHs 标准图谱如图 9-5（a）和（b）所示。

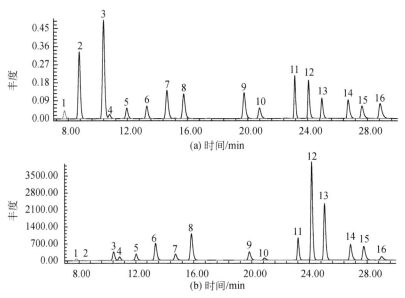

图 9-5　16 种 PAHs 混合标准溶液紫外（a）及荧光谱图（b）

注：1-Nap，2-Ace，3-Acp，4-Fl，5-Phe，6-An，7-Flu，8-Pyr，9-BaA，10-Chr，
11-BbF，12-BkF，13-BaP，14-DBA，15-BghiP，16-InP

3）可行性分析

线性范围、相关系数及检出限：采用外标法定量，荧光标准曲线相关系数均大于
0.99，仪器检测限为 0.01～0.57 μg/L；Ace 紫外标准曲线相关系数为 0.9995，仪器检测
限为 3.43 μg/L，见表 9-9。

表 9-9　PAHs 标准曲线性范围、相关系数与检出限

序号	物质	标准曲线范围/（μg/L）	相关系数 r	检出限/（μg/L）
1	Nap	1～100	0.999 9	0.57
2	Ace	20～2 000	0.999 5	3.43
3	Acp	1～100	0.999 1	0.33
4	Fl	1～100	0.998 5	0.21
5	Phe	1～100	0.999 3	0.29
6	An	1～100	0.996 2	0.08
7	Flu	1～100	0.999 5	0.32
8	Pyr	1～100	0.999 5	0.09
9	BaA	1～100	0.998 1	0.27
10	Chr	1～100	0.998 2	0.44
11	BbF	1～100	0.997 0	0.05
12	BkF	1～100	0.999 3	0.01
13	BaP	1～100	0.998 6	0.01
14	DBA	1～100	0.999 2	0.18
15	BghiP	1～100	0.993 6	0.14
16	InP	1～100	0.999 9	0.55

加标回收率与精密度：在优化好的前处理条件下，对实际水样进行加标回收试验，加标终浓度为 20 μg/L，由表 9-10 可以看出，平均加标回收率为 69.1% ~ 90.6%；相对标准偏差 RSD （$n=6$）为 0.11% ~ 9.61%。

表 9-10　PAHs 加标回收率与精密度

序号	物质	平均回收率/%	RSD/%
1	Nap	69.1	0.11
2	Ace	75.6	9.70
3	Acp	74.2	8.90
4	Fl	72.1	2.57
5	Phe	80.9	4.69
6	An	76.4	5.85
7	Flu	87.2	4.25
8	Pyr	80.6	7.74
9	BaA	81.5	4.83
10	Chr	81.8	9.61
11	BbF	85.3	7.92
12	BkF	90.6	1.94
13	BaP	88.2	3.59
14	DBA	86.0	5.33
15	BghiP	89.8	5.71
16	lnP	90.1	6.31

4. 酞酸酯类化合物

1）设备与材料

主要仪器有气相色谱质谱仪（ThermoTrace DSQ），配 AS3000 自动进样器；DB-35MS 弹性石英毛细管柱（30m×0.25mm×0.25μm，Agilent）；抽滤装置（1000 mL，Millipore 公司）；ENVI™-18 DSK 膜片（直径 47 mm）；真空离心浓缩仪（LABCONCO 公司）；GM-0.33A 隔膜真空泵。

试剂与标准品。二氯甲烷、甲醇（色谱纯，CNW 公司）；无水硫酸钠（分析纯，成都市科龙化工试剂厂），550℃ 烘烤 4h；超纯水；16 种 PAEs 混标，1g/L，溶剂为异辛烷，包括：邻苯二甲酸二异丁酯（DIBP）、邻苯二甲酸二丁酯（DNBP）、邻苯二甲酸丁苄酯（BBP）、邻苯二甲酸二酯（DEHP）、邻苯二甲酸二甲酯（DMP）、邻苯二甲酸二乙酯（DEP）、邻苯二甲酸二正辛酯（DNOP）、邻苯二甲酸二丁氧基乙酯（DBEP）、邻苯二甲酸双-2-乙氧基乙酯（DEEP）、邻苯二甲酸二甲氧基乙酯（DMEP）、邻苯二甲酸二（4-甲基-2-戊基）酯（BMPP）、邻苯二甲酸二戊酯（DAP）、邻苯二甲酸二己酯（HEXP）、邻苯二甲酸二壬酯（DNNP）、邻苯二甲酸二环己酯（DCHP）、邻苯二甲酸-2-乙基己基酯（DHXP）。替代物为邻苯二甲酸二苯酯（DPP）。

2）构建方法

样品处理，进行圆盘膜萃取，将 ENVI™-18DSK 膜片首先经 10mL 二氯甲烷、10 mL 甲醇和 10 mL 超纯水活化，活化过程中甲醇、超纯水不能流干。如不小心干涸需重复上述步骤，重新活化。水样用 NaOH 调 pH 至中性，量取 1L 水样（地表水样需预先经 0.45 μm

玻璃滤膜过滤），加入甲醇 4 mL 混匀。将水样缓缓倒入圆盘装置中，调节真空泵压力为 17 kPa 控制水样流量，1L 水样过完 C_{18} 膜片约需 25min。过完水样后调大真空度，继续抽干 10min 以尽量排除滞留于膜片中的水分。将 50 mL 具塞比色管放入抽滤装置中，吸取二氯甲烷 6 mL 洗脱膜片，重复操作一次。洗脱液倒入盛有无水硫酸钠的玻璃漏斗（下塞玻璃棉，无水硫酸钠预先用二氯甲烷润洗）中，具塞比色管再用二氯甲烷 1.5 mL 重复荡洗 2 次倒入漏斗中。用装玻璃离心管承接脱水后的有机溶剂，经离心浓缩仪浓缩至近干。浓缩后的离心管，加入 0.5 mL 正己烷定容，漩涡混匀，转移至棕色样品瓶待测。

GC-MS 工作条件。色谱程序升温：初温 60℃，保持 1min；以 20℃/min 的速率升温至 220℃，保持 2min；以 20℃/min 的速率升温至 300℃，保持 9min。溶剂延迟 6.00min。进样口温度 250℃，不分流进样，进样量 1μL，不分流时间 1min。载气为氦气，流量 1mL/min。

质谱条件。电子轰击（EI）离子源，温度 230℃，电子轰击能量为 70eV，发射电流为 100μA，预四极杆电压为 −7.8V。选择离子检测模式，不同时间的监测离子和增益见表 9-11，传输线温度为 280℃，采用峰面积、外标法定量。在设定的色谱、质谱条件下，各物质标准图谱如图 9-6 所示。

表 9-11　质谱编程

时间/min	选择离子	增益
6.00	104，149，150，163，164，177，194	4×10^5
12.41	169，85，104，149，150，167，193，207，237，251	5×10^5
14.80	57，76，77，91，113，149，150，167，193，206，225，251	6×10^5
19.00	不采集信号	

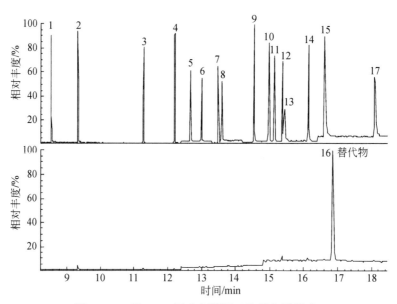

图 9-6　16 种 PAEs 标准色谱图（选择离子模式）

注：1-DMP；2-DEP；3-DIBP；4-DNBP；5-DMEP；6-BMPP；7-DEEP；8-DAP；9-DHXP；
10-DBEP；11-BBP；12-DEHP；13-DCHP；14-HEXP；15-DNOP；16-DPP；17-DNNP

3）方法的可行性分析

线性范围和检出限。PAEs 定量采用选择离子，将丰度大、与目标物质不产生干扰的离子作为定量离子，见表 9-12。用微量注射器配制质量浓度范围为 5、20、50、250、500、1000 和 2000μg/L 的标准溶液，在仪器工作条件下进行测定，线性范围、线性回归方程及相关系数见表 9-13。按照 3 倍的信噪比（S/N=3）计算仪器的检出限，16 种 PAEs 检出限均低于 2.45 μg/L，见表 9-13。该方法与马继平等的研究相比，灵敏度提高明显。

表 9-12　16 种 PAEs 出峰时间与特征离子化合物

化合物	特征碎片离子	定量离子
邻苯二甲酸二甲酯（DMP）	77，163，164	163
邻苯二甲酸二乙酯（DEP）	149，177，150	149
邻苯二甲酸二异丁酯（DIBP）	104，149，150	149
邻苯二甲酸二丁酯（DNBP）	104，149，150	149
邻苯二甲酸二甲氧乙酯（DMEP）	149，167，85	149
邻苯二甲酸二（4-甲基-2-戊基）酯（BMPP）	104，149，207	149
邻苯二甲酸双-2-乙氧基乙酯（DEEP）	149，150，237	149
邻苯二甲酸二戊酯（DAP）	104，149，193	149
邻苯二甲酸二己酯（DHXP）	149，150，251	149
邻苯二甲酸二丁氧基乙酯（DBEP）	149，150，251	149
邻苯二甲酸丁苄酯（BBP）	149，91，206	149
邻苯二甲酸二（2-乙基己基）酯（DEHP）	113，149，167	149
邻苯二甲酸二环己酯（DCHP）	76，149，193	149
邻苯二甲酸己基-2-乙基己基酯（HEXP）	149，150，167	149
邻苯二甲酸二正辛酯（DNOP）	57，149，150	149
邻苯二甲酸二苯酯（替代物 DPP）	76，77，225	225
邻苯二甲酸二壬酯（DNNP）	57，149，167	149

表 9-13　线性范围、相关系数及检出限

化合物	线性范围/（μg/L）	相关系数	检出限/（μg/L）
DMP	5～2 000	0.999 8	0.25
DEP	5～2 000	0.999 8	0.27
DIBP	5～2 000	0.999 9	0.26
DNBP	5～2 000	0.999 8	0.28
DMEP	5～2 000	0.999 3	0.38
BMPP	20～2 000	0.998 5	2.34
DEEP	5～2 000	0.998 6	0.17
DAP	20～2 000	0.996 0	2.45
DHXP	5～2 000	0.999 1	0.24
DBEP	5～2 000	0.996 9	0.38
BBP	5～2 000	0.998 4	0.39
DEHP	5～2 000	0.996 8	0.27
DCHP	20～2 000	0.996 8	1.50
HEXP	5～2 000	0.998 7	0.20
DNOP	5～2 000	0.998 6	0.35
DNNP	5～2 000	0.999 1	0.49

回收试验。在 1L 蒸馏水中加入 4 mL 甲醇，用微量注射器吸取适当标准溶液加入其中，混匀。在已优化的条件下进行空白加标重复试验，16 种 PAEs 回收率为 79.8% ~ 104.0%，相对标准偏差（$n=6$）小于 10%，结果见表 9-14。水样替代物回收率为 78.8% ~ 93.5%。

表 9-14 加标回收结果

化合物	加标量/(μg/L)			回收率/%			RSD/%		
DMP	50	200	1 000	86.9	96.1	94.4	6.5	7.9	9.3
DEP	50	200	1 000	84.2	86.0	83.3	5.9	4.4	3.7
DIBP	50	200	1 000	80.5	82.9	93.1	4.8	2.9	3.6
DNBP	50	200	1 000	84.0	89.7	87.4	6.6	5.4	4.3
DMEP	50	200	1 000	89.7	88.3	95.4	6.1	3.4	5.5
BMPP	50	200	1 000	84.6	89.0	85.1	5.0	3.3	6.5
DEEP	50	200	1 000	87.2	82.1	85.7	4.4	5.6	4.9
DAP	50	200	1 000	90.8	81.7	104.0	2.8	4.9	5.8
DHXP	50	200	1 000	88.4	85.5	86.2	2.1	2.6	8.1
DBEP	50	200	1 000	83.1	85.6	96.0	5.2	6.8	7.0
BBP	50	200	1 000	102.6	86.2	95.0	3.8	8.2	4.9
DEHP	50	200	1 000	83.7	84.6	82.2	3.8	1.1	5.3
DCHP	50	200	1 000	79.8	80.4	83.9	5.1	7.8	9.4
HEXP	50	200	1 000	89.3	87.2	84.6	3.3	5.7	2.3
DNOP	50	200	1 000	92.1	88.5	86.3	7.8	5.1	8.0
DNNP	50	200	1 000	87.2	90.8	88.6	4.3	2.8	3.5

4）PAEs 污染来源质量控制

PAEs 污染来源广泛，实验全过程的质量控制对水样中目标分析物定量准确性至关重要。本实验从以下几个方面进行了 PAEs 污染的质量控制。

（1）实验过程所有玻璃器具均经铬酸溶液浸泡过夜，蒸馏水清洗、色谱纯甲醇荡洗备用。

（2）水样采集使用 2.5 L 棕色磨口玻璃瓶，玻璃瓶经 6mol/L 盐酸浸泡、蒸馏水清洗和色谱纯甲醇荡洗。磨口瓶塞用铝箔包裹。

（3）每批水样同时做程序空白。检测结果显示，程序空白背景值均较低，保持在控制范围内。

（4）水样萃取采用玻璃圆盘装置，洗脱液接于玻璃具塞比色管中，脱水使用玻璃漏斗。圆盘活化、洗脱液转移等溶液吸取用 1 mL 移液枪蓝色枪头前承接玻璃滴管实现。

（5）标准曲线配置使用玻璃微量注射器，盛放于 2 mL 棕色玻璃样品瓶中。用塑料枪头进行稀释的标曲系列，易产生污染。

（6）气相分析 19min 后 MS 不采集信号，并保持柱温 300 ℃煅烧 5min，减少检测器污染，降低柱残留，保持仪器灵敏度。

5. 挥发性有机污染物

1）设备与材料

实验设备。有气相色谱质谱仪（Thermo 公司），配 AS3000 自动进样器；VF-624MS 色谱柱（30m×0.25mm×1.4μm，Varian 公司）；数控型磁力加热搅拌器；多用途联用固相微萃取保温装置（已获国家实用发明新型专利授权）；20 mL 螺纹顶空萃取瓶及配套螺纹铝盖和聚四氟乙烯垫（CNW 公司）；SPME 手动进样手柄及100μm PDMS、50μm DVB/CAR/PDMS、75μm CAR/PDMS、70μm CW/DVB 萃取纤维（Supelco 公司）。

试剂及标准品。甲醇（色谱纯，CNW 公司）；53 种 VOCs 混标（Cerilliant 公司），浓度 2 mg/mL，包括：1,1-二氯乙烯（1,1-Dichloroethene）；二氯甲烷（Methylene chloride）；1,2-反式二氯乙烯（trans-1,2-Dichloroethene）；1,1-二氯乙烷（1,1-Dichloroethane）；2,2-二氯丙烷（2,2-Dichloropropane）；1,2-顺式二氯乙烯（cis-1,2-Dichloroethene）；溴氯甲烷（Bromochloromethane）；氯仿（Chloroform）；1,1,1-三氯乙烷（1,1,1-Trichloroethane）；四氯化碳（Carbon tetrachloride）；1,1-二氯丙烯（1,1-Dichloropropene）；苯（Benzene）；1,2-二氯乙烷（1,2-Dichloroethane）；三氯乙烯（Trichloroethene）；1,2 二氯丙烷（1,2-Dichloropropane）；二溴甲烷（Dibromomethane）；溴二氯甲烷（Bromodichloromethane）；1,3-顺式二氯丙烯（cis-1,3-Dichloropropene）；甲苯（Toluene）；1,3-反式二氯丙烯（trans-1,3-Dichloropropene）；四氯乙烯（Tetrachloroethene）；1,1,2-三氯乙烷（1,1,2-Trichloroethane）；1,3-二氯丙烷（1,3-Dichloropropane）；二溴氯甲烷（Dibromochloromethane）；1,2-二溴乙烷（1,2-Dibromoethane）；氯苯（Chlorobenzene）；1,1,1,2-四氯乙烷（1,1,1,2-Tetrachloroethane）；乙苯（Ethylbenzene）；对二甲苯（p-Xylene）；邻二甲苯（o-Xylene）；苯乙烯（Styrene）；溴仿（Bromoform）；异丙基苯（Isopropylbenzene）；溴苯（Bromobenzene）；1,1,2,2-四氯乙烷（1,1,2,2-Tetrachloroethane）；1,2,3-三氯丙烷（1,2,3-Trichloropropane）；丙基苯（Propylbenzene）；2-氯甲苯（2-Chlorotoluene）；4-氯甲苯（4-Chlorotoluene）；1,2,4-三甲苯（1,2,4-Trimethylbenzene）；叔丁基苯（tert-Butylbenzene）；1,3,5-三甲基苯（1,3,5-Trimethylbenzene）；2-丁基苯（2-Butylbenzene）；1,4-二氯苯（1,4-Dichlorobenzene）；4-异丙基苯（4-Isopropyltoluene）；1,3-二氯苯（1,3-Dichlorobenzene）；1,2-二氯苯（1,2-Dichlorobenzene）；n-丁基苯（n-Butylbenzene）；1,2-二氯-3-氯丙烷（1,2-Dibromo-3-chloropropane）；1,2,4-三氯苯（1,2,4-Trichlorobenzene）；六氯-1,3-丁二烯（Hexachloro-1,3-butadiene）；萘（Naphthalene）；1,2,3-三氯苯（1,2,3-Trichlorobenzene）。

2）构建方法

样品处理。取 9 mL 水样和一粒搅拌子置于 20 mL 顶空瓶中，以 DVB/CAR/PDMS 萃取纤维，配合多用途联用固相微萃取保温装置（已获国家实用发明新型专利授权），在 25℃恒温条件下培养 5min，以 1500 rpm 转速搅拌萃取 5min 后，迅速将萃取纤维插入气质联用仪的进样口中于 200℃解吸 3min 测定。

实验条件：

色谱分析条件。初温 35℃ 保持 5min，以 5℃/min 升至 180℃，保持 1min，再以 10℃/min 升至 220℃并保持 3min；进样口温度 200℃，分流比为 50∶1。载气（He）流速为 1 mL/min。

质谱条件。传输线温度为 280℃，EI 离子源，温度 200℃。电子轰击能量为 70eV，发射电流为 100μA，预四级杆电压为 −7.8V，采用全扫描模式，峰面积、外标法定量。

标准曲线绘制。在优化好的萃取条件下，以挥发性物质专用柱 VF-624MS 为色谱柱进行目标化合物分离，53 种目标化合物在 30min 内完成出峰，标准色谱图见图 9-7，各物质保留时间和特征离子见表 9-15。

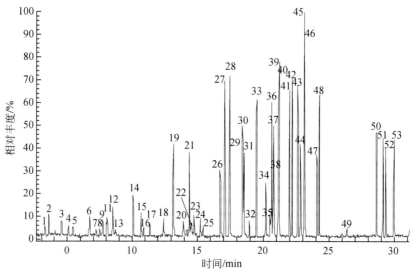

图 9-7　VOCs 标准色谱图

注：1-1,1-二氯乙烯；2-二氯甲烷；3-1,2-反式二氯乙烯；4-1,1-二氯乙烷；5-2,2-二氯丙烷；6-1,2-顺式二氯乙烯；7-溴氯甲烷；8-氯仿；9-1,1,1-氯乙烷；10-四氯化碳；11-1,1-二氯丙烯；12-苯；13-1,2-二氯乙烷；14-三氯乙烯；15-1,2-二氯丙烷；16-二溴甲烷；17-溴二氯甲烷；18-1,3-顺式二氯丙烯；19-甲苯；20-1,3-反式二氯丙烯；21-四氯乙烯；22-1,1,2-三氯乙烷；23-1,3-二氯丙烷；24-二溴氯甲烷；25-1,2-二溴乙烷；26-氯苯；27-1,1,1,2-四氯乙烷；28-乙苯；29-对二甲苯；30-邻二甲苯；31-苯乙烯；32-溴仿；33-异丙苯；34-溴苯；35-1,1,2,2-四氯乙烯；36-1,2,3-三氯丙烷；37-丙基苯；38-2-氯甲苯；39-4-氯甲苯；40-1,2,4-三甲苯；41-叔丁基苯；42-1,3,5-三甲基苯；43-2-丁基苯；44-1,4-二氯苯；45-4-异丙基苯；46-1,3-二氯苯；47-1,2-二氯苯；48-n-丁基苯；49-1,2-二氯-3-氯丙烷；50-1,2,4-三氯苯；51-六氯-1,3-丁二烯；52-萘；53-1,2,3-三氯苯

表 9-15　目标化合物保留时间与特征离子

目标化合物	保留时间/min	特征离子
1,1-二氯乙烯	3.22	61, 96, 98
二氯甲烷	3.51	49, 84, 86
1,2-反式二氯乙烯	4.54	61, 96, 98
1,1-二氯乙烷	5.08	63, 65
2,2-二氯丙烷	5.43	41, 77, 79
1,2-顺式二氯乙烯	6.66	61, 71~78, 96, 98
溴氯甲烷	7.17	49, 128, 130
三氯甲烷	7.47	47, 83, 85
1,1,1-三氯乙烷	7.68	61, 97, 99
四氯化碳	8.00	117, 119, 121
1,1-二氯丙烯	8.05	39, 75, 110
苯	8.49	51, 77, 78
1,2-二氯乙烷	8.70	49, 62, 64

续表

目标化合物	保留时间/min	特征离子
三氯乙烯	10.05	95, 130, 132
1,2 二氯丙烷	10.68	41, 62, 63
二溴甲烷	10.87	93, 95, 174
溴二氯甲烷	11.37	47, 83, 97
1,3-顺式二氯丙烯	12.43	39, 75, 77
甲苯	13.16	65, 91, 92
1,3-反式二氯丙烯	13.91	131, 164, 166
四氯乙烯	14.36	64, 83, 97
1,1,2-三氯乙烷	14.49	41, 76, 78
1,3-二氯丙烷	14.74	41, 76, 78
二溴氯甲烷	15.23	127, 129, 131
1,2-二溴乙烷	15.44	107, 109
氯苯	16.73	77, 112, 114
1,1,1,2-四氯乙烷	17.04	117, 131, 133, 146 ~ 154
乙苯	17.06	51, 91, 106
对二甲苯	17.43	91, 105, 106
邻二甲苯	18.42	91, 105, 106
苯乙烯	18.51	78, 103, 104
溴仿	18.92	91, 171, 173, 235, 270 ~ 289
异丙基苯	19.46	77, 105, 120
溴苯	20.16	77, 156, 158
1,1,2,2-四氯乙烷	20.46	83, 85, 95
1,2,3-三氯丙烷	20.53	39, 49, 75
丙基苯	20.61	91, 92, 120, 247 ~ 257
2-氯甲苯	20.74	91, 126, 128
4-氯甲苯	21.12	91, 93, 126
1,2,4-三甲苯	21.17	105, 120
叔丁基苯	21.98	41, 91, 119
1,3,5-三甲基苯	22.17	105, 119, 120
2-丁基苯	22.61	91, 105, 134, 139 ~ 149
1,4-二氯苯	22.81	111, 146, 148
4-异丙基苯	23.11	91, 119, 134
1,3-二氯苯	23.13	111, 146, 148
1,2-二氯苯	24.07	111, 146, 148
n-丁基苯	24.24	91, 92, 134
1,2-二氯-3-氯丙烷	26.38	75, 155, 157
1,2,4-三氯苯	28.65	145, 180, 182
六氯-1,3-丁二烯	29.12	223, 225, 227
萘	29.35	102, 127, 128
1,2,3-三氯苯	29.97	145, 180, 182, 327

3) 方法的可行性分析

工作曲线及检出限。向盛有 9 mL 空白水（盐酸调 pH 为 2）的顶空瓶中加入一定量的混合标准溶液，配置成浓度为 0.1、0.2、0.5、1、5、10、20 和 50 μg/L 的标曲系列进行检测，结果见表 9-16，相关系数均不小于 0.99。3 倍的信噪比计算仪器检出限为 0.001 ~ 0.130 μg/L。

表 9-16　目标化合物工作曲线、相关系数和检出限

目标化合物	工作曲线范围/(μg/L)	相关系数	检出限/(μg/L)
1,1-二氯乙烯	0.5 ~ 50	0.995	0.017
二氯甲烷	0.5 ~ 50	0.998	0.030
1,2-反式二氯乙烯	0.5 ~ 50	0.999	0.019
1,1-二氯乙烷	0.5 ~ 50	0.965	0.014
2,2-二氯丙烷	0.5 ~ 50	0.974	0.044
1,2-顺式二氯乙烯	0.5 ~ 50	0.993	0.035
溴氯甲烷	0.5 ~ 50	0.999	0.045
三氯甲烷	0.5 ~ 50	0.998	0.012
1,1,1-三氯乙烷	0.5 ~ 50	0.999	0.011
四氯化碳	0.5 ~ 50	0.994	0.026
1,1-二氯丙烯	0.5 ~ 50	0.998	0.045
苯	0.5 ~ 50	0.99	0.017
1,2-二氯乙烷	0.5 ~ 50	0.99	0.056
三氯乙烯	0.5 ~ 50	0.996	0.024
1,2 二氯丙烷	0.5 − 50	0.993	0.017
二溴甲烷	0.5 ~ 50	0.997	0.034
溴二氯甲烷	0.5 ~ 50	0.994	0.027
1,3-顺式二氯丙烯	0.5 − 50	0.998	0.027
甲苯	0.2 ~ 50	0.995	0.002
1,3-反式二氯丙烯	0.5 − 50	0.997	0.033
四氯乙烯	0.2 ~ 50	0.997	0.002
1,1,2-三氯乙烷	0.5 ~ 50	0.994	0.130
1,3-二氯丙烷	0.5 ~ 50	0.991	0.030
二溴氯甲烷	0.5 ~ 50	0.998	0.014
1,2-二溴乙烷	0.5 ~ 50	0.995	0.023
氯苯	0.2 ~ 50	0.998	0.003
1,1,1,2-四氯乙烷	0.1 ~ 50	0.997	0.009
乙苯	0.1 ~ 50	0.998	0.002
对二甲苯	0.1 ~ 50	0.998	0.001
邻二甲苯	0.1 ~ 50	0.999	0.003

目标化合物	工作曲线范围/(μg/L)	相关系数	检出限/(μg/L)
苯乙烯	0.2~50	0.997	0.014
溴仿	0.5~50	0.998	0.048
异丙基苯	0.1~50	0.995	0.002
溴苯	0.2~50	0.999	0.015
1,1,2,2-四氯乙烷	0.5~50	0.998	0.022
1,2,3-三氯丙烷	0.1~50	0.998	0.005
丙基苯	0.1~50	0.994	0.003
2-氯甲苯	0.1~50	0.997	0.002
4-氯甲苯	0.1~50	0.997	0.003
1,2,4-三甲苯	0.1~50	0.996	0.002
叔丁基苯	0.1~50	0.999	0.003
1,3,5-三甲基苯	0.1~50	0.997	0.002
2-丁基苯	0.1~50	0.996	0.003
1,4-二氯苯	0.1~50	0.998	0.002
4-异丙基苯	0.1~50	0.998	0.002
1,3-二氯苯	0.1~50	0.995	0.002
1,2-二氯苯	0.1~50	0.999	0.002
n-丁基苯	0.1~50	0.994	0.001
1,2-二氯-3-氯丙烷	0.5~50	0.999	0.043
1,2,4-三氯苯	0.1~50	0.997	0.001
六氯-1,3-丁二烯	0.1~50	0.999	0.002
萘	0.1~50	0.998	0.002
1,2,3-三氯苯	0.1~50	0.998	0.003

加标回收率及精密度。在水样中加入一定量的标准进行加标回收重复实验，结果见表9-17，回收率为75.9%~107.3%；相对标准偏差（RSD，$n=5$）为0.5%~17.1%。

表 9-17　实际水样加标回收率

目标化合物	本底值 /(μg/L)	加标量 /(μg/L)	测定值 /(μg/L)	回收率 /%	RSD /%
1,1-二氯乙烯	—	20	16.36	81.8	6.0
二氯甲烷	24.61	20	42.89	91.4	0.8
1,2-反式二氯乙烯	—	20	17.30	86.5	4.3
1,1-二氯乙烷	—	20	17.74	88.7	2.4
2,2-二氯丙烷	—	20	16.28	81.4	0.8
1,2-顺式二氯乙烯	—	20	15.88	79.4	0.9

目标化合物	本底值 /(μg/L)	加标量 /(μg/L)	测定值 /(μg/L)	回收率 /%	RSD /%
溴氯甲烷	—	20	20.72	103.6	11.7
三氯甲烷	—	20	19.78	98.9	9.7
1,1,1-三氯乙烷	—	20	16.42	82.1	1.9
四氯化碳	—	20	15.54	77.7	8.7
1,1-二氯丙烯	—	20	20.38	101.9	6.9
苯	—	20	17.26	86.3	1.2
1,2-二氯乙烷	—	20	15.94	79.7	0.9
三氯乙烯	—	20	18.80	94.0	3.6
1,2二氯丙烷	—	20	20.36	101.8	4.0
二溴甲烷	—	20	20.64	103.2	4.7
溴二氯甲烷	—	20	21.46	107.3	1.1
1,3-顺式二氯丙烯	—	20	20.96	104.8	4.6
甲苯	0.77	20	18.85	90.4	1.6
1,3-反式二氯丙烯	—	20	19.30	96.5	2.5
四氯乙烯	—	20	15.20	76.0	9.4
1,1,2-三氯乙烷	—	20	17.74	88.7	8.5
1,3-二氯丙烷	—	20	18.34	91.7	7.4
二溴氯甲烷	—	20	19.28	96.4	2.2
1,2-二溴乙烷	—	20	17.40	87.0	0.5
氯苯	0.06	20	15.54	77.4	5.5
1,1,1,2-四氯乙烷	—	20	17.24	86.2	0.7
乙苯	0.15	20	15.81	78.3	7.6
对二甲苯	0.23	20	19.37	95.7	5.2
邻二甲苯	0.07	20	18.77	93.5	8.3
苯乙烯	—	20	19.34	96.7	3.6
溴仿	—	20	17.52	87.6	2.2
异丙基苯	—	20	15.32	76.6	2.9
溴苯	—	20	16.18	80.9	3.0
1,1,2,2-四氯乙烷	—	20	19.02	95.1	1.7
1,2,3-三氯丙烷	—	20	19.71	98.6	1.3
丙基苯	—	20	19.60	98.0	1.5
2-氯甲苯	—	20	21.32	106.6	4.5
4-氯甲苯	—	20	15.18	75.9	7.6
1,2,4-三甲苯	0.11	20	19.89	98.9	6.8

目标化合物	本底值 /（μg/L）	加标量 /（μg/L）	测定值 /（μg/L）	回收率 /%	RSD /%
叔丁基苯	—	20	15.78	78.9	0.8
1,3,5-三甲基苯	—	20	17.52	87.6	6.5
2-丁基苯	—	20	19.16	95.8	17.1
1,4-二氯苯	—	20	18.92	94.6	4.9
4-异丙基苯	—	20	16.48	82.4	14.0
1,3-二氯苯	0.25	20	18.73	92.4	3.5
1,2-二氯苯	0.52	20	16.46	79.7	1.6
n-丁基苯	0.07	20	15.75	78.4	1.7
1,2-二氯-3-氯丙烷	—	20	16.80	84.0	0.9
1,2,4-三氯苯	—	20	20.60	103.0	0.8
六氯-1,3-丁二烯	—	20	18.28	91.4	3.2
萘	0.81	20	20.13	96.6	6.6
1,2,3-三氯苯	0.22	20	20.00	98.9	5.4

注：—表示未检出，全书同

9.2.2 江苏 L 县农村饮用水源相关污染源调查及采样布点

通过对饮用水源及相关检品中有机污染物和重金属等的种类、含量及指纹图谱分析，发现样品中存在不同种类和数量的污染物。在有标准物质对照解析的情况下，有些污染物的种类和含量获得了确认，但同时也在指纹图谱中发现了目标待测物以外的成分。根据饮用水源中相关成分种类、浓度水平及健康风险分析，同时考虑指纹图谱中其他成分的情况，本研究选择以多环芳烃、农药、酞酸酯类、重金属以及在 GC-MS 规定条件下扫描的挥发性/半挥发性污染物为例进行溯源分析。

在上述各种类型的水源地水的采集和测定基础上，选择江苏 L 县地表水源环境的相关水域（主要是湖库支流）进行布点追溯分析。同时沿着湖库支流开展实体污染源调查，了解污染源排放的可能情况，与污染物指纹图谱比对分析，找到真正的污染源（图 9-8）。

9.2.3 饮用水源污染物的溯源分析

1. 污染物特征成分分析及比值分析

1）多环芳烃特征成分及比值分析

经特殊作用途径而来的多环芳烃往往会产生特征性成分。研究表明，多环芳烃中的低环物质（2~3 环）大都来自于石油源；而高环物质（5~6 环）多来自燃料燃烧。另有 Flu、Pyr、Chr、BkF 被认为是煤炭燃烧的指纹物质，而 Chr、BbF、BkF、BaP、InP、DBA

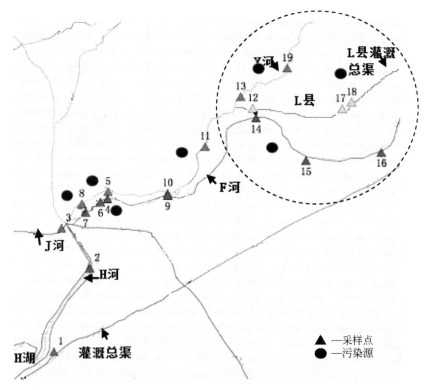

图9-8　L县饮用水源相关水域污染物分析布点（▲）及污染源（●）调查

和BghiP被认为是交通排放源的主要指示物。

比值法是判别PAHs污染来源简单易行的方法，它是根据互为异构体的PAHs化合物往往具有相似的热力学分配系数和动力学质量转移系数这一原理，通过PAHs单组分化合物的含量来确定环境样品中PAHs最明显的污染源。Yunker（2002）等认为，Flu/（Flu+Pyr）<0.4时是石油源，Flu/（Flu+Pyr）=0.4~0.5时为液体化石燃料燃烧（汽车尾气和原油）来源，而Flu/Flu+Pyr>0.5时为杂草、木材和煤的燃烧。其他还有目前源解析经常采用的BaA/（BaA+Chr）比值、An/（An+Phe）比值及InP/（InP+BghiP）比值等，具体见表9-18。

表9-18　PAHs来源特征比值范围

来　源	An/（An+Phe）	Flu/（Flu+Pyr）	BaA/（BaA+Chr）	InP/（InP+BghiP）
石油污染	<0.1	<0.4	<0.2	<0.2
燃烧	>0.1	>0.4	>0.35	>0.2
汽油燃烧	0.11	0.4~0.5	0.33~0.38	0.09~0.22
柴油燃烧	0.11±0.05	0.20~0.58	0.18~0.69	0.25~0.45
煤燃烧	0.31~0.36	0.48~0.85	0.36~0.50	0.48~0.57
木材燃烧	0.14~0.29	0.41~0.67	0.40~0.52	0.57~0.71

　　本研究在对江苏 L 县和 T 县不同饮用水源多环芳烃污染物前期检测分析的基础上，发现深层地下水源相比浅层地下水源、地表水源具有相对更高的高环多环芳烃构成比。来自于地表相关物质燃烧产生的高环多环芳烃经过沉降渗透，再加上其较长的半衰期，已经影响到地下水源，尽管其总含量相对地表水源较低。

　　高环多环芳烃具有较高的"三致"作用，所以对于主要饮用地下水的典型农村，其地下饮用水源中多环芳烃的污染应该重点关注高环多环芳烃，以防其不断累积而影响人群健康。

　　高环多环芳烃来自于人为燃烧活动，可控性较强。以 L 县为例的主要河流上游水体各溯源点多环芳烃检测结果见表 9-19，各溯源点荧蒽/荧蒽+芘［Flu/（Flu+PYr）］和蒽/蒽+䓛［BaA/（BaA+Chr）］特征比值见图 9-9。

表 9-19　L 县饮用水源相关水域多环芳烃浓度　　　　　（单位：ng/L）

采样点	Nap	Acp	Fl	Phe	An	Flu	Pyr	BaA	Chr	BbF	BkF	BaP	DBA	BghiP	InP	ΣPAHs
1	—	0.84	5.59	2.21	0.24	2.43	3.9	3.27	3.22	0.25	—	0.15	—	—	2.44	24.54
2	—	—	30.89	15.79	0.45	0.49	—	—	2.08	0.11	—	0.37	—	—	—	50.18
3	—	4.45	10.23	46.48	3.53	15.47	7.38	21.41	63.05	1.6	2.35	5.91	5.01	0.3	—	187.17
4	—	0.49	9.21	20.52	1.6	6.58	3.2	5.08	6.62	0.86	0.21	0.21	—	0.54	8.64	63.76
5	—	0.83	6.83	3.97	0.58	0.96	3.47	0.53	3.36	0.12	—	0.14	—	—	—	20.79
6	—	1.43	15.68	21.28	1.09	4.07	4.01	1.84	6.46	0.5	0.06	0.4	—	—	—	56.82
7	—	0.12	13.93	13.64	0.82	1.37	2.14	2.19	3.48	0.19	—	1.16	—	—	—	39.04
8	—	—	5.52	9.33	0.68	4.19	8.62	0.91	5.09	0.06	—	0.09	—	0.11	—	34.60
9	12.56	—	33.42	26.26	0.96	7.09	6.44	1.08	4.51	0.35	0.03	0.34	—	0.36	—	93.40
10	0.44	—	4.2	5.79	0.78	5.19	1.02	1.15	3.85	0.39	—	—	—	—	2.8	25.61
11	—	—	5.26	7.4	0.51	2.03	0.12	0.07	2.44	0.09	—	—	—	—	—	17.92
12	—	—	5.43	10.91	0.98	1.41	2.98	2.21	1.72	0.36	—	0.52	0.12	0.2	6.52	33.36
13	4.69	0.48	8.55	9.69	0.15	0.91	—	0.17	0.16	—	—	—	—	—	2.93	27.75
14	—	1.35	12.35	16.46	0.76	1.46	2.26	0.4	1.4	—	—	—	—	—	—	36.48
15	—	0.12	15.9	15.04	0.77	0.96	2.58	0.46	3.37	0.13	—	0.02	—	—	2.62	41.97
16	—	0.86	11.16	27.92	1.21	5.56	4.67	0.24	1.04	0.14	—	—	—	—	—	52.80
17	—	—	3.16	10.51	0.53	2.76	1.93	4.08	1.03	0.24	—	0.15	—	—	2.87	27.26
18	—	0.21	11.38	18.07	0.8	6.24	5.6	0.26	3.17	0.08	—	—	—	0.12	—	45.93
19	4.63	0.37	11.48	22.17	0.4	1.59	2.38	0.16	1.06	0.03	—	—	—	—	2.77	47.04

　　从图 9-9 中可以发现，位于 L 县境内的 13#、17#均为最明显的木材或煤炭燃烧污染源（高环多环芳烃污染源），因此控制 L 地区（如 13#、17#周围地区）木材、煤炭等高温燃烧活动，可减少当地饮用水源中高环多环芳烃的污染。

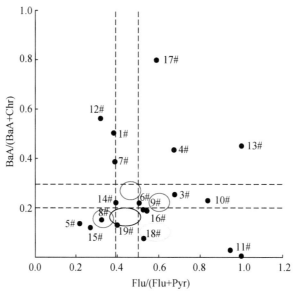

图9-9　溯源点PAHs特征比值

从图9-9中可以看出，位于L县境内15#显示为石油污染，此采样点为一处渡口，可能与来往船只携带的石油泄漏等有关，因此，加强监控此处的石油源的多环芳烃，也可减轻当地饮用水源中多环芳烃污染。

从表9-20中可以看出不同类型饮用水源PAHs污染来源，并且通过与图9-9的比对可以看出L县不同年份两次丰水期的地表水源采样PAHs比值结果显示来源一致。

从表9-20中可以看出，L县丰水期D镇深层地下水源受当地的灌溉水影响较大；而L县的X镇深层地下水源受当地的F河以及L县灌溉总渠的影响较大。丰水期F河其Flu/（Flu+Pyr）和BaA/（BaA+Chr）比值与溯源采样时F河19#一致，显示为石油污染来源，虽然F河属于D镇，但其对D镇附近的地下水源影响较小，不如流经D镇的G村灌溉水影响大。表9-20中丰水期L县灌溉总渠Flu/（Flu+Pyr）和BaA/（BaA+Chr）比值显示来源不一致，为混合污染来源，这与溯源采样时位于L县灌溉总渠的18#所显示PAHs比值分布一致。表9-20中丰水期F河Flu/（Flu+Pyr）和BaA/（BaA+Chr）比值均显示为混合污染来源，其与溯源采样时，位于L县X镇的14#、15#和16#所显示的PAHs比值一致。说明L县F河水体中PAHs污染既来自于燃烧，也来自于石油的污染。

表9-20　L县不同类型水源PAHs特征比值

时　期	水　源	地　点	Flu/（Flu+Pyr）	BaA/（BaA+Chr）	备注
丰水期	深层地下水源	D镇	<0.4	0.27~0.59	—
		X镇	0.24~0.68	<0.2	—
	地表水源	Y河	<0.4	<0.2	D镇
		G村灌溉水	<0.4	0.40~0.45	
		L县灌溉总渠	0.42~0.51	<0.2	X镇
		F河	0.32~0.59	<0.2	

时　期	水　源	地　点	Flu/（Flu+Pyr）	BaA/（BaA+Chr）	备注
枯水期	深层地下水源	D 镇	0.83 ~ 1.00	0.12 ~ 0.28	—
		X 镇	0.62 ~ 0.88	0.03 ~ 0.41	—
	浅层地下水源	D 镇	0.59 ~ 0.85	<0.2	—
		X 镇	0.60 ~ 0.86	<0.2	—
	地表水源	Y 河	0.58 ~ 0.75	0.36 ~ 0.44	D 镇
		G 村灌溉水	0.76 ~ 0.80	<0.2	
		L 县灌溉总渠	0.84 ~ 1.00	0.14 ~ 0.24	X 镇
		F 河	0.84 ~ 0.85	<0.2	

从表 9-20 中可以看出，L 县枯水期不同类型地下水源（包括深层地下水源、浅层地下水源）其 Flu/（Flu+Pyr）和 BaA/（BaA+Chr）比值均基本显示一致，显示其共同的污染来源。在向地表水源追溯中可以看出，D 镇地下水源与其 G 村灌溉水更相关；X 镇地下水源与 L 县灌溉总渠及 F 河的 Flu/（Flu+Pyr）和 BaA/（BaA+Chr）均一致。这些均显示了地下水源中 PAHs 污染来源与当地的地表水源密切相关。

此外，L 县枯水期不同饮用水源中 Flu/（Flu+Pyr）的一致高比值，以及 BaA/（BaA+Chr）比值的降低（即 Chr 含量升高），表明冬季煤燃烧严重（Flu、Pyr、Chr 被认为是煤炭燃烧的指纹物质），这可能对水体中 PAHs 的污染影响较大。

2）有机氯农药特征成分及比值分析

Michael Faraday 于 1825 年在光照条件下在苯环上加氯，第一次合成了六六六（HCHs）。根据其空间构象的不同，主要有 α-HCH、β-HCH、γ-HCH（林丹）和 δ-HCH 四种同分异构体，见图 9-10。工业合成的 HCHs 四种异构体的构成比例见表 9-21。

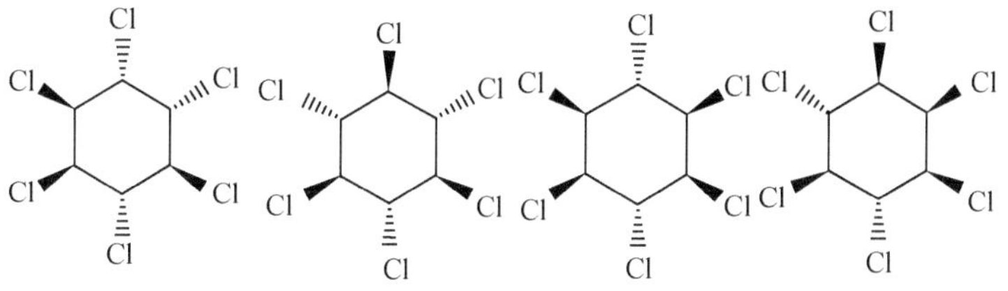

图 9-10　HCHs 同分异构体

表 9-21　工业级六六六异构体构成比例

序号	同分异构体	构成比例/%
1	α-HCH	65
2	β-HCH	7
3	γ-HCH	14
4	δ-HCH	6

早在 19 世纪 40 年代，人们就已发现 γ-HCH 具有杀虫作用。1950 年发明从工业六六六中提纯 γ-HCH（纯度大于 99%）后，便开始商业化生产（商品名为林丹），HCHs 就成了全球应用最广的一种杀虫剂。除了广泛应用于农业外，也用于森林木材的防护和灭虱的人用药。包括 γ-HCH 在内的 HCHs 具有挥发性，当施于农作物时，这些同分异构体会进入大气，最后沉降。HCHs 具有持久性，可沿生物链放大形成生物蓄积性，β-HCH 最难降解，其次是 α-HCH。

基于农业发展需要，1950~1983 年，我国曾大规模生产、使用林丹，产量达数百万吨。由于其持久性与远距离传输能力，现在世界范围内的 HCHs 环境残留及生物体蓄积频频检出。

本次典型农村饮用水源 OCPs 残留研究检测结果显示（表 9-22~表 9-24），HCHs 在不同地区、不同饮用水源中的含量及检出率均较大，为主要污染 OCPs（图 9-11）。

表 9-22　L 县丰水期不同饮用水源有机氯农药浓度

物质	末梢水			深层地下水源			地表水源		
	范围/(ng/L)	均值/(ng/L)	检出率/%	范围/(ng/L)	均值/(ng/L)	检出率/%	范围/(ng/L)	均值/(ng/L)	检出率/%
α-HCH	—~48.25	9.33	65.9	—~8.50	2.95	75	—~23.27	13.31	93.3
β-HCH	—~94.22	29.53	68.2	—~59.48	16.6	83.3	—~141.51	55.24	80
γ-HCH	—~4.96	1.54	54.5	—~8.97	1.84	70.8	—~5.12	1.26	53.3
δ-HCH	—~4.11	1.09	84.1	0.62~2.28	1.33	100	—~16.73	4.33	73.3

表 9-23　L 县枯水期不同饮用水源有机氯农药浓度

物质	末梢水			深层地下水源			浅层地下水源			地表水源		
	范围/(ng/L)	均值/(ng/L)	检出率/%	范围/(ng/L)	均值/(ng/L)	检出率/%	范围/(ng/L)	均值/(ng/L)	检出率/%	范围/(ng/L)	均值/(ng/L)	检出率/%
α-HCH	—~1.31	0.82	75	—~3.61	1.32	83.3	0.07~8.82	2.06	100	4.96~33.41	21.25	100
β-HCH	1.44~4.17	2.94	100	—~51.47	5.72	87.5	0.07~6.44	2.47	100	1.51~117.90	27.5	100
γ-HCH	—~0.65	0.27	72.7	—~1.37	0.35	54.2	—~0.41	0.22	75	—~7.30	1.88	60
δ-HCH	—~0.69	0.43	79.5	—~0.85	0.18	45.8	—~15.82	2.88	50	—~3.00	0.35	16.7

饮用水源中 4 种 HCHs 同分异构体的残留构成，在 L 县丰水期及枯水期不同饮用水源中均明显表现以 α-HCH、β-HCH 为主，其中 β-HCH 含量最大，与 Chen Wei（2011）等检测的水体 HCHs 残留研究结果较一致。通过分析 α-HCH、β-HCH 与 γ-HCH 在水中的比例

表 9-24 T 县枯水期不同饮用水源中有机氯农药浓度

物质	末梢水		深层地下水源		浅层地下水源			地表水源		
	范围 /(ng/L)	均值 /(ng/L)	范围 /(ng/L)	均值 /(ng/L)	范围 /(ng/L)	均值 /(ng/L)	检出率/%	范围 /(ng/L)	均值 /(ng/L)	检出率/%
α-HCH	0.93 ~ 7.09	4.41	0.07 ~ 3.56	2.11	0.25 ~ 3.71	1.93	100	1.34 ~ 34.84	12.88	100
β-HCH	— ~ 1.23	0.61	— ~ 1.55	0.44	— ~ 7.94	1.93	90	— ~ 1.10	0.19	25
γ-HCH	— ~ 0.71	0.55	— ~ 0.65	0.43	0.01 ~ 2.27	0.73	100	0.02 ~ 42.23	12.93	100
δ-HCH	—	—	—	—	—	—	—	— ~ 101.69	18.52	75

注：—表示低于检出限

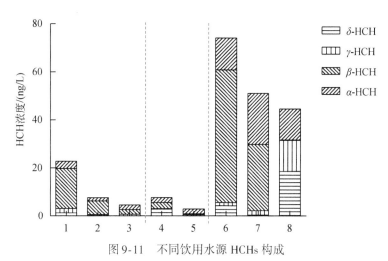

图 9-11 不同饮用水源 HCHs 构成

注：1、2、3-深层地下水源（100 ~ 150 m）；4、5-浅层地下水源（15 ~ 20 m）；6、7、8-地表水源

可以提示该地区是否用过工业 HCHs 或林丹，若样品中 α-HCH/γ-HCH 的比值为 3.7 ~ 11，则表明 HCHs 主要源于工业 HCHs，若比值在 0.2 ~ 1，则说明环境中有林丹的使用，若样品中 α-HCH/γ-HCH 增大，则说明环境中 HCHs 更可能是来源于长距离传输（表 9-25）。L县地表水体中 HCHs 的构成分布，丰水期与枯水期 α-HCH/γ-HCH 的均值分别为 10.6 和 11.3，提示该地区曾经生产过工业 HCHs（图 9-12）。T 县枯水期地下饮用水源中 HCHs 构成也表现为以 β-HCH、α-HCH 残留为主。T 县地表水源中 HCHs 依次以 γ-HCH、δ-HCH 和 α-HCH 残留为主，β-HCH 残留最少，但检出率仍达 25%。T 县与 L 县在地表水源中 HCHs 构成上存在差异，α-HCH/γ-HCH 为 0.996（图 9-12），提示 T 县地区可能是典型的 HCHs 农药使用地区，经过多年的降解，水体中仍残留有大量的 γ-HCH。

表 9-25 HCHs 来源比值

物质	比值	来源
α-HCH /γ-HCH	0.2 ~ 1	农业污染
α-HCH/γ-HCH	3.7 ~ 11	工业污染

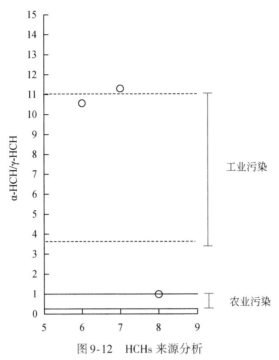

图 9-12　HCHs 来源分析

注：6-L 县地表水源（丰水期）；7-L 县地表水源（枯水期）；8-T 县地表水源（枯水期）

从图 9-12 中可以看出，虽然 T 县地表水源各 HCHs 异构体平均含量显示 γ-HCH 相对较高（约为 β-HCH 的 68 倍），但到浅层地下水源时，其平均含量已大大降低，仅约为 β-HCH 的 2/5，形成了构成比上的转换，这说明 γ-HCH 向地下水系统迁移能力较 β-HCH 弱。刘守亮等（2006）检测我国孝感地区不同环境介质中 HCHs 残留时发现，深井水中只检出 α-HCH 和 β-HCH 两种异构体。分析还发现地下水中（包括深层地下水经管道运输后的末梢水）β-HCH 与总 HCHs 相关性系数（r）达 0.992（$p<0.01$），α-HCH 与总 HCHs 相关系数 $r=0.861$（$p<0.01$）。国际癌症研究机构在 1979 年评估了工业级 HCHs 和 γ-HCH，认为 α-HCH 同分异构体对于动物有着显著致癌性，致癌强度系数（SF）为 6.3 mg/（kg·d）。而 β-HCH 和 γ-HCH 同分异构体的此种作用的证据有限。L 县丰水期、枯水期地下水源中 β-HCH、α-HCH 的相对高残留表明，对于把地下水作为直接饮用水源的农村居民，关注饮水 HCHs 污染时，β-HCH、α-HCH 更值得关注。Porta M. 等（2012）检测西班牙巴塞罗那人群血液 POPs 时即发现 HCHs 中以 β-HCH 残留为主；Cao 等（2011）检测分析上海怀孕妇女脐带血中 OCPs 残留时发现，HCHs 中以 β-HCH 残留为主，并且脐带血中 β-HCH 含量与怀孕妇女的一些饮食习惯显著相关。

3）重金属污染物特征成分分析

一般认为，Al、Fe 等元素代表沙尘类污染；Ca、Mg 等元素代表建筑工业排放和建筑工地排放突出的建筑尘污染；S 元素代表燃煤等燃烧过程排放贡献突出的污染；Pb、Zn 等重金属元素代表有色冶金工业排放突出的污染。

L 县丰水期地表水源 Al 超标，其平均浓度远远大于地下水源，因此 Al 可能来自于地表污染。L 县枯水期浅层地下水源中金属 Mg、Ca、Mn、Fe 和 As 平均浓度远大于地表水源，并且 Mn、Fe 和 As 超标严重，说明这些重金属的污染可能并非来自地表，而有可能来自于本身的地质结构。这 5 种重金属在深层地下水源的浓度较低，说明其污染尚未影响到深层地下水层。典型农村居民饮用深层地下水源较浅层地下水源安全。

T 县枯水期浅层地下水源中重金属 Mn 浓度相比深层地下水源较高，但是低于当地地表水源中的含量，说明 T 县水源中 Mn 的污染可能来自地表，但其总含量未超过我国相关标准，还远低于 L 县水源中的浓度。与 L 县浅层地下水源不同的是重金属元素 Ba、Co 在浅层地下水源中浓度较高，高于其在地表水源中的浓度。

2. 指纹图谱被动示踪分析

1）多环芳烃污染物指纹图谱解析

在对 L 县不同类型样品中 16 种多环芳烃污染物进行定量比对的基础上，进一步对溯源 19 个地表水体采样点的荧光指纹图谱进行了分析。

A. 聚类分析

荧光指纹图谱聚类分析见图 9-13，第一层首先将 3#分隔开来，说明 3#的荧光指纹图谱与其他溯源点差别较大；第二层将 17#与其他溯源点区分开来；第三层将 9#区分开来；第四层将 18#与剩下的溯源点区分开来。3#位于京杭大运河，9#位于 L 县市区至 L 县城间的 F 河，而 17#和 18#则位于 L 县境内的 L 县灌溉总渠。

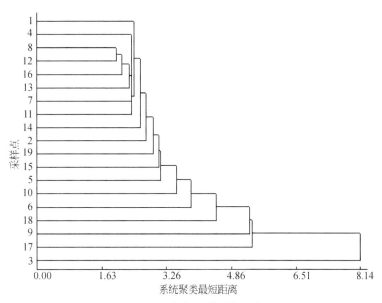

图 9-13 荧光图谱系统聚类

上述几个指纹图谱区别较大的溯源点（3#、9#、17#和 18#）均位于典型的农业活动区，可见农业活动对当地水源中多环芳烃类污染物的影响较大。

B. 荧光指纹解析

结合聚类分析结果及荧光指纹图谱解析发现，保留时间为 16min 之后的区域宜作为多环芳烃污染的特征指纹区，而保留时间为 0 ~ 16min 的区域称为保守指纹区。

通过特征指纹区，3#、17#、18#和9#以及6#和10#均能不同程度地同其他溯源点区分开来。指纹图谱16min后的具有荧光响应的多环芳烃类物质多为高环多环芳烃，以高环多环芳烃为特征指纹区的溯源各点，显示了不同的燃烧污染。17#、18#位于L县境内，结合L县的调查表结果发现，该地区有64.7%的家庭仍然使用柴火，并且居住在当地的男性中，吸烟者达46.1%，这些均是产生多环芳烃的重要来源，尤其是高环多环芳烃。3#位于J河，其河岸两侧均是农业活动区；9#位于F河，采样时发现其河岸边有小型散在的家禽养殖户。综合以上及多环芳烃特征比值，说明L县水源中多环芳烃类污染物与当地居民的燃烧活动及农业活动密切相关。

通过保守指纹区，发现在接近L县境内的12#及13#保守指纹相对上游溯源点较弱，但到了L县境内后的14#~18#，较弱的保守区域又开始增强，形成了一种隔断，因此推测L县D镇饮用水源中多环芳烃的特征污染主要来源于当地，而非上游水源地。

2）农药类污染物指纹图谱解析

A. 有机氯农药

溯源水样中有机氯农药分布。丰水期19个溯源点中共检出6种有机氯农药，分别为α-HCH、七氯、艾氏剂、环氧七氯、p,p'-DDD、硫丹硫酸酯。与L县地表水源中检出的有机氯农药浓度相比，溯源点中检出的有机氯农药总体浓度较低，可能与采样时正处于大雨过后，水体被稀释有关。

从表9-26中可以看出，溯源水体中HCHs只检出α-HCH，并且其浓度变化不大，在各点中的含量分布较稳定。前期检测的L县地表水源中HCHs同分异构体分布，其特征比值显示为工业污染来源。本次溯源中仅检出的α-HCH和其较均一的浓度表明，L县水源中HCHs农药的污染与上游工业污染有关。

表9-26　溯源点有机氯农药浓度　　　　　　　（单位：ng/L）

采样点	α-HCH	七氯	艾氏剂	环氧七氯	p,p'-DDD	硫丹硫酸酯	$\sum$OCPs
1	0.11	—	—	1.20	—	0.12	1.43
2	0.13	—	—	1.14	—	—	1.27
3	0.24	1.60	0.14	1.83	3.35	2.61	9.77
4	0.14	—	—	1.39	—	0.15	1.68
5	0.20	—	—	1.61	—	0.22	2.03
6	0.28	0.32	0.18	1.82	2.74	0.12	5.46
7	0.26	0.27	0.11	1.56	1.76	—	3.96
8	0.22	0.10	—	1.35	—	—	1.67
9	0.26	—	—	0.93	—	—	1.19
10	0.34	—	—	1.18	—	—	1.52
11	0.17	—	0.10	1.63	—	—	1.9

采样点	α-HCH	七氯	艾氏剂	环氧七氯	p,p'-DDD	硫丹硫酸酯	$\sum$ OCPs
12	0.27	—	—	1.32	—	—	1.59
13	0.19	—	—	1.12	—	—	1.31
14	0.16	—	0.10	1.66	—	0.11	2.03
15	0.27	—	0.14	1.19	—	0.18	1.78
16	0.18	0.23	—	1.08	0.56	0.10	2.15
17	0.48	—	0.81	0.87	3.70	—	5.86
18	0.28	—	0.17	1.26	—	—	1.71
19	0.36	0.10	—	2.05	—	0.16	2.67

对于 DDT 农药，只检出了 p,p'-DDD（检出率 26.3%）。在 3#、7#和 6#溯源点水体中检出了 p,p'-DDD，其中以 3#浓度最高，3#地处京杭运河，并且紧接着其分支下游的 F 河（7#和 6#）也有检出。除以上三个采样点检出了 p,p'-DDD 外，在 L 县境内的 17#（L 县灌溉总渠）和 16#（X 镇 F 河）也有检出，并且作为灌溉水源的 L 县灌溉总渠 p,p'-DDD 浓度最高，显示了当地过去 DDT 农药的使用。

B. 聚类分析

根据溯源点有机氯农药污染物聚类分析发现（图 9-14），第一层首先将 3#分隔开来，说明 3#的有机氯农药污染与其他溯源点差别较大。第二层将 17#与其他溯源点区分开来，上述首先区分开来的两个溯源点与多环芳烃聚类分析一致。结合具体的有机氯农药污染物，发现这两点与其他溯源点的差异主要体现在 p,p'-DDD 污染程度上。p,p'-DDD 在此两点浓度相对较高，而这两点均是典型的农业活动频繁区，因此，这两点水源中有毒污染物污染不仅体现在多环芳烃上，而且有机氯农药污染也较明显。

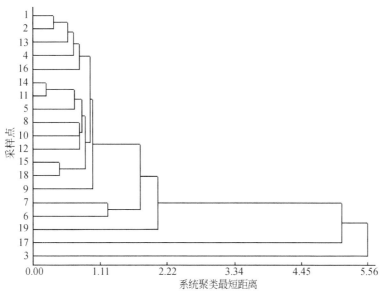

图 9-14　溯源点有机氯农药系统聚类图

3）酞酸酯类污染物指纹图谱解析

A. 溯源水样中酞酸酯分布

溯源水样共检测了 16 种酞酸酯类目标物质，从表 9-27 可以看出，共检出了 9 种。在检出的 9 种当中又以 DBP（DIBP、DNBP）和 DEHP 残留为主，如图 9-15 所示，这几种物质与总量的相关性均较好（r 大于 0.74）。

表 9-27　溯源点中酞酸酯类污染物浓度　　　　　　　（单位：ng/L）

采样点	DMP	DEP	DIBP	DNBP	DMEP	DMPP	DHXP	DEHP	DCHP	∑PAEs
1	28.88	11.29	328.23	340.5	—	50.2	—	663.48	32.14	1 454.72
2	8.64	—	92.73	1183.83	—	—	—	1414.13	101.42	2 800.75
3	56.24	3.17	336.8	380.69	—	83.12	—	886.52	29.47	1 776.01
4	43.29	2.28	340.56	326.26	24.35	75.39	—	998.12	82.1	1 892.35
5	273.04	120.19	657.91	662.58	44.22	101.44	16.16	1 751.11	78.38	3 705.03
6	15.24	2.79	109.58	505.61	20.83	—	—	643.93	44.4	1 342.38
7	41.51	14.57	382.8	288.29	16.41	22.43	—	134.76	45.25	946.02
8	11.51	42.83	155.54	1 935.6	—	—	—	547.58	127.3	2 820.36
9	27.68	4.23	305.71	268.44	—	45.66	—	983.92	49.89	1 685.53
10	63.07	54.32	505.24	418.1	17.6	86.32	14.93	769.48	78.82	2 007.88
11	100.76	57.93	799.2	883.34	—	92.22	20.29	1 398.83	68.71	3 421.28
12	29.72	66.1	361.26	402.99	30.39	—	—	243.27	49.01	1 182.74
13	40.9	24.49	415.13	368.33	24.57	48.54	10.85	620.43	50	1 603.24
14	8.39	3.23	144.68	873.02	22.24	—	—	2 033.06	118.42	3 203.04
15	51.24	28.86	1 140.75	1 341.78	—	118.39	—	1 420.15	62.1	4 163.27
16	36.07	27.43	416.4	373.35	24.28	68.79	—	165.02	39.62	1 150.96
17	135.47	342.37	3 354.57	5 963.05	—	283.31	—	3 220.97	135.96	13 435.7
18	80.99	64.97	967.82	1 037.82	34.97	211.86	—	2 123.13	123.82	4 645.38
19	87.89	74.67	599.76	1 242.81	—	103.18	—	1 228.76	56.99	3 394.06

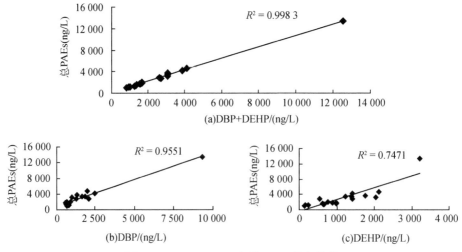

图 9-15　DBP、DEHP 与总 PAEs 的相关性

B. 聚类分析

根据 19 个溯源采样点聚类分析（图 9-16）发现，首先是 17#酞酸酯类污染与其他采样点差别较大，其次是采样点 5#。结合表 9-26 进一步分析，发现 17#的酞酸酯在污染总量及类型上均产生变化。17#酞酸酯污染严重，DIBP、DNBP 和 DEHP 的含量均较高，为所有溯源点中最高，总量是其他溯源点的 2.9～14.2 倍，并且此点 DIBP、DNBP 与 DEHP 在含量上的构成比相比其他点发生了变化，显示出 DIBP、DNBP 的更高浓度，说明此处水源中有新的酞酸酯污染来源。17#位于 L 县灌溉总渠，其水源中的高污染酞酸酯，可能与当地的农业活动有关。

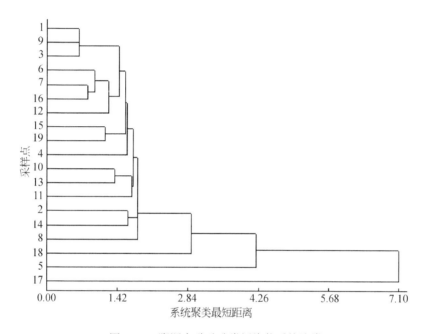

图 9-16　溯源点酞酸酯类污染物系统聚类

5#相比其上游采样点，虽然酞酸酯类污染总量变化不是太大，但从表 9-27 中分析发现，其 DMP 和 DEP 浓度构成比上升，说明 5#水源中有其他类型酞酸酯污染源的注入。5#位于 L 县市区，与 L 县相关的工业活动有关。

4）挥发性有机污染物指纹图谱解析

从表 9-27 中可以看出溯源各点共检出 12 种挥发性有机污染物。二氯甲烷在 2#、8#、12#、16#、17#和 19#这六个点浓度均较高，2#、16#和 17#已经超过我国生活饮用水规定的限值。水体中二氯甲烷的高浓度在溯源点中散在分布，可能与附近的点源污染有关，但其对下游邻近水体的影响不大。

除二氯甲烷外，其他检出的挥发性有机污染物在溯源点 17#浓度分布均较大，如苯、二甲苯、二氯苯、三氯苯和萘等。但位于 L 县 X 镇的 14#、15#两点挥发性有机污染物总量却相对较小。处于上游位置的 5#其水体中的挥发性有机污染物浓度（除二氯甲烷外）也较大，5#属于 Y 河，离 L 县最近，并且 5#与 8#之间的沿岸有许多农药厂，其水体中的挥发性有机污染物可能与这些农药厂的排放有关。

A. 相似度分析

色谱指纹图谱相似度分析（图9-17）显示，14#、15#两点的污染物类型与其他采样点相似度较小，均小于0.9。比较这两点的谱图（使用挥发性有机污染物专用柱检测），发现这两点的挥发性有机污染物综合响应较低，表明14#、15#水源中挥发性有机污染物综合污染最轻。

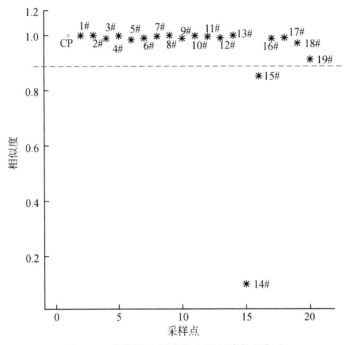

图9-17 各溯源点挥发性有机污染物相似度

14#、15#均位于 L 县 F 河。14#未受市区人口密集活动以及上游水质的影响。15#位于14#下游，延续了14#中的低污染挥发性有机物，这与此点包括 As 等在内的金属高污染截然相反。

B. 聚类分析

系统聚类分析（图9-18）与相似度比对一致，第一层首先将14#与其他溯源采样点区分开来，显示与其他采样点挥发性有机物污染较大的差别；第二层将15#区分开来；第三层将19#区分开来。结合表9-28发现，14#、15#被区分开来属于挥发性有机污染物的总体低污染情况，而位于 L 县 D 镇的 Y 河采样点19#被区分开来是因为其氯苯的高污染。因19#采样点附近有许多化工厂，其水体中的氯苯污染可能来源于此。

14#、15#和19#均位于 L 县境内，其与上游水体挥发性有机污染物的较大差别说明挥发性有机污染物对 L 县水源的影响主要来自于当地的一些工业活动等，而非上游水源。L 县境内水源中挥发性有机污染物的重点污染区域为 Y 河，因此，加强附近化工厂向水体中的排放监管非常重要。

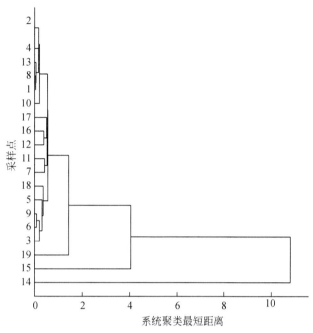

图9-18　溯源点挥发性有机污染物聚类分析

表9-28　溯源点挥发性有机污染物浓度　　　　　　　　（单位：ng/L）

采样点	1,2,3-三氯苯	萘	n-丁基苯	1,2-二氯苯	1,3-二氯苯	1,2,4-三氯苯	邻二甲苯	对二甲苯	乙苯	氯苯	甲苯	二氯甲烷
1	—	13.75	7.93	11.89	8.80	—	—	—	11.54	7.96	—	—
2	33.58	67.23	—	15.72	—	13.18	7.19	—	—	—	16.93	31 162.36
3	—	35.35	5.11	43.41	11.50	22.92	12.82	36.32	22.14	—	—	—
4	—	40.74	—	—	6.82	37.63	37.40	47.36	56.32	—	247.59	—
5	36.58	120.23	5.45	7.24	—	100.43	113.09	126.11	159.74	8.81	1 755.78	—
6	—	43.59	7.80	—	—	11.59	—	6.87	11.12	—	—	—
7	31.22	9.52	—	—	—	12.38	—	—	—	5.50	—	—
8	—	59.05	—	24.34	5.62	11.44	—	6.90	5.83	—	—	13 822.38
9	69.87	—	—	—	7.68	15.53	—	—	10.29	8.12	—	—
10	—	16.81	—	—	—	8.59	—	—	23.49	18.26	937.15	—
11	82.85	—	—	0.00	27.55	18.39	8.10	—	32.85	—	75.81	—
12	70.61	232.45	35.72	240.92	115.48	50.85	—	—	73.52	32.25	211.06	10 602.29
13	31.97	48.68	—	16.10	9.67	—	—	—	5.32	17.97	—	—
14	—	—	—	—	5.37	—	—	—	9.45	—	25.056	—
15	45.13	143.15	15.04	88.81	47.70	—	—	—	—	—	—	—
16	52.06	204.85	9.97	41.66	52.79	28.65	47.83	82.65	96.34	36.28	363.99	34 382.80
17	219.36	812.30	68.36	515.97	248.61	108.89	72.64	227.64	153.45	63.32	773.73	24 614.82
18	40.91	152.91	19.92	74.57	40.05	23.65	—	—	46.84	25.81	48.80	—
19	—	—	32.24	115.36	—	33.27	—	—	53.46	1 553.29	50.96	10 240.50

5) 半挥发性污染物总扫描指纹图谱解析

A. GC-MS 全扫描工作条件

样品前处理方法。采用具有广泛吸附能力的 C_{18} 膜片进行溯源水样固相萃取富集。$ENVI^{TM}$-18DSK 膜片首先经 10mL 二氯甲烷、10mL 甲醇和 10 mL 超纯水活化，活化过程中甲醇、超纯水不能流干。如不小心干涸需重复上述步骤，重新活化。量取 1L 水样（预先经 0.45μm 玻璃滤膜过滤），加入甲醇 4mL 混匀。将水样缓缓倒入圆盘装置中，调节真空泵压力为 17 kPa 控制水样流量，1L 水样过完 C_{18} 膜片约需 25min。过完水样后调大真空度，继续抽干 10min 以尽量排除滞留于膜片中的水分。将 50 mL 具塞比色管放入抽滤装置中，吸取二氯甲烷 6 mL 洗脱膜片，重复操作一次。洗脱液倒入盛有无水硫酸钠的玻璃漏斗（下塞玻璃棉，无水硫酸钠预先用二氯甲烷润洗）中，具塞比色管再用二氯甲烷 1.5 mL 重复荡洗两次倒入漏斗中。用装玻璃离心管承接脱水后的有机溶剂，经离心浓缩仪浓缩至近干。浓缩后的离心管，加入 0.5 mL 正己烷定容，漩涡混匀，转移至棕色样品瓶待测。

指纹图谱构建：

气相色谱质谱仪。ThermoTrace DSQ。色谱柱：Agilent DB5MS 毛细管色谱柱（30 m×0.25 mm×0.25 μm）。色谱条件：初温 60 ℃，保持 2min；以 10 ℃/分钟的速率升温至 300 ℃，保持 4min。溶剂延迟 6min。进样口温度 250 ℃，不分流进样，进样量 1 μL，不分流时间 1min。载气为氦气，流量 1 mL/min。

质谱条件：电子轰击（EI）离子源，温度 230 ℃，电子轰击能量为 70 eV，发射电流为 100 μA，预四极杆电压为 −7.8 V；离子扫描范围 50~650n/z；传输线温度为 280 ℃。

B. 指纹图谱相似度分析

溯源各采样点半挥发性有机污染物 GC-MS 全扫描图谱相似度比对显示，14#、15#这两点同挥发性有机污染物一样仍与其他采样点的全扫描谱图相似度最低，均小于 0.3。结合这两点的半挥发性有机污染物的全扫描谱图，发现各物质峰响应均较低，说明 14#、15# 中总体有机物污染物污染确实比其他采样点轻。

通过相似度图 9-19 还发现，如果以相似度大于 0.85 进行分割（虚线），图中相似度小于 0.85 的采样点，除 3#、11#外，均是位于 L 县境内的采样点，这表明 L 县境内水源中半挥发性有机污染物的污染来自于当地，而非上游水源地。

C. 聚类分析

同相似度比对一样，聚类分析（图 9-20）也提前将 14#、15#与其他采样点区分开来。另外还可以看出，17#也紧接着 14#、15#在下一层被其他采样区分开来，从谱图查看可知（图 9-21），17#中有几种相对较高响应的半挥发性物质，其污染比其他的采样点严重。与挥发性污染物的解析基本一致。不同的是，3#、7#、9#、11#、15#、16#、18#、19#都出现了特征指纹区，与挥发性污染物相比，这些特征指纹显示出了半挥发污染物的特点。其主体反映出 L 县 2 个典型农村饮用水源的挥发性/半挥发性污染物来自当地，并非来源于上游污染物的迁移。

6) 重金属污染物指纹解析

19 个溯源采样点的 15 种重金属浓度分布见表 9-29。对于 L 县水源中前期检测表明污

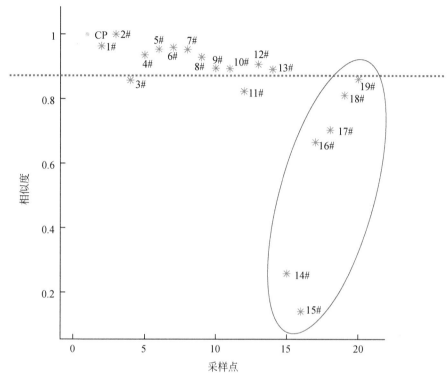

图 9-19　半挥发性有机污染物相似度比对

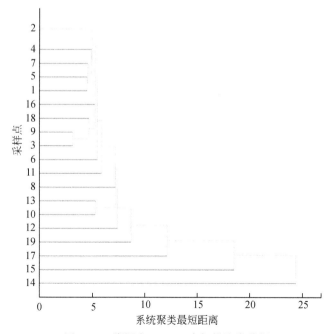

图 9-20　溯源点 GC-MS 全扫描聚类分析

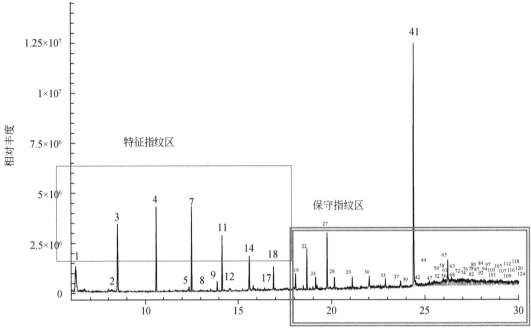

图 9-21　溯源点 GC-MS 全扫描指纹图谱

染严重的重金属元素为 Mn、Fe 和 As，在本次溯源各点中的浓度分布集中在如下采样点：15#、17#（As 超标）；15#、17#、18#、11#、10#（Mn 超标）；各采样点 Fe 均超标（除 5#、17#外）。重金属 As 毒性较大，而其浓度超标点 15#、17#均位于 X 镇，18#（X 镇 L 县灌溉总渠）中 As 的浓度也接近《生活饮用水卫生标准》（GB/T 5749—2006）限值。上游的 Y 河与 F 河水体中 As 浓度分布较均一，未超过相关标准。说明水体中的 As 在 L 县境内分布较高，而与上游地区没有明显相关性。Cr 在 10#中浓度较高，可能与周围存在的印染厂有关。前期 L 县地表水源样中也出现个别点 Cr 浓度较高，如丰水期采集的 X 镇 F 河某点 Cr 浓度较高。

表 9-29　溯源点重金属元素浓度

采样点	Al /(mg /L)	Fe /(mg /L)	V /(μg /L)	Cr /(μg /L)	Hg /(ng /L)	Mn /(μg /L)	Co /(μg /L)	Ni /(μg /L)	Zn /(μg /L)	As /(μg /L)	Se /(μg /L)	Mo /(μg /L)	Ag /(μg /L)	Ba /(μg /L)	Pb μg /L
1	1.14	1.04	6.45	1.07	44.35	37.06	0.06	2.83	3.14	3.37	0.55	0.46	1.31	95.44	7.93
2	1.38	1.47	6.21	—	25.11	60.27	0.2	2.96	—	4.92	0.17	0.58	—	93.99	1.83
3	1.61	1.9	7.27	—	18.95	71.17	0.56	3.46	—	4.54	0.38	0.51	0.27	101.2	2.34
4	1.38	1.5	6.51	—	21.91	56.03	0.23	2.59	—	4.7	0.32	0.51	0.32	94.03	1.84
5	1.32	1.49	7.31	—	5.39	66.86	0.36	3.49	0.45	5.81	1.06	1.31	—	113.9	2.17
6	1.58	1.85	7.26	—	5.69	69.12	0.46	3.24	—	4.73	0.55	0.62	0.7	102.8	3.33
7	1.42	1.51	6.47	—	7.82	54.36	0.25	2.83	—	4.17	0.35	0.51	0.9	91.44	2.15
8	1.69	1.94	7.12	2.45	16.23	78.87	0.57	3.69	1.57	4.8	0.45	0.37	0.62	99.03	2.4
9	1.11	1.12	6.12	—	12.5	43.33	0.02	2.26	—	4.78	0.49	0.81	0.46	93.35	1.43
10	1.86	2.27	8.06	17.1	16.7	105.9	0.82	7.71	1.81	5.29	0.7	0.56	0.19	110.8	2.88

采样点	Al /(mg /L)	Fe /(mg /L)	V /(μg /L)	Cr /(μg /L)	Hg /(ng /L)	Mn /(μg /L)	Co /(μg /L)	Ni /(μg /L)	Zn /(μg /L)	As /(μg /L)	Se /(μg /L)	Mo /(μg /L)	Ag /(μg /L)	Ba /(μg /L)	Pb μg /L
11	2.44	3.19	9.35	4.66	71.76	133.2	1.41	6.24	8.28	6.26	2.07	0.23	—	117	4.8
12	0.9	0.9	6.11	—	31.5	55.84	—	2.81	—	6.6	0.55	1.06	0.16	102	1.54
13	1.3	1.51	6.74	—	33.16	61.42	0.4	6.5	0.55	5.87	0.47	0.71	0.65	99.22	2.21
14	1.82	1.69	7.22	0.07	35.82	66.46	0.43	3.24	—	5.8	0.88	0.69	0.9	105.8	2.28
15	0.13	0.07	3.91	—	37.9	134.6	—	1.67	—	12.23	0.69	1.01	—	109.5	0.16
16	1.84	2.2	7.67	0.52	9.89	92.32	0.77	4.81	11.95	5.38	0.29	0.24	0.13	106.7	2.86
17	0.1	0.1	2.66	—	61.05	135.00	—	1.02	—	13.73	—	0.07	—	75.17	0.37
18	1.92	2.63	7.92	0.3	34.4	221.9	1.05	5.01	0.59	9.17	0.29	—	0.26	102.2	3.84
19	1.45	1.62	6.73	—	41.86	69.08	0.38	3.25	—	5.78	0.24	0.54	0.42	95.27	2.11

A. 溯源点重金属聚类分析

溯源各采样点重金属元素系统聚类分析见图9-22，第一层首先将15#、17#区分开来，说明15#、17#中各重金属的分布与其他溯源点差别较大，接下来的第二层将1#、12#与剩下的溯源点区分开来。15#位于L县X镇的F河，17#位于L县境内的L县灌溉总渠，原因可能与这两处周围环境对水体的重金属污染有关。

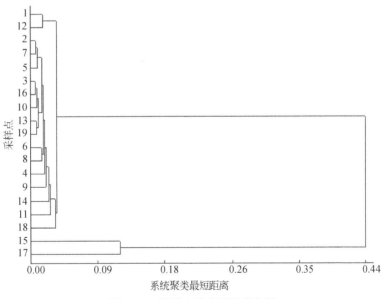

图9-22 溯源点重金属聚类分析

B. 溯源点重金属元素因子分析

因子分析显示，溯源采样点重金属元素数据KMO和Bartlett球形检验结果分别为0.493和355.583（df=105，$P<0.001$），表明数据降维是有效的。

L县枯水期数据在因子分析中，选取特征值大于0.7的旋转因子（VF），解释了

88.36%的总体变异；按照特征值大于1的原则，在因子分析中提取四个旋转因子，解释了82.37%的总体变异，认为能够反映原始数据的基本信息。

因子提取采用主成分分析法，因子旋转采用方差极大法。溯源地表水重金属元素按照上法提取了四个主要因子。

VF1解释了39.6%的总体变异，其中Al、Fe、Co、V、Ni、Ba、Zn和Cr在VF1中的因子载荷较大，表现为污染的输入。该因子主要反映了采样点10#、11#、16#、18#的污染状况以及采样点15#、17#的污染状况。10#、11#、16#、18#中Al、Fe、Co、V、Ni、Ba、Zn的高正载荷显示了其高浓度，15#、17#在VF1中负载荷较大，Al、Fe、Co、V、Ni、Ba、Zn的浓度在其中的分布较低，而15#、17#与16#、18#邻近，因此16#、18#水体中的Al、Fe、Co、V、Ni、Ba、Zn浓度有可能会影响到15#、17#。

VF2中Ag、Pb有较大的正因子载荷，为污染的输入；As、Mn有较大的负因子载荷，表现为污染的迁移。该因子主要影响采样点1#（灌溉总渠）（正载荷）、15#（X镇F河）（负载荷）和17#（L县灌溉总渠）（负载荷）的污染情况（图9-23）。位于L县X镇15#和17#此两点水体中较高含量的As、Mn会影响到其他临近水体。1#（灌溉总渠）中As、Mn含量均较低，但其处于15#和17#的上游位置，因此L县境内15#和17#作为As、Mn的

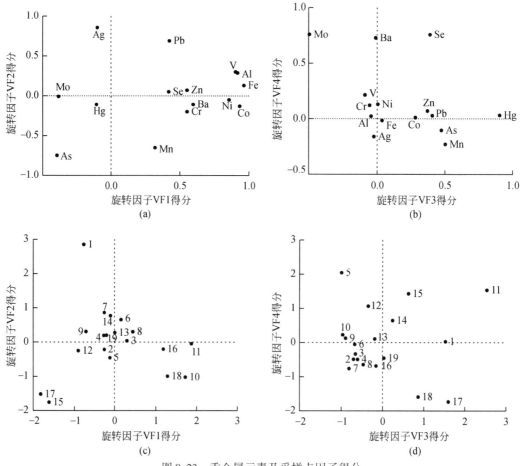

图9-23 重金属元素及采样点因子得分

污染源对最上游 1# 的影响较小。1#（灌溉总渠）中 Ag、Pb 的浓度较大，而位于 L 县 X 镇的 15# 和 17# 中这两种元素浓度较小，1# 虽位于 15# 和 17# 的上游，但 1# 在 H 湖刚进入 L 县时就以支流的形式分开流向，因此 1# 中浓度较高的 Ag、Pb 对 L 县境内地表水体的影响较小。

Hg 在 VF3 中有较大的正因子载荷。该因子主要影响采样点 11#。但从整个流域地表水体中 Hg 浓度分布来看，Hg 的整体浓度并不高，浓度均在小于 100 ng/L 的范围内，因此重金属元素 Hg 并不是整个 L 县及涟水地区的主要污染金属。

Mo、Ba 和 Se 在 VF4 因子正载荷较大，主要反映了采样点 5#、11# 和 15# 的污染（正载荷）以及采样点 17#、18# 的污染状况。Mo、Ba 和 Se 在 L 县 17#、18# 中的浓度均较低。5#、11# 和 15# 三个采样点地理位置散在，不连续，且不在同条河路上，因此其水体中 Mo、Ba 和 Se 稍高的浓度可能为散在的污染点源。

3. 时空演变分析

1）多环芳烃污染物时空演变分析

A. 土壤中多环芳烃检测条件

a. 样品前处理

土壤经冷冻干燥，研磨粉碎，过 100 目筛。准确取 2 g 装入索氏提取装置，同时加入两小块铜片。用 80mL 提取液（正己烷与丙酮/1：1）在 80 ℃下提取 20h。室温旋转蒸发浓缩提取液，近干后加入 5mL 正己烷溶解待净化。净化选用的弗罗里硅土小柱（6 mL/500mg）预先用 5mL 正己烷活化、润洗。然后加入上述 5mL 溶解液，并同时收集流出液。再分别加入 5mL 正己烷、5mL 二氯甲烷洗脱。将所有收集液于室温下真空浓缩，并用 500μL 乙腈定容待测。

b. 高效液相色谱荧光检测

检测方法同水源样品。

B. 不同层次沉积物比较

a. T 县

T 县 K 河水源表层沉积物与次表层沉积物中 PAHs 总量相当，且 16 种 PAHs 在组成上相似（图 9-24），并且总量与浅层地下水 SPM 接近，都以 Flu、Chr 残留为主，表明 T 县近些年来 PAHs 污染来源稳定且未加重。

b. L 县

L 县灌溉总渠水源表层沉积物多环芳烃总量比亚表层沉积物稍低；而 F 河水源表层沉积物中多环芳烃总量却远大于其深层沉积物（1 m），也大于 L 县灌溉总渠表层沉积物总多环芳烃含量，表明 L 县 X 镇 F 河附近地区多环芳烃污染的加重，应引起重视。

L 县枯水期采集的 X 镇土壤，其多环芳烃总量也大于同期采集的 Y 河附近土壤和 D 镇 G 村的土壤（表 9-30）。进一步表明 X 镇多环芳烃的污染比周围其他地区严重。X 镇 F 河表层沉积物中的多环芳烃以 4 环多环芳烃残留为主，Flu/（Flu+Pyr）比值为 0.72，BaA/（BaA+Chr）比值为 0.34，均显示为燃烧源污染；X 镇土壤中，Flu/（Flu+Pyr）比值为 0.58，BaA/（BaA+Chr）比值为 0.23，也显示为燃烧源污染，因此加强此地区的燃烧源

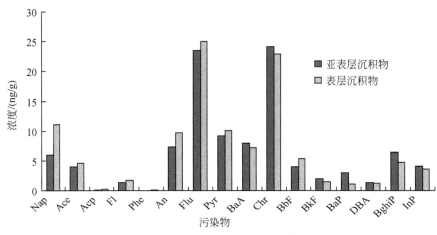

图 9-24　T 县 K 河淤泥 PAHs 残留

防控十分必要。

C. 不同水期比较

L 县丰水期不同饮用水源中总多环芳烃含量大于枯水期相应水源中的含量，显示 L 县丰水期多环芳烃污染比枯水期严重。因此在控制本地多环芳烃燃烧污染时，丰水期更为重要。

T 县不同于 L 县，其丰水期不同饮用水源中总多环芳烃浓度小于枯水期相应水源中的浓度，显示 T 县地区枯水期多环芳烃污染比丰水期严重。不同时期采集的 W 村和 S 镇土壤中多环芳烃浓度也显示枯水期大于丰水期（表 9-30）。相关文献研究显示 T 县冬季大气中多环芳烃污染浓度较高，因此应加强枯水期的监管。

表 9-30　土壤中多环芳烃浓度　　　　　　　　　　（单位：ng/g）

物质	L 县			T 县			
	G 村土壤	X 镇土壤	Y 河土壤	W 村土壤（丰水期）	W 村土壤（枯水期）	S 镇土壤（丰水期）	S 镇土壤（枯水期）
萘	1.01	3.53	5.06	0.64	1.37	—	5.03
苊烯	—	—	—	2.08	2.81	9.00	—
苊	—	5.81	0.11	0.42	0.04	0.07	0.25
芴	2.01	0.06	1.30	4.58	1.06	2.18	1.43
菲	32.62	13.12	5.81	20.02	16.23	28.41	17.43
蒽	1.17	1.00	1.75	2.88	2.00	2.28	1.62
荧蒽	—	7.22	10.77	8.50	11.72	7.49	3.21
芘	2.52	5.24	8.12	3.24	4.44	2.81	9.44
苯并[a]蒽	0.78	4.79	6.50	0.60	1.42	0.35	4.07
䓛	2.04	15.83	15.47	1.19	4.27	0.30	9.77
苯并[b]荧蒽	3.10	14.51	7.00	1.35	3.75	1.86	9.73
苯并[k]荧蒽	0.58	3.47	2.22	0.27	0.84	0.17	3.08
苯并[a]芘	0.10	0.38	0.77	0.19	0.38	0.06	0.72
二苯并[a,h]蒽	0.31	1.51	2.45	0.09	1.04	0.05	1.48
苯并[g,h,i]芘	1.16	7.64	—	0.17	5.00	0.30	4.50
茚并[1,2,3-cd]芘	1.34	5.29	2.05	1.23	2.66	0.99	5.90
总 PAHs	48.74	89.40	69.38	47.45	59.03	56.32	77.66

2）酞酸酯类污染物时空演变分析

A. 不同层次沉积物比较

L 县 F 河与 L 县灌溉总渠不同层次沉积物中酞酸酯类污染物检测分析发现（表9-31），表层沉积物均大于次表层，显示出近年来污染的加重，并且 L 县灌溉总渠加重的程度比 F 河更明显。

表9-31　枯水期沉积物中 PAEs 浓度　　　　　（单位：ng/g）

物质	L 县			
	F 河淤泥浅 （表层）	F 河淤泥深 ／（1m）	灌区淤泥浅 （表层）	灌区淤泥深 ／（15～20cm）
DMP	—	—	—	—
DEP	5.07	10.70	4.99	—
DIBP	1 470.97	1 448.90	781.81	296.78
DNBP	999.23	1 229.92	740.54	371.28
BBP	14.83	5.93	1.81	—
DEHP	678.48	152.45	346.33	126.62
DNOP	—	—	—	—
ΣPAEs	3 168.58	2 847.91	1 874.74	794.62

B. 不同水期比较

从表9-32 中可以看出，不同时期采集的 T 县两农村的土壤均显示枯水期酞酸酯类污染比丰水期严重。比对当地地表水源中酞酸酯类的污染也同样发现枯水期不同类型水源酞酸酯类污染比丰水期严重，因此水源中酞酸酯类污染的程度受当地其他环境介质的影响较大。

表9-32　土壤中邻苯二甲酸酯类浓度　　　　　（单位：ng/g）

物质	L 县（丰水期）			T 县			
	G 村土壤	X 镇土壤	Y 河土壤	W 村土壤 （丰水期）	W 村土壤 （枯水期）	S 镇土壤 （丰水期）	S 镇土壤 （枯水期）
邻苯二甲酸二甲酯	—	—	—	7.59	25.49	12.82	26.91
邻苯二甲酸二乙酯	7.24	1.07	—	14.69	26.54	16.70	32.21
邻苯二甲酸二异丁酯	6 250.39	2 569.44	1 074.05	316.88	455.54	170.03	882.81
邻苯二甲酸二丁酯	5 240.34	1 980.21	1 569.69	495.66	490.07	103.71	1 497.69
邻苯二甲酸丁苄酯	11.32	8.40	—	—	—	—	—
邻苯二甲酸二酯	151.24	67.58	145.04	998.86	1 794.83	1 356.29	2 299.64
邻苯二甲酸二正辛酯	—	—	—	4.45	28.05	—	—
总 PAEs	11 660.53	4 626.70	2 788.78	1 838.22	2 820.53	1 659.55	4 739.27

3） 重金属污染物时空演变分析

L 县枯水期地表水源、浅层地下水中重金属 Mn、Fe 和 As 变化显著，枯水期浓度远大于丰水期，并且在丰水期就已出现 Mn、Fe 超标。因此，影响 L 县地表水源和浅层地下水源水质的重金属主要为 Mn、Fe 和 As，并且枯水期时水源中的 Mn、Fe 和 As 更值得关注。

4. 污染物在食物链中的传递过程解析

1） 多环芳烃污染物向食物链中的迁移

A. 蔬菜中多环芳烃检测条件

a. 样品前处理

将新鲜蔬菜洗净、阴干并切碎，取 10 g 于 50 mL 塑料离心管中，加入 20 mL 超纯水。选择合适的高速分散器刀片将蔬菜初步匀浆，以 4000 r/min 离心 5min，取上层液体倒入 Chem Elut 硅藻土小柱中，使其充分吸收 2 ~ 3min。下层沉淀用 80 mL 二氯甲烷分 4 次加入匀浆管中，混匀，离心后将上清液同样倒入 Chem Elut 柱中进行液液萃取。萃取液在重力作用下流出，收集于旋转蒸发瓶中。室温旋转蒸发浓缩萃取液，近干后加入 5 mL 正己烷溶解，净化待用。

在弗罗里硅土小柱中预先加入约 1 cm 高度无水硫酸钠，用 10 mL 正己烷活化、润洗。活化后的小柱倒入上述 5 mL 正己烷溶解液，并同时收集流出液。再分别加入 10 mL 正己烷、10 mL 二氯甲烷洗脱，整个洗脱过程不抽真空，自然滴下，将所有收集液于室温下真空浓缩。浓缩近干后取出，加入 0.5 mL 乙腈溶解，漩涡混匀，最后转移至棕色样品瓶待测。

b. 高效液相色谱荧光检测

检测方法同水源样品。

B. 土壤与蔬菜

L 县和 T 县两地不同采集点的土壤中，16 种多环芳烃有不同程度的检出（表 9-30）。L 县 Y 河土壤、油菜中多环芳烃总量显示，土壤中的多环芳烃总含量大于相应油菜，因此油菜中的多环芳烃可能来自于污染的土壤。但在 16 种多环芳烃构成上，土壤与油菜不尽相同。土壤中主要以中环（4 环）多环芳烃为主，而油菜中主要以低环（萘、苊烯）多环芳烃为主。相关研究发现，分子量小的多环芳烃相对于分子量大的多环芳烃更易迁移到植物体内，进而影响到高级生物。另外，PAHs 在土壤中有较高的稳定性，苯环的排列方式决定着 PAHs 的稳定性，非线性排列较线性排列稳定，这也可能导致土壤中 4 环的多环芳烃较多。

C. 叶类蔬菜与果类蔬菜

本次研究发现，以黄瓜为例的果类蔬菜中多环芳烃总量比香菜、大蒜、小青菜等叶类蔬菜小很多（表 9-33）。蔬菜中除黄瓜外，其他蔬菜中苊烯平均含量均较高，不同于水体及土壤中苊烯的低含量。Y 河、L 县灌溉总渠及 F 河地区生长的油菜其根部与茎叶部分分开检测发现，油菜根中总多环芳烃含量均大于其茎叶部分，主要体现在苊烯含量的增加。F 河地区的油菜根部苊烯含量尤为明显，是否与 F 河地区近年来多环芳烃污染加重相关，以及多环芳烃在此类蔬菜中迁移，还有待进一步研究。

表9-33 L县枯水期采摘蔬菜中多环芳烃浓度（湿重）　　　（单位：ng/g）

物质	果类蔬菜	叶类蔬菜				油 菜					
	黄瓜	香菜	大蒜叶	大蒜茎	小青菜	Y河油菜	Y河油菜根	L县灌溉总渠油菜	L县灌溉总渠油菜根	F河油菜	F河油菜根
萘	0.14	16.55	1.10	3.53	1.87	2.57	3.26	1.83	3.29	1.82	5.59
苊烯	—	3.06	43.16	16.89	2.85	2.60	8.40	0.91	53.88	3.63	106.48
苊	—	0.40	0.19	0.53	0.15	0.17	0.90	0.11	0.07	0.08	0.44
芴	—	4.73	0.41	0.93	1.33	0.55	1.93	0.32	3.15	0.36	4.56
菲	—	15.65	0.13	1.90	11.27	1.85	2.84	2.59	7.66	2.18	4.75
蒽	—	0.45	0.32	0.68	—	0.29	1.59	0.33	0.38	0.15	0.77
荧蒽	0.72	11.49	0.21	0.18	6.34	1.39	1.42	1.10	0.08	5.14	1.65
芘	—	0.48	0.01	0.86	0.10	0.12	0.42	0.12	—	0.13	—
苯并[a]蒽	—	—	—	0.31	—	—	0.26	—	—	—	—
䓛	—	1.57	0.16	0.84	0.01	0.08	1.04	0.51	0.23	0.12	0.01
苯并[b]荧蒽	0.01	2.44	0.31	2.84	0.67	1.77	2.63	1.61	0.53	1.99	0.15
苯并[k]荧蒽	0.02	0.70	0.37	0.81	0.45	0.67	0.70	0.16	0.04	0.86	0.14
苯并[a]芘	—	—	—	0.17	—	—	0.14	—	—	—	—
二苯并[a,h]蒽	—	0.02	—	0.16	0.01	0.71	0.44	—	—	0.81	—
苯并[g,h,i]芘	—	0.06	0.01	0.21	0.09	0.21	0.30	0.05	0.01	0.13	0.02
茚并[1,2,3-cd]芘	—	0.19	—	0.27	0.05	0.71	0.40	—	0.18	0.65	—
总PAHs	0.90	57.78	46.37	31.13	25.20	13.69	26.69	9.64	69.52	18.03	124.55

2）农药类污染物向食物链中的迁移

从表9-34中可以看出，L县D镇和X镇土壤中有机氯农药仍是以HCHs残留为主。四种HCHs同分异构体基本以β-HCH含量最高，且α-HCH与γ-HCH比值分析发现，两个农村的HCHs污染来源均为农业污染。

表9-34 土壤中有机氯农药浓度（湿重）　　　（单位：ng/g）

物质	L县（丰水期）		
	G村土壤	X镇土壤	Y河土壤
α-HCH	0.51	2.36	—
β-HCH	22.93	68.44	33.97
γ-HCH	7.98	34.74	22.62
δ-HCH	1.8	17.24	62.34
总HCH	33.22	122.78	118.93
p,p'-DDE	0.24	—	—
p,p'-DDD	—	—	—
p,p'-DDT	0.08	—	—

从表9-35中可以看出，L县蔬菜中有机氯农药残留也是以HCHs残留为主，但总HCHs含量远低于土壤。四种HCHs同分异构体与土壤一致，以β-HCH含量最高。经α-HCH与γ-HCH浓度比对发现，蔬菜中α-HCH含量相对较高，这与其在土壤中的分布相

反，可能与 HCH 经土壤向蔬菜中的迁移转化机制有关。α-HCH 相对 γ-HCH 具有更高的毒性，其在蔬菜中的残留应加以重视。

表 9-35 L 县蔬菜中有机氯农药浓度（湿重）   （单位：ng/g）

| 物质 | 果类蔬菜 | 叶类蔬菜 | | | | 油　菜 | | | | | |
	黄瓜	香菜	大蒜叶	大蒜茎	小青菜	Y河油菜	Y河油菜根	L县灌溉总渠油菜	L县灌溉总渠油菜根	F河油菜	F河油菜根
α-HCH	0.06	4.75	1.99	1.08	—	1.18	—	0.11	2.83	0.61	4.7
β-HCH	—	4.53	19.3	—	1.33	7.25	4.46	14.12	21.18	4.81	11.04
γ-HCH	0.09	1.27	2.15	0.67	0.35	—	0.45	0.94	0.03	0.35	—
δ-HCH	0.22	2.29	15.79	0.23	2.44	3.52	2.9	2.44	2.25	4.54	3.19
总 HCH	0.37	12.84	39.23	1.98	4.12	11.95	7.81	17.61	26.29	10.31	18.93
p,p'-DDE	—	0.41	3.18	0.81							
p,p'-DDD	0.04	0.02	1.04	1.51	0.2	0.14	0.43	0.24	0.33	0.26	1.02
p,p'-DDT	0.06	0.15	2.7	0.14	0.96	4.21	—	2.75	—	3.24	—

蔬菜中的 DDTs 农药残留比土壤、水源明显。p,p'-DDE、p,p'-DDD 和 p,p'-DDT 在本研究所检测的叶类蔬菜中均有检出。从表 9-35 中还可以看出，p,p'-DDT 在油菜中的分布显示更容易迁移至油菜中，而在其根部残留少。此外大蒜叶中 p,p'-DDT 的残留量也高于其茎部。本次研究所检测的 L 县人群血清中有机氯残留即发现 p,p'-DDE 含量非常明显，并且残留量高于同属于有机氯农药的 HCHs。这是否与 DDTs 农药容易迁移至蔬菜等食物，进而进入人体并蓄积有关。

本次研究还发现，以黄瓜为例的果类蔬菜中有机氯农药总量比香菜、大蒜等颜色较深的叶类蔬菜少很多。

3）有机磷农药

前期水质检测结果显示，不同类型水源中各种有机磷农药检出水平差异不明显，均为少量残留。但在 L 县和 T 县检测的蔬菜中，有机磷农药的残留呈现明显的特征性。

如图 9-25 和图 9-26 所示，L 县青菜中二溴磷残留非常明显，而青椒中各有机磷农药残留比一些瓜类蔬菜（南瓜、丝瓜）残留较高；而 T 县青菜和大白菜中甲拌磷残留非常明显。

两地区蔬菜中不同特征残留的有机磷农药表明两地农民在选择使用有机磷农药品种上的差异性，同时也显示出青菜最易残留高浓度的有机磷农药，因此在食用青菜类蔬菜时需要特别注意有机磷农药的残留。

4）酞酸酯类污染物在沉积物与土壤中的迁移

根据前期两地区沉积物中酞酸酯类污染检测发现，L 县 F 河及 L 县灌溉总渠均以 DBP 污染为最主要物质。结合本次检测的 G 村、X 镇及 Y 河沿岸土壤（表 9-32），也均发现以 DBP 残留最为主要。T 县 K 河沉积物以 DEHP 为主导，本次检测的 W 村、S 镇土壤也均以 DEHP 为主导，显示了较好的一致性，说明两地区酞酸酯类污染物的来源有所不同，并且这种不同来源的污染影响到附近的水源。溯源采样 17# 水体中高 DBP 含量以及与 DEHP 构成比上颠倒的分布状态即与 L 县灌溉总渠沉积物和其附近土壤的高 DBP 污染密切相关。

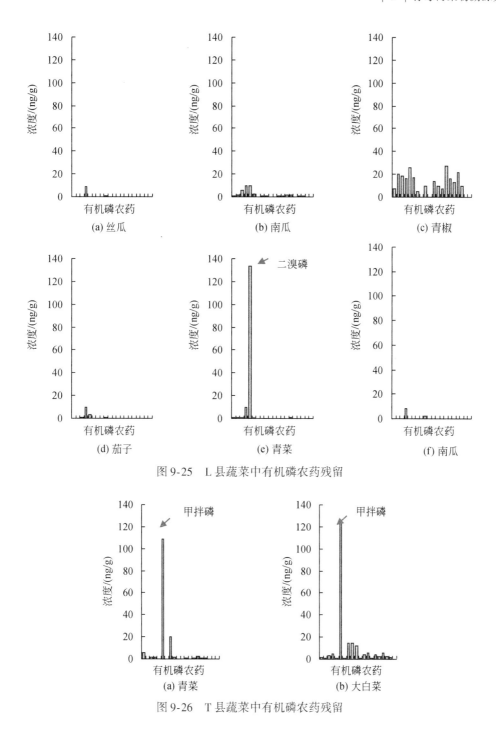

图 9-25　L 县蔬菜中有机磷农药残留

图 9-26　T 县蔬菜中有机磷农药残留

9.2.4　案例小结

本研究创建的指纹图谱被动示踪研究方法指明了饮用水源中污染物来源的方向，特征成分/比值法剖析了污染物产生的途径，时空演变分析追溯了污染物的历史及其与水源地相关性。结合经典源解析方法，引入被动示踪理论，综合追踪污染物的来源，构建了饮用水源污染物溯源的方法平台，并成功应用于江苏某流域 L 县 D 镇和 X 镇饮用水源水中多环芳烃、有机氯农药、酞酸酯、重金属、挥发性及半挥发性污染物等有毒污染物的溯源。该技术值得再经验证后推广，尤其是在大尺度时空范围内的溯源更显优势。

1. 饮用水源中有机污染物溯源分析

L 县不同类型的水源中有机污染物污染，以地表水源中有机污染物污染最严重，深层地下水源中有机污染物污染最轻。地表水源中有机污染物污染程度直接关系到地下水源中有机物污染状况。

1）多环芳烃的来源显示区域的不均衡性

G 村饮用水源中的多环芳烃主要来源于本地区木材、煤炭等高温燃烧活动带来的污染；而 X 镇主要来源于上游的输入及来往船只携带的石油泄漏（当然也有当地的高温燃烧污染源）。Flu、Pyr、Chr 被认为是煤炭燃烧的指纹被动示踪物质。通过对不同类型的饮用水源水中多环芳烃总量及构成比演变分析表明，深层地下水源和浅层地下水源中的多环芳烃部分来源于地表水源的渗透。地表水源中颗粒相与相应沉积物中 PAHs 的比对发现，空气中多环芳烃的沉降（湿沉降、干沉降）对地表水源污染较大，从而进一步影响地下饮用水源。D 镇地表水源对地下水源的影响表现为混合污染源。时空演变分析认为，近年来 X 镇饮用水源 PAHs 污染加重，主要来自丰水期燃油燃烧以及冬季（枯水期）煤炭、木材等燃烧。因此对于多环芳烃的控制，应减少燃烧源中的多环芳烃向空气中排放，尤其是加强 X 镇 F 河附近地区的监管。

2）有机氯农药溯源

特征成分比值表明，当地饮用水源有机氯农药以农业污染源为主，但 HCHs 的污染存在上游工业污染源。时空演变分析表明，DDDs 的污染源于历史。指纹保守区表明，D 镇和 X 镇饮用水源中有机氯农药部分来源于上游。食物链分析表明，水中的有机氯经由土壤向农作物迁移。

HCHs 为当地不同类型饮用水源中主要残留有机氯农药。HCHs 同分异构体特征比值显示倾向于工业污染来源，其上游水体溯源分析也主要检出工业源代表的 α-HCH，显示了一致性，并且在 L 县区段发现有农药厂存在。因 DDTs 在水中的溶解度低于 HCHs，当地水源中 DDTs 的检出并不高，但溯源采样显示位于农业区的 L 县灌溉总渠 DDTs 污染相对较高。当地人群血液中有机氯农药残留检测显示出 DDTs 的检出率及含量均较高，高于 HCHs。L 县当地叶类蔬菜中 DDTs 均有检出，并且相关检测还显示蔬菜叶部 p,p'-DDT 残留既大于其茎部，也大于其根部。因此，有机氯农药除可经饮水途径进入人体外，经其他食物链途径（尤其是 DDTs）进入人体也非常重要。

3）有机磷农药污染物

鉴于其在水中的溶解度、半衰期，以及水并非直接施用载体，其在 L 县当地地表水源中的含量并不高。但蔬菜残留分析显示了有机磷农药中个别物质的高污染状况，因此，有机磷农药经饮水途径对人体产生的影响不如其他经口途径（蔬菜、粮食等）明显。

4）酞酸酯类污染物

L 县不同类型饮用水源主要为 DBP 和 DEHP 污染，DBP 残留比例更高（T 县以 DEHP 残留比例更高）。上游水体溯源显示，各段水体中酞酸酯类污染总量较均一，无明显差别，但是在 L 县灌溉总渠处出现了高污染点，比其他溯源点高出了 2～10 倍。L 县灌溉总渠不同层次沉积物中残留也显示近年来附近污染的加重，这些可能与当地农业活动有关。

L 县 D 镇饮用水源酞酸酯的污染主要来自于农业活动；其上游某区周围存在酞酸酯工业污染源；时空演变分析表明，近年来 L 县 D 镇及 X 镇酞酸酯污染加重。

对于挥发性有机污染物，二氯甲烷及氯仿为 L 县饮用水源中的最主要污染物。上游水体溯源显示，在 X 镇 F 河及 L 县灌溉总渠地区，除了二氯甲烷超标，其他挥发性有机污染物含量也相对较高，污染相对严重。部分来源于上游污染物的输入，但在饮用水源地附近有挥发性污染源（L 县城东的两家工厂）。D 镇饮用水源的氯苯来自于 Y 河下游的一家化工厂污染，与调查的实体污染源（19#附近）一致。

2. 饮用水源中金属及元素污染物溯源分析

饮用水源中的砷来源于 L 县当地的污染源，与外源性输入可能没有关系。靠近 L 县城的 Cr 污染来自周围的印染厂，与调查的实体污染源一致。L 县 X 镇周边存在重金属污染源，表现为 Al、Fe、Co、V、Ni、Ba、Zn 和 Cr 的输入（主成分分析）；下游水源重金属污染也对上游水源地形成反馈。砷的迁移和铅的输入影响 X 镇乡饮用水源质量。L 县由浅层地下水向深层地下水的改水措施，在减轻饮用水源重金属污染上效果非常明显。

综上所述，基于被动示踪技术理论的饮用水源污染物溯源方法是可行的。鉴于 L 县饮用水源中的污染物追溯到了 14#、18#、19#周围的三家工厂、F 河中的船只活动以及 15#、17#区域的农业用具和木材、煤炭等高温燃烧，有关部门应加强相应污染源和工农业生产活动的监管，以确保饮用水源质量。

参 考 文 献

贾从英，杨文洲，赵怀荣，等.2010. 淮安市饮水砷暴露地区居民砷中毒病情调查. 江苏预防医学，21（1）：31-33.

金艳，何德文，柴立元，等.2007. 重金属污染评价研究进展. 有色金属，59（2）：100-104.

李定龙，那金，张文艺，等.2009. 淮河流域盱眙段浅层地下水有机污染物特征及成因分析. 水文地质工程地质，5：125-132.

刘守亮，秦启发，李启泉.2006. 孝感地区农产品基地土壤和水有机氯农药残留状况. 环境与健康杂志，23（2）：158-159.

杨瑞英，叶军，武克恭，等.2000. 巴音毛道地方性砷中毒病区井水中微量元素的特征. 中国地方病杂志，19（6）：447.

Cao L L, Yan C H, Yu X D, et al. 2011. Relationship between serum concentrations of polychlorinated biphenyls and organochlorine pesticides and dietary habits of pregnant women in Shanghai. Science of the Total Environment, 409（16）：2997-3002.

Chen W, Jing M, Bu J, et al. 2011. Organochlorine pesticides in the surface water and sediments from the Peacock River Drainage Basin in Xinjiang, China：a study of an arid zone in central Asia. Environmental Monitoring and

Assessment, 177 (1-4): 1-21.

Faure M, San M A, Ravanel P, et al. 2012. Concentration responses to organochlorines in Phragmites austra-lis. Environmental Pollution, 164: 188-194.

Fu S, Li K, Yang Z Z, et al. 2008. Composition, distribution, and characterization of organochlorine pesticides in sandstorm depositions in Beijing, China. Water, Air, and Soil Pollution, 193 (1-4): 343-352.

He Huan, Hu Guanjiu, Sun Cheng, et al. 2011. Trace analysis of persistent toxic substances in the main stream of Jiangsu section of the Yangtze River, China. Environmental Science and Pollution Research, 18 (4): 638-648.

Porta M, López T, Gasull M, et al. 2012. Distribution of blood concentrations of persistent organic pollutants in a representative sample of the population of Barcelona in 2006, and comparison with levels in 2002. Science of the Total Environment, 423: 151-161.

Porta M, Pumarega J, Gasull M. 2012. Number of persistent organic pollutants detected at high concentrations in a general population. Environment International, 44 (1): 106-111.

Rudge C V C, Sandanger T, Röllin H B, et al. 2012. Levels of selected persistent organic pollutants in blood from delivering women in seven selected areas of São Paulo State, Brazil. Environment International, 40 (1): 162-169.

Schummer C, Salquèbre G, et al. 2012. Briand O. Determination of farm workers' exposure to pesticides by hair analysis. Toxicology Letters, 210 (2): 203-210.

Sha Yujuan, Xia Xinghui, Yang Zhifeng, et al. 2007. Distribution of PAEs in the middle and lower reaches of the Yellow River, China. Environmental Monitoring and Assessment, 124 (1-3): 277-287.

Sharma E, Mustafa M, Pathak R, et al. 2012. A case control study of gene environmental interaction in fetal growth restriction with special reference to organochlorine pesticides. European Journal of Obstetrics Gynecology and Re-productive Biology, 61(2): 163-169.

Shi Wei, Wang Xiaoyi, Hu Guanjiu, et al. 2011. Bioanalytical and instrumental analysis of thyroid hormone disrupting compounds in water sources along the Yangtze River. Environ Pollut, 159: 441-448.

Sirivithayapakorn S, Thuyviang K. 2010. Dispersion and ecological risk assessment of di (2-ethylhexyl) phthalate (DEHP) in the surface waters of Thailand. Bull Environ Contam Toxicol, 84: 503-506.

Wang Y, Wu W J, He W, et al. 2012. Residues and ecological risks of organochlorine pesticides in Lake Small Baiyangdian, North China. Environmental Monitoring and Assessment, 185 (1): 1-13.

Yunker M B, Backus S M, Pannatier E G, et al. 2002. Sources and significance of alkane and PAH hydrocarbons in Canadian Arctic Rivers. Estuarine, Coastal and Shelf Science, 55 (1): 1-31.

Zeng Feng, Cui Kunyuan, Xie Zhiyong, et al. 2008. Occurrence of phthalate esters in water and sediment of urban lakes in a subtropical city, Guangzhou, South China. Environment International, 34 (3): 372-380.

Zeng Feng, Wen Jiaxin, Cui Kunyuan, et al. 2009. Seasonal distribution of phthalate esters in surface water of the urban lakes in the subtropical city, Guangzhou, China. Journal of Hazardous Materials, 169 (1-3): 719-725.

Zhao Z, Zhang L, Wu J, et al. 2009. Distribution and bioaccumulation of organochlorine pesticides in surface sediments and benthic organisms from Taihu Lake, China. Chemosphere, 77 (9): 1191-1198.

Zhou P, Zhao Y, Li J, et al. 2012. Dietary exposure to persistent organochlorine pesticides in 2007 Chinese total diet study. Environment International, 42 (1): 152-159.

Zhou R, Zhu L, Chen Y. 2008. Levels and source of organochlorine pesticides in surface waters of Qiantang River. China Environmental Monitoring and Assessment, 136 (13): 277-287.

10

农村饮用水水源地环境管理与污染防治对策

在水污染日趋严重和饮用水水质标准不断提高的形势下，必须加强农村饮用水水源地保护，针对水源地主要污染物，防控重点污染源，完善饮用水水质安全风险管理。在饮用水水源地环境管理中，要求以环境风险管理与经济学分析相结合作为基本的理论依据，做到经济有效保障饮用水安全。

10.1 农村饮用水水源地环境现状与问题

10.1.1 水环境质量总体较好，但环境安全隐患和健康风险不容忽视

从国内已有的一些典型农村饮用水源地的环境现状调查资料来看，我国农村饮用水水源地的水环境质量现状总体上尚好，但部分饮用水源地环境安全隐患和健康风险不容忽视，主要表现在以下几个方面：①农村面源污染严重。由于农村饮用水水源地多分布于乡村林地或耕地之间，因此很容易受农业面源污染影响。随着农村化肥、农药用量的加剧，再加上我国现有的耕种方式落后，农业面源污染日益严重，已成为影响农村饮用水水源水质安全的主要因素。此外，农村污水处理设施严重不足，研究区内部分农村生活污水（包括粪便）直接排入附近的江河或小溪，加上生活垃圾任意丢弃、堆放，垃圾渗滤液也渗入河流，致使农村饮用水水源地水质变差。②随着城镇化和产业转移的步伐加快，工业污染风险加大。当前和今后相当长一段时间，我国将处于城镇化快速发展阶段，在此背景下，相关产业由经济发达地区向欠发达农村转移的步伐正在加快。而在新一轮产业梯度转移中，转移的产业类型多为资源密集、产能落后产业。尽管很多产业转移接收地都提出了要走新型工业化道路，并制定了严格的产业转入标准。但在实际执行中，由于当地发展经济的愿望强烈，尤其是在招商引资不理想的情况下，当地政府往往是"饥不择食"、"来者不拒"，根本不按规划的主导产业和环境影响评价批复要求引进项目，或者在产业转移后续过程中缺乏监管，造成引进的企业偷排、漏排现象严重，给产业转入地的饮用水源安全问题造成很大威胁。③典型污染源问题突出。典型污染源主要包括垃圾填埋场和矿山开发等。根据调查发现，农村采矿和冶金工业的尾矿、炉渣等乱堆乱放在小河沟旁，造成河道

淤积、水体受污染的问题较为突出。采用落后工艺技术的农村企业对自然资源的掠夺式利用和污染防治措施不到位，都直接或间接地影响了农村饮用水源的水质。

由于农村饮用水水源地服务人口数量较小，其规模相对较小，导致该类水源地更易受到外界因素的影响。因此，为了确保农村饮用水水源特别是集中式饮用水源地的水质安全，有必要对其周围和上游实施更加严格的管理与控制。

10.1.2　环境保护重视不够，污染防治设施建设落后

近年来，随着农村饮用水安全工程的实施，各农村政府和有关部门为饮用水安全问题做了大量工作，但依然存在对水源地环境保护重视不够、污染防治设施建设落后等问题。目前，几乎所有的农村饮用水水源地都面临着资金不足、污染防治工程建设滞后的问题。根据调查统计，我国饮用水水源保护区污染防治工程建设资金绝大部分用于市县级水源地，而农村级水源地鲜有资金投入污染防治工程。由于资金投入不足，导致很多农村饮用水水源地的规划、建设、管理、保护仍然滞后于经济社会发展需求。调查发现，目前只有极少数发达地区的农村饮用水水源地划分了水源地保护区范围，并按照饮用水水源地管理的相关法规设立了标识、防护设施及相应的管理制度，绝大多数地区的农村饮用水水源地的水源地划分、相应管理机构设置及管理制度的制定基本处于空白状态。

10.1.3　存在较多的跨界水源地，易受跨界污染影响

在农村饮用水水源地中，存在着大量的跨界水源地，跨界水源地的管理更加复杂。目前，我国饮用水水源地的管辖权按照属地原则确定，即农村集中式饮用水水源地的管理与保护工作一般由所在地农村政府的职能部门负责，而农村分散式饮用水水源地的管理与保护工作则多由村委会自行负责甚至处于无人管理的状态。由于村、镇级政府管辖区域较小、行政级别较低，无权管理水源地上游地区的各类行为，因此，农村跨界水源地下游地区的政府与群众虽然有保护水源地的意愿，但是却无权管理上游地区的行为，导致农村饮用水水源地水质常常得不到保证。可以说，上游地区在农村饮用水水源地管理上的污染冲动与跨界水源地管理者对上游政府缺乏影响力之间的矛盾，是影响农村跨界水源水质安全的一大因素。

10.1.4　环境管理能力欠缺，有效监管机制尚未形成

饮用水水源地环境管理能力包括水质监测能力，环境执法、监察能力及应急响应能力等。在水质监测能力方面，我国农村饮用水水源地依然存在监测设备缺乏、监测手段落后、监测频次不足、监测布点不规范、监测指标偏少等问题。很多农村集中式饮用水水源地并没有设置专门的管理机构，有的即使设置了专门的管理机构，在法规建设及执法监督方面依然存在"无法可依"或是"有法不依"、"执法不严"等问题。应急响应能力建设包括应急预警机制建设和应急预案建设两个方面。目前，大多数农村集中饮用水水源地都

没有根据当地水源地可能面临的环境风险制定相应的应急预案，存在信息沟通不畅、协调机制缺乏的问题。已制定的预案也存在预案范围对象过窄，未按污染事故诱因、特点以及影响大小对污染事故进行分类分级，并针对不同类型、等级的污染事故采取不同的措施。污染事故应急与预警信息平台及协调机制的建设则更加欠缺。在这种情况下，一旦污染事故发生，则可能出现缺乏行政依据以及在自身管理能力的限制下，无法及时、正确地处理污染事故，造成更大的损失。

10.2　农村饮用水水源地的建设与环境管理

10.2.1　水源地的选址与建设

在现有水源水质、污染源等环境状况调查的基础上，按照是否水量充足、水质良好、取水便捷、潜在风险低等条件，判断现有水源是否可以继续使用。在现有水源供水量或供水水质不满足需求的情况下，可选择新的饮用水水源地。新水源地的选择需对现场进行环境状况调查，同时进行水源水质检测。

按照饮用水质的安全性，一般的顺序是井水、泉水、河流水、水库水、湖泊水。按照饮用水量的充足性，一般的顺序是水库水、湖泊水、河流水、井水、泉水。按照输送水的便捷性，一般的顺序是井水、河流水、泉水、水库水、湖泊水。

水源地不应位于洪水淹没区、浸泡区、坍塌及其他形变区。河流型饮用水水源一般应选择在居住区上游河段，水流顺畅，采用河岸渗透取水和傍河取水方式；应尽量避开回流区、死水区和航运河道；在有潮汐影响的河流取水时，应避免咸潮对取水水质的影响。湖库型饮用水水源，要考虑湖库泥沙淤积或水生生物生长对取水口周围的影响，应采用中层水；应避开支流入口、大坝等区域。地下水型水源应尽量设在地下水污染源的上游，选择包气带防污性好的地带；地下水型水源应避开排水沟、工业企业和农业生产设施等人为活动影响，周围 20~30 m 内无厕所、粪坑、垃圾堆、畜圈、渗水坑、有毒有害物质和化学物质堆积等。

同时，有条件的地区可参考上述要求选择备用水源地，选择与现有水源地相对独立控制取水的水源地作为备用水源地。对新的饮用水源地可参照以下要求进行建设。

1. 地表水源地建设

河流、湖库型水源，取水点应尽量靠近河流中泓线、湖库中心或距离河岸、湖边较远的地方。宜修建取水码头或跳板以便直接从河流、湖库中心取水。若采用导流渠、蓄水池或潜水泵从水体中心引水，宜修建砂滤井或用砂滤缸进行混凝沉淀和消毒。在池塘多的地区应采用分塘取水。河流取水口周围 100 m 及上游 500 m 处，湖库周围 500 m 处应设立隔离防护设施或标志。

水窖应修建专门的雨水收集池，并在收集池附近修建简单的沉淀、净化处理设施。收集池周围修置排水沟，防止地面径流污染水源。严重缺水的地区水窖集水场应尽可能选择开阔地带，土壤有害因子背景值较高的地区应采用场地硬化的方式。

2. 地下水源地建设

地下水井应有井台、井栏和井盖，宜采用相对封闭的水井；井底与井壁要确保水井的卫生防护；大口井井口应高出地面 50 cm，并保证地面排水畅通。室外管井井口应高出地面 20 cm，周围应设半径不小于 1.5 m 的不透水散水坡。联村、联片或单村取水井周围 100 m 处应设立隔离防护设施或标志。

在泉水水源附近建设引泉池，泉水周围 100 m 及上游 500 m 处应修建栅栏等隔离防护设施，在泉水旁设简易导流沟，避免雨水或污水携带大量污染物直接进入泉水。引泉池应设顶盖封闭，并设通风管。引泉池进口、检修孔孔盖应高出周边地面一定距离。池壁应密封不透水，壁外用黏土夯实封固。引泉池周围应作不透水层，地面应建设有一定坡度坡向的排水沟；引泉池池壁上部应设置溢流管，池底应设置排空管。

10.2.2　水源地环境管理

1. 加强领导，完善环境管理机制

县、镇人民政府要把农村饮用水安全保障工作纳入重要议事日程，建立政府任期目标责任制，进一步明确职责、理顺关系、合理确定和分解水源地保护工作的目标和任务，落实领导责任制。要研究制定农村饮用水水源地保护管理办法，建立农村集中饮用水水源地保护的统一监管机制，尽快形成区域全覆盖、管理全过程的农村饮用水水源保护和安全监管体系。联村供水的经营单位要设立专人负责水源地环境管理。单村、联户、单户取水的村应安排专人负责水源地环境管理。农村饮用水水源地保护是"以奖促治"政策重点支持之一，要认真贯彻落实《关于实行"以奖促治"加快解决突出的农村环境问题的实施方案》（国办发〔2009〕11 号），环境问题突出的饮用水水源地应积极申请"以奖促治"资金，有针对性地实施农村饮用水水源地污染防治，切实保障饮用水水源地的环境安全。要重视建立预警制度，加强水质监测检验工作，建立正常的水源水质定期报告制度和信息公开制度，及时准确地报告和发布水源水质信息。要加强执法检查，采取明察暗访、抽查、突击检查以及专项整治等方法，切实解决可能危及农村饮用水源安全的突出问题。

2. 开展环境信息调查与风险评估工作

到目前为止，国家对集中式饮用水水源地环境基础状况的调查主要集中在县级以上城市及县城所在地的城镇，对于农村和农村饮用水水源地的环境基础状况调查工作还未完全展开。在 2008 年"全国饮用水水源地环境基础调查及评估"中，只有少数省份选取典型农村集中饮用水水源地的调查。因此，农村饮用水水源地环境管理面临的首要问题是家底不清，而农村饮用水水源地的选址多为自发形成或是历史沿袭下来的，基本上没有进行过水源地风险评估与选址论证。随着城镇化和产业转移力度的加大，污染企业的"下乡"、矿山开发以及乡村公路、铁路的建设，将会导致农村饮用水水源地面临水质污染和环境风险事故的压力越来越大。因此，对于农村饮用水水源地环境保护工作的当务之急是全面开展农村饮用水水源地环境状况摸底调查工作，了解饮用水水源地分布、服务人口和周边环境状况等情况，排查影响饮用水水源地环境风险源，并对水源保护范围内污染状况进行综合评估，建立农村饮用水水源地动态数据库。在此基础上，对水源地选址进行科学论证与调整，合理规划水源地布局。对于因受污染已达不到饮用水水源水质要求，经论证难以恢复饮用水功能的水源地，地方政府应有计划地进行撤销和调整。

3. 划定饮用水水源地保护区范围，规范其标识

目前，只有少数农村饮用水水源地划分了水源保护区范围。因此，要加强饮用水水源地的环境保护与管理工作，必须参照饮用水水源保护区划分技术规范，全面开展农村饮用水水源地水源保护区划分工作，并报县政府批准、备案，同时应将水源保护区划分纳入各农村土地利用规划，确保其法律地位，从而保证水源保护区土地利用功能与水源保护的要求相适应。对于供水规模较小的饮用水源地可参照以下保护区划分方法。

地表水水源保护范围：河流型水源地取水口上游不小于 1000 m，下游不小于 100 m，两岸纵深不小于 50 m，但不超过集雨范围。

湖库型水源地取水口半径 200 m 范围的区域，但不超过集雨范围。

水窖水源保护范围：集水场地区域。

地下水水源保护范围：取水口周边 30～50 m 范围。

保护区范围一经划定后要设置专门的保护界线标志牌、告示牌，说明保护的级别、范围和禁止事项等，并以多种形式向社会公众公示。

4. 加大资金投入，提高环境管理能力

首先，要增加资金投入，加强农村饮用水水源地环境管理能力建设，包括水质监测能力、环境监察能力和应急响应能力等的建设。要根据不同类型的农村饮用水水源地，建立实用性强、经济、高效的水质监测技术规范规程，开发和筛选适用于农村饮用水水源地监测的技术和设备，并成立专门的监测队伍。当地政府、周边企业和供水单位应分别编制饮用水水源防范突发环境事件的应急预案，并开展应急演练。加强饮用水水源地突发环境事件的预防、报告与处置，加强水源安全的预防，发现饮用水水源水质污染情况应立即向环保部门举报，当地环保部门在接报后应立即向当地人民政府报告，并派人赶赴现场对水质进行检查监测，如发现水质异常应立即通报，禁止取水。同时，分类给出饮用水水源地突发环境事件的原因及处置方法。

其次，要建立饮用水水源地数据库，对饮用水水源地的各环境要素进行综合分析和信息处理，建立一个集水源地地理信息、水源地水质监测数据、水源地保护区内污染源地理信息及排污监测数据等信息于一体的饮用水水源地保护区综合管理信息系统（含突发性污染事故的预警、预报系统），以及时准确掌握水源地保护区内污染源和水质的动态变化，对突发性污染事故、水质水量变化和水源地工程安全等情况进行监控和预报，形成有效的饮用水水源安全预警和应急救援机制。

5. 加大宣传教育，提高公众参与力度

针对各类饮用水水源地环境保护情况，提出饮用水水源地保护宣传教育对策，充分利用电视、网络、报纸、宣传册等多种媒介，采取多种形式，在机关、团体、学校、社区、农村等进行广泛而有针对性的饮用水水源地保护宣传，引导当地居民重视农村饮用水水源地环境保护工作。大力推广科学种田、合理施用农药和化肥，增强农民的饮用水水源环境保护意识，建立公众参与的水源地环境保护机制。

保护水源人人有责，禁止人为污染水源。当发现饮用水水源的水质发生变化时，要及时向有关部门反映；当发现有违法行为时要及时制止；当发现有污染饮用水源的行为时，要及时向有关部门举报。建立饮用水水源地环境保护投诉热线，并建立相应的激励机制，鼓励公众揭发各种环境违法行为，形成全民动员、全民参与的社会联动机制。

10.3 水源地污染防治措施与对策

10.3.1 生活污水防治

水源保护范围内不得修建渗水的厕所、化粪池和渗水坑，现有公共设施应进行污水防渗处理，取水口应尽量远离这些设施。水源保护范围内生活污水应避免污染水源，根据生活污水排放现状与特点、农村区域经济与社会条件，按照《农村生活污染防治技术政策》（环发〔2010〕20号）及有关要求，尽可能选取依托当地资源优势和已建环境基础设施、操作简便、运行维护费用低、辐射带动范围广的污水处理模式。

对于布局分散、规模较小、地形条件复杂、污水不易集中收集的村庄，可将农村污水按照分区进行污水管网建设并收集，以稍大的村庄或邻近村庄的联合为宜，每个区域污水单独处理。污水分片收集后，采用适宜的中小型污水处理设备、人工湿地或稳定塘等形式处理村庄污水。分散处理模式具有布局灵活、施工简单、建设成本低、运行成本低、管理方便、出水水质有保障等特点。在我国中西部村庄布局较为分散的地区，宜采用分散处理模式。

对于村庄布局相对密集、规模较大、经济条件好、企业或旅游业发达地区，可将村庄产生的污水进行集中收集，统一建设处理设施处理村庄全部污水。污水处理可采用自然处理、常规生物处理等工艺形式。集中处理模式具有占地面积小、抗冲击能力强、运行安全可靠、出水水质好等特点。在我国东部村庄密集、经济基础较好的地区，宜采用集中处理模式。

对于距离市政污水管网较近，符合高程接入要求的村庄，可将村庄内所有生活污水经污水管道集中收集后，统一接入邻近市政污水管网，利用城镇污水处理厂统一处理村庄污水。该处理模式具有投资少、施工周期短、见效快、统一管理方便等特点。对于靠近城市或城镇、经济基础较好，具备实现农村污水处理由"分散治污"向"集中治污、集中控制"转变条件的农村地区，可以采用此方法。

10.3.2　固体废物防治

水源保护范围内禁止设立粪便、生活垃圾的收集、转运站，禁止堆放医疗垃圾，禁止设立有毒、有害化学物品仓库、堆栈。水源保护范围内厕所达到国家卫生厕所标准，与饮用水源保持必要的安全卫生距离。水源保护范围内的粪便应实现无害化处理，防止污染水源地。对新厕所的粪便无害化处理效果进行抽样检测，粪大肠菌、蛔虫卵应符合国家《粪便无害化卫生标准》（GB 7959—87 ）的规定。

遵循"减量化、资源化、无害化"的原则，鼓励农村生产、生活垃圾分类收集，对不同类型的垃圾选择合适的处理处置方式。厨余、瓜果皮、植物农作物残体等可降解有机类垃圾，可用作牲畜饲料或进行堆肥处理。煤渣、泥土、建筑垃圾等惰性无机类垃圾，可用于修路、筑堤或就地进行填埋处理。废纸、玻璃、塑料、泡沫、农用地膜、废橡胶等可回收类垃圾可进行回收再利用。对于医疗废弃物、农药瓶、电池、电瓶或具有腐蚀性物品等有毒有害类垃圾，要严格按照国家有关规定进行妥善处置。

倡导水源保护范围内农村垃圾就地分类，综合利用，应按照"组保洁、村收集、镇转运、县处置"的模式进行收集，将可回收类垃圾回收再利用，对有毒有害类垃圾进行无害化处理，避免就地堆放造成水源污染。开展农村医疗废物、废弃农药瓶、电池、电瓶等有毒有害固体废物的回收工作，实行县政府出资回收、环保局集中处置、乡镇政府分片转运、村级环保协管员代收暂管的处理模式。

10.3.3　农业污染防治

水源保护范围内应采用测土配方施肥、优化施肥方案等方式确定化肥合理用量。鼓励施用有机肥，发展有机农业，有效减少农用化学物质对水源的污染风险。采取适当农艺技术并辅以生物及物理措施，防治病虫害的发生。水源保护范围内严禁施用高残留、高毒农药（如克百威、涕灭威、甲磷胺等），农药包装物及清洗器械的污水按照国家和地方有关标准妥善处置，不应随意丢弃。建立作物轮作体系，利用秸秆还田、绿肥施用等措施保持土壤养分循环。

10.3.4　建设生态缓冲带

在农田和饮用水源间建设生态缓冲带，利用缓冲带植物的吸附和分解作用，拦截农田氮、磷等营养物质进入水源。

10.3.5　畜牧养殖污染防治

农村饮用水水源保护范围内禁止建设畜禽养殖设施。对于分散式饮用水源保护范围外可能对水源产生影响的畜禽养殖场和养殖小区，鼓励种养结合和生态养殖，推动畜禽养殖业污染物的减量化、无害化和资源化处置。水源保护范围之外可能对水源产生影响的畜禽养殖场（小区），应按照《畜禽养殖污染防治管理办法》［国家环境保护总局令（第9号）］的要求，其清粪方式、粪便储存及处理利用、污水处理、畜禽尸体处置、污染物监测等，应符合《畜禽养殖业污染防治技术规范》（HJ/T 81—2001）的相关规定；污染物的排放应按《畜禽养殖业污染物排放标准》（GB 18596—2001）执行。

饮用水水源保护范围周边的分散式畜禽养殖圈舍应尽量远离取水口，应配备粪便、污水污染防治设施，禁止向水体直接倾倒畜禽粪便和污水。采取有效措施防止畜禽粪便在堆放过程中随水流失，鼓励建设沼气池，配套改厨、改厕、改圈，并保障运行良好，无害化处理后的沼液和沼渣可还田利用。

10.3.6　工业污染防治

禁止在水源保护范围内新建、改建、扩建排放污染物的建设项目，已建成排放污染物的建设项目，应依法予以拆除或关闭。饮用水水源受到污染可能威胁供水安全的，应当责令有关企业、事业单位采取停止或者减少排放水污染物等措施。

在水源保护范围周边的工业企业进行统筹安排，工业企业发展要与新农村建设相结合，合理布局，应限制发展高污染工业企业。

10.3.7　其他污染防治

水源保护范围内禁止从事洗涤、旅游、水产养殖或者其他可能污染饮用水水体的活动。

危险化学品的生产装置和储存数量构成重大危险源的储存设施，与水源的距离应符合环境影响评价要求或国家有关规定。运输有毒有害物质的车辆，应按规定办理有关手续，并配备防渗、防溢、防漏的安全保护装置，方可通行。

10.3.8　主要污染物控制对策

针对主要污染物开展相应的处理技术和风险控制对策研究。同时，通过对水源的健康风险分析，选择单位成本风险削减率最大的处理技术，建立一套污染物的应急处理技术方案，保障饮用水源安全。农村饮用水水源地主要污染物来源及控制对策，如表10-1所示。

表10-1　水源地主要污染物来源及控制对策一览表

污染物类型	污染物主要来源	控制对策
重金属（Cr、As、Ni、Cd、Hg、Fe、Mn）	采矿、冶炼、电池生产及废弃电池、皮革及其制品、化学原料及其制品、污染土壤等	①取缔、关停涉重金属污染的小规模企业 ②强化危险固体废弃物管理，尤其是对重金属污泥的无害化处置（包括固化剂固化、填埋、焚烧热处理及回收利用等） ③加强重金属污染土壤的修复（包括客土法、换土法、修复、化学提取修复、施用改良剂修复、生物修复等） ④投加石灰和混凝剂去除水源中的重金属，研发去除As、Cr、Pb等小型、经济、实用净水设备及材料

续表

污染物类型	污染物主要来源	控制对策
多环芳烃（PAHs）	各种燃料的不完全燃烧、原油及其产品泄漏、炼油、炼焦等，垃圾焚烧、工业品中含有的 PAHs 等	①加强原油及其产品的泄漏应急处理 ②发展循环农业经济，鼓励秸秆还田 ③控制炼油、炼焦等企业排放 PAHs ④采用漫砂滤池和粉末活性炭吸附去除水源中的 PAHs ⑤建设农村生活垃圾填埋场，实现保护区生活垃圾无害化处理
酞酸酯类（PAEs）	塑料和树脂工业中广泛使用的增塑剂以及工业燃料的燃烧	①大力推广非邻苯二甲酸酯类的增塑剂 ②提高地膜的回收率 ③加强塑料餐盒、塑料袋以及铝箔袋等食品容器垃圾的分类回收 ④建设集中式生活饮用水处理设施，采用漫砂滤池和粉末活性炭吸附去除水源水中的酞酸酯类物质
农药类污染物	杀虫剂、除草剂等	①加强农药销售管理，禁止含禁用农药成分超标的农药进入市场 ②严禁在饮用水水源保护区内建设农村居民住宅、工业项目和使用农药、化肥 ③鼓励当地农民发展生态农业、绿色农业

附表 1
农村饮用水源信息采集调查表

调查地区：_____省_____市_____县（区）_____乡镇_____村

一、社会人文情况

辖区人口_____（人）；面积_____（km^2）；经济水平（年人均收入）_____元/(人/年)；农田面积_____（亩）。

二、环境污染情况

1. 调查辖区有无有毒有害污染企业：_____；A 有；B 无（跳过2）

2. 企业名称：_____；产品名称：_____；

  建厂时间：_____；停产时间：_____；

  企业可疑污染物类型：_____；A 废水；B 废气；C 废渣

  可疑污染物：_____；年排放量：_____（t/a）；

3. 农药使用情况：_____；A 有；B 无

（1）主要农药名称1：_____；使用频次：_____（次/年）；使用量：_____（kg/亩）；

    主要农药名称2：_____；使用频次：_____（次/年）；使用量：_____（kg/亩）；

（2）历史农药使用情况：_____；A 有；B 无

    主要农药名称1：_____；使用频次：_____（次/年）；使用量：_____（kg/亩）；

    主要农药名称2：_____；使用频次：_____（次/年）；使用量：_____（kg/亩）；

4. 化肥使用情况：_____；A 有；B 无

（1）主要化肥名称1：_____；使用频次：_____（次/年）；使用量：_____（kg/亩）；

    主要化肥名称2：_____；使用频次：_____（次/年）；使用量：_____（kg/亩）；

（2）历史化肥使用情况：_____；A 有；B 无

    主要化肥名称1：_____；使用频次：_____（次/年）；使用量

_____（kg/亩）；

主要化肥名称 2：_____；使用频次：_____（次/年）；使用量：_____（kg/亩）；

三、水源信息

（一）集中式供水采样点

1. 采样点位置：_____；集中式供水点经度_____纬度_____；

供水覆盖面积_____（km²）；供水覆盖人数_____（人）；

供水能力_____（t/d）；水源深度：_____m；

2. 供水点是否接受环保、卫生、水利等部门监测_____；A 是；B 否

3. 饮用水卫生许可证号_____；水利编号：_____；

4. 直接从事供、制水人员数：_____；持有有效健康证明人数：_____；持有有效卫生知识合格证人数：_____；

5. 水源防护设施：_____：A 完善；B 不完善；C 无防护

生产区环境整洁、绿化有序：_____：A 是；B 否

生产区外围 30 m 内：有无渗水厕所（坑）_____：A 有；B 无

有无堆放垃圾和粪便_____：A 有；B 无

有无铺设污水管道_____：A 有；B 无

6. 水源地类型：_____

A 河流型；B 水库型；C 湖泊型；D 沟塘；E 溪水；F 地下水（跳转至 7）；

G 其他_____

7. 地下水类型：_____：A 深井；　B 泉水；　C 浅井

8. 水源建成时间：_____年_____月；水源使用时间：_____年_____月；

9. 水质处理方式：_____

A 完全处理（包括混凝沉淀、过滤和消毒）；B 部分处理（跳转至 10）

10. 水质部分处理方式（可以多选）：_____

A 混凝沉淀；B 过滤；C 消毒（跳转至 11）；D 未处理

11. 消毒方式：_____

A 不消毒；B 液氯；C 漂白粉；D 二氧化氯；E 臭氧；F 紫外线；G 其他_____

12. 消毒设备使用情况：_____

A 无消毒设施；B 按要求使用；C 偶尔使用；D 不使用

（二）分散式供水采样点

1. 采样点位置：_____；　经度_____纬度_____；

2. 分散式供水方式_____

A 机器取水；B 手压泵；C 人力取水（水井）；D 其他_____

3. 水源深度：_____m；

4. 水源使用时间：_____年；停止使用时间：_____；

5. 水质是否处理：_____：A 是（跳转至 5）；B 否

6. 水质处理方式（可以多选）：_____

A 混凝沉淀；B 过滤；C 消毒（跳转至 11）；D 未处理

7. 消毒方式：_____

    A 不消毒；B 液氯；C 漂白粉；D 二氧化氯；E 臭氧；F 紫外线；G 其他_____

（三）历史溯源水采样点

1. 采样点位置：_____；经度_____纬度_____；

2. 类型：_____：A 河流型；B 水库型；C 湖泊型；D 沟塘（死水源）；

    E 其他_____

3. 水源使用年限：_____年；_____水源停用时间_____年；

4. 水质是否处理：_____：A 是（跳转至 5）；B 否

5. 水质处理方式（可以多选）：_____

A 混凝沉淀；B 过滤；C 消毒（跳转至 11）；D 未处理

6. 消毒方式：_____

A 不消毒；B 液氯；C 漂白粉；D 二氧化氯；E 臭氧；F 紫外线；G 其他_____

调查人员：   调查时间：   年   月   日

审核人员：   审核时间：   年   月   日

附表 2
生活状况与健康调查表

流水号：....................

编　　号：....................　　姓　名：....................

家庭住址：............镇 ....村 ....组 ....号

联系电话：....................

您好！我是....................健康调查员，我们现在正开展影响成年人健康状况的调查，包括您过去的健康状况、饮食和其他生活习惯，并请您提供相关生物样本，用于检测有关的健康指标，有利于对您跟踪随访和相关治疗与预防的指导。全部调查资料是保密的，您的姓名或其他的资料不会出现在任何调查报告上。

知情同意书

本人已了解这次健康调查的描述，并对调查员的介绍感到满意，我自愿参加这项询问调查，并同意检查我相关的生物样本。

调查对象签名：....................　签名日期：........年........月........日

A. 一般情况

A01 性别： 1. 男 2. 女

A02 出生日期：........年........月（年龄........周岁）

A03 民族： 1. 汉 2. 回 3. 满 4. 其他........

A04 文化程度： 1. 文盲 2. 小学或以下 3. 初中 4. 高中/中专 5. 大专或以上

A05 婚姻状况： 1. 未婚 2. 已婚 3. 其他（离婚、丧偶、分居、寡居等）

A06 本地居住年限？........年

累计在外打工时间？........年

A07 居住情况：1. 独居 2. 和孩子及他人一起居住

A08 家庭年收入/元：1. 少于3000 2. 3000～1万 3. 1万～3万 4. 3万以上

B. 既往健康史

B01 您是否患有高血压？ 1. 无 2. 有

如有高血压，请回答以下问题：

B011 首次确诊时间？ _____年_____月

B012 诊断地点？ 1. 村卫生室 2. 农村卫生院 3. 县级医院 4. 市级及以上医院

B013 是否规律服药？ 1. 从未服药 2. 断断续续服药 3. 一直有规律服药

若服药，主要的药物名称 _____, _____, _____

B014 目前血压控制的如何？ 1. 比以前更高 2. 和以前差不多 3. 比以前稍有降低

4. 基本控制在正常范围内

B02 您是否患有糖尿病？ 1. 无 2. 有

如有糖尿病，请回答以下问题：

B021 首次确诊时间？ _____年_____月

B022 诊断地点？ 1. 村卫生室 2. 农村卫生院 3. 县级医院

4. 市级及以上医院

B023 你被诊断的糖尿病类型是？ 1. 空腹血糖受损 2. 糖耐量异常 3. Ⅰ型糖尿病

4. Ⅱ型糖尿病

B024 您是否采取措施控制血糖？ 1. 无 2. 有

B025 如果控制血糖，您是如何控制的？

	1. 降糖药	2. 胰岛素	3. 控制饮食	4. 加强运动
无				
有				

降糖药名称 _____, _____, _____

胰岛素用量 _____ U/d

B026 目前血糖控制的如何？

1. 不理想 2. 和以前差不多 3. 已有所降低

4. 已基本控制于正常范围

B03 您是否患有心脑血管疾病？ 1. 无 2. 有

如果有，请回答以下问题

B031 首次确诊时间？ _____年_____月

B032 诊断地点？ 1. 村卫生室 2. 农村卫生院 3. 县级医院 4. 市级及以上医院

B033 疾病名称？ 1. 无症状性心肌缺血 2. 心绞痛 3. 心肌梗死 4. 缺血性心肌病

5. 猝死 6. 梗塞 7. 脑出血 8. 短暂性脑缺血

B034 您是否服药进行治疗？ 1. 无 2. 有

B035 若服药，所用药物名称 _____, _____, _____

B04 您是否患有高血脂？ 1. 无 2. 有

如果有高血脂，请回答以下问题

B041 首次确诊时间？ _____年_____月

B042 诊断地点？ 1. 村卫生室 2. 农村卫生院

3. 县级医院 4. 市级及以上医院

B043 您被诊断的高血脂类型？ 1. 高胆固醇血症 2. 高甘油酯血症

3. 混合型高血脂症

B044 您是否服药进行治疗？ 1. 无 2. 有

B045 如果服药，药物名称 ＿＿＿＿＿＿，＿＿＿＿＿＿，＿＿＿＿＿＿

B05 您是否患有结石？ 1. 无 2. 有

如果有结石，请回答以下问题

B051 首次确诊时间？＿＿＿＿＿年＿＿＿＿＿月

B052 诊断地点？ 1. 村卫生室 2. 农村卫生院 3. 县级医院 4. 市级及以上医院

B053 何种结石？ 1. 肾结石 2. 输尿管结石 3. 膀胱结石 4. 胆囊结石

5. 肝内胆管结石 6. 其他

B054 是否进行治疗？

	1. 调节饮食	2. 药物排石	3. 体外碎石	4. 手术治疗
无				
有				

B06 您是否患有下列泌尿系统疾病？

1. 肾盂肾炎 2. 膀胱炎 3. 尿道炎 4. 其他＿＿＿＿＿＿

B07 您是否患过其他疾病？ 1. 无 2. 有

B071 如果有，是什么疾病？

（1）＿＿＿＿＿首次确诊时间＿＿＿＿年＿＿＿＿月，诊断地点＿＿＿＿＿

（2）＿＿＿＿＿首次确诊时间＿＿＿＿年＿＿＿＿月，诊断地点＿＿＿＿＿

（3）＿＿＿＿＿首次确诊时间＿＿＿＿年＿＿＿＿月，诊断地点＿＿＿＿＿

B08 您是否服用其他药物？ 1. 否 2. 是

B081 如果是，是什么药物 ＿＿＿＿＿，＿＿＿＿＿，＿＿＿＿＿（阿司匹林＿＿＿＿）

B09 您是否住院、手术过？ 1. 否 2. 是

B091 如果是，是什么疾病？

（1）＿＿＿＿＿首次确诊时间＿＿＿＿年＿＿＿＿月，诊断地点＿＿＿＿＿

（2）＿＿＿＿＿首次确诊时间＿＿＿＿年＿＿＿＿月，诊断地点＿＿＿＿＿

（3）＿＿＿＿＿首次确诊时间＿＿＿＿年＿＿＿＿月，诊断地点＿＿＿＿＿

C. 生活习惯和环境状况

吸烟情况

C01 您是否吸烟（"吸烟"指每天至少一支，连续半年以上)？

1. 否 2. 是，但现已戒烟 3. 是，现仍在吸

如吸烟，请回答以下问题：

C011 开始吸烟的年龄？ ＿＿＿＿＿岁

C012 您平均每天吸多少支？ ＿＿＿＿＿支/天

C013 您所用香烟的价格是多少元/包？

1. 小于 3 元　　2. 3~6 元　　3. 6~10 元　　4. 10~20 元　　5. 20 元以上

C014 您是否曾戒烟（不吸烟三个月以上）？　　1. 否　　2. 是

若是，共戒烟次数？ ＿＿＿＿＿＿ 次，每次持续时间？ ＿＿＿＿＿＿ 月

如已成功戒烟

C015 已戒烟多少年？ ＿＿＿＿＿＿ 年

C02 与您同住的家庭成员或一起工作的同事是否吸烟？1. 否　　2. 是

如吸烟：

C021 他们平均每天吸多少支？ ＿＿＿＿＿＿ 支/天

C022 在他们吸烟的情况下，你们同住/共事多少年？ ＿＿＿＿＿＿ 年

饮酒情况

C03 您是否饮酒（"饮酒"指每周至少一次，持续半年以上）

1. 否　　　2. 是，但现已戒酒　　　3. 是，现仍在饮酒

C031 您开始饮酒的年龄？ ＿＿＿＿＿＿ 岁

C032 共饮酒多少年？ ＿＿＿＿＿＿ 年

C033 您最常饮的酒种类及酒量：

1. 白酒 ＿＿＿＿ 两/次 ＿＿＿＿ 次/周；　　2. 啤　酒 ＿＿＿＿ 瓶/次 ＿＿＿＿ 次/周；

3. 米酒 ＿＿＿＿ 斤/次 ＿＿＿＿ 次/周；　　4. 葡萄酒 ＿＿＿＿ 两/次 ＿＿＿＿ 次/周

饮食生活情况

C04 您每天的饮水量？ ＿＿＿＿＿＿ ml

C05 近五年来，您吃的食物经常是：　　1. 较咸　　2. 适中　　3. 偏淡

C051 目前家中常在一起吃饭的人数？ ＿＿＿＿＿＿ 人

C052 家中每包盐使用多长时间？ ＿＿＿＿＿＿ 天

C053 您全家每月伙食消费是多少元？ ＿＿＿＿＿＿ 元

C06 您食用以下食物的情况（频次）？

食物	1. 每天	2. 经常 （3~5 次)/周	3. 偶尔 （1~2 次)/周	4. 很少吃或不吃
C0601 生水				
C0602 茶叶茶				
C0603 果汁				
C0604 碳酸饮料				
C0605 早餐				
C0606 蔬菜				
C0607 水果				
C0608 牛奶				
C0609 禽兽肉				
C0610 动物内脏				
C0611 豆制品				
C0612 鸡蛋				

食物	1. 每天	2. 经常 （3～5次）/周	3. 偶尔 （1～2次）/周	4. 很少吃或不吃
C0613 鱼类				
C0614 花生等坚果				
C0615 油炸（煎）食品				
C0616 烟熏食品				
C0617 腌制食品				
C0618 剩饭剩菜				

C07 您平常食用油的种类？

    1. 植物油（豆油、菜籽油、花生油等）   2. 色拉油、调和油   3. 猪油

C08 您家粮食经常因不干燥而发霉吗？

    1. 干燥/没发霉 2. 偶尔发霉 3. 经常有霉味 4. 经常发霉

C09 您日常菜的来源？   1. 多从市场采购 2. 多从自家种/养殖 3. 两者相当

C10 您平时饮食的种类？   1. 蔬菜为主 2. 荤菜为主 3. 两者相当

C11 您平时吃饭地方？   1. 在家吃饭 2. 在外应酬 3. 两者相当

C12 您家目前是否改水？   1. 无 2. 有

    若无，C121 现在饮用什么水？1. 浅井水 2. 深井水 3. 沟塘水 4. 河水

    若有，C122 请问改水时间？ _____年_____月

        C123 改水前饮用什么水？1. 浅井水 2. 深井水 3. 沟塘水 4. 河水

        C124 现在饮用什么水？ 1. 浅井水 2. 深井水 3. 自来水 4. 纯净水

C13 您是否做饭？   1. 从不 2. 偶尔做饭 3. 经常做饭

    C131 若经常做饭，一般使用的燃料？

    1. 柴火   2. 电饭煲、电磁炉   3. 液化气、管道煤气、沼气

C14 您每天吃多少米/面？   1. 小于半斤 2. 0.5–1 斤 3. 1–1.5 斤 4. 1.5 斤以上

C15 您平时是否喜欢吃甜食？   1. 从不 2. 偶尔 3. 经常

C16 您平时心情如何？   1. 舒畅 2. 偶尔急躁生气 3. 经常急躁生气

C17 您住的房屋是否潮湿？   1. 阴暗潮湿 2. 常有霉味 3. 干燥清爽

C18 您平时是否打麻将/打牌？   1. 经常打 2. 偶尔打 3. 从不

C19 您平时是否进行体育锻炼？   1. 经常 2. 偶尔 3. 从不

D. 职业史

D01 您的职业是

    1. 农民   2. 工人   3. 打工者   4. 司机

    5. 办公室人员（教师、医务人员、职员）6. 离退休人员   7. 学生

D02 每天工作时间 _____小时/天

D03 该工作的持续时间 _____年

D04 在您的工作中，是否接触以下物理/化学性有害物质？

类型	1. 从不	2. 偶尔	3. 经常	接触年限（年）
1. 农药、化肥等				
2. 汽油、机油等				
3. 粉尘（灰尘、纺织纤维尘）				
4. 重金属				
5. 化学溶剂、染料等				
6. 放射性物质				
7. 其他有害物质				

D05 心里紧张程度如何？　　1. 不紧张　　　　2. 较紧张　　　3. 很紧张，压力很大

D06 你的工作劳动强度如何？

　　1. 极轻体力活动（坐着工作，如办公室人员）/ 轻体力活动（站着工作，如售货员）

　　2. 中等体力活动（如学生、司机、纺织工、电焊工）

　　3. 重体力活动（如农民、钢铁工人）/ 极重体力活动（如装卸工、煤矿工）

E. 月经及生育避孕史

E01 您第一次来月经时多少岁？　　　　　　..............岁

E02 您有孩子吗？　　1. 没有　　2. 有

　　如有，共生育几个子女？　　　　..............个

E03 您第一个孩子出生时，您多大年龄？　　..............岁

E04 您是否曾服避孕药？　　1. 没有　　2. 有

　　如有，共服用了多长时间？　　　　..............年

E05 您是否带节育环？　　　1. 否　2. 是

E06 您是否结扎？　　　1. 否　2. 是　3. 否，但丈夫结扎

E07 您已停经了吗？　　　1. 没有　　2. 有

　　如果已经停经，停经年龄？　　　　..............岁

F. 家族病史

F01 您的直系亲属（祖父母、父母、兄弟姐妹、子女）中是否有人患过肿瘤？

　　1. 没有　　2. 有

　　如果有，具体情况？（何人请填写：1. 祖父母　2. 父母　3. 兄弟姐妹　4. 子女）

　　1. 何人？..............　　何种肿瘤？..............，何时被查出？..............岁

　　2. 何人？..............　　何种肿瘤？..............，何时被查出？..............岁

F02 您的直系亲属（祖父母、父母、兄弟姐妹、子女）中是否有人患过以下疾病？

　　F021 高血压　1. 没有　　2. 有（何人请填写：1. 祖父母　2. 父母　　3. 兄弟姐妹

　　　4. 子女）

　　　1. 何人？..............，何时被检查出？..............岁

　　　2. 何人？..............，何时被检查出？..............岁

F022 糖尿病　1. 没有　　2. 有

　　　　1. 何人？_____，何时被检查出？_____岁

　　　　2. 何人？_____，何时被检查出？_____岁

F023 高血脂　1. 没有　　2. 有

　　　　1. 何人？_____，何时被检查出？_____岁

　　　　2. 何人？_____，何时被检查出？_____岁

F024 心脑血管疾病 1. 没有　　2. 有

　　　　1. 何人？_____，何时被检查出？_____岁

　　　　2. 何人？_____，何时被检查出？_____岁

F025 结石（胆囊结石、肾结石等）1. 没有　　2. 有

　　　　1. 何人？_____，何时被检查出？_____岁

　　　　2. 何人？_____，何时被检查出？_____岁

G. 检查指标（本项内容由工作人员填写）

G01 身高_____ cm；　体重_____ kg；　腰围：_____ cm 臀围_____ cm

G02 血压：第一次：收缩压_____ mmHg；舒张压_____ mmHg

　　　　　第二次：收缩压_____ mmHg；舒张压_____ mmHg

　　　　　第三次：收缩压_____ mmHg；舒张压_____ mmHg

G03 空腹血糖值：_____ mmol/L

H. 调查员后记

H01 调查对象合作情况：　　1. 很好　　2. 好　　　3. 一般　　4. 差

H02 整个调查材料质量评价：　1. 较高　　2. 一般　　3. 不太满意

调查员：_____

附表 3
饮用水源地部分有毒物质标准参考值

编号	物质	地表水	备注	地下水	备注
一	有机物				
1	HCHs	0.005	《生活饮用水卫生标准》（GB 5749—2006）表3 水质非常规指标及限值（mg/L）	0.005	《地下水环境质量标准》（GB/T14848—93）Ⅲ类水（mg/L）
2	六氯苯	0.05	《地表水环境质量标准》（GB 3838—2002）集中式生活饮用水地表水源地特定项目标准限值（mg/L）		
3	艾氏剂	0.03	《世界卫生组织饮用水标准》（μg/L）		
4	狄氏剂	0.03	《世界卫生组织饮用水标准》（μg/L）		
5	4,4'-DDT	0.001	《地表水环境质量标准》（GB 3838—2002）集中式生活饮用水地表水源地特定项目标准限值（mg/L）		
6	七氯	0.000 4	《生活饮用水卫生标准》（GB 5749—2006）表3 水质非常规指标及限值 mg/L		
7	氯丹	0.2	《世界卫生组织饮用水标准》（μg/L）		
8	4,4'-DDD			0.001	《地下水环境质量标准》（GB/T 14848—93）Ⅲ类水（mg/L）
9	对硫磷	0.003	《地表水环境质量标准》（GB 3838—2002）集中式生活饮用水地表水源地特定项目标准限值（mg/L）		
10	甲基对硫磷	0.002	《地表水环境质量标准》（GB 3838—2002）集中式生活饮用水地表水源地特定项目标准限值（mg/L）		
11	马拉硫磷	0.05	《地表水环境质量标准》（GB 3838—2002）集中式生活饮用水地表水源地特定项目标准限值（mg/L）		
12	乐果	0.08	《地表水环境质量标准》（GB 3838—2002）集中式生活饮用水地表水源地特定项目标准限值（mg/L）		

续表

编号	物质	地表水	备注	地下水	备注
13	敌敌畏	0.05	《地表水环境质量标准》（GB 3838—2002）集中式生活饮用水地表水源地特定项目标准限值（mg/L）		
14	敌百虫	0.05	《地表水环境质量标准》（GB 3838—2002）集中式生活饮用水地表水源地特定项目标准限值（mg/L）		
15	毒死蜱	0.03	《生活饮用水卫生标准》（GB 5749—2006）表 3 水质非常规指标及限值（mg/L）		
16	草甘膦	0.7	《生活饮用水卫生标准》（GB 5749—2006）表 3 水质非常规指标及限值（mg/L）		
17	莠去津	0.002	《生活饮用水卫生标准》（GB 5749—2006）表 3 水质非常规指标及限值（mg/L）		
18	百菌清	0.01	《地表水环境质量标准》（GB 3838—2002）集中式生活饮用水地表水源地特定项目标准限值（mg/L）		
19	溴氰菊酯	0.02	《地表水环境质量标准》（GB 3838—2002）集中式生活饮用水地表水源地特定项目标准限值（mg/L）		
20	多氯联苯	$2.0^* \times 10^{-5}$	《地表水环境质量标准》（GB 3838—2002）集中式生活饮用水地表水源地特定项目标准限值（mg/L）		
21	多环芳烃（注1）	0.002	《生活饮用水卫生标准》（GB 5749—2006）表 A.1 生活饮用水水质参考指标及限值（mg/L）		
22	苯并[a]芘	$2.8^* \times 10^{-6}$	《地表水环境质量标准》（GB 3838—2002）集中式生活饮用水地表水源地特定项目标准限值（mg/L）		
23	邻苯二甲酸二乙酯	0.3	《生活饮用水卫生标准》（GB 5749—2006）表 A.1 生活饮用水水质参考指标及限值（mg/L）		
24	邻苯二甲酸二丁酯	0.003	《地表水环境质量标准》（GB 3838—2002）集中式生活饮用水地表水源地特定项目标准限值（mg/L）		
25	邻苯二甲酸二（2-乙基己）酯	0.008	《地表水环境质量标准》（GB 3838—2002）集中式生活饮用水地表水源地特定项目标准限值（mg/L）		
26	2-氯酚	0.093	《地表水环境质量标准》（GB 3838—2002）集中式生活饮用水地表水源地特定项目标准限值（mg/L）		
27	2,4-二氯酚	40	《世界卫生组织饮用水标准》（μg/L）		
28	2,4,6-三氯酚	0.2	《地表水环境质量标准》（GB 3838—2002）集中式生活饮用水地表水源地特定项目标准限值（mg/L）		
29	五氯酚	0.009	《地表水环境质量标准》（GB 3838—2002）集中式生活饮用水地表水源地特定项目标准限值（mg/L）		

编号	物质	地表水	备注	地下水	备注
30	挥发酚总量（注2）	0.005	《地表水环境质量标准》（GB 3838—2002）Ⅲ类水（mg/L）	0.002	《地下水环境质量标准》（GB/T 14848—93）Ⅲ类水（mg/L）
31	1,2-二氯乙烯	0.05	《地表水环境质量标准》（GB 3838—2002）集中式生活饮用水地表水源地特定项目标准限值（mg/L）		
32	三氯甲烷	0.06	《地表水环境质量标准》（GB 3838—2002）集中式生活饮用水地表水源地特定项目标准限值（mg/L）		
33	四氯化碳	0.002	《地表水环境质量标准》（GB 3838—2002）集中式生活饮用水地表水源地特定项目标准限值（mg/L）		
34	1,1,1-三氯乙烷	2	《生活饮用水卫生标准》（GB 5749—2006）表3 水质非常规指标及限值（mg/L）		
35	三溴甲烷	0.1	《地表水环境质量标准》（GB 3838—2002）集中式生活饮用水地表水源地特定项目标准限值（mg/L）		
36	二氯甲烷	0.02	《地表水环境质量标准》（GB 3838—2002）集中式生活饮用水地表水源地特定项目标准限值（mg/L）		
37	1,2-二氯乙烷	0.03	《地表水环境质量标准》（GB 3838—2002）集中式生活饮用水地表水源地特定项目标准限值（mg/L）		
38	环氧氯丙烷	0.02	《地表水环境质量标准》（GB 3838—2002）集中式生活饮用水地表水源地特定项目标准限值（mg/L）		
39	氯乙烯	0.005	《地表水环境质量标准》（GB 3838—2002）集中式生活饮用水地表水源地特定项目标准限值（mg/L）		
40	1,1-二氯乙烯	0.03	《地表水环境质量标准》（GB 3838—2002）集中式生活饮用水地表水源地特定项目标准限值（mg/L）		
41	三氯乙烯	0.07	《地表水环境质量标准》（GB 3838—2002）集中式生活饮用水地表水源地特定项目标准限值（mg/L）		
42	四氯乙烯	0.04	《地表水环境质量标准》（GB 3838—2002）集中式生活饮用水地表水源地特定项目标准限值（mg/L）		
43	氯丁二烯	0.002	《地表水环境质量标准》（GB 3838—2002）集中式生活饮用水地表水源地特定项目标准限值（mg/L）		
44	六氯丁二烯	0.000 6	《地表水环境质量标准》（GB 3838—2002）集中式生活饮用水地表水源地特定项目标准限值（mg/L）		
45	甲醛	0.9	《地表水环境质量标准》（GB 3838—2002）集中式生活饮用水地表水源地特定项目标准限值（mg/L）		
46	乙醛	0.05	《地表水环境质量标准》（GB 3838—2002）集中式生活饮用水地表水源地特定项目标准限值（mg/L）		

编号	物质	地表水	备注	地下水	备注
47	丙烯醛	0.1	《地表水环境质量标准》（GB 3838—2002）集中式生活饮用水地表水源地特定项目标准限值（mg/L）		
48	三氯乙醛	0.01	《地表水环境质量标准》（GB 3838—2002）集中式生活饮用水地表水源地特定项目标准限值（mg/L）		
49	二溴一氯甲烷	0.1	《生活饮用水卫生标准》（GB 5749—2006）表3水质非常规指标及限值（mg/L）		
50	一溴二氯甲烷	0.06	《生活饮用水卫生标准》（GB 5749—2006）表3水质非常规指标及限值（mg/L）		
51	二氯丙烷	20	《世界卫生组织饮用水标准》（μg/L）		
52	苯	0.01	《地表水环境质量标准》（GB 3838—2002）集中式生活饮用水地表水源地特定项目标准限值（mg/L）		
53	甲苯	0.7	《地表水环境质量标准》（GB 3838—2002）集中式生活饮用水地表水源地特定项目标准限值（mg/L）		
54	乙苯	0.3	《地表水环境质量标准》（GB 3838—2002）集中式生活饮用水地表水源地特定项目标准限值（mg/L）		
55	二甲苯（间、对、邻）	0.5	《地表水环境质量标准》（GB 3838—2002）集中式生活饮用水地表水源地特定项目标准限值（mg/L）		
56	苯乙烯	0.02	《地表水环境质量标准》（GB 3838—2002）集中式生活饮用水地表水源地特定项目标准限值（mg/L）		
57	异丙苯	0.25	《地表水环境质量标准》（GB 3838—2002）集中式生活饮用水地表水源地特定项目标准限值（mg/L）		
58	氯苯	0.3	《地表水环境质量标准》（GB 3838—2002）集中式生活饮用水地表水源地特定项目标准限值（mg/L）		
59	1,2-二氯苯	1	《地表水环境质量标准》（GB 3838—2002）集中式生活饮用水地表水源地特定项目标准限值（mg/L）		
60	1,4-二氯苯	0.3	《地表水环境质量标准》（GB 3838—2002）集中式生活饮用水地表水源地特定项目标准限值（mg/L）		
61	三氯苯	0.02	《地表水环境质量标准》（GB 3838—2002）集中式生活饮用水地表水源地特定项目标准限值（mg/L）		
62	四氯苯	0.02	《地表水环境质量标准》（GB 3838—2002）集中式生活饮用水地表水源地特定项目标准限值（mg/L）		
63	六氯苯	0.05	《地表水环境质量标准》（GB 3838—2002）集中式生活饮用水地表水源地特定项目标准限值（mg/L）		
64	硝基苯	0.017	《地表水环境质量标准》（GB 3838—2002）集中式生活饮用水地表水源地特定项目标准限值（mg/L）		

编号	物质	地表水	备注	地下水	备注
65	二硝基苯	0.5	《地表水环境质量标准》（GB 3838—2002）集中式生活饮用水地表水源地特定项目标准限值（mg/L）		
66	2,4-二硝基甲苯	0.0003	《地表水环境质量标准》（GB 3838—2002）集中式生活饮用水地表水源地特定项目标准限值（mg/L）		
67	2,4,6-三硝基甲苯	0.5	《地表水环境质量标准》（GB 3838—2002）集中式生活饮用水地表水源地特定项目标准限值（mg/L）		
68	硝基氯苯	0.05	《地表水环境质量标准》（GB 3838—2002）集中式生活饮用水地表水源地特定项目标准限值（mg/L）		
69	2,4-二硝基氯苯	0.5	《地表水环境质量标准》（GB 3838—2002）集中式生活饮用水地表水源地特定项目标准限值（mg/L）		
二	金属				
1	铜	1	《地表水环境质量标准》（GB 3838—2002）Ⅲ类水（mg/L）	1	《地下水环境质量标准》（GB/T 14848—93）Ⅲ类水（mg/L）
2	锌	1	《地表水环境质量标准》（GB 3838—2002）Ⅲ类水（mg/L）	1	《地下水环境质量标准》（GB/T 14848—93）Ⅲ类水（mg/L）
3	硒	0.01	《地表水环境质量标准》（GB 3838—2002）Ⅲ类水（mg/L）	0.01	《地下水环境质量标准》（GB/T 14848—93）Ⅲ类水（mg/L）
4	砷	0.05	《地表水环境质量标准》（GB 3838—2002）Ⅲ类水（mg/L）	0.05	《地下水环境质量标准》（GB/T 14848—93）Ⅲ类水（mg/L）
5	汞	0.0001	《地表水环境质量标准》（GB 3838—2002）Ⅲ类水（mg/L）	0.001	《地下水环境质量标准》（GB/T 14848—93）Ⅲ类水（mg/L）
6	镉	0.005	《地表水环境质量标准》（GB 3838—2002）Ⅲ类水（mg/L）	0.01	《地下水环境质量标准》（GB/T 14848—93）Ⅲ类水（mg/L）
7	铬（六价）	0.05	《地表水环境质量标准》（GB 3838—2002）Ⅲ类水（mg/L）	0.05	《地下水环境质量标准》（GB/T 14848—93）Ⅲ类水（mg/L）
8	铅	0.05	《地表水环境质量标准》（GB 3838—2002）Ⅲ类水（mg/L）	0.05	《地下水环境质量标准》（GB/T 14848—93）Ⅲ类水（mg/L）

续表

编号	物质	地表水	备注	地下水	备注
9	铁	0.3	《地表水环境质量标准》（GB 3838—2002）集中式生活饮用水地表水源地补充项目标准限值（mg/L）	0.3	《地下水环境质量标准》（GB/T 14848—93）Ⅲ类水（mg/L）
10	锰	0.1	《地表水环境质量标准》（GB 3838—2002）集中式生活饮用水地表水源地补充项目标准限值（mg/L）	0.1	《地下水环境质量标准》（GB/T 14848—93）Ⅲ类水（mg/L）
11	铍	0.002	《地表水环境质量标准》（GB 3838—2002）集中式生活饮用水地表水源地特定项目标准限值（mg/L）	0.0002	《地下水环境质量标准》（GB/T 14848—93）Ⅲ类水（mg/L）
12	硼	0.5	《地表水环境质量标准》（GB 3838—2002）集中式生活饮用水地表水源地特定项目标准限值（mg/L）		
13	锑	0.005	《地表水环境质量标准》（GB 3838—2002）集中式生活饮用水地表水源地特定项目标准限值（mg/L）		
14	镍	0.02	《地表水环境质量标准》（GB 3838—2002）集中式生活饮用水地表水源地特定项目标准限值（mg/L）	0.05	《地下水环境质量标准》（GB/T 14848—93）Ⅲ类水（mg/L）
15	钡	0.7	《地表水环境质量标准》（GB 3838 2002）集中式生活饮用水地表水源地特定项目标准限值（mg/L）	1	《地下水环境质量标准》（GB/T 14848—93）Ⅲ类水（mg/L）
16	钒	0.05	《地表水环境质量标准》（GB 3838—2002）集中式生活饮用水地表水源地特定项目标准限值（mg/L）		
17	钛	0.1	《地表水环境质量标准》（GB 3838—2002）集中式生活饮用水地表水源地特定项目标准限值（mg/L）		
18	铊	0.0001	《地表水环境质量标准》（GB 3838—2002）集中式生活饮用水地表水源地特定项目标准限值（mg/L）		
三	其他				
1	pH	6～9	《地表水环境质量标准》（GB 3838—2002）Ⅲ类水（mg/L）	6.5～8.5	《地下水环境质量标准》（GB/T 14848—93）Ⅲ类水（mg/L）
2	溶解氧≥	5	《地表水环境质量标准》（GB 3838—2002）Ⅲ类水（mg/L）		
3	化学需氧量（COD）	6	《地表水环境质量标准》（GB 3838—2002）Ⅲ类水（mg/L）	3	《地下水环境质量标准》（GB/T 14848—93）Ⅲ类水（mg/L）
4	硝酸盐	10	《地表水环境质量标准》（GB 3838—2002）集中式生活饮用水地表水源地补充项目标准限值（mg/L）	20	《地下水环境质量标准》（GB/T 14848—93）Ⅲ类水（mg/L）

编号	物质	地表水	备注	地下水	备注
5	亚硝酸盐	1	《生活饮用水卫生标准》（GB 5749—2006）表 A.1 生活饮用水水质参考指标及限值（mg/L）	0.02	《地下水环境质量标准》（GB/T 14848—93）Ⅲ类水（mg/L）
6	氨氮	1	《地表水环境质量标准》（GB 3838—2002）Ⅲ类水（mg/L）	0.2	《地下水环境质量标准》（GB/T 14848—93）Ⅲ类水（mg/L）
7	总磷	0.2（湖库0.05）	《地表水环境质量标准》（GB 3838—2002）Ⅲ类水（mg/L）		
8	BOD$_5$	4	《地表水环境质量标准》（GB 3838—2002）Ⅲ类水（mg/L）		
9	氰化物	0.2	《地表水环境质量标准》（GB 3838—2002）Ⅲ类水（mg/L）	0.05	《地下水环境质量标准》（GB/T 14848—93）Ⅲ类水（mg/L）
10	氟化物	1	《地表水环境质量标准》（GB 3838—2002）Ⅲ类水（mg/L）	1	《地下水环境质量标准》（GB/T 14848—93）Ⅲ类水（mg/L）

注1：计算多环芳烃（PAHs）混化合物的致癌风险，常利用各种多环芳烃的相对苯并[a]芘的毒性等效因子（TEF），转化为等效苯并[a]芘浓度（附表4）

注2：挥发酚主要包括氯酚、二氯酚、苯酚、硝基酚

附表 4
多环芳烃毒性等效因子

编号	多环芳烃	TEF 值
1	苊	0.001
2	苊烯	0.001
3	蒽	0.01
4	苯并[a]蒽	0.1
5	苯并[a]芘	1
6	苯并[b]荧蒽	0.1
7	苯并[g,h,i]苝（二萘嵌苯）	0.01
8	苯并[k]荧蒽	0.1
9	䓛	0.01
10	二苯并[a,h]蒽	5
11	荧蒽	0.001
12	芴	0.001
13	茚并[1,2,3-cd]芘	0.1
14	萘	0.001
15	菲	0.001
16	芘	0.001